石油和化工行业“十四五”规划教材

精细化学品化学

Fine Chemical Chemistry

第3版

高 婷　周妍妍 / 主编
李洪峰 / 主审

化学工业出版社
·北京·

内容简介

本书由11章组成，分别介绍了表面活性剂、药物与中间体、农药、涂料、染料与颜料、香料、食品添加剂、化妆品、含稀土的精细化学品等有机、无机领域精细化学品的科学基础和精细化工新材料新技术，着重讲述了各类化学品的结构性能、化学反应原理及合成方法。

本书可作为高等学校精细化工、应用化学等专业本科生教材使用，亦可作为相关领域研究生的教学参考书，也可供从事各类精细化学品研究与应用工作的科技人员参考。

图书在版编目（CIP）数据

精细化学品化学/高婷，周妍妍主编. —3版. —北京：化学工业出版社，2024.6

石油和化工行业“十四五”规划教材

ISBN 978-7-122-45403-4

Ⅰ. ①精… Ⅱ. ①高…②周… Ⅲ. ①精细化工-化工产品-教材 Ⅳ. ①TQ072

中国国家版本馆CIP数据核字（2024）第071340号

责任编辑：赵玉清　　文字编辑：张春娥

责任校对：李　爽　　装帧设计：刘丽华

出版发行：化学工业出版社

（北京市东城区青年湖南街13号　邮政编码100011）

印　　装：大厂聚鑫印刷有限责任公司

787mm×1092mm　1/16　印张19¾　字数488千字

2024年7月北京第3版第1次印刷

购书咨询：010-64518888　　售后服务：010-64518899

网　　址：http://www.cip.com.cn

凡购买本书，如有缺损质量问题，本社销售中心负责调换。

定　　价：49.80元

· 第三版前言 ·

本书于2004年8月和2014年3月两次出版，累计印刷18次，销量45000余册，是精细化学品化学同类书籍中发行量最大的书籍之一。本书从上市以来得到了相关领域教学和科研人员的青睐，许多高校用于研究生和本科生的教材，均肯定其是一本内容全、材料新、体系好的书籍，因而根据我们多年从事精细化学品教学和科研工作的经验，结合精细化学品的发展，以及两版教材的使用反馈建议，我们对本书做了以下的增补修订工作。

首先是在第二版的基础上各章节增加了精细化学品的分析与检验，从实用角度出发，以常见技术为主线，涵盖了精细化学品分析检验基础、常用分离技术、常见官能团定量分析技术、现代分离技术和微量及痕量组分定量分析技术等基础理论。典型产品分析检验涉及表面活性剂、药物中间体、农药、涂料、染料、颜料、香料、食品添加剂等内容。修订过程中参考了大量精细化学品分析图书、相关精细化学品分析国家标准和文献资料。其次是对各章介绍的精细化学品的发展及前景进行了修订，以举例和数据说明发展及前景时，尽量增加近五年到十年的实例和统计数据，同时对参考文献也进行了更新。另外，每章对精细化学品相关新技术和发展趋势及展望进行更新。修订后的版本增加了对典型产品的分析检验，填补了此类书籍在精细化学品分析方面的空白。

为引导学生开阔思路，积极思考，主动参与教学与讨论，培养创新型人才，继承和发扬党的二十大报告倡导的科学精神、创新精神，参照教育部“金课”建设的“两性一度”要求，本书还进行了以下特色补充：

· 每章设置了学习目标，使学生的注意力集中到应该学到的知识上；

· 每章后设置练习思考题，充分调动学生自我思考的能力，进一步提高学生对概念的理解；

· 提供拓展学习、习题解题等数字化教学资源，在方便教学的同时，更有助于学生对所学知识的理解与应用。这些数字资源，正版验证后（一书一码）即可获得（操作提示见封底）。

本书由高婷和周妍妍主编，李洪峰主审。第2、5～9、11章由高婷教授编写，第1、3、4、10章由周妍妍讲师编写。在教材编写过程中，得到了黑龙江大学领导的鼓励与支持，特别是教务处的领导和相关工作人员的支持，在此表示衷心感谢。

限于作者水平，书中难免有不足与疏漏之处，恳请同行和读者批评指正。

编　者

2024年3月

·第一版前言·

精细化学品（Fine Chemicals）的应用日益广泛，因能起到显著提高各类产品质量、节能、降耗、增加产量、改善和提高人民生活等重要作用而成为当今世界各国竞相发展的重点和热点。

精细化学品领域迅速发展，表现在其化学结构与其特殊性能之间的关系规律已被应用到激光技术、信息记录与显示、能量转换与储存、生物活性材料、医药与农药等高新技术领域中；学科的基础知识与生命科学、信息科学、电子学、光学等多学科的知识综合交叉；新品种的研究开发将出现质的变化，即从目前的经验式方法走向定向分子设计阶段，从而创造出性能更优异的、具有突破性的、完全新型的精细化学品品种；精细化工的各个行业都将获得蓬勃发展。

人们日益提高的生活水平对精细化学品提出了更高的要求，培养具有精细化工专业技术的专门人才是十分必要和迫切的。这就要求即将在精细化工领域工作的在校本科生、研究生有一个较高的学习起点，掌握这一领域的重要知识、概念和方法，接触一些精细化工领域的科学前沿和发展近况，并能够掌握学科特点、独立地学习、进一步积累和提高。

精细化学品种类较多，涉猎广泛，文献知识极其浩繁，我们希望能够在有限的篇幅内，对较重要的精细化学品的主要内容作简要、全面、深入的介绍，但这又是相当不容易的。

结合东北三省的地域资源及产业优势、从业人员的主要研究和工作方向，本书参照国内外相关资料，以产品功能为主要分类依据，侧重介绍了占比重较大的有机精细化学品，如药物与中间体、农药、染料等以分子水平合成、提纯为主，结合少量的复配增效技术得到的有特定功能的化学品；涂料、化妆品、香料等以配方技术为主要生产手段并决定最终使用功能的化学品。同时兼顾了无机精细化学品中与有机精细化学品联系较紧密的精细陶瓷和稀土两类产品在功能材料等高科技、新领域方面的研究和应用。

全书包括绪论、表面活性剂、合成材料助剂、石油化学品、药物与中间体、农药、涂料、染料与颜料、香料、食品添加剂、化妆品、水处理化学品、精细陶瓷、含稀土的精细化学品共 14 章。

各章节的介绍都注重基本理论的讲解，以经典实例为基础，拓展概念内涵；不求包罗万象，但力求理论联系实际。本书特色之一是按产品的结构特点分类，以各类产品典型实例的合成原理为主线，侧重国内外实验室以及工业合成路线的综合介绍及对比分析，突出基本理论及设计思想；突出产品化学结构与性能、用途的关系，启发新产品的研发思路；另一特色为突出复配技术及复配原理的介绍，在涂料、香料等相关章节介绍了配方设计原理及其应用，供相关领域的教学和科研人员参考。

各章节均为独立的知识结构，注重系统的化学知识基础，叙述深入浅出、简明扼要、重点突出；对于产品的应用方面，只作知识性的介绍；同时注重各章节的连贯性，体现具体产品在多领域的广泛应用。如读者欲在某一特定领域进行更深层次的理论探索和研究，则须参考其他专著或相关科技文献；各类专业的工具手册会更详细地指导实际生产和应用。

在每章节的字里行间都渗透了精细化工领域发展的最新动态，总结介绍的各领域令人振奋的科研成就和发展趋势，旨为拓宽读者视野、了解学科前沿和方向、激励从事该领域科研人员深入研究和创业的信心；最终加强本书内容的科学性、系统性和实用性。

本书在编写过程中，参考并引用了一批国内、外相关图书和近期较重要的科技文献中的有关内容；紧密结合了作者多年丰富的科学研究、教学工作的理论和实践经验；收集了最新的科技文献资料；在版面和图表的设计方面更加注重简洁、新颖与合理性。

本书第1、3、4、14章由闫鹏飞教授编写，第2、5、6、7、9、10、12章由郝文辉副教授编写，第8、11、13章由高婷老师编写。化学工业出版社的编辑给予了热情的指导和大力帮助，黑龙江大学化学化工与材料学院的袁福龙教授参与撰写了精细陶瓷一章，高金胜教授、孙志忠教授、苏玉、侯艳君、初文毅等老师在本书的写作过程中给予了诚挚的帮助、提出了宝贵的意见，谨此一并致谢。

限于作者水平，书中不足与错误之处难免，恳请同行和读者批评指正。

编　者

2004年2月

·第二版前言·

本书于 2004 年 8 月第一次出版，至今已经成为精细化学品化学同类书籍中发行量最大的书籍之一。从上市以来得到了相关领域的教学和科研人员的青睐，许多大学用于研究生和本科生的教材，均肯定本书是一本内容全、材料新、体系好的教材。一些多年从事精细化工工作的专家、教授也肯定了本书是一本有一定的理论深度，能代表当前精细化工学科的发展水平的好书，应化学工业出版社邀请修订再版。根据我们多年从事精细化学品教学和科研工作的经验，结合精细化学品的发展，以及第一版教材使用反馈建议，我们对本书第一版做了以下增补修订工作。

1. 每章对精细化学品的发展趋势及发展前景进行数据更新。

2. 各章节的介绍都注重基本理论的讲解，以经典实例为基础，不求包罗万象，对一些配方及合成反应进行删减。

3. 各章末尾增加了 2012 年以来的重要的新参考文献与书目。

4. 新增加了“精细化工新材料新技术”一章。在每章节新增本章任务，使读者带着问题更好地学习知识内容，后设练习思考题，使学生在练习中加深对精细化学品理论和实例的理解。

为了适应教学学时数的要求，本书还进一步精炼教材内容，删减掉第一版书中的合成材料助剂、石油化学品和水处理化学品等相关内容。

本书由闫鹏飞和高婷主编。第 1、3、4、10 章由闫鹏飞教授编写，第 2、5、6～9、11 章由高婷副教授编写。在教材编写过程中，得到了黑龙江大学领导的关注与支持，特别是教务处的领导和相关工作人员的支持，在此表示衷心感谢。

限于作者水平，书中不足与疏漏之处，恳请同行和读者批评指正。

编　者

2013 年 3 月

· 目录 ·

1 绪论 / 1

2 表面活性剂 / 9

3 药物与中间体 / 54

4 农药 / 85

5 涂料 / 122

6 染料与颜料 / 151

7 香料 / 187

8 食品添加剂 / 214

9 化妆品 / 241

10 含稀土的精细化学品 / 275

11 精细化工新材料新技术 / 289

1 绪论

本章学习目标

1. 掌握精细化学品的定义和特点，了解精细化学品的分类、作用及发展趋势；
2. 了解本书的内容范围。

精细化学品广泛应用于国民经济各行各业中，起到提高质量、节能、降耗、增加产量、改善和提高人民生活水平等重要作用，是当今世界各国竞相发展的重点和热点，也是我国近10年来乃至21世纪初作为调整大中型企业产品结构的重要措施。同时，精细化学品的化学结构与其特殊性能之间的关系规律，也已被应用到许多高新技术领域，如激光技术、信息记录与显示、能量转换与储存、生物活性材料、医药与农药等。

1.1 精细化学品的定义及分类

1.1.1 精细化学品的定义

精细化学品（Fine Chemicals）又称精细化工产品，有关专业工具书把产量小、纯度高的化学品泛称为精细化学品。

日本把凡具有专门功能，研究开发、制造及应用技术密集度高，配方技术能左右产品性能，附加值高，收益大，小批量，多品种的商品称为精细化学品。

按美国克林（Kline）分类法，用专用化学品这一术语代替精细化学品。将化工产品分为两大类别：通用化学品（Heavy Chemicals）和专用化学品（精细化学品）。

a. 通用化学品指从廉价、易得的天然资源（如煤、石油、天然气和农副产品等）开始，经一次或数次化学加工而制成的最基本的化工原料，它用途广泛、生产批量较大、通常以其主要成分的化学名称来命名的化学品，具有应用范围广、生产中化工技术要求高、产量大而附加值低等特点。

b. 专用化学品（精细化学品）是指全面要求产品功能和性能的一类化学品，可按商品使用性质分为准商品、多用途功能化合物和最终用途化学品。精细化学品是以通用化学品为起始原料，合成工艺中步骤繁多、反应复杂、产量小而产值高，并具有特定的应用性能的产品。所以通常将年产量较少的或用途专一的化学产品划分为精细化工产品；把凡能增进或赋予一种（类）产品以特定功能，或本身拥有特定功能的小批量、高纯度化学品，称为精细化学品。

1.1.2 精细化学品的分类

精细化学品的范围十分广泛，主要有结构分类及功能分类两种方法。结构分类在精细化学品中不太适用。因为同一类结构的产品，功能可以完全不同。所以目前国内外统一的分类原则是以产品本身具有的特定功能来分类。20 世纪 60 年代日本首先把精细化工明确地列为化学工业的一个产业部门，独立出版期刊、年鉴，建立了精细化学品产业协会。日本 1984 年《精细化工年鉴》中将精细化学品分为 35 个类别，即：

1. 医药　2. 兽药　3. 农药　4. 合成染料
5. 涂料　6. 有机颜料　7. 油墨　8. 黏合剂
9. 催化剂　10. 试剂　11. 香料　12. 表面活性剂
13. 合成洗涤剂　14. 化妆品　15. 感光材料　16. 橡胶助剂
17. 增塑剂　18. 稳定剂　19. 塑料添加剂　20. 石油添加剂
21. 饲料添加剂　22. 食品添加剂　23. 高分子凝聚剂　24. 工业杀菌防霉剂
25. 芳香消臭剂　26. 纸浆及纸化学品　27. 汽车化学品　28. 脂肪酸及其衍生物
29. 稀土金属化合物　30. 电子材料　31. 精细陶瓷　32. 功能树脂
33. 生命体化学品　34. 化学-促进生命物质　35. 盥洗卫生用品

1985 年又新增加了以下 16 个品种：

酶、火药与推进剂、非晶态合金、贮氢合金、无机纤维、炭黑、皮革用化学品 、溶剂与中间体、纤维用化学品、混凝土添加剂、水处理剂、金属表面处理剂、保健食品、润滑剂、合成沸石、成像材料。

在上述 51 类产品中，有 12 类比较重要，在今后的技术发展中会有较大的进展。它们分别是黏合剂、农药、生化酶、医药、功能高分子、香料、涂料、催化剂、化妆品、表面活性剂、感光材料、染料。

这一分类是按日本精细化工生产的具体条件归类的。由于精细化学品范围很广，品种繁多，其类别的划分应因每个国家各自的经济体制、生产和生活水平不同而不同，并不断地修改和补充。

我国近年来对精细化学品的开发也很重视。1986 年，原化学工业部把精细化工产品分为 11 大类，即农药、染料、涂料（包括油漆和油墨）、颜料、试剂和高纯物、信息用化学品（包括感光材料、磁性材料等）、食品和饲料添加剂、黏合剂、催化剂和各种助剂、化学药品和日用化学品、功能高分子材料（包括功能膜、偏光材料等）。但该分类并未包含精细化学品的全部内容，如医药制剂、酶制剂、精细陶瓷等。

精细化学品按属性可划分为无机精细化学品和有机精细化学品两大类。本书以产品功能为主要分类依据，结合结构特征，同时综合国内外的分类情况，除把无机精细化学品单独作为一类外，将精细化学品分为以下 18 类。

1. 医药和兽药　2. 农药
3. 黏合剂　4. 涂料
5. 染料和颜料　6. 表面活性剂和合成洗涤剂油墨

7. 塑料、合成纤维和橡胶助剂
8. 香料
9. 感光材料
10. 试剂和高纯物
11. 食品和饲料
12. 石油化学品
13. 造纸用化学品
14. 功能高分子材料
15. 化妆品
16. 催化剂
17. 生化酶
18. 无机精细化学品

从生产角度可将精细化学品划分为以下两大类。

a. 以分子水平合成、提纯为主，结合少量的复配增效技术得到的有特定功能的化学品，如农药、染料、颜料、试剂和高纯物、信息用化学品、食品和饲料添加剂、催化剂和各种助剂、化学药品和日用化学品、功能高分子材料等。

b. 以配方技术为主要生产手段，配方技术能左右最终使用功能的化学品，如涂料、洗涤剂、化妆品、香料、黏合剂等。

1.2 精细化学品的特点

不同于一般化学品，精细化学品的生产过程主要由四部分组成：①化学合成；②复配增效；③剂型加工；④商品化。在每个生产过程中又涵盖化学、物理、经济等各方面的技术关键，使精细化工成为高技术密集度的产业。精细化学品的综合生产特点可归结为以下几方面。

（1）小批量、多品种、大量采用复配技术

a. 由于大多数精细化学品的产量较小，商品竞争性强，更新换代快，因此，精细化工的生产必然是以小批量为主。近年来许多生产企业广泛采用多品种综合流程，设计和制作多功能、多用途的生产装置，以适应精细化工多品种、小批量的生产特点。

b. 随着精细化学品应用领域的不断扩大和商品的创新，除了通用型精细化学品外，专用品种和特定制品品种越来越多，这是商品应用功能效应和商品经济效应共同对精细化学品功能和性质反馈的自然结果。不断地开发新品种、新剂型和提高开发新品种的创新能力是当前国际上精细化工发展的总趋势。例如，染料，根据《染料索引》（Colour Index）统计，目前不同化学结构的染料品种有6000多个。因此，多品种不仅是精细化工生产的一个特征，也是精细化工综合水平的一个重要标志。

c. 单一组分的精细化学产品往往难以满足各种专门用途的需要，必须加入其他组分，以提高其功能和应用性，于是大量采用复配技术成为精细化工的又一个重要特点。例如，化妆品是由油脂、乳化剂、保湿剂、香料、色素、添加剂等复配而成，具有清洁、修饰、美容、保健等多种功能。若配方不同，其功能和应用对象也不同。在精细化工中，采用复配技术所得到的产品，具有改性、增效和扩大应用范围等功能，其性能往往超过组成单一的化学品，而且由复配技术制得的商品数目，也远远超过由化学合成制得的单一产品的数目。因此，掌握复配技术，提高创新能力，不断开发新品种、新剂型、新配方，是当前国际精细化工发展的重要动向。

（2）综合生产流程和多功能生产装置

生产精细化学品的化学反应多为液相串联反应，生产流程长、工序多，为了适应该生产方式特点，各国已改变了过去单一产品、专用装置的落后生产方式，广泛采用了多品种综合生产流程和多用途、多功能生产装置，取得了很大的经济效益。一套流程装置可以经常改变产品的品种和牌号，使生产工具有相当大的适应性，充分利用设备和装置的潜力，大大提高经济效益。

（3）高技术密集度

精细化工是综合性较强的技术密集型工业。

首先，生产过程中工艺流程长、单元反应多、原料复杂、中间过程控制要求严格，而且应用涉及多领域、多学科的理论知识和专业技能，其中包括多步合成、分离技术、分析测试、性能筛选、复配技术、剂型研制、商品化加工、应用开发和技术服务等。在实际应用中，精细化学品是以商品的综合能力出现的，这就需要在化学合成中筛选不同的化学结构，在剂型（制剂）生产中充分发挥精细化学品的自身功能与其他配合物质的协同作用。从制剂到商品化又有一复配过程，这些内在和外在的因素既相互联系又相互制约，形成了精细化学品高技术密集度的一个重要特性。

其次，技术开发的成功概率低、时间长、费用高。据报道美国和德国的医药和农药新品种的开发成功率仅为万分之一，日本为一万至三万分之一。随着对药效、生物体安全性的要求愈来愈严，新品种开发的时间愈来愈长，费用愈来愈高，新品种开发成功的数量也愈来愈少。美国在食品及药物管理局新法规实施前的15年间共开发医药新品种641个，新法规实施后的15年间开发了247个新品种。20世纪50年代共生产农药新品种18个；20世纪60年代只生产了19个新品种，到20世纪70年代仅仅增加了4个新品种。1964年，一个新农药的开发时间只需3年，270万美元；到1975年就需要用8年，1300万美元。因此，精细化学品的技术开发一方面要求情报密集、信息快，以适应市场的需要和占领市场，同时又反映出技术保密性与专利垄断性强，竞争激烈。

（4）商业性强

由于精细化学品种类繁多，用户对商品选择性高，市场竞争激烈，因而应用技术和技术的应用服务是组织生产的两个重要环节。在技术开发的同时，应积极开发应用技术和开展技术服务工作，以增强竞争机制，开拓市场，提高信誉。同时还要注意及时把市场信息反馈到生产计划中去，从而提高竞争能力，确保产品畅销，增强企业的经济效益。世界工业发达国家对此十分重视，他们的技术开发、经营管理和产品销售（包括技术服务）人员比例大体为2∶1∶3，而且选派富有实践经验、业务能力强的人担当销售和技术服务工作，这一点也值得我们借鉴。因此，我们应大力加强精细化学品的商品化和市场化，从以下四个方面注重应用研究。

a. 进行加工技术的研究，提出最佳配方和工艺条件，开拓应用领域。

b. 进行技术服务，指导用户正确使用，并把使用中发生的问题反馈回来，不断进行改进。

c. 培训用户掌握加工应用技术。

d. 编制各种应用技术资料。

（5）经济效益显著

a. 投资效益高　总体上说化学工业属于资本型工业，资本密集度高。但精细化工投资少，效率高，资本密度仅为化学工业平均指数的0.3～0.5、化肥工业的0.2～0.3。

b. 利润率高　精细化学品的利润高，原因很大程度来自技术上的垄断，因为精细化学品的功能性强、商品性强、服务性强。

c. 附加值高　附加值是指在产品的产值中扣去原材料、税金、设备和厂房的折旧费后，剩余部分的价值。这部分价值是指当产品从原材料开始经加工到产品的过程中实际增加的价值，它包括工人劳动、动力消耗、技术开发和利润等费用，所以称为附加值。精细化学品的附加值一般高达50%以上。

1.3 精细化学品的作用及其发展趋势

1.3.1 精细化学品的作用

精细化学品所具有的鲜明特点，使它成为经济建设中不可缺少的一个重要组成部分。除了直接作最终产品或作为医药、兽药、农药、染料、颜料和香料等的主要成分之外，绝大多数是作为辅助原料或材料出现在生产和生活两大类物质中，参与其生产过程和应用过程。加速精细化工的发展已成为世界性的趋势，尤其是几个工业发达国家都致力于调整化工产品的结构，将化学工业的战略重点逐渐转向发展精细化工。精细化学品以其特定的功能和专用性质给予主产品优质高产的作用，其高经济效益已影响到一些国家的技术经济政策，成为国民经济物质生产不可缺少的一个组成部分，具体作用如下。

（1）增进和赋予各种结构材料以特性

a. 除了对通常环境下的结构材料，如桥梁、船舶、汽车、飞机、发电机、水坝、建筑材料等外，对特殊环境下使用的结构材料，如海洋筑物、原子反应堆、高温气体、宇宙火箭、特殊化工装置等，均不可缺少精细化学品的辅助作用。

b. 功能性材料的特种性能涉及很多方面，如机械加工方面的硬度、耐磨性、尺寸稳定性等；电、磁制品方面的绝缘性、超导电性、半导电性、光导性、光电变换性、离子导电性、电子放射性、强磁和弱磁性等。这许许多多的方面都需要借助于一定的精细化学品来完成和提高。

（2）增进和保障农、林、牧、渔业的丰产丰收

选种、浸种、育秧、病虫害防治、土壤化学、改进水质等也都需要靠精细化学品的作用来完成。农药、兽药对农业、畜牧业的影响不言而喻，除草剂对于农民来说更是结束了几千年下地除草的历史。因为非蛋白氮化合物能够被反刍动物瘤胃中的微生物转变成微生物蛋白质，进而又被动物有机体利用，我国研发的脲甲醛就能很好地解决蛋白质饲料不足而影响畜牧业的进一步发展的问题，这也是精细化学品对畜牧业的贡献。

（3）丰富和改善人民的生活

为人们生活提供丰富多彩的衣、食、住、行、用等享受性的产品；保障和增进人类的健康，提高人们的生活水平。合成染料的出现使染料顺利地实现了工业化，让颜色不再是一种奢侈品，将人类的生活变得多姿多彩；而食品添加剂的出现则大大满足了人们的食欲；能替代蔗糖的甜味剂，由于它们的甜度高，大多数不属于糖类，使糖尿病患者又可以体会到甜的滋味等，这些都极大地改善了人们的生活。

（4）促进和推动科学技术的进一步发展

物质生产是科学技术进步的结果，但一些新物质诞生后，又反作用于科学技术，促进其进一步发展，如电子化学品、磁性材料、功能树脂、化学促进性物质等，客观上都起到了推

动科学技术进一步发展的作用。

（5）高经济效益

a. 精细化学品的高经济效益，特别是社会经济效益对国民经济有着重大的影响，已经影响到一些国家的技术经济政策，不断提高化学工业内部结构的精细化率，把精细化工视为生财之道。

b. 精细化学品对国民经济的重要影响导致精细化工在整体化学工业中的比重不断提高。精细化学品的新产品、新品种不断增加，尤其是适应高新技术产业发展的精细化学品不断涌现。精细化学品将向着高性能、专业化、系列化和绿色化的方向发展，最终使精细化工发展成为绿色的生态工业。

1.3.2 精细化学品的发展趋势

（1）精细化学品的品种继续增加，发展速度继续领先

随着科学技术的发展，各种新材料、新技术不断出现，新领域的精细化学品将不断涌现。例如在能源方面，包括核聚变、太阳能、氢能、燃料电池、生物质能、海洋能、地热能、风能等新能源的开发利用中，都有精细化学品的用武之地；信息技术的发展要求高技术的精细无机材料和精细陶瓷；医用人工器官，农用纸地膜、防雾滴膜，汽车精细化学品，有机氟精细化学品等品种及门类都将逐渐诞生和形成。精细化工产值在化学工业总产值中的比例称为精细化率。美、日、德等发达国家化学工业的精细化率由20世纪80年代的45%～55%，到目前已上升至55%～65%。以近几年为例，发达国家化学工业发展速度一般在3%～4%，而精细化工的发展速度则在6%～7%，并且这种领先的发展速度还将会继续。

（2）精细化学品将向着高性能化、专用化、系列化、绿色化发展

加强技术创新，调整和优化精细化工产品结构，重点开发高性能化、专用化、系列化、绿色化产品，已成为当前世界精细化工发展的重要特征，也是今后世界精细化工发展的重点方向，特别是向低毒、无污染的绿色产品发展。以日本为例，技术创新对精细化学品的发展起到了至关重要的作用。过去十几年中，日本合成染料和传统精细化学品市场缩减了一半，取而代之的是大量开发高功能性、专用化、系列化等高端精细化学品，从而大大提升精细化工的产业能级和经济效益。近年来，欧美发达国家利用自身的技术优势，以保护环境和提高产品安全等为由，陆续实施了一批新的条例和标准，这些新的条例和标准有的对化工新材料和精细化工影响较大。再加上国外公司大举进入以及生产发展面临更加严格的环保要求，作为全球最大的制造基地和全球经济发展最具活力的国家之一，涉及行业广泛的精细化工业必须加强技术创新，调整和优化精细化工产品结构，使产品向着高性能化、专用化、系列化、绿色化发展。智能化、绿色化、定制化、可持续将是精细化工制造业转型发展的标志与特征。

（3）大力采用高新技术，向着边缘、交叉学科发展

高新技术的采用是当今化学工业激烈竞争的焦点，也是综合国力的重要标志之一。对技术密集的精细化工行业来说，这方面更为突出。一方面要注重走绿色、经济、可持续发展道路；另一方面也要注重与其他学科的交叉融合，特别是与合成生物学的交叉融合，充分发挥两者的协同优势，从而更有效地创制功能分子。从科学技术的发展来看，各国正以生命科

学、材料科学、能源科学和空间科学为重点进行开发研究。

（4）精细合成材料要面向未来经济社会重大需求发展新的材料和技术

重点发展新能源、电子信息、医学健康等领域的纳米技术已成为世界各国抢占未来经济科技竞争制高点、积极推进的新产业革命的投资重点。面向新能源材料开发，如新一代长续航锂离子电池材料及超越锂离子电池的新能源材料和技术。面向未来信息及电子产业，发展高密度存储及信息安全材料，部署新型自旋电子学器件材料和相互技术以及单分子晶体管、石墨烯材料及器件商业化发展等。

（5）精细化学品销售额快速增长以及精细化率不断提高

近几年，全世界精细化学品和专用化学品年均增长率在5%～6%，高于化学工业2～3个百分点。预计今后全球精细化学品市场仍将以6%的年均速度增长。目前，世界精细化学品品种已超过10万种。美国、西欧和日本等化学工业发达国家，其精细化学品工业也最为发达，代表了当今世界精细化学品工业的发展水平，这些国家的精细化率已达到70%以上。美国精细化学品年销售额居世界首位，欧洲、日本分列第二和第三。精细化率已是衡量一个国家和地区化学工业技术水平的重要标志。

我国的精细化学品近些年发展迅速，年产值都在以百分之十的速度增长。我国又是消费大国，据统计，精细化工行业市场规模2012年为27132.8亿元，2016年为39647.6亿元，年均增长9.2%；2001～2017年，我国涂料年产量从121.06万吨增长至1794.03万吨，增长近15倍；2016年，我国农药市场总销售额为48.20亿美元，其中除草剂19.72亿美元、杀虫剂17.06亿美元、杀菌剂10.48亿美元；2016年我国集成电路产业规模已达到约3000亿元，满足27.5%的国内市场需求，国内市场总规模达到11000亿元左右。在2020年，我国集成电路需用电子化学品达到近600亿元，2016～2020年年均增长率约为8%。综合来看，今后我国精细化学品自给率将大幅度上升，我国也将进入世界精细化工大国与强国之列。所以，今后我国精细化学品销售额增长速度会更快，精细化率提高幅度也将会更大。

1.4 精细化学品的课程内容

全书包括绪论、表面活性剂、药物与中间体、农药、涂料、染料与颜料、香料、食品添加剂、化妆品、含稀土的精细化学品、精细化工新材料新技术共11章。各章节的介绍注重基本理论的讲解，以经典实例为基础，拓展概念内涵，力求理论联系实际。精细化学品的研究与开发主要集中在以下三个方面：

（1）按产品的结构特点分类，以各类产品典型实例的合成原理为主线，侧重国内外实验室以及工业合成路线的综合介绍及对比分析，突出基本理论及设计思想；突出产品化学结构与性能、用途的关系，启发新产品的研发思路。

（2）为突出复配技术及复配原理的介绍，在涂料、香料等相关章节介绍了配方设计原理及其应用。

（3）各章节介绍的精细化学品的分析与检验，从实用角度出发、以常见技术为主线，涵盖了精细化学品分析检验基础、常用分离技术、常见官能团定量分析技术、现代分离技术和微量及痕量组分定量分析技术等基础理论。

 练习思考题

1. 根据本章归纳的精细化学品的类别，逐一列举一个具体的产品。

2. 列举在我国比较著名的国外跨国企业。

3. 你熟悉哪些化妆品品牌？请了解其中有哪些成分。

4. 就目前的专业水平，如果让你研发一种精细化学品，你有什么打算？

5. 简述精细化学品的特点。

6. 简述精细化学品的发展趋势。

第1章练习思考题参考答案

参考文献

[1] 程侣柏. 精细化工产品的合成及应用. 3版. 大连：大连理工大学出版社，2014.

[2] 宋启煌. 精细化工工艺学. 4版. 北京：化学工业出版社，2018.

[3] 李和平，葛虹. 精细化工工艺学. 北京：科学出版社，2006.

[4] 陈孔常，田禾. 高等精细化学品化学. 北京：中国轻工业出版社，1999.

[5] 赵亚娟. 精细化学品合成与技术. 北京：中国科学技术出版社，2010.

[6] 王明慧. 精细化学品化学. 北京：化学工业出版社，2020.

[7] 吴海霞. 精细化学品化学. 北京：化学工业出版社，2009.

[8] 张先亮，陈新兰，唐红定. 精细化学品化学. 3版. 武汉：武汉大学出版社，2021.

[9] 周立国，段洪东，刘伟. 精细化学品化学. 3版. 北京：化学工业出版社，2021.

[10] 赵德丰. 精细化学品合成化学与应用. 北京：化学工业出版社，2001.

[11] 沈永嘉，王成云，徐晓勇. 精细化学品化学. 2版. 北京：高等教育出版社，2016.

[12] 唐林生. 精细化学品化学. 北京：化学工业出版社，2019.

[13] 李祥高，王世荣，刘红丽，郭俊杰. 精细化学品化学. 北京：科学出版社，2022.

2 表面活性剂

本章学习目标

1. 了解表面活性剂的定义、特点、结构及性质；
2. 了解表面活性剂的基本作用；
3. 了解四种表面活性剂的特点、分类、合成及应用。

2.1 概述

2.1.1 表面活性及表面活性剂

2.1.1.1 界面与表面

界面就是指物质相与相的分界面。因为我们周围的物质是以气、液、固三种状态存在，所以也就有了气、液、固三相。在各相之间存在着气-液、气-固、液-液、液-固和固-固5种不同的界面。当组成界面的两相中有一相为气相时，常被称为表面。

表面活性剂的各种功能主要表现在改变液体的表面、液-液界面和液-固界面的性质，而其中液体的表（界）面性是最重要的。

2.1.1.2 表面活性剂的定义

硬脂酸钠、烷基苯磺酸钠等物质，加到溶剂中会大大降低溶剂的表面张力，能够使体系的表面状态发生明显的变化，这些物质都称为表面活性剂（Surfactants）。某些物质如乙醇等同样可以降低溶剂的表面张力，但对体系表面状态的影响并不明显，不属于表面活性剂的范畴。

2.1.2 表面活性剂的特点

表面活性剂具有以下特点：

a. 双亲媒性　从化学结构来看，表面活性剂分子中应同时具有亲油性（或憎水性）的碳氢键和亲水性的官能团。

b. 溶解度　表面活性剂至少应溶于液相中的某一相。

c. 界面吸附　在达到平衡时，表面活性剂溶质在界面上的浓度要大于溶质在溶液整体中的浓度。

d. 界面定性　表面活性剂在界面上会定向排列成分子层。

e. 生成胶束　当表面活性剂溶质在溶剂中的浓度达到一定时，会产生聚集而生成胶束，这种浓度的极限值称为临界胶束浓度（Critical Micelle Concentration，简称 cmc）。

f. 多功能性　表面活性剂的溶液通常具有多种复合的功能。如清洗、发泡、润湿、乳化、增溶、分散等。

2.1.3 表面活性剂的结构及性质

表面活性剂分子中非极性的亲油（疏水）的碳氢链部分和极性的亲水（疏油）基团往往分处于其两端，形成不对称的结构。图 2-1 即为典型的离子（型）及非离子（型）表面活性剂分子及溶于水后的结构示意图，这样的分子结构使得这些物质具有一部分可溶于水而另一部分易自水中逃离的双重性质。

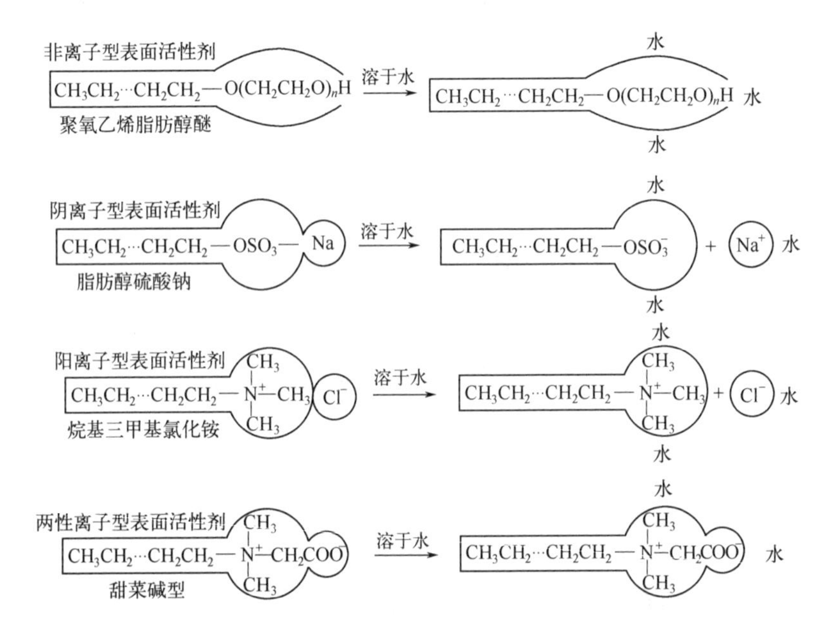

图 2-1 各种表面活性剂溶于水后的结构示意图

疏水作用使表面活性剂分子的碳氢链有脱离水包围的趋势，也就是在水溶液中碳氢链有自身互相靠近及聚集的趋势。这种趋势导致了表面活性剂分子在水溶液表面上的吸附及在溶液中胶束的形成。在溶液表面上富集的表面活性剂分子，可作定向排列。图 2-2 表示了不同浓度的表面活性剂分子在溶液表面上存在的不同状态。

图 2-2(a) 所示为浓度很稀时的状态；图 2-2(b) 所示为中等浓度时的状态；图 2-2(c) 所示为吸附近于饱和时的状态，即表面活性剂分子几乎覆盖了水的表面，且疏水基朝外，相当于形成了一层由碳氢链构成的表面层。若用表面张力 γ（$mN \cdot m^{-1}$）与浓度的对数 $\lg c$ 作图，可得到图 2-3 所示的几条曲线。曲线中转折点的浓度，即为临界胶束浓度（cmc）。此时，溶液内表面活性剂的单分子或离子开始缔合成胶束。溶液浓度的增加，并不能显著增加溶液中单个分子或离子的浓度，而只是形成更多的胶束。由于胶束的形成，表面活性剂溶液

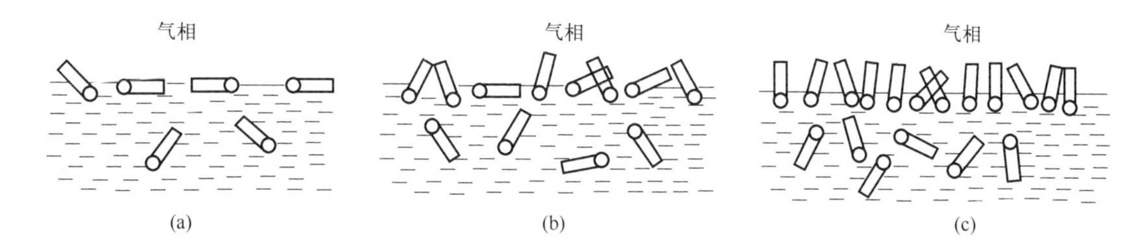

图 2-2 表面活性剂分子吸附在溶液表面上的不同状态

的性质发生了显著的变化，由图 2-4 所示的十二烷基硫酸钠水溶液可见，以 cmc 为转折点，其当量电导、渗透压等均有突变。

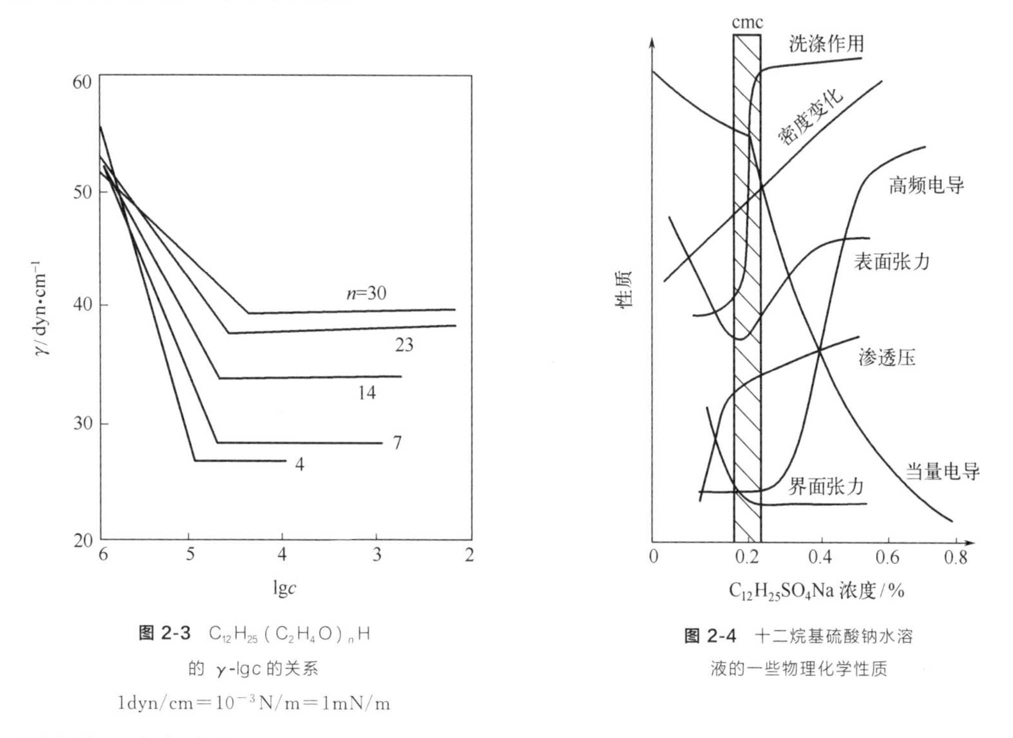

图 2-3 $C_{12}H_{25}(C_2H_4O)_nH$ 的 γ-lg$c$ 的关系

1dyn/cm＝10^{-3}N/m＝1mN/m

图 2-4 十二烷基硫酸钠水溶液的一些物理化学性质

测定临界胶束浓度的最基本的方法是测定表面活性剂溶液不同浓度下的表面张力，并作 γ-lg$c$ 图来确定。

液体滴于固体表面时，可铺展于固体表面［图 2-5(a)］，或形成一液滴停留于固体表面［图 2-5(b)］。在固、液、气三相交界处，自固/液界面经液体内部到气/液界面的夹角称为接触角，以 θ 表示。可见接触角越小则润湿性越好。

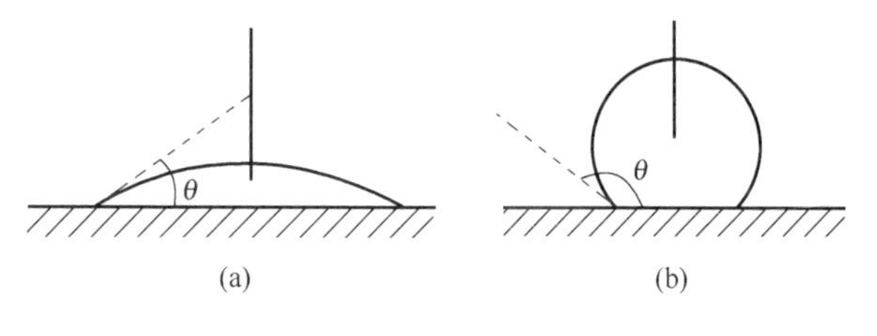

图 2-5 液滴在固体表面

1805 年 T. Yong 提出了润湿方程，将接触角和液气、固液、固气间的界面张力 γ_{LG}、γ_{SL}、γ_{SG}关联起来：

$$\cos\theta=\frac{\gamma_{SG}-\gamma_{SL}}{\gamma_{LG}}$$

可见 θ 将随着 γ_{LG} 的降低而减小，即随着 γ_{LG} 的降低，溶液对固体表面的润湿能力增强。

水的表面张力较高（$72.4mN \cdot m^{-1}$），在一些低能表面（如高分子固体表面）上一般不能展开。应用表面活性剂可大大地降低水的表面张力（γ_{LG}），取得明显的润湿效果。

2.1.4　表面活性剂的分类

表面活性剂在性质上的差异，除与烃基的大小和形状有关外，主要与亲水基团类型有关。一般以亲水基团的结构为依据来分类，按亲水基团是否带电可将表面活性剂分为离子和非离子两大类，其中离子表面活性剂又分为阳离子表面活性剂、阴离子表面活性剂和两性表面活性剂。还有一些特殊类型的表面活性剂如高分子表面活性剂、特种表面活性剂和生物表面活性剂等。

2.1.5　表面活性剂的亲水-亲油平衡（HLB）值

表面活性剂的亲水-亲油平衡（Hydrophile-Lipophile-Balance，简称 HLB）值本来是为选择乳化剂而提出的一个经验指标。一般而论作为一种乳化剂，表面活性剂必须满足以下两点。

a. 在所应用的体系中具有良好的表面活性，产生低的界面张力。这就表明，此种表面活性剂有趋集于界面的倾向，而不易留存于界面两边的体相中。因而，要求表面活性剂的亲水、亲油部分有恰当的（平衡）比例。在任一体相中有过大的溶解性，则不利于产生低界面张力（即不易吸附）。

b. 在界面上形成相当结实的吸附膜。根据分子结构的要求，希望界面上的吸附分子间有较大的侧向引力，这也和表面活性剂分子的亲水、亲油部分的大小、比例有关。

Davies 将 HLB 作为结构因子的总和来处理，把表面活性剂结构分解为一些基团，每一基团对 HLB 值均有确定的贡献。自实验结果可得出各种基团的 HLB 数值，称其为 HLB 基团数。一些 HLB 基团数列于表 2-1 中。将 HLB 基团数代入下式，即可算出表面活性剂的 HLB 值。

$$\text{HLB}=7+\sum(\text{亲水的基团数})-\sum(\text{亲油的基团数})$$

表 2-1　一些 HLB 基团数

亲水的基团数		亲油的基团数		亲水的基团数		亲油的基团数	
SO_4Na	38.7	—CH—	0.475	酯(自由)	2.4	$—(C_3H_6O)—$（环氧丙烷基）	0.15
COOK	21.1	$—CH_2—$		COOH	2.1	$—CF_2—$	0.870
COONa	19.1	$—CH_3$		—OH（自由）	1.9	$—CF_3$	
SO_3Na	11	=CH—		—O—	1.3		
—N（叔胺）	9.4			—OH（失水山梨醇环）	0.5		
酯(失水山梨醇环)	6.8			$—(C_2H_4O)—$	0.33		

对于一般表面活性剂，其亲油基为碳氢链，故 $\sum$（亲油的基团数）可写为 $0.475m$（m 为亲油基的碳原子数）。

对于只有 $\text{⁅}C_2H_4O\text{⁆}_n$ 为亲水基的非离子表面活性剂，则可用下式计算：

$$\text{HLB}=E/5$$

式中，E 代表表面活性剂分子中的环氧乙烷（C_2H_4O）的质量分数。

阴、阳离子表面活性剂的 HLB 值在 1～40 之间，而非离子表面活性剂的 HLB 值在 1～20 之间。

2.2 表面活性剂的基本作用

2.2.1 润湿

固体表面与液体接触时，其表面能往往会减小。暴露在空气中的固体表面积总是吸附气体的，当它与液体接触时，气体如被排斥而离开表面，则固体与液体直接接触，这种现象称为润湿。

在清洁的玻璃板上滴一滴水，水则在玻璃表面上立即铺展开来；而在石蜡上滴一滴水，则不能铺展而保持滴状，如图 2-6 所示。平衡时，接触角 θ 与固/气、固/液、气/液界面自由能的关系可用下式表示：

$$\gamma_{SG}-\gamma_{SL}=\gamma_{LG}\cos\theta$$

上式也称为润湿方程，该方程可以看作是在三相交界处，三种界面张力平衡的结果。

如图 2-7 所示，以接触角表示润湿性时，通常将 $\theta=90°$ 定为润湿与否的标准。$\theta>90°$ 叫做不润湿，$\theta<90°$ 叫做润湿。θ 越小润湿性越好，平衡接触角小于零或不存在则叫做铺展。水与玻璃的接触角接近于零，而与石蜡的接触角约为 110°。接触角小的固体易被液体润湿，反之，接触角大的固体则不易被液体润湿。因此，接触角的大小可作为润湿的直观尺度。

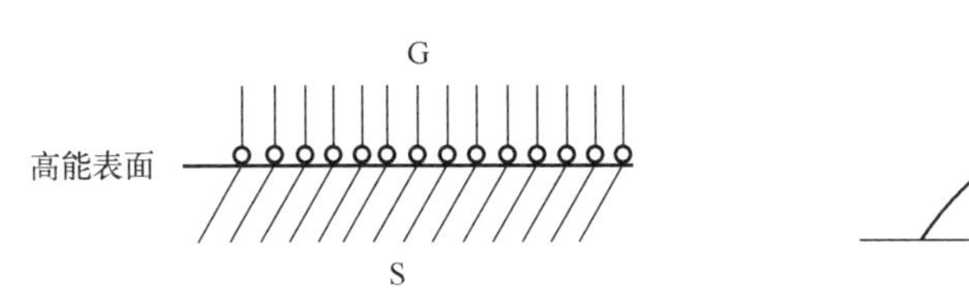

图 2-6 液滴的接触角

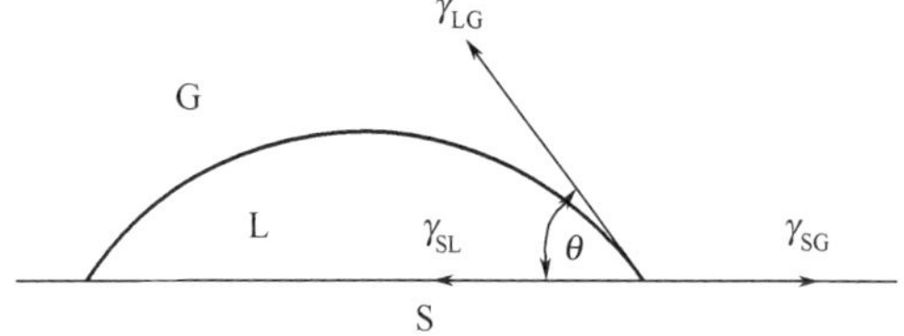

图 2-7 表面活性剂分子在高能表面的吸附

2.2.2 乳化和破乳

2.2.2.1 乳化

两种互不混溶的液体，一种以微粒（液滴或液晶）形式分散于另一种中形成的体系称为乳化液，其过程如图 2-8 所示。形成乳化液时由于两液体的界面积增大，所以这种体系在热力学上是不稳定的，为使乳化液稳定需要加入第三种组分——乳化剂，以降低体系的界面能。乳化液中以液滴存在的那一相称为分散相（或内相、不连续相），连成一片的另一相叫分散介质（或外相、连续相）。

常见的乳化液，一相是水或水溶液，另一相是与水不相混溶的有机物，如油脂、蜡等。水和油形成的乳化液，根据其分散情形可分为两种：

a. 油分散在水中形成水包油型（O/W）乳化液；

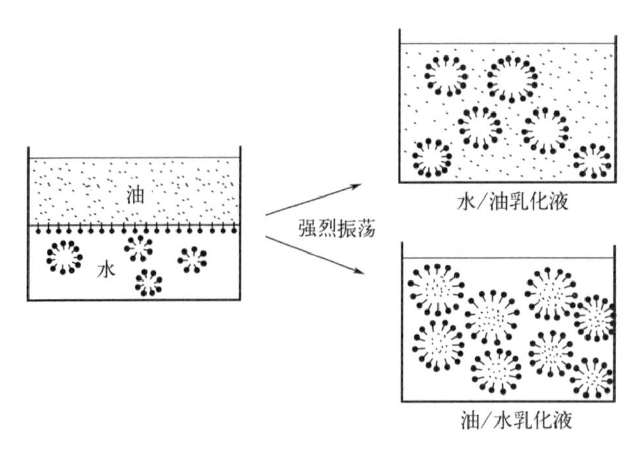

图 2-8 乳化液的形成过程

b. 水分散在油中形成油包水型（W/O）乳化液。

此外还可能形成复杂的水包油包水型（W/O/W）乳化液和油包水包油型（O/W/O）乳化液。工业上遇到的乳化液体系还有含固体、凝胶等复杂的乳化液。

2.2.2.2 破乳

破乳就是消除乳化液的稳定化条件，使乳化液发生破坏，常用方法有机械法、物理法和化学法。化学法破乳主要是改变乳化液的类型或界面性质，使它变得不稳定而发生破乳等。例如，蒸汽机冷凝水的 O/W 型乳化液的破坏以除去油为破乳；原油的 W/O 型乳化液的破坏以除去水为破乳。

2.2.3 增溶作用

2.2.3.1 离子表面活性剂的克拉夫特点（Krafft Point）

离子表面活性剂在水中的溶解度在低温时只随温度的升高缓慢地增加。温度升至某一值后，溶解度即迅速增大，此点即所谓的 Krafft 点。这一点的浓度其实就是该温度下的 cmc。

2.2.3.2 非离子表面活性剂的“浊点”（Cloud Point）

温度对非离子表面活性剂溶解度的影响与离子表面活性剂正好相反。加热透明的非离子表面活性剂溶液时常会出现透明溶液变浑浊的现象，这说明温度升高会使其溶解度降低。缓慢加热非离子表面活性剂的透明水溶液，当表面活性剂开始析出，溶液呈现浑浊时的温度称为非离子表面活性剂的“浊点”。

以聚氧乙烯型非离子表面活性剂为例，分子的亲水性主要靠醚键，因此其亲水性随聚氧乙烯链长（环氧乙烷加成数）的增加而增强。为了增加醚键氧原子与水分子的结合，聚氧乙烯链在水中采取曲折型的形态，使疏水的$—CH_2—$处于曲折型形态的内部，而亲水的醚键上的氧原子在链的外侧，这样有利于氧原子通过氢键与水分子结合，如下式所示。因此，非离子表面活性剂往往具有在浊点以下溶于水，而在浊点以上不溶于水的特性。

O O O O OH
CH_2 H_2C CH_2 H_2C CH_2 H_2C CH_2 H_2C
H_2C CH_2 H_2C CH_2 H_2C CH_2 H_2C CH_2
O O O O

2.2.3.3 增溶作用原理

表面活性剂在水溶液中形成胶束后具有能使不溶或微溶于水的有机物的溶解度显著增大

的能力，且此时溶液呈透明状，胶束的这种作用称为增溶。能产生增溶作用的表面活性剂叫做增溶剂，被增溶的有机物称为被增溶物。增溶在热力学上是稳定的，这可由下面的事实说明。乳化的苯和增溶的苯，它们的蒸气压不相同。前者的蒸气压与纯苯的相同，后者的蒸气压显著低于纯苯。由化学势的表示式 $\mu=\mu^{\ominus}+RT\ln p$ 知，乳化液的 p 与纯苯的相同，大于被增溶苯的，所以乳化液的化学势大于增溶液的化学势，因此乳化液的稳定性显著地低于增溶体系，即增溶体系在热力学上是稳定的。

图 2-9 所示为一个典型的由织物表面洗去油垢的洗涤过程。其中（a）所示为油垢开始与表面活性剂溶液接触；（b）所示为表面活性剂的疏水端融入油垢中；（c）所示为表面活性剂影响油垢及织物间的接触角 θ，在洗涤过程中对 θ 角的要求应大于 90°，这样在洗衣机强烈机械搅动所形成的水涡作用影响下，织物上的油垢就能被洗下来，若 θ 角小于 90°，有一部分油垢就会因为与织物间的高黏合能而不能被洗去，表面活性剂在这一过程中就会影响到接触角及黏合能；（d）所示为进一步的机械力会把油垢变成悬浮体被洗掉。

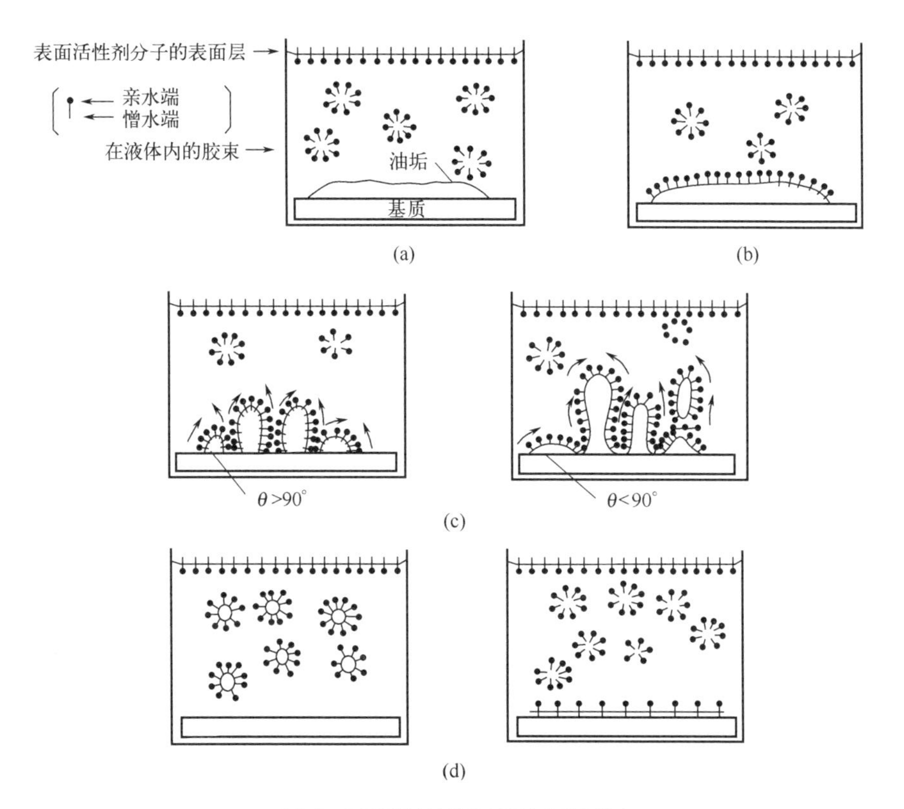

图 2-9　表面活性剂在洗涤过程中的溶解效应

2.2.4　起泡和消泡作用

由液体薄膜或固体薄膜隔离开的气泡聚集体称为泡沫，可分为液体泡沫和固体泡沫。在液体泡沫中，液体和气体的界面起重要作用。仅由液体和气体形成的泡沫为两相泡沫，当其含有固体粉末时，如在选矿中形成的泡沫为多相泡沫。只有溶液才能明显起泡，纯液体则不能，即使压入气泡，也不能形成泡沫。无论是天然泡沫还是人工泡沫，有时有利于生产，有时作用正相反，例如在选矿、皂工业及泡沫灭火中，起泡作用是有利的；而在烧锅炉、溶液浓缩和减压蒸馏中起泡作用则是有害的。特别是在家庭中广泛使用的合成洗涤剂，由于其在使用过程中产生的大量泡沫给下水处理带来许多困难。

2.2.4.1 起泡作用

一般地说，当表面张力低，膜的强度高时，不论是稳定泡沫还是不稳定泡沫，起泡力都较好。

溶液的黏度对泡沫稳定在两方面起作用：一方面是增加泡沫液膜的强度；另外表面黏度大，膜液体不易流动排出，延缓了液膜破裂，而增强了泡沫的稳定性。

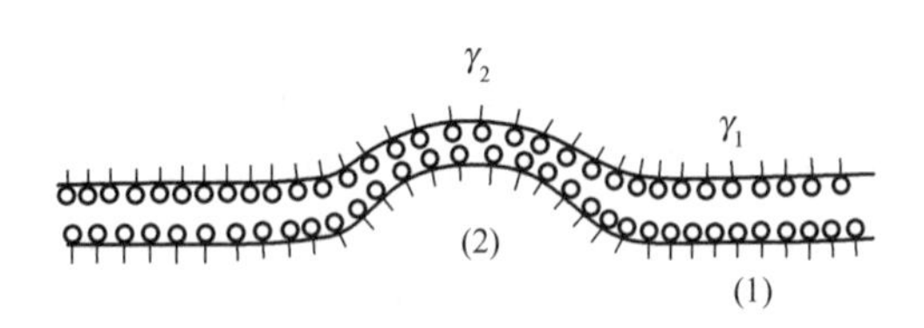

图 2-10 液膜局部变薄引起的表面张力变化

此外，如图 2-10 所示，当泡沫的液膜受到冲击时会发生局部变薄现象，变薄处的液膜表面积增大，表面吸附的分子密度减小，从而使局部表面张力增加，即 $\gamma_2>\gamma_1$。于是（1）处表面分子向（2）处迁移，使（2）处的表面分子密度增加，表面张力 γ_2 又降至 γ_1，吸附于泡沫液膜上的表面活性剂分子对液膜起着表面“修复”的作用，使泡沫不易破坏，而具有良好的稳定性。

2.2.4.2 消泡作用

消泡作用分为破泡和抑泡两种作用。具有破泡能力的物质称为破泡剂。具有破泡能力的液体，其表面张力都较低，且易吸附铺展于泡沫的液膜上。当破泡剂铺展吸附于泡沫液膜上后，能使液膜的局部表面张力降低，同时带走液膜下邻近液体，导致液膜变薄而破裂。一般地说，破泡剂在液膜上铺展得越快，液膜变得越薄，破泡能力越强。

有效的消泡剂既要能迅速破泡，又要能在相当长的时间内防止泡沫生成。一般地说，开始加入消泡剂时，在液膜上的铺展速度大于胶束增溶的速度，所以表现出良好的消泡效果，经过一段时间后，随着消泡剂被增溶，消泡作用减弱。

实际应用的消泡剂种类很多，常见的有以下几种。

a. 醇类，常用的多为具有支链结构的醇，如二乙基己醇、异辛醇、异戊醇、二异丁基甲醇等。

b. 脂肪酸及脂肪酸酯，如牛脂、猪脂、失水山梨醇、单月桂酸酯、三油酸酯、甘油脂肪酸酯、双乙二醇月桂酸酯以及蓖麻油、豆油等。

c. 酰胺，如硬脂酰乙二胺、棕榈酰乙二胺、油酰二乙烯三胺缩合物等。

d. 磷酸酯，如磷酸三丁酯、磷酸三辛酯、磷酸戊酯、辛酸有机胺盐等。

e. 有机硅化合物，如硅油，主要是烷基硅油。

f. 卤化有机烃，如氯化烃、氟化烃、多氟化烃等。

此外某些金属皂，如硬脂酸和棕榈酸的铝、钙、镁皂等。一般非离子表面活性剂多为低泡型表面活性剂，有的具有良好的消泡能力。

在实际消泡工作中除采用上述消泡剂外，还可采用超声波，使液体从泡沫上部流下，达到消泡目的，也可采取与冷空气或热金属接触，以及急剧减压等手段来消泡。在防止泡沫产生的实际工作中，可采取将容器内壁做成凸凹状，调节器壁面润湿的性能等方法来实现抑泡作用。

2.2.4.3 浮选

浮选的情况比较复杂，它至少涉及气、液、固三相。首先是采用能产生大量气泡的表面活性剂——起泡剂。当在水中通入空气或由于水的搅动引起空气进入水中时，表面活性剂的疏水端在气-液界面向气泡的空气一方定向，亲水端仍在溶液内，形成了气泡；另一种起捕集作用的表面活性剂（一般都是阴离子表面活性剂，也包括脂肪胺）吸附在固体矿粉的表面。这种吸附随矿物性质的不同而有一定的选择性，其基本原理是利用晶体表面的晶格缺陷，而向外的疏水端部分地插入气泡内，这样在浮选过程（见图 2-11）中气泡就可能把指定的矿粉带走，达到选矿的目的。

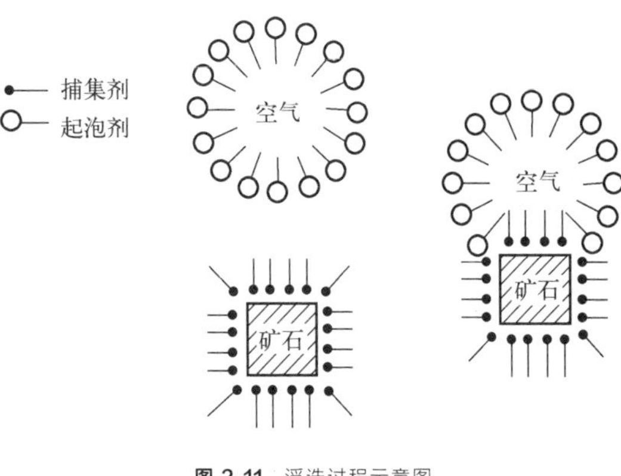

图 2-11 浮选过程示意图

2.3 阴离子表面活性剂

阴离子表面活性剂是表面活性剂中发展历史最悠久、产量最大、品种最多的一类产品。阴离子表面活性剂按其亲水基团的结构分类见表 2-2。磺酸盐和硫酸酯盐是目前阴离子表面活性剂的主要类别。

表 2-2 阴离子表面活性剂的结构分类

名称		结构
羧酸盐		$R-COO^- Na^+ (K^+, NH_4^+)$
硫酸酯盐		$R-OSO_3^- Na^+ (K^+, NH_4^+)$
磺酸盐	烷基苯磺酸盐	$R-C_6H_4-SO_3Na$
	烷基萘磺酸盐	$R-C_{10}H_6-SO_3Na$
磷酸酯盐	磷酸双酯盐	$(RO)_2P(=O)OM$
	磷酸单酯盐	$RO-P(=O)(OM)_2$

2.3.1 羧酸盐型阴离子表面活性剂

硬脂酸钠

硬脂酸钠，又称十八酸钠，化学简式为 $C_{17}H_{35}COONa$。硬脂酸钠在水中溶解后，溶液呈碱性，pH 值一般大于 8.5，因此对人体皮肤有较强的脱脂作用和一定的刺激性。硬脂酸钠的最主要应用是制造皂类洗涤剂。脂肪酸钠皂体坚硬，在块状皂中兼具赋形剂与活性剂的双重作用。

硬脂酸钠的另一个主要应用是在化妆品中作乳化剂。如以雪花膏为代表的 O/W 型膏霜中，硬脂酸钠是必不可少的乳化剂；在剃须膏、洗发膏等的制备中，硬脂酸钠亦为最常用的乳化剂。此外，一些工业用乳化产品，如油墨清洗剂、奶制品清洗剂等中亦常使用硬脂酸钠作为 O/W 型产品的乳化剂。硬脂酸钠的制备方法主要有以下两种。

（1）油脂水解皂化法

该法以含硬脂酸钠较多的牛、羊油等为原料，通过氢氧化钠水解皂化，制备硬脂酸钠与其他脂肪酸钠的混合物，直接使用或经精制分离制得纯品。其反应原理如下：

$$\begin{array}{l} CH_2-COOC_{17}H_{35} \\ | \\ CH-COOC_{17}H_{35} \\ | \\ CH_2-COOC_{17}H_{35} \end{array} + 3NaOH \xrightarrow[\text{加热}]{H_2O} \begin{array}{l} CH_2OH \\ | \\ CHOH \\ | \\ CH_2OH \end{array} + 3C_{17}H_{35}COONa$$

工业上生产硬脂酸钠的方法主要为间歇煮皂法和连续皂化法。目前国内大多采用前一种方法。

（2）硬脂酸直接中和法

以硬脂酸为原料，用氢氧化钠或碳酸钠直接中和即可制得硬脂酸钠。其反应原理如下：

$$C_{17}H_{35}COOH + NaOH \longrightarrow C_{17}H_{35}COONa + H_2O$$

$$C_{17}H_{35}COOH + Na_2CO_3 \longrightarrow C_{17}H_{35}COONa + NaHCO_3$$

中和法制备工艺简单直观，一般在 65℃，将氢氧化钠或碳酸钠水溶液直接与硬脂酸混合即可制得硬脂酸钠产品。

在上述两种制备方法中，用于制造各类洗涤剂的硬脂酸多采用油脂水解皂化法。所得皂胶经工艺调和，按产品质量要求调制成皂基，可制成不同规格的洗衣皂和香皂制品；而用作乳化剂的硬脂酸钠一般均采用直接中和法。即在化妆品配制中分别加入硬脂酸和碱液，在配制过程中完成中和反应，使生成的硬脂酸钠边生成边参与乳化过程，可防止乳化剂局部不均等现象，制得高稳定性产品。

2.3.2 磺酸盐型阴离子表面活性剂

2.3.2.1 十二烷基苯磺酸钠

十二烷基苯磺酸钠，简称 LAS。LAS 是一种黄色油状液体，经纯化后可形成六角形或斜方形薄片状结晶。其分子由亲油性烷基基团、离子型的亲水磺酸基团及作为连接手段的亲油性苯环基团三部分构成。经过对 LAS 结构与性能之间关系的研究，从其表面活性与生物降解性两方面综合考虑，理想的 LAS 结构应该是 C_{10}～C_{14} 的直链烷基，苯环在烷基的第三或第四个碳原子上连接，亲水基为苯环对位单磺酸基团，化学简式为 $C_{12}H_{25}C_6H_4SO_3Na$。

LAS 溶于水后呈中性，对水的硬度较敏感，对酸碱水解的稳定性好，不易氧化。主要表面活性作用表现为起泡能力强、去污能力高，易与各种助剂复配，兼容性好，且成本较低，合成工艺成熟，因此应用领域广泛。LAS 的最主要用途是配制各种类型的液体、粉状、粒状、浆状洗涤剂、擦净剂和清洁剂；还可作为石油破乳剂、农药浓缩乳化剂、油井空气钻井起泡剂、软质陶瓷和水泥助磨剂、石膏用泡沫剂、纺织用抗静电涂布剂、染色助剂、石灰分散剂、明胶凝聚剂、铝增亮剂、电镀工业脱脂剂、造纸工业脱墨剂等；在农业方面，可作为防化肥结块剂、杀菌剂和协同杀虫剂。

以十二烷基苯为原料生产 LAS 目前有两种合成方法：①三氧化硫磺化法；②发烟硫酸磺化法。

（1）三氧化硫磺化法

三氧化硫磺化烷基苯的反应原理如下：

$$C_{12}H_{25}-C_6H_5 + SO_3 \longrightarrow C_{12}H_{25}-C_6H_4-SO_3H$$

该反应具有活化能低、反应放热量大、体系黏度剧增、传热慢、副反应多等突出特点，给工艺控制带来诸多困难。然而，该法生产出的烷基苯磺酸产品质量好，含盐量低，应用范围广；能以化学计量的烷基苯反应，无废酸生成，可节约大量烧碱，且生产三氧化硫的原料丰富，因此，生产成本低，是今后工业磺化的发展方向。其工艺特点是要求生产过程的反应投料比、气体浓度和反应温度稳定，物料在体系中停留时间短、气-液两相接触状态良好，使反应热及时排出。为此，对设备加工精度及材质均有较高要求，设备庞杂，造价均在几百万元以上，一般中小型企业和乡镇企业难以实现。

（2）发烟硫酸磺化法

以发烟硫酸作为磺化剂与烷基苯反应如下：

$$C_{12}H_{25}-C_6H_5 \xrightarrow{\text{发烟 } H_2SO_4} C_{12}H_{25}-C_6H_4-SO_3H + H_2O$$

与三氧化硫磺化相比，发烟硫酸磺化反应速率较易控制，反应放热量也较小，但由于反应过程同时生成大量废酸，故生产成本偏高。

2.3.2.2 琥珀酸酯磺酸盐

琥珀酸酯磺酸盐又名丁二酸酯磺酸盐，是近十几年来国内外开发较为活跃的一类表面活性剂。这类表面活性剂有三个显著特点。

a. 它们分子结构的合成可变性强，能与顺丁烯二酸酐作用的化合物有脂肪醇、脂肪醇聚环氧乙烷醚、烷醇酰胺、乙氧基代烷醇酰胺、单甘油酯、聚甘油酯、酰胺、聚乙二醇、有机硅醇及氟烷醇等十类上百个品种；近年来又开发出天然类脂和硅氧烷等新系列品种，可以根据应用的需要而改变分子结构合成出某种性能独特的产品。

b. 它们的表面活性好，其水溶液表面张力可达到 $27\sim35mN \cdot m^{-1}$。单酯类产品性能温和，对皮肤刺激性低；双酯类产品渗透力强，工业应用广泛。

c. 这类表面活性剂的合成工艺较为简单、原料来源广、生产成本低、无三废污染。

琥珀酸酯磺酸盐是一类具有优异的乳化、润湿和渗透等性能的阴离子表面活性剂，广泛用于日用化工、涂料、印染、矿山、造纸、皮革、感光等领域。下面对两种应用较多的琥珀酸酯磺酸盐的概况及制备方法作一简述。

脂肪醇聚环氧乙烷醚琥珀酸单酯磺酸钠

脂肪醇聚环氧乙烷醚琥珀酸单酯磺酸钠，简称 AESM 或 AESS，是单酯类琥珀酸酯磺酸盐的最主要品种，典型产品为月桂醇聚环氧乙烷 AEO-3 醚琥珀酸单酯磺酸钠，AESM 化学简式为：

$$C_{12}H_{25}O(CH_2CH_2O)_3OCCH_2\underset{\displaystyle SO_3Na}{\underset{|}{C}}HCOONa$$

AESM 在润湿性、抗硬水性与增溶性等三方面较为突出，而脱脂力很弱。因此，非常适用于与人体皮肤接触的日用化工领域，现已在调理香波、婴幼儿香波、浴液、洗面奶、洗手液等方面开发应用。利用其出色的起泡性、稳定性和适中的去污性，已成功地用于泡沫浴剂、洗发膏、轻垢衣料洗涤剂等的配制中，还在石油泡沫钻井、橡塑制品加工、乳液聚合催化、原油脱盐、染料扩散渗透、纸张施胶、医药制品成型以及感光材料生产等多个工业领域发挥重要作用。

AESM 的合成分为酯化和磺化两步，其合成原理为：

$$C_{12}H_{25}O(CH_2CH_2O)_3H + \begin{matrix} CH-C(=O) \\ \| \quad\quad O \\ CH-C(=O) \end{matrix} \xrightarrow{\text{催化剂}} C_{12}H_{25}O(CH_2CH_2O)_3OCCH=CHCOOH$$

$$C_{12}H_{25}O(CH_2CH_2O)_3OCCH=CHCOOH + Na_2SO_3 \longrightarrow$$

$$\underset{\text{AESM}}{C_{12}H_{25}O(CH_2CH_2O)_3OCCH_2\overset{\overset{\large SO_3Na}{|}}{C}HCOONa}$$

AESM 定性分析可采用间苯二酚定性实验法，定量分析一般可用亚甲基蓝比色法。

2.3.3 硫酸酯盐

月桂醇聚环氧乙烷酸钠

月桂醇聚环氧乙烷酸钠，又名十二醇聚环氧乙烷醚硫酸钠或脂肪醇聚环氧乙烷醚硫酸钠，简称 AES，其化学简式为：

$$C_{12}H_{25}O(CH_2CH_2O)_3OSO_3Na$$

AES 为淡黄色至无色黏稠液体、活性物含量一般为 70%，未硫酸化物含量小于 2%，硫酸钠含量小于 2%，pH 值在 7～8.5 之间，总生物降解度大于 90%，无毒。

AES 在碱性介质中是稳定的，但在酸性介质中容易水解，甚至在中性介质中，由于自动催化作用，也会引发水解反应，因此要添加磷酸盐或柠檬酸盐缓冲剂，以防止水解。

在常见的香波配方中，上述特性常会导致产品黏度的波动。在开始阶段，由于 AES 水解引起月桂醇聚环氧乙烷（3）醚的增多，使产品黏度显著升高；但随着水解过程的进行，AES 含量不断减少，会导致黏度下降。因此，以柠檬酸钠调节产品 pH 值十分重要。

在分子结构方面，由于 AES 中亲水性聚环氧乙烷醚基的引入，使其水溶解度与 LAS 相比明显提高、易于配成透明溶液；因丝毫不会受到水硬度的影响，具备了优异的抗钙、镁离子作用的能力。在生产成本方面，环氧乙烷的介入使 AES 售价低于 LAS，使其更具市场竞争力。在表面活性方面，与 LAS 相比，AES 在润湿性、乳化性、钙皂分散性及增溶性等方面都有所增强，且又保持了较强的去污能力。因此，AES 近年来以惊人的速度迅猛增长，成为阴离子表面活性剂中发展最快的一个品种。

AES 的最主要应用是与 LAS 复配生产轻垢型液体洗涤剂，如丝毛清洗剂和餐具清洗剂。此时，AES 与 LAS 复配在泡沫性、去污性及溶液黏度等方面均有一定的协同作用。AES 的另一主要应用是与 AESM、两性表面活性剂 BS-12 或氧化胺复配制造人体用清洁制品。它们之间的复配增强了对人体皮肤和毛发的相容性，改善了泡沫的结构及油脂的分散作用，特别是可减轻对皮肤及眼睛的刺激性，因此是构成中高档洗发香波、泡沫浴液的基础配方体系。

由于洗涤剂中磷酸盐使用的限制，AES 正逐步进入重垢型液体洗涤剂生产领域。它可与大量非离子表面活性剂复配，生产出高去污效能、抗硬水性能好的洗涤剂，并能使产品保持适中的起泡性和透明度。

此外，在块状洗涤剂、透明洗发膏、剃须膏和化妆品乳液制备中，AES也是常用的活性添加成分。由于AES具有较强的降低表面张力作用，可有效地增强药物的扩散和吸收作用，因此也用于制备膏状、胶状或乳状医药制品。AES还可作为纺织工业的润湿剂、助染剂和清洗剂。

AES的制备方法与十二烷基硫酸钠的基本相同，目前常用的方法有三种：①三氧化硫法；②氯磺酸法；③氨基磺化法。

其合成原理如下：

$$C_{12}H_{25}O(CH_2CH_2O)_3H+SO_3 \longrightarrow C_{12}H_{25}O(CH_2CH_2O)_3OSO_3H$$

$$C_{12}H_{25}O(CH_2CH_2O)_3H+ClSO_3H \longrightarrow C_{12}H_{25}O(CH_2CH_2O)_3OSO_3H+HCl$$

$$C_{12}H_{25}O(CH_2CH_2O)_3H+H_2NSO_3H \longrightarrow C_{12}H_{25}O(CH_2CH_2O)_3OSO_3NH_4$$

$$C_{12}H_{25}O(CH_2CH_2O)_3OSO_3H+NaOH \longrightarrow C_{12}H_{25}O(CH_2CH_2O)_3OSO_3Na+H_2O$$

$$C_{12}H_{25}O(CH_2CH_2O)_3OSO_3NH_4+NaOH \longrightarrow C_{12}H_{25}O(CH_2CH_2O)_3OSO_3Na+NH_4OH$$

三种合成方法中，三氧化硫法是大工业生产法，其生产成本低；产品含盐量少，但反应剧烈难以控制；需用特殊结构的专用反应器，设备费在百万元以上，不适合中小企业。

氯磺酸法是液/液硫酸化反应，反应剧烈程度小，工艺过程容易控制，原料成本较低，产品颜色较好。该法有两个主要缺点：一是副产物HCl，需要附吸收装置，且对设备腐蚀严重，增大了设备投资和生产成本；二是该反应氯磺酸过量，增加了产品的无机盐含量，不易生成活性物含量70%的浓缩型产品。因此，该法是中小型企业生产LAS或AES的常用方法。

氨基磺化法是固/液硫酸化反应，反应过程简单，只需一个反应釜即可完成反应，无任何副产物生成，可以生成活性物含量70%的浓缩型AES产品，产品质量可以满足三氧化硫法的质量指标。该法目前也存在两方面问题限制其发展：一是原料供应相对紧张，氨基磺酸价格高；二是该反应需由特定催化剂催化，才能达到较高的转化率。

2.3.4 磷酸酯型阴离子表面活性剂

十二烷基聚环氧乙烷醚磷酸酯钠盐又名月桂醇聚环氧乙烷醚磷酸钠，简称AEPS。AEPS在常温下为微黄色黏稠液体，具有优异的电解质相容性和对热、碱的稳定性。AEPS通常为单烷基醚磷酸酯钠盐和双烷基醚磷酸酯钠盐的混合物，其分子结构式为：

$$C_{12}H_{25}O(CH_2CH_2O)_3-P(=O)(ONa)(ONa)$$

单烷基醚磷酸酯钠盐

$$[C_{12}H_{25}O(CH_2CH_2O)_3]_2P(=O)-ONa$$

双烷基醚磷酸酯钠盐

单烷基醚磷酸酯钠盐是优良的高效表面活性剂，具有优良的乳化性、洗涤性、起泡性和抗静电性，还具有防锈、缓蚀和螯合功能，而双烷基醚磷酸酯钠盐的平滑性和集束性能好，但水溶性、起泡性和洗涤性相对较差，因此合成过程应选取适宜的工艺措施，提高单烷基醚磷酸酯钠盐的收率，以提高其应用性能。

AEPS的最大应用领域是化纤工业，它一方面作为涤纶长（短）纤维油剂、锦纶长丝油剂、帘子线油剂和针织油剂的活性成分，所得产品耐热性好，黏附性强；另一方面可用于制造化纤染色助剂，发挥其良好的乳化性、润湿性和抗静电性。

在金属加工工业中，利用 AEPS 润湿性，可生产各类切削油、拔丝油、压延油等，并能根据应用要求配成油溶性和水溶性等不同的状态。在合成树脂工业中，AEPS 常用作聚醋酸乙烯酯或丙烯酸乙酯与异丁烯酸甲酯共聚物乳胶的乳化剂，使乳胶成膜的透明性好，且使耐光性、耐热性、防锈性能卓越，还可增强树脂的抗静电性。

此外，在化妆品工业中，利用其分子结构与天然乳化剂（卵磷脂、脑磷脂）结构相似的特点，作为高效油相乳化剂，生产各类护肤膏霜，可增强与皮肤的亲和性，减少刺激性。它还可用作透明胶冻状化妆品的溶化剂、喷发器喷嘴堵塞防止剂等。

在洗涤剂工业中，AEPS 主要用作干洗剂的活性成分，还可用于制造分解性能优良的洗衣粉和透明液状洗涤剂。在农药加工方面，它是优良农药乳化剂，使乳液稳定性好、起泡性低。在造纸工业中，它可作为废纸脱墨剂和涂料的涂层液分散稳定剂。

AEPS 合成方法目前有两种：五氧化二磷法和三氯氧磷法。

（1）五氧化二磷法

以月桂醇聚环氧乙烷（3）醚为原料，合成 AEPS 的原理如下：

$$C_{12}H_{25}O(CH_2CH_2O)_3H+P_2O_5 \longrightarrow C_{12}H_{25}O(CH_2CH_2O)_3\text{—}P(=O)(OH)_2 + [C_{12}H_{25}O(CH_2CH_2O)_3]_2P(=O)\text{—}OH$$

（2）三氯氧磷法

三氯氧磷法用于制取双烷基醚为主的 AEPS，其反应原理如下：

$$C_{12}H_{25}O(CH_2CH_2O)_3H+POCl_3 \longrightarrow \begin{cases} C_{12}H_{25}O(CH_2CH_2O)_3\text{—}P(=O)Cl_2 \\ [C_{12}H_{25}O(CH_2CH_2O)_2]_2\text{—}P(=O)\text{—}Cl \end{cases}$$

$$\xrightarrow{H_2O} \begin{cases} C_{12}H_{25}O(CH_2CH_2O)_3\text{—}P(=O)(OH)_2 \\ [C_{12}H_{25}O(CH_2CH_2O)_2]_2\text{—}P(=O)\text{—}OH \end{cases}$$

2.3.5 阴离子表面活性剂的生物降解性

表面活性剂的降解是指表面活性剂在环境因素作用下结构发生变化，从对环境有害的表面活性剂分子逐步转化成对环境无害的小分子（如 CO_2、NH_3、H_2O 等），从而引起化学和物理性质的改变。完整的降解一般分为以下三步。

a. 初级降解，表面活性剂的母体结构消失，特性发生变化。

b. 次级降解，降解得到的产物不再导致环境污染。

c. 最终降解，底物（表面活性剂）完全转化为 CO_2、NH_3、H_2O 等无机物。

影响表面活性剂降解的因素很多，除自身的结构外，还受微生物、光源、浓度、温度、氧化剂、pH 值等诸多环境因素的影响。

2.4 阳离子表面活性剂

2.4.1 阳离子表面活性剂概述

阳离子表面活性剂和其他表面活性剂一样，也是由亲水基和疏水基所组成的。亲水基主要为碱性氮原子，也有磷、硫、碘等原子。含氮阳离子表面活性剂的分类见表 2-3。

表 2-3 含氮阳离子表面活性剂的分类

<table>
<tr><th colspan="2">名　称</th><th>结　构</th></tr>
<tr><td colspan="2">伯胺盐</td><td>$R—NH_2 \cdot HCl$</td></tr>
<tr><td colspan="2">仲胺盐</td><td>$R—NHCH_3 \cdot HCl$</td></tr>
<tr><td colspan="2">叔胺盐</td><td>$R—N(CH_3)_2 \cdot HCl$</td></tr>
<tr><td rowspan="3">季铵盐</td><td>烷基三甲基氯化铵</td><td>$R—\overset{+}{N}(CH_3)_3 \cdot Cl^-$</td></tr>
<tr><td>烷基二甲基苄基氯化铵</td><td>$[R—N(CH_3)(CH_3)(CH_2—C_6H_5)]^+ Cl^-$</td></tr>
<tr><td>烷基吡啶</td><td>$[R—NC_5H_4—]^+ X^-$</td></tr>
</table>

含氮阳离子表面活性剂主要分为胺盐及季铵盐类。胺盐为弱碱性的盐，对 pH 较为敏感，处在酸性条件下，形成可溶于水的胺盐，碱性条件则游离出胺。胺盐常指伯、仲、叔胺的盐，它们可由相应的胺用盐酸、醋酸等中和得到。

季铵盐和一般胺盐的区别在于，它是强碱，无论在酸性或碱性溶液中均能溶解，并解离为带正电荷的脂肪链阳离子。因而阳离子表面活性剂中，季铵盐占有重要的地位。

阳离子表面活性剂带有正电荷，对于通常带有负表面电荷的纺织品、金属、玻璃、塑料、矿物、动物或人体组织等，它的吸附能力比阴离子和非离子强。这种特定的性质是决定阳离子表面活性剂特殊应用的关键。由于其强的吸附能力，易在基质表面上形成亲油性膜或产生阳电性，故广泛用作纺织品的防水剂、柔软剂、抗静电剂、染料的固色剂等。前两者在于纤维亲油性膜的形成，而具有疏水的作用以及能显著地降低纤维表面的静摩擦系数，从而具有良好的柔软平滑性，后两者则在于阳电性作用的表现。

苄基季铵化的阳离子表面活性剂具有较强的杀菌消毒作用，广泛地用作医用消毒剂，其他还可用作金属防腐剂、矿石浮选剂、头发调理剂、沥青乳化剂等。

一般认为阳离子表面活性剂需要在有氧条件下进行降解，且能力较弱，甚至还会抑制其他有机物的降解。但也有某些阳离子表面活性剂具有较好的生物降解性，如壬基二甲基苯基氯化铵的降解能力与 LAS 相近。阳离子表面活性剂与其他类型的表面活性剂复配后，不仅不会出现抑制降解的现象，反而两者都易降解。如二烷基三甲基氯化铵常温下不能降解，但当与 LAS 按等摩尔复配后两者的降解能力都显著增强。一种可能的解释是由于复配后形成复合物，降低了阳离子表面活性剂的抗菌性，使降解易进行。

2.4.2 脂肪胺盐型表面活性剂

(1) 脂肪胺盐

用盐酸或其他酸中和烷基伯胺、仲胺和叔胺得到的产物为脂肪胺盐。例如不溶于水的白色蜡状十二胺 60～70℃加热变为液体后，在良好的搅拌条件下加入醋酸中和，即可得到十二胺醋酸盐。它能溶于水，并且具有良好的表面活性。

$$C_{12}H_{25}NH_2 + CH_3COOH \xrightarrow{60\sim70^\circ C} C_{12}H_{25}NH_3^{\oplus}CH_3COO^{\ominus}$$

(2) 乙醇胺盐

乙醇胺盐可采用如下方法制取。

a. 卤代烷在苯甲醇等适当溶剂中与单乙醇胺或二乙醇胺反应：

$$R{-}X + NH_2CH_2OH \longrightarrow R{-}NHCH_2OH$$

b. 脂肪胺与氯乙醇反应：

$$R{-}NH_2 + ClCH_2CH_2OH \longrightarrow R{-}NHCH_2CH_2OH + R{-}N(CH_2CH_2OH)_2$$

c. 脂肪胺与环氧化物反应：

$$R{-}NH_2 + \underset{\diagdown\ O\ \diagup}{H_2C{-}{-}CH_2} \longrightarrow R{-}NHCH_2CH_2OH$$

$$R{-}NH_2 + n\underset{\diagdown\ O\ \diagup}{H_2C{-}{-}CH_2} \longrightarrow R{-}N\begin{cases}(CH_2CH_2O)_xH\\(CH_2CH_2O)_yH\end{cases}$$

上述产物烷基乙醇胺再与各种酸反应得到阳离子表面活性剂乙醇胺盐。例如：

$$R{-}N(CH_2CH_2OH)_2 + HCl \longrightarrow [R{-}NH(CH_2CH_2OH)_2]^+Cl^-$$

烷基乙醇胺与烷基化剂作用也可生成季铵盐。

2.4.3 季铵盐型表面活性剂

季铵盐与伯胺、仲胺、叔胺的盐不同。胺盐遇碱会生成不溶于水的胺，而季铵盐与碱作用，能生成一个溶于水的季铵碱和季铵盐的混合物：

$$\left[\begin{array}{c}R^1\\|\\R{-}N{-}R^3\\|\\R^2\end{array}\right]^{\oplus}X^{\ominus} + NaOH \rightleftharpoons \left[\begin{array}{c}R^1\\|\\R{-}N{-}R^3\\|\\R^2\end{array}\right]^{\oplus}OH^{\ominus} + NaX$$

具有一个长链烷基的季铵盐在水中的溶解度与长链烷基的碳链长度有关，碳链长度增加，水溶性降低。$C_8\sim C_{14}$的易溶于水，$C_{16}\sim C_{18}$的难溶于水。含有长链烷基的季铵盐能溶于水和极性溶剂，但不溶于非极性溶剂。含有一个长链烷基的季铵盐几乎不溶于水，而溶于非极性溶剂。当季铵盐中含有不饱和的脂肪族或芳香族基团时，能增加其在极性或非极性溶剂中的溶解度。季铵盐的商品通常为含量 10%～75%的水溶液或有机溶剂的溶液。

季铵盐的品种很多，合成的方法也较多。通常最简单的方法为叔胺与烷基化剂反应。季铵化的烷基化剂有卤代烷、硫酸烷基酯和氯化苄等。例如：

$$\mathrm{R{-}N(R^1)(R^2) + CH_3Cl \longrightarrow \left[R{-}N(R^1)(R^2){-}CH_3\right]^{\oplus} Cl^{\ominus}}$$

$$\mathrm{R{-}N(R^1)(R^2) + (CH_3)_2SO_4 \longrightarrow \left[R{-}N(R^1)(R^2){-}CH_3\right]^{\oplus} CH_3SO_4^{\ominus}}$$

由于胺的氮原子上有未共享的电子对，具有亲核作用，能接受质子，因此，季铵化反应为亲核取代反应。

下面是高碳烷基胺用低碳烷基化剂季铵化的实例：

$$\mathrm{C_{12}H_{25}{-}N(CH_3)_2 + CH_3Cl \xrightarrow[NaOH,\ H_2O]{80\sim85^{\circ}C,\ 0.2MPa} \left[C_{12}H_{25}{-}N(CH_3)_2{-}CH_3\right]^{\oplus} Cl^{\ominus}}$$

这类季铵盐除了采用上述方法合成外，还可采用如下方法制取。

a. 伯胺与氯甲烷反应：

$$\mathrm{R{-}NH_2 + 3CH_3Cl \xrightarrow[NaHCO_3,\ 异丙醇铝]{125^{\circ}C} \left[R{-}N(CH_3)_2{-}CH_3\right]^{\oplus} Cl^{\ominus}}$$

b. 烷基二甲基叔胺与氯乙醇反应：

$$\mathrm{R{-}N(CH_3)_2 + ClCH_2CH_2OH \xrightarrow{100^{\circ}C} \left[R{-}N(CH_3)_2{-}CH_2CH_2OH\right]^{\oplus} Cl^{\ominus}}$$

c. 烷基二甲基叔胺与环氧乙烷反应：

$$\mathrm{C_{18}H_{37}{-}N(CH_3)_2 + HNO_3 \xrightarrow{45\sim55^{\circ}C} \left[C_{18}H_{37}{-}N(CH_3)_2{-}H\right]^{\oplus} NO_3^{\ominus}}$$

$$\mathrm{\left[C_{18}H_{37}{-}N(CH_3)_2{-}H\right]^{\oplus} NO_3^{\ominus} + H_2C{-}CH_2\ (\text{环氧}, O) \xrightarrow[0.3MPa]{90^{\circ}C} \left[C_{18}H_{37}{-}N(CH_3)_2{-}CH_2CH_2OH\right]^{\oplus} NO_3^{\ominus}}$$

抗静电剂 SN

d. 双烷基叔胺与卤代烷反应：

$$\mathrm{R_2NH + 2CH_3Br \xrightarrow{100^{\circ}C} \left[R_2N(CH_3)_2\right]^{\oplus} Br^{\ominus}}$$

季铵盐还可采用高碳卤化物与低碳烷基胺合成，方法如下。

a. 卤代烷与三甲胺反应：

$$\mathrm{C_{12}H_{25}Br + (CH_3)_3N \xrightarrow[水]{60\sim80^{\circ}C} \left[C_{12}H_{25}{-}N(CH_3)_2{-}CH_3\right]^{\oplus} Br^{\ominus}}$$

b. 卤代烷与苄基二甲胺反应：

$$C_{12}H_{25}Br + C_6H_5{-}CH_2{-}N(CH_3)_2 \longrightarrow \left[C_{12}H_{25}{-}N(CH_3)_2{-}CH_2{-}C_6H_5\right]^{\oplus} Br^{\ominus}$$

新洁尔灭

c. 卤代烷与吡啶反应：

$$C_{12}H_{25}Br + C_5H_5N \xrightarrow[\text{水}]{120\sim130℃} \left[C_{12}H_{25}{-}NC_5H_5\right]^{\oplus} Br^{\ominus}$$

季铵盐的品种很多，除了上述长链烷基的季铵盐外，还有亲水部分和疏水部分通过胺、酯、醚等基团来连接的铵盐。制取这些阳离子表面活性剂时，首先是合成含有酰胺、酯、醚等基团的叔胺，然后再用烷基化剂进行季铵化。

合成含有酰胺基团叔胺的方法如下。

a. 酰氯和胺反应：

$$C_{17}H_{35}COCl + NH_2CH_2CH_2N(C_2H_5)_2 \longrightarrow C_{17}H_{35}CONHCH_2CH_2N(C_2H_5)_2$$

由这种物质合成的 Sapamine 类表面活性剂可用作染料固色剂、柔软剂等。

b. 脂肪酸与胺反应，由配料比确定产物中单酰胺和双酰胺的比例：

$$C_{17}H_{35}COOH + NH_2CH_2CH_2NHCH_2CH_2NH_2 \longrightarrow C_{17}H_{35}CONHCH_2CH_2NHCH_2CH_2NHCOC_{17}H_{35}$$

c. 脂肪酰胺和甲醛反应：

$$C_{17}H_{35}CONH_2 + HCHO \longrightarrow C_{17}H_{35}CONHCH_2OH$$

d. 碳脂肪胺与酰氯反应：

$$RNH_2 + ClCH_2COCl \longrightarrow RNHCOCH_2Cl + HCl$$

合成含有醚基团的方法如下。

a. 脂肪醇的氯甲基化：

$$ROH + CH_2O + HCl \longrightarrow ROCH_2Cl + H_2O$$

b. 脂肪醇、硫醇或烷基酚与环氧氯丙烷反应：

$$ROH + \underset{\diagdown O \diagup}{CH_2{-}CHCH_2Cl} \longrightarrow ROCH_2\underset{\diagdown O \diagup}{CH{-}CH_2} + HCl$$

c. 烷基酚和 $BrCH_2CH_2Br$、$H_3C{-}C_6H_4{-}SO_3CH_2CH_2Cl$ 的反应：

$$R{-}C_6H_4{-}OH + BrCH_2CH_2Br \longrightarrow R{-}C_6H_4{-}OCH_2CH_2Br + HBr$$

$$R{-}C_6H_4{-}OH + H_3C{-}C_6H_4{-}SO_3CH_2CH_2Cl \longrightarrow R{-}C_6H_4{-}OCH_2CH_2Cl + H_3C{-}C_6H_4{-}SO_3H$$

上述反应中得到的含卤化合物，具有长链卤代烷的性质，再与低碳叔胺反应可得到季铵盐。

合成含有酯基叔胺的方法有如下几种：

$$C_{17}H_{35}COOH + N(CH_2CH_2OH)_3 \xrightarrow{160\sim180℃} C_{17}H_{35}COOCH_2CH_2N(CH_2CH_2OH)_2 + H_2O$$

$$C_{17}H_{35}COCl + (HOC_2H_4)_2N-C_6H_5 \longrightarrow C_{17}H_{35}COOC_2H_4-N(C_6H_5)(C_2H_4OH) + HCl$$

$$RCOOH + HOCH_2CH_2-N(C_2H_5)_2 \longrightarrow RCOOCH_2CH_2-N(C_2H_5)_2 + H_2O$$

$$C_{17}H_{35}COCl + CH_2O + C_5H_5N \longrightarrow \left[C_{17}H_{35}COOCH_2-NC_5H_5\right]^{\oplus} Cl^{\ominus}$$

$$RCOOH + C_6H_5-CH_2N(CH_2CH_2OH)_2 \longrightarrow RCOOCH_2CH_2-N(C_2H_4OH)(CH_2C_6H_5)$$

双季铵盐或多季铵盐由于在分子中含有两个以上的鎓氮原子，除具有与单季铵盐相同的性能和应用外，它在金属、塑料和矿物等表面上具有较强的吸附作用，且亲水基团有两个以上，在水中的溶解度也大。这些特性给应用带来了方便，正日益受到人们的重视。双季铵盐可通过如下方法合成：

$$2R-N(CH_3)_2 + BrCH_2CH_2Br \longrightarrow \left[R-N(CH_3)_2-CH_2CH_2-N(CH_3)_2-R\right]^{2+} \cdot 2Br^-$$

2.4.4 杂环类阳离子表面活性剂

杂环类阳离子表面活性剂为表面活性剂分子中除含有碳原子外，还具有其他原子且呈环状结构的化合物。杂环的成环规律和碳环一样，最稳定与最常见的杂环也是五元环或六元环。有的环只含有一个杂原子，有的含有多个或多种杂原子。这里介绍咪唑啉、吗啉、胍类等几种杂环类阳离子表面活性剂。

2.4.4.1 咪唑啉型

咪唑啉为含有两个氮杂原子的五元杂环单环化合物。根据咪唑啉环上所连基团的不同又有一些不同品种，如高碳烷基咪唑啉、羟乙基咪唑啉、氨基乙基咪唑啉等。

① 2-烷基咪唑啉可由下列一些方法制得。

a. 脂肪酸（或脂肪酸酯、酰氯、酸酐）与二胺（如乙二胺）反应：

$$RCOOH + NH_2CH_2CH_2NH_2 \xrightarrow[-H_2O]{\text{加热}} RCONHCH_2CH_2NH_2 \xrightarrow[-H_2O]{\text{加热}} R-\overset{\displaystyle |}{C}{=}N-CH_2,\ HN-CH_2 \text{ (环)}$$

这种反应产物与1mol或2mol脂肪酸的络合物具有表面活性。

b. 脂肪腈与乙醇、盐酸反应生成亚胺醚后，再和乙二胺作用：

$$R-CN \xrightarrow[HCl]{C_2H_5OH} R-C(=NH\cdot HCl)(OC_2H_5) \xrightarrow{NH_2CH_2CH_2NH_2} R-C\langle{}^{N-CH_2}_{N(H)-CH_2}\ \text{(环)} + NH_4Cl + C_2H_5OH$$

c. 脂肪酸和亚乙基脲在250℃下反应：

$$RCOOH + O{=}C\langle^{NH-CH_2}_{NH-CH_2}| \longrightarrow R-C\langle^{N-CH_2}_{\underset{H}{N}-CH_2}| + H_2O + CO_2$$

2-烷基咪唑啉与硫酸二甲酯或卤代烷反应，可生成季铵盐。

$$R-C\langle^{N-CH_2}_{\underset{H}{N}-CH_2}| + (CH_3)_2SO_4 \longrightarrow \left[R-C\langle^{\overset{CH_3}{N}-CH_2}_{\underset{H}{N}-CH_2}|\right]^{\oplus} CH_3SO_4^{\ominus}$$

② 脂肪酸与二亚乙基三胺反应生成2-烷基氨基乙基咪唑啉。

$$RCOOH + NH_2CH_2CH_2NHCH_2CH_2NH_2 \xrightarrow{-H_2O} R-C\langle^{N-CH_2}_{\underset{CH_2CH_2NH_2}{N}-CH_2}|$$

反应中生成的水可采用真空脱水或苯、甲苯共沸脱水的方法除去。

将得到的2-烷基氨基乙基咪唑啉乙酰化，它的甲酸盐便是合成纤维的优良柔软剂和抗静电剂。例如：

$$\left[C_{17}H_{35}-C\langle^{N-CH_2}_{H-\underset{CH_2CH_2NHCOCH_3}{N}-CH_2}|\right]^{\oplus} HCOO^{\ominus}$$

③ 脂肪酸与二亚乙基三胺合成的咪唑啉衍生物，如含有两个脂肪链，其柔软性特别好。合成方法如下：

$$2RCOOH + NH_2CH_2CH_2NHCH_2CH_2NH_2 \longrightarrow R-C\langle^{N-CH_2}_{\underset{CH_2CH_2NH_2}{N}-CH_2}|$$

上述反应产物季铵化后的产物是一个很好的柔软剂。

$$R-C\langle^{N-CH_2}_{\underset{CH_2CH_2NHCOR}{N}-CH_2}| + (CH_3)_2SO_4 \longrightarrow R-CH\langle^{\overset{CH_3}{N}\ \ CH_2}_{\underset{CH_2CH_2NHCOR}{N}-CH_2}|$$

2-烷基-1-氨基乙基咪唑啉可与环氧乙烷发生加成反应：

$$R-C\langle^{N-CH_2}_{\underset{CH_2CH_2NH_2}{N}-CH_2}| + H_2C\overset{O}{—}CH_2 \longrightarrow R-C\langle^{N\ \ CH_2}_{\underset{CH_2CH_2N(CH_2CH_2OH)_2}{N}-CH_2}|$$

该反应产物与氯乙酰胺反应所生成的表面活性剂在氧化剂中稳定，起泡性好，可用作净洗剂、润湿剂、分散剂和乳化剂等。

在2-烷基咪唑啉衍生物中，2-烷基-1-羟乙基咪唑啉的衍生物是一类重要的化合物。乙二胺与环氧乙烷反应得到的 *N*-(2-氨基乙基)乙醇胺，再与脂肪酸进行缩合反应即生成2-烷基-1-羟乙基咪唑啉。

$$NH_2CH_2CH_2NH_2 + H_2C\underset{O}{\diagdown\!\diagup}CH_2 \longrightarrow NH_2CH_2CH_2NHCH_2CH_2OH \xrightarrow{RCOOH} R{-}C(=N{-}CH_2)(NHCH_3)\ \ |\ CH_2CH_2OH$$

2.4.4.2 吗啉型

吗啉型阳离子表面活性剂是六元环中含有 N、O 两种杂原子的化合物。

a. *N*-高碳烷基吗啉可由长链伯胺和双(2-氯乙基)醚反应制取。

$$R{-}NH_2 + O(CH_2CH_2Cl)_2 \longrightarrow R{-}N(CH_2CH_2)_2O$$

也可由溴代烷和吗啉缩合而成。

$$RBr + HN(CH_2CH_2)_2O \xrightarrow{K_2CO_3} R{-}N(CH_2CH_2)_2O$$

N-高碳烷基吗啉和硫酸二甲酯、硫酸高碳烷酯以及不对称的硫酸二烷酯反应，可生成相应的阳离子表面活性剂。

b. 仲胺与双(2-氯乙基)醚反应可一步合成二烷基吗啉阳离子氯化物，该生成物可用作润湿剂、净洗剂、杀菌剂，还可应用在润滑油中。

$$R_2NH + O(CH_2CH_2Cl)_2 \longrightarrow \left[R_2N(CH_2CH_2)_2O\right]^{\oplus} Cl^{\ominus}$$

c. 高碳卤代烷与低碳烷基吗啉如 *N*-乙基吗啉、*N*-羟乙基吗啉反应，可生成相应的吗啉型阳离子表面活性剂。

$$R{-}Cl + CH_3CH_2{-}N(CH_2CH_2)_2O \longrightarrow \left[R{-}N(C_2H_5)(CH_2CH_2)_2O\right]^{\oplus} Cl^{\ominus}$$

N-甲基吗啉与硫酸长链烷酯反应，亦可制得这类表面活性剂。

$$CH_3OSO_2OC_{18}H_{37} + H_3C{-}N(CH_2CH_2)_2O \longrightarrow \left[H_3C{-}N(C_{18}H_{37})(CH_2CH_2)_2O\right]^{\oplus} CH_3OSO_2O^{\ominus}$$

d. 碳脂肪酸与三乙醇胺在 180～280℃下加热，首先生成脂肪酸双(2-羟乙基)氨基乙酯。再继续加热使之脱水，生成脂肪酸吗啉乙酯。

$$RCOOH + N(CH_2CH_2OH)_3 \xrightarrow[-H_2O]{加热} RCOOCH_2CH_2{-}N(CH_2CH_2OH)_2 \xrightarrow[-H_2O]{加热} RCOOCH_2CH_2{-}N(CH_2CH_2)_2O$$

该表面活性剂产物可用作净洗剂、乳化剂和润湿剂。

e. 氨基乙基吗啉和脂肪酸一起加热，则可得到只有酰胺基团的吗啉。

$$RCOOH + NH_2CH_2CH_2{-}N(CH_2CH_2)_2O \longrightarrow RCONHCH_2CH_2{-}N(CH_2CH_2)_2O$$

该表面活性剂可用作消毒杀菌剂、润湿剂、起泡剂、乳化剂、纤维柔软剂以及直接染料固色剂等。

N-羟乙基吗啉与高碳卤代烷反应生成具有醚键的吗啉衍生物。

$$R—X + HOCH_2CH_2—N\begin{matrix}CH_2CH_2\\ \\CH_2CH_2\end{matrix}O \longrightarrow ROCH_2CH_2—N\begin{matrix}CH_2CH_2\\ \\CH_2CH_2\end{matrix}O$$

该衍生物与碘甲烷或苄基氯反应，生成吗啉阳离子盐。

2.5 两性表面活性剂

2.5.1 两性表面活性剂的特点

两性表面活性剂是在同一分子中既含有阴离子亲水基又含有阳离子亲水基的表面活性剂。最大特征在于它既能给出质子又能接受质子。

在使用过程中具有以下特点。

a. 对织物有优异的柔软平滑性和抗静电性；

b. 有一定的杀菌性和抑霉性；

c. 有良好的乳化性和分散性；

d. 与其他类型表面活性剂有良好的配伍性，在一般情况下会产生协同增效效应；

e. 可以吸附在带负电荷或正电荷的物质表面上，而不生成疏水薄层，因此有很好的润湿性和发泡性；

f. 低毒性和对皮肤、眼睛的低刺激性；

g. 极好的耐硬水性，甚至在海水中也可以有效地使用；

h. 良好的生物降解性。

因此在日用化工、纺织工业、染料、颜料、食品、制药、机械、冶金、洗涤等方面的应用日益扩大。由于具有的独特的优点，在某些场合足以补偿它们目前价格略高的因素。

2.5.2 两性表面活性剂的分类

两性表面活性剂按化学结构可分为氨基酸型、甜菜碱型、两性咪唑啉型、卵磷脂类。其分类见表 2-4。

表 2-4 两性表面活性剂的分类

名称	结构	名称	结构
氨基酸型	$R—NHCH_2CH_2COOH$	两性咪唑啉型	$R—C(=N—CH_2CH_2—)—\overset{+}{N}(CH_2COO^-)—CH_2CH_2OH$ （咪唑啉环）
甜菜碱型	$R—\overset{+}{N}(CH_3)_2CH_2COO^-$	卵磷脂类	天然卵磷脂

2.5.3 两性表面活性剂的合成与应用

2.5.3.1 甜菜碱型两性表面活性剂

甜菜碱是从甜菜中提取出来的天然含氮化合物，其化学名为三甲基乙酸铵，其不具有表面活性。甜菜碱型两性表面活性剂的基本分子结构一般是由季铵盐型阳离子和羧酸型阴离子（或其他类型阴离子）所组成。在此类型中，开发最早、结构最简单、应用较广的为烷基二甲基甜菜碱，结构通式如下：

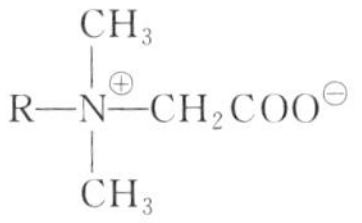

$$R-\overset{\oplus}{N}(CH_3)_2-CH_2COO^{\ominus}\qquad \text{式中 R 为 } C_{12}\sim C_{18}\text{烃基}$$

（1）羧酸型甜菜碱型两性表面活性剂的合成

① *N*-烷基取代的羧酸型甜菜碱型两性表面活性剂的合成

a. 烷基二甲基甜菜碱　烷基二甲基甜菜碱是 *N*-烷基取代的羧酸型甜菜碱中最早开发研制的产品，至今仍被广泛应用。其合成方法是由烷基二甲胺（叔胺）与氯乙酸钠溶液反应得到，具体反应如下：

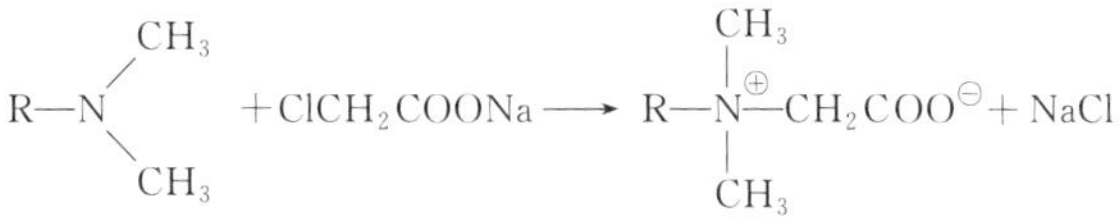

$$R-N(CH_3)_2 + ClCH_2COONa \longrightarrow R-\overset{\oplus}{N}(CH_3)_2-CH_2COO^{\ominus} + NaCl$$

如果使用 RNH_2（伯胺）与过量的氯乙酸溶液反应时，得到的产物为多元酸甜菜碱衍生物，其反应如下：

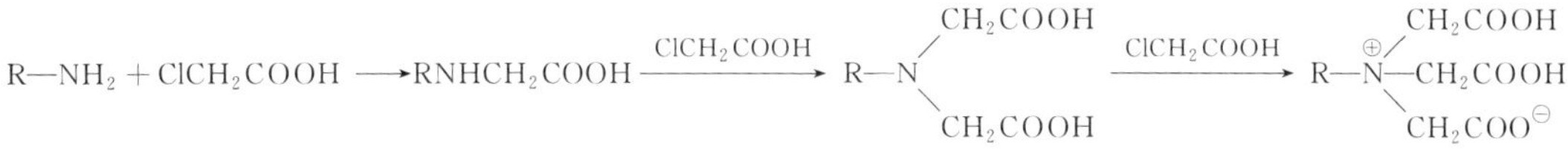

$$R-NH_2 + ClCH_2COOH \longrightarrow RNHCH_2COOH \xrightarrow{ClCH_2COOH} R-N(CH_2COOH)_2 \xrightarrow{ClCH_2COOH} R-\overset{\oplus}{N}(CH_2COOH)_2-CH_2COO^{\ominus}$$

式中 R 一般为 $C_{12}\sim C_{18}$ 烃基

b. α-烷基二甲基甜菜碱　α-烷基二甲基甜菜碱是另一类 *N*-烷基取代的羧酸型甜菜碱两性表面活性剂，具有良好的表面活性。合成方法是由叔胺（三甲胺为最好）与 α-溴代脂肪酸反应得到，其反应如下：

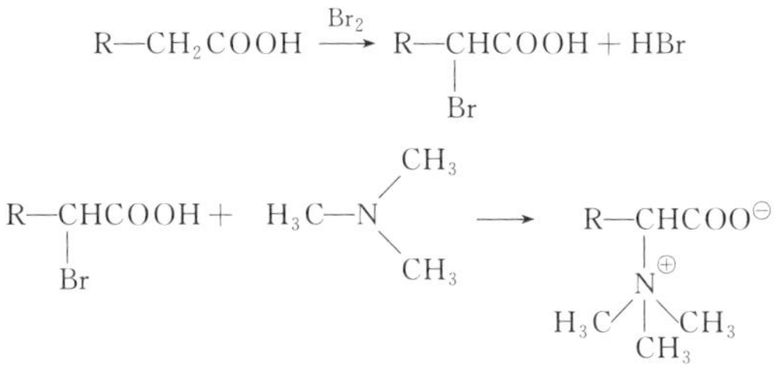

$$R-CH_2COOH \xrightarrow{Br_2} R-CH(Br)COOH + HBr$$

$$R-CH(Br)COOH + H_3C-N(CH_3)_2 \longrightarrow R-CH(\overset{\oplus}{N}(CH_3)_3)COO^{\ominus}$$

式中 R 为 $C_{10}\sim C_{16}$ 烃基

这类甜菜碱型两性表面活性剂的分子结构中包含有一个或多个羧酸基团，因而具有良好的润湿性和洗净性等。除此以外，它对钙、镁金属离子也具有良好的螯合能力，因此可应用在硬水中。

② *N*-酰氨基取代的羧酸型甜菜碱型两性表面活性剂的合成　酰胺甜菜碱的合成，首先由脂肪酸（或脂肪酸甘油三酸酯）和低分子二元胺化合物（例如 *N*,*N*-二甲基丙二胺等）进行缩合反应，得到叔胺中间体 *N*,*N*-二甲基-*N*-烷酰基丙胺，再与氯乙酸钠溶液进行季铵化

反应得到。其反应如下。

$$RCOOH + H_2NCH_2CH_2CH_2-N(CH_3)_2 \longrightarrow RCONHCH_2CH_2CH_2-N(CH_3)_2 \xrightarrow{ClCH_2COONa} RCONHCH_2CH_2CH_2-\overset{\oplus}{N}(CH_3)_2-CH_2COO^{\ominus}$$

N-(十二酰胺亚丙基)二甲基甜菜碱便是采用上面方法制得的，其结构式如下。

$$CH_3(CH_2)_{10}CONHCH_2CH_2CH_2-\overset{\oplus}{N}(CH_3)_2-CH_2COO^{\ominus}$$

N-(十二酰胺亚丙基)二甲基甜菜碱具有良好的抗静电能力，对织物还有一定的柔软作用，它的毒性和刺激性极小，因而也广泛应用在香波配方中。

③ *N*-长碳链基硫代羧酸型甜菜碱型两性表面活性剂的合成 *N*-(烷基硫代亚丙基）二甲基甜菜碱的合成，先由 *α*-烷基硫代丙胺和甲醛、甲酸反应生成中间体 *N*-(烷基硫代亚丙基)二甲胺，然后再加入氯乙酸钠溶液反应得到最后产物。其反应如下。

$$RSCH_2CH_2CH_2NH_2 \xrightarrow[HCHO]{HCOOH} RSCH_2CH_2CH_2-N(CH_3)_2 \xrightarrow{ClCH_2COONa} RSCH_2CH_2CH_2-\overset{\oplus}{N}(CH_3)_2-CH_2COO^{\ominus}$$

α-烷基硫代丙胺可通过下列各反应合成：

$$RCl + NaSH \xrightarrow{CH_2=CHCN} RSCH_2CH_2CN \xrightarrow{H_2} RSCH_2CH_2CH_2NH_2$$

这一类两性表面活性剂具有良好的抗菌性能，可以抑制革兰氏阳性细菌、革兰氏阴性细菌以及部分真菌的生长繁殖。

(2) 硫酸酯甜菜碱型两性表面活性剂的合成

硫酸酯甜菜碱型两性表面活性剂，可通过以下几种方法合成。

① 脂肪胺（叔胺）和氯丁醇（或其他卤代醇）反应，其反应如下：

$$RN(CH_3)_2 + Cl(CH_2)_4OH \longrightarrow \left[R-\overset{+}{N}(CH_3)_2-(CH_2)_4OH\right]Cl^- \xrightarrow{HSO_3Cl} R-\overset{+}{N}(CH_3)_2-(CH_2)_4OSO_3^-$$

② 脂肪胺（例如二甲胺）和烷基磺酸内酯混合，在四氯化碳溶剂中进行反应，得到硫酸酯甜菜碱，其反应如下：

$$H_2C\overset{O}{—}CH_2 + SO_3 \xrightarrow[-40℃]{CCl_4} \text{(环状 } SO_2\text{-O-}CH_2CH_2\text{-O)} \xrightarrow[-30℃]{RN(CH_3)_2} R-\overset{+}{N}(CH_3)_2-CH_2CH_2OSO_3^-$$

③ 吡啶三氧化硫络合物和环氧乙烷反应，然后再与二甲胺反应，即生成硫酸酯甜菜碱，反应完成后吡啶又会游离释放出来。

$$C_5H_5NSO_3 + H_2C\overset{O}{—}CH_2 \xrightarrow{-10℃} C_5H_5\overset{+}{N}-CH_2CH_2OSO_3^- \xrightarrow[20℃]{RN(CH_3)_2} R-\overset{\oplus}{N}(CH_3)_2-CH_2CH_2OSO_3^- + C_5H_5N$$

硫酸酯甜菜碱型两性表面活性剂是一类良好的钙皂分散剂和洗涤剂，近年来刚开发的硫酸酯酰胺甜菜碱型两性表面活性剂的表面活性比前者更为良好。例如：

$$RCONHCH_2CH_2CH_2-\overset{\overset{CH_3}{|}}{\underset{\underset{CH_3}{|}}{N^+}}-CH_2CH_2OSO_3^-$$

(3) 磺酸甜菜碱型两性表面活性剂的合成

James 于 1885 年采用三甲胺和氯乙基磺酸反应合成了 2-(三甲基铵)-1-乙基磺酸盐 [$(CH_3)_3N^+CH_2CH_2SO_2O^-$]。后来磺酸甜菜碱型两性表面活性剂的合成又有了一些新的方法。

长碳链烷基二甲胺和溴乙基磺酸钠反应，其反应原理如下。

$$R-\overset{\overset{CH_3}{|}}{\underset{\underset{CH_3}{|}}{N}} + BrCH_2CH_2SO_3Na \xrightarrow[70℃]{C_2H_5OH} R-\overset{\overset{CH_3}{|}}{\underset{\underset{CH_3}{|}}{N^+}}-CH_2CH_2SO_3^- + NaBr$$

也可用下列方法。

① 叔胺和过量二溴烷烃反应，其反应如下：

$$R-\overset{\overset{R'}{|}}{\underset{\underset{R''}{|}}{N}} + BrCH_2CH_2Br \longrightarrow \left[R-\overset{\overset{R'}{|}}{\underset{\underset{R''}{|}}{N}}-CH_2CH_2Br\right]^+ Br^- \xrightarrow{Na_2SO_3} R-\overset{\overset{R'}{|}}{\underset{\underset{R''}{|}}{N^+}}-CH_2CH_2SO_3^- + NaBr$$

② 叔胺和 1,3-亚丙基亚磺酸内酯反应，其反应如下：

$$RN(CH_3)_2 + \begin{matrix} CH_2-\overset{H_2}{C} \\ | \qquad\quad SO_2 \\ CH_2-O \end{matrix} \longrightarrow R-\overset{\overset{CH_3}{|}}{\underset{\underset{CH_3}{|}}{N^+}}-CH_2CH_2SO_3^-$$

③ 叔胺和乙烯磺酸酐反应，生成磺酸甜菜碱和 SO_3，SO_3 和叔胺形成络合物。这是一条新的合成路线，具体反应如下：

$$\begin{matrix} CH_2-CH_2 \\ | \qquad | \\ O \qquad SO_2 \\ | \qquad | \\ SO_2-O \end{matrix} + 2R_3N \longrightarrow R_3\overset{+}{N}-CH_2CH_2\overset{-}{SO_3} + R_3N \cdot SO_3$$

④ 叔胺和乙烯磺酸氯反应，是另一种较新的合成方法，产物的收率较高(90%左右)，反应进行得很迅速且反应温度较低。其反应如下：

$$R_3N + H_2C=CHSO_2Cl \xrightarrow[-HCl]{+H_2O} R_3\overset{\oplus}{N}-CH_2CH_2SO_3^{\ominus}$$

⑤ 季铵和 α,β-不饱和磺酸（例如乙烯磺酸）反应，其反应如下：

$$CH_2=CHSO_3^{\ominus} + H\overset{\oplus}{N}R_3 \longrightarrow R_3\overset{\oplus}{N}-CH_2CH_2SO_3^{\ominus}$$

2.5.3.2 氨基羧酸型两性表面活性剂

(1) 羧酸型 β-氨基丙酸型

这类两性表面活性剂开发得最早，而且产量也比较高，品种较多，使用范围很广。一般常用的有以下几种合成方法。

① 脂肪胺（伯胺）与丙烯酸甲酯反应，然后把反应物进行水解得到 *N*-烷基-β-氨基丙酸。这是应用较多的合成方法，其反应如下。

$$RNH_2 + CH_2=CHCOOCH_3 \longrightarrow RNHCH_2CH_2COOCH_3 \xrightarrow{水解} RNHCH_2CH_2COOH$$

如果脂肪胺和丙烯酸甲酯反应，得到产物为 *N*-烷基-*β*-亚氨基二丙酸，其反应如下。

$$RNH_2 + 2CH_2{=}CHCOOCH_3 \longrightarrow RN\begin{cases}CH_2CH_2COOCH_3\\CH_2CH_2COOCH_3\end{cases} \xrightarrow{\text{水解}} RN\begin{cases}CH_2CH_2COOH\\CH_2CH_2COOH\end{cases}$$

② 脂肪胺（伯胺）与丙烯腈反应，得到 *N*-烷基-*β*-氨基丙腈，水解后产物即是 *N*-烷基-*β*-氨基丙酸，其反应如下。

$$RNH_2 + CH_2{=}CHCN \longrightarrow RNHCH_2CH_2CN \xrightarrow{\text{NaOH 水溶液}} RNHCH_2CH_2COONa$$

③ 脂肪胺（伯胺、仲胺）和 *β*-丙内酯反应，可以得到两种产物，其中一种属于 *β*-氨基丙酸型两性表面活性剂，其反应如下。

$$\begin{array}{l}H_2C{-}CH_2\\ \;|\qquad|\\ \;O{-}C{=}O\end{array} + RNH_2 \longrightarrow HOCH_2CH_2CONHR + HOOCCH_2CH_2NHR$$

(2) 羧酸型 *α*-亚氨基乙酸型（即 *N*-烷基甘氨酸型）两性表面活性剂

在这一类两性表面活性剂中，最早开发而且具有代表性的有下列两种结构，统称为“Tego”型 *α*-亚氨基乙酸型两性表面活性剂。其通式分别如下：

$$\begin{array}{l}R^1{-}NH{-}CH_2{-}CH_2\\ \qquad\qquad\qquad\quad \backslash\\ \qquad\qquad\qquad\quad N{-}CH_2{-}COOH\\ \qquad\qquad\qquad\quad /\\ R^2{-}NH{-}CH_2{-}CH_2\end{array} \qquad R^1{-}NH(CH_2)_n{-}NHCH_2COOH$$

式中 R^1 为 $C_8 \sim C_{18}$ 烷基，R^2 为 C_8 烷基

① *N*-烷基甘氨酸型两性表面活性剂　合成方法较多，分别如下。

a. 脂肪胺（伯胺）和氯乙酸钠盐反应，可以得到 *N*-烷基甘氨酸型两性表面活性剂，这是使用较多的方法。其反应式如下：

$$RNH_2 + ClCH_2COOH \xrightarrow{NaOH} RNHCH_2COOH \xrightarrow[NaOH]{ClCH_2COOH} RN\begin{cases}CH_2COONa\\CH_2COONa\end{cases}$$

b. 脂肪胺与醛、腈类化合物反应也可以用于制备，其反应如下：

$$RNH_2 + CH_2O + HCN \longrightarrow RNHCH_2CN \xrightarrow{H_2O} RNHCH_2COOH \xrightarrow[HCN]{CH_2O} \xrightarrow{H_2O} RN\begin{cases}CH_2COOH\\CH_2COOH\end{cases}$$

② 酰胺型甘氨酸两性表面活性剂　脂肪酰胺和氯乙酸反应可以得到酰胺型甘氨酸两性表面活性剂，其反应如下：

$$R\overset{O}{\overset{\|}{C}}NHC_2H_4NHC_2H_4NH_2 + ClCH_2COOH \longrightarrow R\overset{O}{\overset{\|}{C}}NHC_2H_4NHC_2H_4NHCH_2COOH$$

③ 氨基多元羧酸型两性表面活性剂　这类多元羧酸基结构的 *α*-亚氨基乙酸型两性表面活性剂具有良好的螯合性能，可以在硬水中使用。氨基多元羧酸型两性表面活性剂可由卤代脂肪酸、乙二胺和氯乙酸反应得到。其反应分几个阶段进行，最后得到反应产物的结构式如下：

$$\begin{array}{ccc}\begin{array}{r}R\\ |\;\\ HOOCCH\\ \backslash\\ \end{array} & & \begin{array}{l}R\\ |\\ CH{-}COOH\\ /\end{array}\\ & NCH_2CH_2N & \\ \begin{array}{r}/\\ HOOCCH_2\end{array} & & \begin{array}{l}\backslash\\ CH_2COOH\end{array}\end{array}$$

（3）氨基磺酸型两性表面活性剂

N-烷基-*N*-乙磺酸的衍生物是氨基磺酸型两性表面活性剂中最早合成出的，由伯胺和溴乙基磺酸钠反应而得。

$$RNH_2 + BrC_2H_4SO_3Na \longrightarrow RNH{-}C_2H_4SO_3H$$

脂肪胺（伯胺）和1,3-亚丙基亚磺酸内酯反应也可制备氨基磺酸，其反应如下：

$$RNH_2 + \begin{matrix} CH_2{-}CH_2 \\ | \quad\quad \diagdown \\ | \quad\quad\quad SO_2 \\ | \quad\quad \diagup \\ CH_2{-}{-}O \end{matrix} \longrightarrow RNH{-}C_3H_6SO_3H$$

如果用*N*-烷基氨丙基磺酸盐与1,3-亚丙基亚磺酸内酯反应可得到二元磺酸的衍生物。

$$\begin{matrix} H \\ | \\ R{-}N{-}CH_2CH_2CH_2SO_3Na \end{matrix} + \begin{matrix} CH_2{-}CH_2 \\ | \quad\quad\quad SO_2 \\ CH_2{-}O \end{matrix} \xrightarrow{NaOCH_3} RN\begin{matrix} CH_2CH_2CH_2SO_3Na \\ CH_2CH_2CH_2SO_3Na \end{matrix}$$

具有多功能基团的氨基磺酸系两性表面活性剂可由卤代丁二酸二酯和氨乙基磺酸钠反应得到，其反应式如下：

$$\begin{matrix} O \quad\quad\quad\quad O \\ \| \quad\quad\quad\quad \| \\ ROCCHCH_2COR \\ | \quad\quad \\ Cl \quad\quad \end{matrix} + NH_2C_2H_4SO_3Na \longrightarrow \begin{matrix} O \quad\quad\quad\quad O \\ \| \quad\quad\quad\quad \| \\ ROCCHCH_2COR \\ | \quad\quad \\ NHC_2H_4SO_3Na \end{matrix}$$

2.5.3.3 咪唑啉型两性表面活性剂

咪唑啉型两性表面活性剂是近年来新开发的品种，属于改良型和平衡型的两性表面活性剂，由于其特殊的结构组成而具有独特的性质。近年来，国外对咪唑啉型两性表面活性剂新品种的研制和扩大应用工作开展得较快，报道的文献资料也不少。

咪唑啉型两性表面活性剂最突出的优点是具有极好的生物降解性能，而且能迅速完全地降解。除此以外，它对皮肤和眼睛的刺激性极小，发泡性很好。因此在化妆品助剂、香波、纺织助剂等方面应用较多，在石油工业、冶金工业、煤炭工业等中可作为金属缓蚀剂、清洗剂及破乳剂等使用。

咪唑啉型两性表面活性剂品种较多，主要分为：①羧酸衍生物；②硫酸酯衍生物；③碳酸衍生物；④磷酸酯衍生物等。

（1）羧酸型咪唑啉两性表面活性剂

这类两性表面活性剂具有良好的发泡性、洗涤性，除此以外还可作为抗静电剂、柔软剂等使用。如1-(*β*-羟乙基)-2-十一烷基咪唑啉羧酸衍生物，其制备方法如下：

$$\begin{matrix} H_2 \\ C \\ \diagup \quad \diagdown \\ N \quad\quad CH_2 \\ \| \quad\quad\quad | \\ CH_3(CH_2)_{10}{-}C{-}{-}{-}N{-}CH_2CH_2OH \end{matrix} + \begin{matrix} CHCOOH \\ \| \\ CHCOOH \end{matrix} \longrightarrow \begin{matrix} H_2 \\ C \\ \diagup \quad \diagdown \\ N \quad\quad CH_2 \quad CH_2COOH \\ \| \quad\quad\quad |\oplus \quad\quad | \\ CH_3(CH_2)_{10}{-}C{-}{-}{-}N{-}{-}{-}CHCOOH \\ | \\ CH_2CH_2OH \end{matrix}$$

（2）咪唑啉硫酸酯型两性表面活性剂

该类化合物可由1-(*β*-羟乙基)-2-烷基咪唑啉衍生物与氯磺酸作用得到。其反应如下：

$$\begin{matrix} H_2 \\ C \\ \diagup \quad \diagdown \\ N \quad\quad CH_2 \\ \| \quad\quad\quad | \\ R{-}C{-}{-}{-}N{-}CH_2CH_2OH \end{matrix} + Cl{-}SO_3H \longrightarrow \begin{matrix} H_2 \\ C \\ \diagup \quad \diagdown \\ N \quad\quad CH_2 \\ \| \quad\quad \oplus | \\ R{-}C{-}{-}{-}N{-}CH_2CH_2SO_3^{\ominus} \\ H \end{matrix}$$

2.6 非离子表面活性剂

2.6.1 非离子表面活性剂的性质和分类

非离子表面活性剂在水溶液中不电离，其亲水基主要是由具有一定数量的含氧基团（一般为醚基和羟基）构成。正是这一点决定了非离子表面活性剂在某些方面比离子表面活性剂更优越：因为在溶液中不是离子状态，所以稳定性高，不易受强电解质无机盐类存在的影响，也不易受 pH 值的影响，与其他类型表面活性剂相容性好。

非离子表面活性剂的生物降解能力与烷基链长度、有无支链及 EO（亲水单元）、PO（疏水单元）的单元数等有关。长链烷基比短链烷基难降解，带支链的烷基比直链烷基难降解，分子中存在酚基时较难降解，PO、EO 单元数越多越难降解，相同长度的 PO 链比 EO 链难降解。

现在应用的非离子表面活性剂的亲水基，主要是由聚乙二醇基即聚氧乙烯基$\text{+}C_2H_4O\text{+}_nH$构成；另外还有以多元醇（如甘油、季戊四醇、蔗糖、葡萄糖、山梨醇等）为基础的结构。其具体分类及代表结构见表 2-5。

表 2-5 非离子表面活性剂的分类

名称		结构
聚氧乙烯型	脂肪醇聚氧乙烯型	$H\text{+}CH_2CH_2O\text{+}_nOR$
	烷基酚聚氧乙烯醚	$R-C_6H_4-O\text{+}CH_2CH_2O\text{+}_nH$
	脂肪酸聚氧乙烯	$H\text{+}CH_2CH_2O\text{+}_nOCOR$
	聚氧乙烯烷基胺	$R-N<\begin{matrix}CH_2CH_2(CH_2CH_2O\text{+}_n\\CH_2CH_2(CH_2CH_2O\text{+}_n\end{matrix}$
	聚氧乙烯烷醇酰胺	$R-C(=O)-N<\begin{matrix}CH_2CH_2OH\\(CH_2CH_2O\text{+}_nCH_2OH\end{matrix}$
多元醇脂肪酸酯型	甘油脂肪酸酯(单酯、双酯)	$RCOOCH_2CH(OH)CH_2OH$
	季戊四醇脂肪酸酯	$RCOOCH_2C(CH_2OH)_3$
	山梨醇脂肪酸酯	$RCOO(C_6H_8)(OH)_5$

2.6.2 聚氧乙烯型非离子表面活性剂

这类非离子表面活性剂一般随烷基链的增长其熔点和疏水性相应地增加，聚氧乙烯基中单元数增加，则水溶性增加。当其溶于水时，水分子以氢键与聚氧乙烯醚的氧原子连接，此时水分子的氢原子连到醚键氧原子的“自由电子对”上。溶解是通过与 1∶(4～6) 个水分子水合而完成的。为了增加水溶性，必须有大量的醚键氧原子存在，每个氧原子能够结合4～6 个水分子。从中间状态考虑，醚的氧原子只有在聚氧乙烯链呈“之”字形排列时，才有可能结合 4～6 个水分子。这类表面活性剂一般较离子表面活性剂有较低的泡沫性，对硬水不敏感。EO 加成数大约在 10~12mol 的范围内润湿力有最高值。以壬基酚聚氧乙烯醚为例，用于羊毛洗涤时，EO 数以 6～12 最好，EO＞15 时有效率急速下降；用于棉布洗涤时，EO 数以 10 最好。这类表面活性剂因不带电荷不会与蛋白质结合，所以，对皮肤的刺激性较小，毒性低，并随 EO 数增长而降低。生物降解性以直链烷基较好，烷基酚类较差；EO 数越大，生物降解性也越差。

2.6.2.1 脂肪醇聚氧乙烯醚型非离子表面活性剂

脂肪醇聚氧乙烯醚是非离子表面活性剂的一大品种。它具有优良的润湿性、低温洗涤、乳化、耐硬水和易生物降解等性能，作为主体基料现已广泛用于纺织、农业、石油、金属加工等领域。

例如伯醇转变为非离子表面活性剂的基本化学反应是将环氧乙烷加成到醇的羟基上而形成醚，反应式如下：

$$ROH + H_2C\underset{O}{—}CH_2 \longrightarrow ROC_2H_4OH$$

上式中的一个醚分子再进一步同环氧乙烷反应生成脂肪醇聚氧乙烯醚：

$$ROC_2H_4OH + nH_2C\underset{O}{—}CH_2 \longrightarrow RO(C_2H_4O)_nC_2H_4OH$$

2.6.2.2 聚氧乙烯烷基酚醚非离子表面活性剂

聚氧乙烯烷基酚醚是非离子表面活性剂早期开发的品种，是用烷基酚与环氧乙烷加成聚合而制成的系列产品。20 世纪 60 年代中期前，由支链烷基酚制取，现已用直链烷基酚制成了线性聚氧乙烯烷基酚（LAP），美国 Anline 及 Film 有限公司和 Monsanto 公司生产这种线性产品。国内生产的品种有各种环氧乙烯分子数的乳化剂 OP、清洗剂 TX 等系列产品。聚氧乙烯烷基酚醚的结构为：

$$R—C_6H_4—O(C_2H_4O)_nH$$

式中，R 一般为 8～9 个 C 原子，聚氧乙烯烷基酚醚的化学性质很稳定，不怕强酸、强碱，即使在温度较高时也不易被破坏。聚氧乙烯烷基酚醚随环氧乙烷加成数由小增大，其应用性能也呈规律性变化。当环氧乙烷分子数 n 为 1～6 时，加成物为油溶性，不溶于水；n＞8 时，则为可溶于水的化合物。当 n＝8～10 时，水溶液的表面张力较低，此时具有较强的润湿性、去污力和乳化性能，之后随 n 变大则表面张力逐渐升高，而润湿能力降低；n＞15 时没有渗透性、润湿性及去污能力，但可在强电解质溶液中用作洗涤剂与乳化剂。聚氧乙烯烷基酚醚比其他非离子表面活性剂更不易生物降解，毒性也较大。

2.6.2.3 聚氧乙烯脂肪酸酯非离子表面活性剂

此类表面活性剂由于在分子结构中存在酯基（—COOR），在酸、碱性热溶液中易水解，其稳定性不及醚类表面活性剂。在强酸、强碱溶液中其洗涤作用远不及肥皂。这种表面活性剂与聚氧乙烯烷基醚和烷基酚醚相比，渗透性和洗涤性都较差。主要作乳化剂、分散剂、纤维油剂及染色助剂。

脂肪酸聚氧乙烯酯的合成方法主要有五种：①脂肪酸与环氧乙烷酯化；②脂肪酸与聚乙二醇酯化；③脂肪酸酐与聚乙二醇反应；④脂肪酸金属盐与聚乙二醇反应；⑤脂肪酸酯与聚乙二醇酯交换等方法。其中，前两种方法原料价廉、工艺简单，在工业上已经用于合成脂肪酸聚氧乙烯酯。

（1）脂肪酸与聚乙二醇酯化

为了得到商业上特定分子量的脂肪酸酯，常用脂肪酸与聚乙二醇酯化，生成酯和水，其反应式为：

$$RCOOH + HO(CH_2CH_2O)_nH \rightleftharpoons RCOO(CH_2CH_2O)_nH + H_2O$$

这是生成一种单酯的可逆反应。由于聚乙二醇有两个羟基，同脂肪酸反应，也可生成双酯：

$$2RCOOH + HO(CH_2CH_2O)_nH \rightleftharpoons RCOO(CH_2CH_2O)_nOCR + 2H_2O$$

一般酯化后的产品需进行脱色、脱臭处理，为了防止产品被空气氧化，往往需用氮气保护。目前，工业上用反应器和蒸馏柱联合使用的间歇法来生产脂肪酸聚氧乙烯酯。

（2）聚氧乙烯烷基胺非离子表面活性剂

聚氧乙烯胺是非离子表面活性剂中的重要品种之一，是国外20世纪60年代开始兴起的。由于它具有洗涤、渗透、乳化和分散等多种功能，现已广泛用于洗涤剂、乳化剂、起泡剂、腐蚀阻抑剂、破乳剂、润湿剂、染料匀染剂及纺织整理剂中。聚氧乙烯烷基胺具有非离子与阳离子的性质，随着聚氧乙烯链的增长，逐渐由阳离子性向非离子性转化。当氧乙烯基数目较少时，不溶于水而溶于油。溶于酸性水溶液中，有一定杀菌作用。当用无机酸中和时，它们会增加水溶性，而用有机酸中和则会增加油溶性。常用于人造丝生产中，可以使再生纤维素的强度得到改进，并保持喷丝孔的清洁，不使污垢沉积。

聚氧乙烯烷基胺是由胺与环氧乙烷反应而制得的一种表面活性物质，结构通式为：

$$RN\begin{cases}(CH_2CH_2O)_nH\\(CH_2CH_2O)_mH\end{cases} \quad 及 \quad \begin{matrix}R\\R\end{matrix}\!\!>N(CH_2CH_2O)_nH \qquad m,n>1$$

以伯胺、仲胺、叔胺和具有活性氢的衍生物（如脱氢松香胺）为疏水基原料，以环氧乙烷为亲水基原料进行加成反应，可制取低加成数的聚氧乙烯胺，这是一种阳离子表面活性剂。随着乙氧基链长的增加，逐渐可获得具有非离子特性的表面活性剂。

2.6.3 脂肪酸多元醇酯型非离子表面活性剂

多元醇表面活性剂含有多个羟基作为亲水基团，可同脂肪酸衍生的疏水基团相结合构成另一大类非离子表面活性剂。

多元醇型非离子表面活性剂的主要亲水基原料为甘油、季戊四醇、山梨醇、失水山梨醇和糖类。其中前三种原料尤其重要。所用疏水基原料主要为脂肪酸。

这类表面活性剂具有良好的乳化性、分散性、润滑性和增溶性，广泛应用于食品、医药、化妆品、纺织印染和金属加工等领域。

2.6.3.1 山梨糖醇酐脂肪酸酯（Span）和聚氧乙烯山梨糖醇酐脂肪酸酯（Tween）

山梨糖醇酐脂肪酸酯是羧酸酯表面活性剂中的重要类别，分为单酯、倍半酯和双酯类。

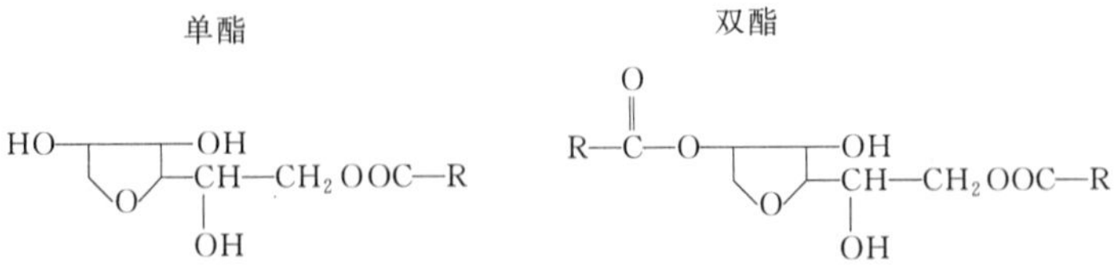

单酯

HO—(环)—OH, —CH—CH₂OOC—R, OH

双酯

R—C(=O)—O—(环)—OH, —CH—CH₂OOC—R, OH

倍半酯

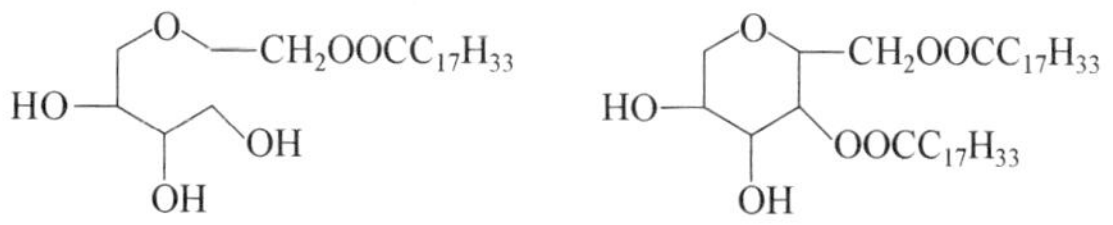

$CH_2OOCC_{17}H_{33}$ HO OH OH　　$CH_2OOCC_{17}H_{33}$ HO $OOCC_{17}H_{33}$ OH

山梨醇是由葡萄糖加氢制取的带有甜味的多元醇，含有 6 个羟基。由于分子中没有醛基，故对热和氧稳定，与脂肪酸反应不会分解或着色。山梨醇在酸性条件下加热或者在脂肪酸酯化时，能从分子内脱掉一分子水，变成 1,4-失水山梨醇，继而再脱一分子水，生成二脱水物，即异构山梨醇。其反应式如下：

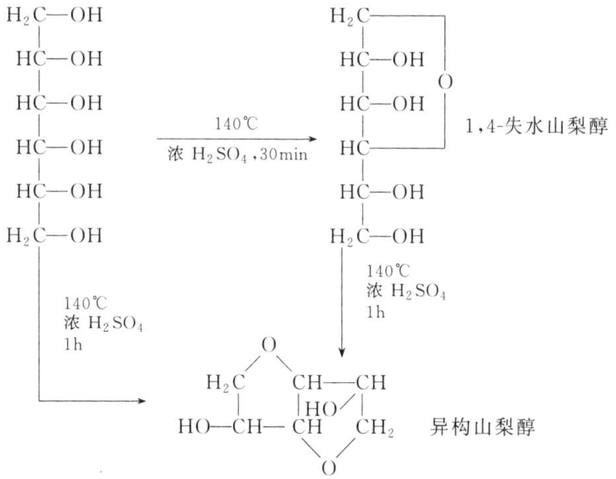

H_2C—OH, HC—OH, HC—OH, HC—OH, HC—OH, H_2C—OH $\xrightarrow[\text{浓 } H_2SO_4\text{,30min}]{140℃}$ 1,4-失水山梨醇 $\xrightarrow[\text{浓 } H_2SO_4\text{, 1h}]{140℃}$ 异构山梨醇

（山梨醇直接经 140℃，浓 H_2SO_4，1h 生成异构山梨醇）

聚氧乙烯山梨糖醇酐脂肪酸酯（Tween）是由 Span 分子中残余的羟基与氧化乙烯缩合而成。

由于聚氧乙烯化过程中，有酯交换反应发生，因此，原来直接连在山梨醇酐上的酯基可以重排到氧乙烯基链的端羟基上。这类表面活性剂的脂肪酸碳链上的碳原子数目、酯化度以及氧化乙烯加成数均能影响其亲水亲油性。随脂肪酸碳链的碳原子数增加，酯化度增加，亲水性下降；随氧化乙烯加成数增加亲水性增加。HLB 值覆盖了 9～16 之间，可分别作为 O/W 型乳化剂、增溶剂、扩散剂、稳定剂、抗静电剂、润滑剂和洗涤剂。

2.6.3.2 烷基糖苷（APG）

用葡萄糖和脂肪醇合成的烷基糖苷（Alkyl Polyglucoside，简称 APG），是指复杂糖苷化合物中糖单元≥2 的糖苷，统称为烷基多糖苷（或烷基多苷）。结构通式为：

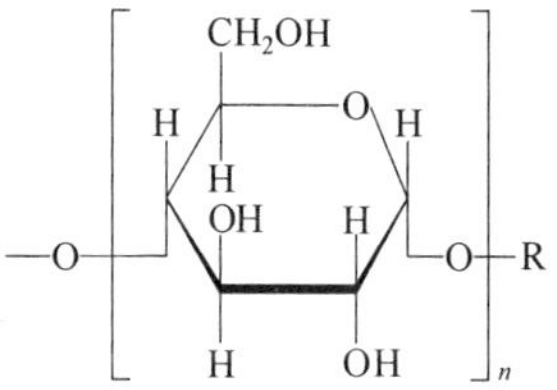

$[\ldots]_n$（CH_2OH，H，O，H，H，OH，H，—O—，—O—R，H，OH）

一般情况下，烷基多苷的聚合度 n 在 1.1～3 的范围，R 为 C_8～C_{16}的烷基。APG 常温下呈白色固体粉末或淡黄色油状液体，在水中溶解度大，较难溶于常用的有机溶剂。由于 APG 的亲水性来自糖上的多个羟基与水形成的氢键，而与醇醚不同，因此它不存在“浊点”，在酸、碱性溶液中均呈现优良的相容性和稳定性。因为 APG 兼具非离子与阴离子表面活性剂的许多优点，不仅表面张力低、活性高、去污力强、泡沫丰富细腻而稳定，而且对皮肤无刺激、生物降解性好、无毒、相容性好、对环境无污染等，可广泛应用于洗涤剂、工

业乳化剂、化妆品、食品、药品等行业。

20世纪90年代初国际上就已经工业化生产APG，目前欧美、日本等发达国家对APG的合成方法和进一步应用开发的研究成为热门课题。APG的合成方法主要有转糖苷法、Koenigs-Knorr法、直接苷化法和酶催化法等。前两种方法技术较成熟，但存在步骤多、操作复杂、综合成本高的缺点，而酶催化法虽然选择性好、产品纯度高，但工业化有一定难度。直接苷化法则是具有竞争力的一种合成路线，可以说是APG工业生产发展的方向。

2.6.3.3 糖酯

葡萄糖、蔗糖等均具有多个羟基可与脂肪酸酯化得到糖酯。糖酯由于酯化度不同，可分为单酯、双酯和三酯。糖酯大都无毒，无刺激性，无味，但十二碳以下脂肪酸酯有苦味。由于糖类具有多个羟基，因此酯化后溶于水且呈透明溶液，糖酯可制成HLB值为1～15的产品，单酯含量多以及引入的烷基链愈短则其HLB值愈高，水溶性愈好。随脂肪酸碳链增加，非极性增加，使单糖酯熔点降低。糖酯有较低的cmc和较好的降低表面张力的能力，起泡性差，生物降解性好，可用作低泡沫洗涤剂及食品和医药的乳化剂。

2.7 洗涤剂

2.7.1 洗涤剂的组成及分类

洗涤剂（Detergent）是通过洗净过程用于清洗而专门配制的产品。其主要组分通常由表面活性剂、助洗剂和添加剂等组成。

洗涤剂的种类很多，按照去除污垢的类型，可分为重垢型洗涤剂和轻垢型洗涤剂；按照产品的外形可分为粉状、块状、膏状、浆状和液体等多种形态；按产品的用途又可分为工业用和家庭个人用两类。

2.7.2 洗涤剂中的表面活性剂

为适应衣着织物品种和洗涤工艺的变化，洗涤剂配方中的表面活性剂已由单一品种发展成多元复合型，特别是不同结构的阴离子表面活性剂和非离子表面活性剂复合使用更为重要。

2.7.2.1 阴离子表面活性剂

目前的洗涤剂中仍大量使用阴离子表面活性剂，非离子表面活性剂的用量也正在日益增加，阳离子和两性离子表面活性剂的使用量较少。性能与成本的比值是选择表面活性剂的一个主要依据。表2-6列出了一些表面活性剂在衣用洗涤产品中的使用情况。

表2-6 一些表面活性剂在衣用洗涤产品中的应用

表面活性剂	重垢粉状	重垢液体	特种	洗衣助剂
LAS	+	+	+	+
AOS	(+)	(+)	(+)	−
MES	(+)	−	−	−
AS	+	(+)	+	+
AES	+	+	+	+

续表

表面活性剂	重垢粉状	重垢液体	特种	洗衣助剂
肥皂	+	+	+	−
天然 AEOn	+	+	+	+
合成 AEOn	+	+	+	+
APEO	(+)	(+)	(+)	(+)
烷基醇酰胺	−	(+)	+	+
二烷基二甲基氯化铵	(+)	(+)	(+)	+

注：+表示适用；(+）表示仅用于某些产品或某些地区；−表示不适用。AEOn—脂肪醇聚氧乙烯醚；APEO—壬基酚聚氧乙烯醚。

直链烷基苯磺酸盐（LAS）自20世纪60年代中期取代四聚丙烯烷基苯磺酸盐至今，仍是粉状和液体洗涤剂中使用最多的一种阴离子表面活性剂。它对硬水的敏感性可通过加入螯合剂或离子交换剂加以克服，产生的丰富泡沫可用泡沫调节剂进行控制。

其他一些阴离子表面活性剂如仲烷基磺酸盐（SAS）、α-烯烃磺酸盐（AOS）、脂肪醇硫酸盐（AS）、α-磺基脂肪酸酯盐（MES）、脂肪醇聚氧乙烯醚硫酸盐（AES）可以单独或与LAS以不同的比例配合使用。

2.7.2.2 非离子表面活性剂

非离子表面活性剂应用较广的是脂肪醇聚氧乙烯醚、烷基酚聚氧乙烯醚、烷基醇酰胺和氧化胺等。其中脂肪醇聚氧乙烯醚是粉状和液体洗涤剂中的主要成分；烷基酚聚氧乙烯醚由于其生物降解性差，在洗涤剂中的用量正在下降；烷基醇酰胺常用在高泡洗涤剂中，以增加使用时的泡沫高度和泡沫稳定性；氧化胺亦是一种泡沫稳定剂，仅用在一些特殊的洗涤剂中。

2.7.2.3 阳离子表面活性剂

阳离子表面活性剂通常用作后处理剂，常用的有二硬脂基二甲基氯化铵；咪唑啉的衍生物1-酰胺基乙基-2-烷基-3-甲基咪唑啉甲基硫酸盐也是一种常用柔软剂；烷基二甲基苄基氯化铵可用作消毒剂，且由于它具有很好的抗静电性质，可用作后处理助剂。

2.7.2.4 两性离子表面活性剂

两性离子表面活性剂有良好的去污性能，调理性好。但由于成本高，常用于个人卫生用品和特种洗涤剂中。

2.7.3 助洗剂

助洗剂具有多种功能，能通过各种途径提高表面活性剂的清洗效果。洗涤剂中使用的助洗剂主要有碱性物质，如碳酸钠、硅酸钠；螯合剂，如三聚磷酸钠；离子交换剂，如A型沸石等。

助洗剂必须满足如下几方面要求。

a. 能除去水、织物和污垢中的碱土金属离子。

b. 一次洗涤性能：去除颜料、蛋白质和油性污垢的能力强；对各种不同的织物纤维有独特的去污力；能改进表面活性剂的性质；可将污垢分散在洗涤剂溶液中；改进起泡性能。

c. 多次洗涤性能：防止洗下的污垢再次沉积到织物上产生结垢；防止在洗衣机上产生

沉积物；具有抗腐蚀性。

d. 工艺性质：化学稳定性好；工艺上易于处理；不吸湿；具有适宜的色泽和气味，与洗涤剂中其他组分相容性好；贮存稳定性好；原料供应有保证。

e. 对人体安全、无毒。

f. 环境安全：可由生物降解、吸附或其他机理脱活，对废水处理装置和表面中的生物系统无不良影响；没有不可控制的累积；无重金属再溶解作用；无过肥化作用；不影响饮水质量。

g. 经济性好。

2.7.3.1 螯合剂、离子交换剂

（1）磷酸盐

磷酸盐可分为正磷酸盐和聚磷酸盐两类。其中聚（缩合）磷酸盐在洗涤剂生产中占有极重要的地位。洗涤剂中使用的有焦磷酸盐（$Na_4P_2O_7$）和三聚磷酸盐（$Na_5P_3O_{10}$）。

（2）柠檬酸盐

柠檬酸盐可在洗衣粉中取代三聚磷酸钠，亦可作为无磷液体洗涤剂中的助洗剂。

柠檬酸结构式为：

```
      CH2COOH
       |
HO—C—COOH
       |
      CH2COOH
```

柠檬酸盐在低温下螯合钙离子的能力较强，但温度升高，螯合能力下降。它螯合镁离子的能力与溶液的 pH 值有关。在 pH 7～9、20～50℃、柠檬酸与镁离子的摩尔比为 1.1 时，每克柠檬酸可螯合 116mg 镁离子，即可螯合 90%以上的镁离子。除碱土金属外，它还能有效地螯合大多数二价和三价金属离子。氨存在条件下，它螯合金属离子的程度可更完全。但如果温度超过 60℃，螯合效果很差。

柠檬酸盐中不含氮、磷等元素，生物降解性好。从生态学考虑，不会产生“过肥化”，最安全。柠檬酸钠的溶解性好，pH 值调节方便，低温时螯合性能好，可作液体洗涤剂特别是低温使用的液体洗涤剂的助洗剂使用。

（3）沸石分子筛

沸石分子筛的结构种类很多，在洗衣粉配方中使用的主要是 4A(NaA) 型沸石。

4A 型沸石是一种不溶于水、具有正立方晶型的白色晶体。它是一种离子交换剂。在沸石分子筛结晶铝硅酸盐孔穴中可相对自由移动的钠离子能与 Ca^{2+}、Mg^{2+} 和其他金属离子进行交换，使水软化，因而可提高洗涤剂的去污能力。由于水合镁离子的直径大，4A 型沸石难于交换、吸附镁离子，但在一定条件下也可脱除 50%左右的镁离子。4A 型沸石在洗涤剂中具有较好的助洗性能和配伍性，对人体无毒，食用安全，不会危害环境，是磷酸盐的合适代用品，已普遍使用在低磷和无磷洗涤剂中。

（4）聚羧酸盐

使用 4A 型沸石代替三聚磷酸钠时必须加入少量的助剂才能使产品质量达到加入三聚磷酸钠的水平，聚羧酸盐就是一种常用的助剂。聚羧酸盐的化学结构式为：

$$\left[\begin{array}{cc} X & Y \\ | & | \\ -C & -C- \\ | & | \\ Z & COOH \end{array}\right]_n$$

主链可由丙烯酸聚合制取。X、Y、Z 为取代基或氢。X、Y、Z 均为氢时，产物为均聚丙烯酸。产品通常为两种或两种以上单体的共聚物，如丙烯酸与马来酸酐的共聚物。

$$n\ \mathrm{H_2C{=}CH{-}COOH} + n\ \mathrm{HC{=}CH}\ (\mathrm{{-}C(=O){-}O{-}C(=O){-}}) \longrightarrow \left[\mathrm{{-}CH_2{-}CH(COOH){-}CH{-}CH{-}}\ (\mathrm{{-}C(=O){-}O{-}C(=O){-}})\right]_n$$

聚羧酸盐易于生物降解，对水生生物无害。如原料来源方便，成本许可，则可作为洗涤剂中的一种有效助洗剂。

2.7.3.2 钙皂分散剂

钙皂分散剂是分子结构中具有一个或几个较大亲水基团的阴离子、阳离子、非离子和两性离子表面活性剂。如长直链末端附近有双官能团的亲水基，或者分子一端有大的极性基团，疏水基有一个以上酯键、酰胺键、磺酸基、醚键等中间键的表面活性剂。

在众多的钙皂分散剂中已经工业化生产的品种有 α-磺酸基牛油脂肪酸甲酯盐，椰子油脂肪酸的单乙醇酰胺、二乙醇酰胺及其乙氧基化衍生物，*N*-氢化牛油酸酰基-*N*-甲基牛磺酸盐。

2.7.3.3 柔软剂

柔软剂是能降低纤维间的静摩擦系数，赋予纤维制品以柔软感觉的表面活性剂。根据其用途可分为纺织工业用柔软剂、油剂和家用柔软剂。

工业用柔软剂按其离子性质可分为阴离子、非离子、阳离子和两性离子四类。其中阳离子柔软剂几乎均为季铵盐，已广泛用于棉织物和合成纤维织物的柔软处理中。其分子中含有一个或两个硬脂酸链或氢化牛油酸链。

典型产品有双烷基二甲基季铵盐、咪唑啉衍生物（Ⅰ）、萨伯明（Sapamine）衍生物（Ⅱ）和乙醇胺或异丙醇胺类叔胺酯的衍生物（Ⅲ）。

$$\mathrm{R{-}C}\begin{cases}\mathrm{{-}N(CH_3){-}\overset{+}{C}H} \\ \mathrm{{=}N{-}CH_2} \end{cases} \cdot \mathrm{CH_3SO_4^-}$$

（Ⅰ）

$$\mathrm{RCONH{-}CH_2CH_2{-}\overset{+}{N}(CH_2CH_3)_3} \cdot \mathrm{C_2H_5SO_4^-}$$

（Ⅱ）

$$\mathrm{R{-}\overset{O}{\overset{\|}{C}}{-}O{-}\overset{CH_3}{\overset{|}{C}H}{-}CH_2{-}\overset{+}{N}(CH_3)_2{-}CH_2{-}\overset{CH_3}{\overset{|}{C}H}{-}O{-}\overset{O}{\overset{\|}{C}}{-}R} \cdot \mathrm{CH_3SO_4^-}$$

（Ⅲ）

2.7.3.4 增溶剂

增溶剂又称助溶剂、水溶助长剂。它可以提高配方中组分的溶解度和液体洗涤剂的溶解性能。

轻垢型液体洗涤剂，如餐具洗涤剂中表面活性剂浓度在 10%以下时，通常不需要增溶剂。当表面活性剂的含量高于10%时往往需要加入工业酒精、甲苯磺酸钠、尿素、Tween-60和聚乙二醇等增溶剂，使餐具洗涤剂在0～2℃时产品仍保持透明状态。

在洗衣粉的料浆配制过程中加入增溶剂甲苯磺酸钠和二甲苯磺酸钠，能降低料浆的黏度。亦即在料浆黏度相同的条件下，可将料浆中的总固体物含量提高，从而增加喷雾干燥塔的生产能力，节省能耗。

2.7.3.5 漂白剂

漂白剂能破坏发色体系或产生一个助色基团的变体，通常能将染料降解到较小单元，使其变成能溶于水或易于从织物上清洗除去的物质。衣物洗涤中主要使用两类漂白剂：过氧化物漂白剂和次氯酸盐漂白剂。

（1）过氧化物漂白剂

洗涤剂中使用的漂白剂是过氧化氢的各种衍生物如过硼酸钠、过碳酸钠等。

过硼酸钠的四水合物是最重要的过氧化物漂白剂，分子式为 $NaBO_3 \cdot 4H_2O$。根据其结晶状态的结构，四水合物的过硼酸钠是一个过氧二硼酸盐：

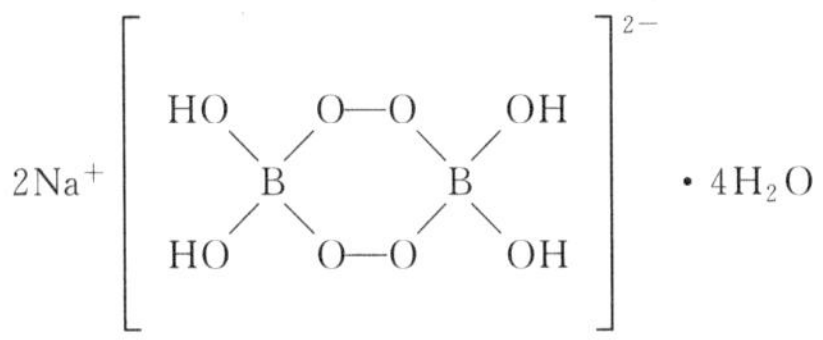

```
         ┌                              ┐2-
         │  HO       O—O       OH       │
         │    \     /   \     /         │
2Na+     │      B           B           │ ·4H2O
         │    /     \   /     \         │
         │  HO       O—O       OH       │
         └                              ┘
```

在水溶液中，它的阴离子结构环水解，生成起漂白作用的过氧化氢。洗涤温度高时（大于60℃）使用过硼酸钠作漂白剂，具有较好的漂白效果。

过碳酸钠的结构式为 $Na_2CO_3 \cdot 1.5H_2O_2$，根据结构式又可称为碳酸钠的过氧水合物。它的稳定性比过硼酸钠低，因此使用时通常不直接加入洗涤剂中，而作为洗涤时单独加入的一种物质，适用于室温或较低温度下的洗涤漂白。

（2）次氯酸钠漂白剂

次氯酸钠是最普通的家庭洗涤中的“氯”漂白剂。其他类似的漂白剂有次氯酸钾、次氯酸锂或次氯酸钙，次溴酸钠或次碘酸钠、含氯的氧化物溶液，氯化的磷酸三钠、三氯异氰尿酸钠或钾等，但在家庭洗涤中通常不使用。

2.7.3.6 抗静电剂

一般的阴离子表面活性剂，如羧酸盐、硫酸酯盐、磺酸盐不能用作抗静电剂，但烷基或烷基芳基的聚氧乙烯醚硫酸钠抗静电效果较好。烷基磷酸酯的衍生物是阴离子表面活性剂中抗静电效果最好的一个品种。

2.7.3.7 抗再沉积剂

洗涤是个可逆过程，已从织物上除去的污垢有可能再返回到织物上。能将除去的污垢合适地分散在洗涤液中，不再返回到织物表面的物质称抗再沉积剂。肥皂的抗再沉积性能好，而烷基苯磺酸钠等阴离子表面活性剂的抗再沉积性差。使用不加抗再沉积剂的合成洗涤剂多次洗涤织物后，累积的再沉积污垢会使织物产生不可逆的灰化作用，影响织物的色泽和牢度。

羧甲基纤维素钠（简称CMC-Na）在棉织物上具有良好的抗再沉积性能，对于尼龙或聚酯纤维等合成纤维，CMC-Na因不易吸附到这些织物上而抗再沉积性能差。其结构式为：

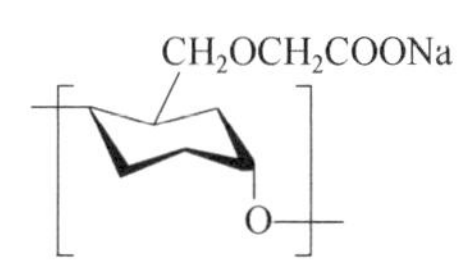

一些表面活性剂，如 C_{16}～C_{18}脂肪醇的 5EO 聚氧乙烯醚、C_{12}～C_{18}烷基胺的 5EO 乙氧基化合物、C_{12}～C_{18}烷基二甲基甜菜碱、十二烷基羟丙基二甲基氧化胺和壬基酚的 3EO 聚氧乙烯醚等是聚酯纤维织物很好的抗沉积剂。

2.7.3.8 荧光增白剂

荧光增白剂是能将不可见的紫外光（290～400nm），转变成可见蓝光的有机化合物。它发出的蓝色荧光能弥补白色织物吸收日光中的青光（补色作用）部分，使白色织物显得更白、有色织物更加鲜艳。

目前使用的荧光增白剂主要有四类：棉织物的、耐氯的、聚酰胺的和聚酯的。大多数商品由 1,2-苯乙烯、联苯基 1,2-苯乙烯、香豆素（氧杂萘邻酮）或喹诺酮（2-羟基喹啉）、二苯基吡唑啉和具有共轭体系的苯噁唑或苯并咪唑的结合体五种主要基本结构组成。

2.8 洗衣液分析

洗衣液目前是使用量最大的合成洗涤剂之一。它主要由表面活性剂及辅助组分包括助剂、泡沫促进剂、配料、填料等配伍加工而成，主要用于织物的洗涤。

2.8.1 洗衣液的质量标准

《衣料用液体洗涤剂》（QB/T 1224—2012）是国家轻工行业标准，该标准适用于由各种表面活性剂和助剂配制而成，用于清洁各种织物的液体洗涤剂产品（不适用于非水洗型产品）。该标准规定的洗衣液适于洗涤棉、麻、化纤等织物，根据产品使用对象分为三个品种两种类型，即：洗衣液（普通型、浓缩型）、丝毛洗涤液（普通型、浓缩型）、衣领袖口预洗剂。

2.8.2 洗衣液的分析

2.8.2.1 洗涤剂中总活性物含量的测定

GB/T 13173—2021 中规定了粉（粒）状、液体和膏状洗涤剂中的总活性物含量测定方法，该法也适用于测定表面活性剂中的总活性物含量。

用乙醇萃取试验份，过滤分离，定量乙醇溶解物及乙醇溶解物中的氯化钠，产品中总活性物含量用乙醇溶解物含量减去乙醇溶解物中的氯化钠含量算得。需在总活性物含量中扣除水助溶剂时，可用三氯甲烷进一步萃取定量后的乙醇溶解物，然后扣除三氯甲烷不溶物算得。

2.8.2.2 洗衣液的 pH 测定

洗衣液运用高新技术，采用温和的液体配方，具有洗护合一的多重功能。对比传统洗衣剂而言，洗衣液碱性较低，性能比较温和，不会损伤衣物和手，其保护衣物、保护皮肤、保护环境的全面保护特性备受追捧，洗衣液的 pH 测定根据 GB/T 6368—2008 标准进行。

（1）测定原理

测量浸入表面活性剂水溶液中的电极电位差，以 pH 表示。

（2）试剂

① 蒸馏水　无二氧化碳。

② 混合磷酸盐缓冲溶液 pH＝6.86（25℃），将市售袋装的混合磷酸盐注入 150mL 烧杯中，加入新煮沸并冷却至室温的水，溶解后，转入 250mL 容量瓶中，以水冲洗塑料袋，合并洗涤液，定容，摇匀。

四硼酸钠缓冲溶液 pH＝9.18（25℃），将市售袋装的四硼酸钠注入 150mL 烧杯中，加入新煮沸并冷却至室温的水，溶解后，转入 250mL 容量瓶中，以水冲洗塑料袋，合并洗涤液，定容，摇匀。

（3）仪器

① 电位计　最小刻度 0.1pH 单位；

② 玻璃电极、参比电极或复合电极；

③ 磁力搅拌器；

④ 烧杯　150mL；

⑤ 容量瓶　1000mL；

⑥ 温度计　0～100℃；

⑦ 水浴锅。

（4）测定步骤

① 试验条件　在测量过程中，待测溶液、标准缓冲溶液及洗涤用水温度均应调节为(20±1)℃。

② 电位计的校准　打开 pH 计预热 30min，按仪器使用方法依次用混合磷酸盐和四硼酸钠缓冲溶液校准。在测试两个或两个以上洗衣液试样时，在更换试样之前应重新校准 pH 计。

③ 试样溶液的制备　称取 10.0g 试样，精确至 0.001g，用蒸馏水溶解置于 1000mL 容量瓶中，稀释至刻度，摇匀。

④ pH 的测定　将上述试液放置于磁力搅拌器上搅拌 30s，停止搅拌后插入电极，待电位计指针稳定 1min 后读数。同一试样平行测定两次。平行测定结果之差不大于 0.1 pH 单位。

（5）测定结果

取平行测定的算术平均值为测定结果，并修约至 0.1pH。

2.8.3 洗衣液的稳定性测定

洗衣液的稳定性指标主要是考察洗衣液的稳定性能和贮藏性能。根据《衣料用液体洗涤剂》（QB/T 1224—2012）进行测试。

量取不少于 100mL 的试样两份，分别置于 250mL 的无色具塞广口玻璃瓶中，一份于(40±2)℃的保温箱中放置 24h，取出恢复至室温后观察，无异味、无分层和无变色现象，透明产品不混浊；另一份于（-5 ± 2）℃的冰箱中放置24h，取出恢复至室温后观察无沉淀和无变色现象，透明产品不混浊。

2.9 餐具用洗涤剂分析

2.9.1 餐具总活性物含量的测定

总活性物含量是指餐具用洗涤剂中体现去污效果的表面活性剂在餐具用洗涤剂中所占的质量分数。活性物含量是影响产品性能的关键指标，它不仅反映出餐具用洗涤剂的成本，也反映出该产品的内在质量水平。

2.9.2 去污力的测定

去污力是洗涤能力的综合体现，测定去污力是检验洗涤剂配方是否有效的一种方法。

（1）测定原理

使标准人工污垢均匀附着于载玻片上，用规定浓度的餐具洗涤剂在规定条件下洗涤后，测定污垢的去除百分率。本方法适用于各种配方的餐具洗涤剂。

（2）试剂

① 盐酸1∶6。

② 氢氧化钠溶液50g/L。

③ 无水乙醇。

④ 尿素。

⑤ 食品添加剂单硬脂酸甘油酯（40%）。

⑥ 无水氯化钙。

⑦ 硫酸镁（$MgSO_4 \cdot 7H_2O$）。

⑧ 牛油。

⑨ 猪油。

⑩ 精制植物油。

⑪ 硬水250mg/L，Ca^{2+}与Mg^{2+}摩尔比为6∶4。

称取16.7g无水氯化钙和24.7g硫酸镁（$MgSO_4 \cdot 7H_2O$）配制成10L溶液，约为2500mg/L硬水。使用时取1L稀释至10L即为250mg/L硬水。硬水标定按GB/T 6367—2012进行。

⑫ 乙氧基化烷基硫酸钠（C_{12}～C_{15}）70型优级品。

⑬ 烷基苯磺酸钠，所用烷基苯磺酸应为脱氢法烷基苯经三氧化硫磺化的单体，优级品。

（3）仪器

① 托盘天平：感量0.2g，最大称量200g。

② 分析天平或电子天平：感量0.1mg，最大称量200g。

③ 电磁加热搅拌器。

④ RHLQ-Ⅱ型立式去污测定机及相应全套设备。

⑤ 温度计：0～100℃，0～200℃。

⑥ 镊子。

⑦ 显微镜用载玻片：2mm×76mm×26mm。

⑧ 高型烧杯：100mL。

⑨ 搪瓷盘：300mm×400mm。

（4）测定步骤

① 人工污垢的制备　混合油配方为以牛油∶猪油∶植物油为0.5∶0.5∶1的比例配制，并加入其总质量5%的单硬脂酸甘油酯，此即为人工污垢（置冰箱冷藏室中保质期6个月）。

将人工污垢置电炉上加热至180℃，搅拌保持此温度10min，将烧杯移至电磁搅拌器搅拌，自然冷却至所需温度备用。

涂污温度推荐参考：当室温为20℃时，需油温80℃；室温为25℃时，需油温45℃；当室温低于17℃或高于27℃时，试验不宜进行，需要在空调间进行。必要时应使用附冷冻装置的立式去污测定机。

② 污片的制备　将载玻片上沿画出10mm线，以示涂污限制在此线以下；将载玻片下沿画出5mm线，以示擦拭多余油污限制在此线以下。

新购载玻片需要在洗涤剂溶液中煮沸15min后用清水洗涤至不挂水珠再置酸性洗液中浸泡1h后，清水漂洗及蒸馏水冲洗，置干燥箱干燥后备用。

③ 标准餐具洗涤剂的配制　称取烷基苯磺酸钠14份，乙氧基化烷基硫酸钠1份，无水乙醇5份，尿素5份，加水至100份混匀，用1∶6盐酸或50g/L氢氧化钠溶液调节pH为7～8，备用。

④ 涂污　将洁净的载玻片以四片为一组置于称量架上，用分析天平或电子天平精确称量（准确至1mg）为m_0，将称重后的载玻片逐一夹于晾片架上，夹子应夹在载玻片上沿线以上，将晾片架置于搪瓷盘内准备涂污。

待油污保持在确定的温度时，逐一将载玻片连同夹子从晾片架上取下，手持夹子将载玻片浸入油污中至10mm上沿线以下，1～2s后缓缓取出，待油污下滴速度变慢后，挂回原来晾片架上，依次制备污片。

油污凝固后，将污片取下用滤纸或脱脂棉将污片下沿5mm内底边及两侧边多余的油污擦掉，再用镊子夹取蘸有石油醚的脱脂棉擦拭干净。室温下晾置4h后，在称量架上用分析天平精确称量为m_1。此时每组污片上污量应保证（0.5±0.05)g。

⑤ 去污　将已知涂污量的载玻片插入对应的洗涤架内准备洗涤。将去污机接通电源，洗涤温度设置为30℃，回转速度设置为160r/min，洗涤时间设置为3min。

称取5.00g待测试样于2500mL的250mg/L硬水中，摇匀后分别量取800mL试液注入立式去污机的三个洗涤桶中，待试液温度升至30℃时，迅速将已知质量的污片连同洗涤架对应地放入洗涤桶内，当最后一只洗涤架放入洗涤桶后开始计浸泡时间，同时迅速将搅拌器装好，浸泡1min时，启动去污机开始洗涤，3min时，机器自动停机，迅速将搅拌器取下，取出洗涤架，将洗后污片逐一夹挂在原来的晾片架上，挂晾3h后将污片置相应称量架称量为m_2。

每批试验应为标准餐具洗涤剂准备三组污片，为每一个待测试样各准备三组污片；由于涂污条件不同会对去油率测定结果带来影响，故同一批涂污的载玻片无论能够设置多少待测试样，必须带三组测定标准餐具洗涤剂加以对照。

(5) 测定结果

① 计算

$$去油率=\frac{m_1-m_2}{m_1-m_0}\times100\%$$

式中 m_0——涂污前载玻片质量，g；

m_1——涂污后载玻片质量，g；

m_2——洗涤后污片的质量，g。

② 去污力判断 若待测餐具用洗涤剂的去油率不小于标准餐具用洗涤剂的去油率，则该餐具洗涤剂的去污力判为合格，否则为不合格。三组结果的相对平均偏差小于或等于5%。

2.9.3 荧光增白剂的限量试验

荧光增白剂是一种吸收紫外线可呈现荧光的化学增白染料。它进入人体后，不像普通的化学成分那样易被分解，而是和人体中的蛋白质迅速结合，很难排出体外，这无疑加重了肝的负担，而且荧光剂对人体皮肤极易产生刺激。因此，餐具用洗涤剂中不得含有荧光增白剂。

(1) 测定原理

无荧光滤纸在蒸馏水、规定浓度的试样溶液和荧光增白剂溶液中浸渍、漂洗、晾干后，在紫外线照射下比较、确认有无荧光。

(2) 试剂

① 荧光增白剂 二苯乙烯三嗪型，外观为微黄色均匀粉末，荧光强度为100±5，含水量不大于5%，色调为青光。

② 荧光增白剂标准使用液 0.1mg/L 精确称取33号荧光增白剂0.01g（精确至0.001g），用蒸馏水经加热充分溶解后，完全移入500mL棕色容量瓶中，定容，混匀，即为20mg/L荧光增白剂溶液，放于暗处；移取20mg/L荧光增白剂溶液25.0mL于500mL棕色容量瓶中，用水定容，混匀，即为1mg/L荧光增白剂溶液；移取1mg/L荧光增白剂溶液10.0mL于100mL棕色容量瓶中，用水定容，混匀，即为0.1mg/L荧光增白剂标准使用液。

③ 定量滤纸 中速，裁成25mm×55mm矩形片。

(3) 仪器

① 晾干盘 用塑料板制成，分若干小格，适合放置矩形滤纸片。

② 紫外分析仪或紫外灯 波长365nm，带有反射护光罩，灯管至照射面距离为100mm。

③ 恒温水浴锅。

④ 暗室或暗箱。

(4) 测定步骤

称取餐具用洗涤剂试样2.0g于150mL烧杯中，用蒸馏水溶解并稀释至10mL制成2%试液。分别移取蒸馏水和0.1mg/L荧光增白剂标准使用液各100mL置另外两个洁净的150mL烧杯内。将三个烧杯同时置于40℃恒温水浴中，待溶液温度升到40℃时，在每个烧杯内放入两张滤纸片（预先用铅笔在滤纸角上编号）。保持40℃，浸渍30min，然后将滤纸片用洁净的玻璃棒挑起（注意：不要将滤纸片弄破），在烧杯边缘上沥干约 1min 后，分别放入 100mL 40℃的蒸馏水中漂洗 5min，如此重复漂洗一次后，用玻璃棒取出滤纸片，按顺序摆放在洁净的晾干盘中，避光晾干。次日在暗室或暗箱中用紫外分析仪或紫外灯在 365nm 下观测，比较试液、空白液及 0.1mg/L 荧光增白剂标准使用液浸渍过的滤纸片。

（5）测定结果

若试液浸渍过的滤纸片较荧光增白剂标准使用液浸渍过的滤纸片的荧光弱，则视为该餐具用洗涤剂中的荧光增白剂未检出，判为合格；否则为不合格。

2.9.4 甲醇含量的测定

甲醇是一种对人体有害的物质，人体吸收一定量的甲醇，将会造成中毒、失明，甚至死亡。一般规定甲醇含量不得超过 1.0mg/g。

以下测定方法只适用于不含异丙醇的液体餐具用洗涤剂，对其他餐具用洗涤剂应根据该方法的原理进行必要的变更。不含异丙醇的粉状餐具用洗涤剂可用一定量的水溶解后，参照此法进行测定，但要记录稀释倍数。含异丙醇的液体餐具用洗涤剂应选用其他参照物进行测定。

（1）测定原理

采用气相色谱法测定餐具用洗涤剂中甲醇的含量。

（2）试剂

① 异丙醇。

② 无水甲醇。

③ 甲醇标准溶液　称取无水甲醇 10.0g（精确至 0.001g）于 50mL 烧杯中，加水 20～30mL，转移至 1000mL 容量瓶中，用水稀释至刻度，混匀。用移液管移取上述溶液 10.0mL 于 100mL 容量瓶中，加水稀释至刻度，混匀。再移取此稀释液 10.0mL 于 50mL 烧杯中，并用移液管准确加入 2.0mL 异丙醇，充分搅匀后，将此溶液储备于一具塞容器中，作为本试验的标准溶液。

④ 试样溶液　称取餐具用洗涤剂 10.0g，用移液管准确加入 2.0mL 异丙醇，充分搅匀。

（3）仪器

① 气相色谱仪

a. 柱管　内径 3～4mm，长 2～3m 的不锈钢柱或玻璃柱。

b. 固定相　180～315μm 的高分子多孔微球，如 Porapak Q、GDX103 等。

c. 检测器　氢焰离子化检测器。

d. 记录仪　满量程 10mV 以下，记录纸有效幅宽 150mm 以上，记录笔速度满量程 2s 以内，记录纸速度 10mm/min 以上。

e. 载气　氮气。

② 微型注射器　10μL。

③ 皂膜流量计。

④ 容量瓶　100mL，1L。

⑤ 移液管　2mL，10mL。

⑥ 烧杯 50mL。

（4）测定步骤

① 气相色谱仪调节 进样口温度：150℃；柱温：110～130℃；检测器温度：150℃；载气流量约 40mL/min。

② 气相色谱仪性能调整 注射 1～2μL 甲醇标准溶液于气相色谱仪中，并记录其图谱。适当调整柱温及载气流量，并注意改变色谱仪记录衰减，使甲醇及异丙醇的色谱峰能充分分开，异丙醇峰高在记录纸幅宽的 50%～90%、半峰宽在 10mm 以上。

③ 甲醇标准溶液的分析 按调整后确定的条件注射甲醇标准溶液，记录色谱图。分析中要记录衰减的切换（一般甲醇出峰时的记录衰减为异丙醇出峰时记录衰减的 1/32）。

④ 试样溶液的分析 分析方法及条件与甲醇标准溶液完全相同。

（5）测定结果

分析完毕后，测量甲醇及异丙醇的峰面积，并将两者换算至相同衰减。将试样溶液得到的甲醇/异丙醇峰面积比，与甲醇标准溶液所得到的比值进行比较，如前者小于或等于后者，则认为合格。

2.9.5 甲醛含量的测定

甲醛的杀菌能力较强，但同时对人的眼、鼻、喉、黏膜有刺激作用，危害人体健康。国家标准要求甲醛含量小于或等于 0.1mg/g。

餐具用洗涤剂中甲醛含量的测定方法是甲醛与乙酰丙酮在乙酸铵存在下反应生成黄色的配合物，用分光光度计在波长 410nm 处测定该配合物吸光度，通过标准曲线法定量。

2.9.6 砷的测定

砷含量过高可以引起皮肤色素沉着、手掌和脚的皮肤高度角质化及皮肤癌等。

银盐法测砷的原理是试样经消化后，以碘化钾、氯化亚锡将五价砷还原为三价砷，然后与锌粒和酸产生的新生态氢生成砷化氢气体，经银盐溶液吸收后，形成红色胶态物，与标准系列比较定量。

2.9.7 重金属限量试验

重金属包括铜、锌、铅、铬、镍、汞、砷等。当重金属进入人体消化系统后不能被排出，在某些器官中积蓄起来造成慢性中毒，从而引发多种疾病，危害人体健康。

洗涤剂中重金属的测定是利用在酸性（pH=3～4）条件下，试样中的重金属离子与硫化氢作用，生成棕黑色物质，与同法处理的铅标准溶液比较，做限量试验。

2.9.8 微生物检验

菌落总数和大肠菌群分别按 GB 4789.2—2022 和 GB 4789.3—2016 规定进行。

2.10 洗涤用品绿色发展展望

“绿色”和“可持续”概念在洗涤用品行业始终是相对术语（即具有比已知被替代品更低的风险），绿色化学始终推动着新原料、新产品、新模式、新工艺的诞生和衍化。目前，绿色洗涤产品除了尽可能多地满足绿色化学12项原则外，还应具备以下特点：

① 易于生物降解。

② 尽可能采用生物基原料，如利用生物提取物、可再生的农业或林业材料。

③ 不含有害空气污染物。

④ 不含或尽可能少地添加挥发性有机化合物。

⑤ 不含任何臭氧消耗物、温室气体、光化学烟雾引发剂以及导致室内空气质量下降的物质。

⑥ 原料不含或含低于既定“影响水平”的致癌物质、诱变剂或生殖毒素。

⑦ 不含内分泌调节物质，如烷基酚聚氧乙烯醚、邻苯二甲酸二丁酯、重金属（砷、镉、钴、铬、汞、镍、硒）等。

⑧ 不含联合国环境规划署（UNEP）定义的持久性有机污染物。

⑨ 不含持久性、生物累积性或毒性（PBT）原料。

⑩ 在可能的情况下，不含致敏原，不含刺激眼睛/皮肤的原料。

⑪ 对人类和水生生物必须是相对无毒的。

拓展学习 1

练习思考题

1. 表面活性剂分子结构具有两亲性指什么？
2. 当表面活性剂浓度高于临界胶束浓度时，是否具有去污能力？
3. 表面活性剂的概念与结构特征是什么？
4. 什么是临界胶束浓度（cmc）？
5. 表面活性剂的一般作用有哪些？
6. 什么是表面活性剂的HLB值？
7. 什么是浊点？温度与非离子表面活性剂之间的关系是什么？
8. 阳离子表面活性剂有哪几类？
9. 阴离子表面活性剂有哪几类？

第2章练习思考题参考答案

参考文献

[1] 赵德丰．精细化学品合成化学与应用．北京：化学工业出版社，2001.
[2] 金谷．表面活性剂化学. 2 版．合肥：中国科学技术大学出版社，2018.
[3] 王培义，徐宝财，王军．表面活性剂：合成·性能·应用. 3 版．北京：化学工业出版社，2019.
[4] 李和平，葛虹．精细化工工艺学．北京：科学出版社，2006.
[5] 周波．表面活性剂. 2 版．北京：化学工业出版社，2012.
[6] 唐善法，刘忠运，胡小冬．双子表面活性剂研究与应用．北京：化学工业出版社，2011.
[7] 王军．表面活性剂新应用．北京：化学工业出版社，2009.
[8] 李奠础，吕亮．表面活性剂性能及应用．北京：科学出版社，2008.
[9] 王世荣，李祥高，郭俊杰．表面活性剂化学. 3 版．北京：化学工业出版社，2022.
[10] 贾长英，张晓娟，李辉，李泓睿等．精细化学品分析与检验．北京：中国石化出版社，2015.
[11] 王英健，牛桂玲．精细化学品分析. 2 版．北京：高等教育出版社，2015.
[12] 张天翼．洗涤用品绿色发展展望．中国洗涤用品工业，2020 (5)：17-24.

3

药物与中间体

本章学习目标

1. 了解药物的定义、分类以及药物结构与药理活性；
2. 了解心血管药物、抗肿瘤药物、抗生素类药物、解热镇痛类药物的常见品种；
3. 掌握化学原料药阿司匹林的合成工艺；
4. 通过实验掌握苯佐卡因的实验室制备。

3.1 概述

药物（Drug）是指用于预防、治疗和诊断人的疾病，有目的地调节人的生理机能，并规定有适应证或者功能主治、用法和用量的物质，包括中药材、中药饮片、中成药、化学原料药及其制剂、抗生素、生化药品、放射性药品、血清疫苗、血液制品和诊断药品等。

3.1.1 药物的基本知识

（1）药物效应动力学（Pharmacodynamics）

药物效应动力学简称药效学，主要研究药物对机体的作用及其规律，阐明药物防治疾病的机制。

药物在治疗疾病的同时，也会产生不利于机体的反应（Untoward Reaction or Adverse Reaction），包括副作用（Side Effect）、毒性反应（Toxic Reaction）、变态反应（Allergy Reaction）、继发性反应（Secondary Reaction）、后遗效应（Residual Effect）、致畸作用（Teratogenesis）等。理想药物应具备以下特点：

a. 自身的药物选择性较高、无毒性、避免不良反应、与其他相关药物联合应用可增加疗效；

b. 长期服用不易产生耐药性；

c. 具有优良的药动学特点，最好为速效及长效药；

d. 性状稳定，不易被酸、碱、光、热及酶等破坏；

e. 使用、服用方便，价格低廉。

(2) 受体理论(Receptor Theory)

受体理论是药效学的基本理论之一，是从分子水平阐明病理生理过程的现象，解释药物的药理作用、作用机制、药物分子结构和效应之间关系的一种基本理论。

受体(Receptor)是与配体(Ligand)或药物结合的位点，主要是细胞膜或细胞内的大分子化合物，如蛋白质、核酸、脂质等。其某个部分的立体构象具有高度选择性，能准确地识别并特异地结合某些立体特异性体，这种特定结合部位即称为受点(Receptor Side)。

配体与受体的结合是化学性的，既要求二者的构象互补，还需要二者间有相互吸引力。绝大多数配体与受体的作用是通过分子间吸引力[范德华力(van der Waals force)]、离子键、氢键等形式结合，少数是通过共价键结合，后者形成的结合较难逆转。配体与相应的受体结合成配体-受体复合物，能传递信号引起一系列生理效应。

(3) 药物代谢动力学(Pharmacokinetics)

药物代谢动力学简称药动学，主要研究机体对药物的处置(Disposition)的动态变化，包括药物在机体内的吸收、分布、生化转换(或称代谢)及排泄的过程，特别是血药浓度随时间变化的规律。药物的代谢与人的年龄、性别、个体差异和遗传因素等有关。

3.1.2 药物结构与药理活性

根据药物化学结构对生物活性的影响程度或药物在分子水平上的作用方式，可将药物分为非特异性药物与特异性药物。非特异性药物(Structurally Nonspecific Drug)主要与药物的理化性质如溶解度、解离度、表面张力等有关，与药物的化学结构关系不大，如甘露醇脱水是利用其渗透压而达到脱水目的。

大多数药物属于特异性药物(Structurally Specific Drug)，也称结构特异性药物，药物的生理活性与其化学结构密切相关。

药效团(Pharmacophore)是特征化的三维结构要素的组合，可以分为两种类型。一类是具有相同药理作用的类似物，它们具有某种基本结构，即相同的化学结构部分，如磺胺类药物、局麻药、β-受体阻断剂、拟肾上腺素药物等；另一类是一组化学结构完全不同的分子，但它们以相同的机理与同一受体键合，产生同样的药理作用，如己烯雌酚的化学结构比较简单，但因其立体构象与雌二醇相似，也具有雌激素样作用。

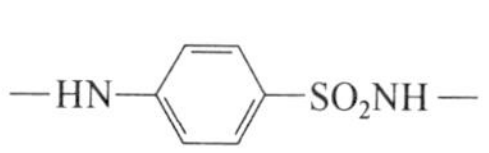

磺胺类药

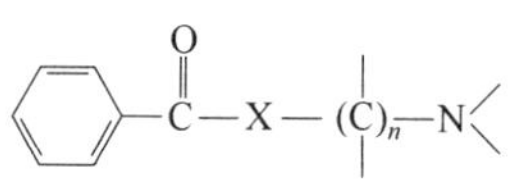

X=O，S，NH
局麻药

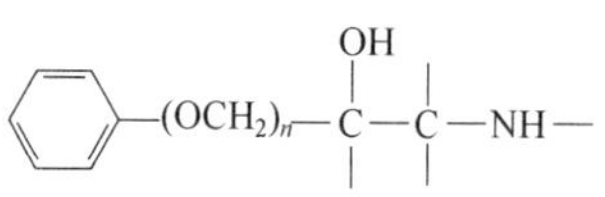

β-受体阻断剂 n=0,1

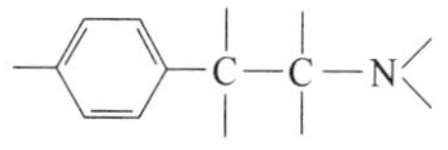

拟肾上腺素

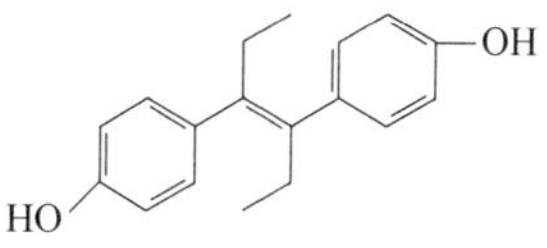

己烯雌酚

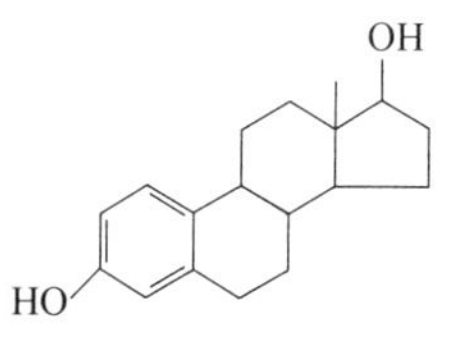

雌二醇

3.1.3 药物发展简史

药物的研究在我国已有几千年历史，《神农本草经》是我国最早的一部药学著作，该书共收载药物365种，其中大部分药物至今仍广为应用，如大黄导泻、麻黄止喘、常山截疟等。唐代（公元659年）的《新修本草》收载药物844种，是世界上第一部由政府颁布的药典，比西方的纽伦堡药典早883年。明代李时珍的巨著《本草纲目》共52卷，收载药物1892种。他提出了科学的药物分类法，叙述了药物的形态、性味和功能，促进了祖国的医药发展。

19世纪初，化学生物学及生理学快速发展，主要从有效植物中提取具有药用价值的小分子有机化合物，如从鸦片中提出吗啡、从金鸡纳树皮中提取了奎宁等，验证了有效植物中存在着内在的物质基础。药效团基本概念的提出，指导通过简化、改造天然药物的化学结构，发展了作用相似、结构简单的合成药物。如对可卡因（古柯碱）的结构改造，1890年发现了具有局麻作用的苄佐卡因（对氨基苯甲酸乙酯），进一步结构改造，导致了普鲁卡因的发现。

20世纪初，德国Ehrlich（1909年）发现胂凡纳明能治疗锥虫病和梅毒，从而开始用合成药物治疗传染病；可治疗细菌感染的磺胺类药物的发现（Domagk，1935）促使药物结构修饰、电子等排原理等有了新的进展；开拓了抗生素类药物完善的系统研究生产方法，促进了化学治疗（Chemotherapy）的发展，具有划时代的意义。20世纪40年代第一个抗肿瘤药物氮芥（Nitrogen Mustard）用于临床，开始了肿瘤化学治疗的历程。到现在为止，抗肿瘤药物的研发规模最大，投资亦最多，希望通过对人类基因组学的研究，并广泛结合计算机技术、生物技术、合成及分离技术，寻找出更有效的肿瘤治疗药物。

根据药物的作用，可以将药物分为心血管类药物、抗肿瘤类药物、抗生素类药物、解热镇痛类药物、激素类药物、利尿药及降血糖药物等。从生产吨位角度看，化学合成法是主要的药物来源。本章主要从心血管药、抗肿瘤药、抗生素类及解热镇痛类药物等方面来阐述从医药中间体合成临床药物的思想及方法。

3.2 心血管药物

心血管系统药物主要作用于心脏或心血管系统，改进心脏的功能、调节血液的总输出量，或改变循环系统各部分的血液分配。

3.2.1 强心苷类

强心苷是目前治疗心衰的重要药物，大部分从植物内提取出来，是由糖或糖的衍生物，如糖醛酸、氨基糖等与非糖物质通过糖的端基碳原子连接而成的化合物，其苷元主要由甾核和一个不饱和内酯环所构成，是强心苷药理活性的主要来源。主要的强心苷类心血管药物见表3-1。

表 3-1 主要的强心苷类心血管药物

强心苷类化合物

名　称	R	R^1	R^2	R^3	R^4
洋地黄毒苷	(D-洋地黄毒糖)$_3$	CH_3	H	H	H
异羟基洋地黄毒苷	(D-洋地黄毒糖)$_2$	CH_3	H	OH	H
毛花苷 C	D-葡萄糖-β-乙酰基-(D-洋地黄毒糖)$_3$	CH_3	H	OH	H
毒毛旋花子苷 K	α-D-葡萄糖-β-D-葡萄糖-加拿大麻糖	CHO	H	H	OH
羊角拗苷	L-夹竹桃糖	CH_3	OH	H	H
铃兰毒苷	L-鼠李糖	CHO	H	H	OH

3.2.2 有机硝酸酯

有机硝酸酯属于一氧化氮供体药物（NO Donors Drug），是经典的血管扩张剂，包括有机硝酸酯类、亚硝酸酯类及亚硝酸硫醇酯类，主要用于治疗心绞痛，药物代谢动力学特点是吸收快，起效快。本类药物主要包括硝酸酯类的硝酸甘油和硝酸异山梨醇酯及硝酸异戊四醇酯、亚硝酸类的亚硝酸异戊酯等，起效及作用时间见表 3-2。

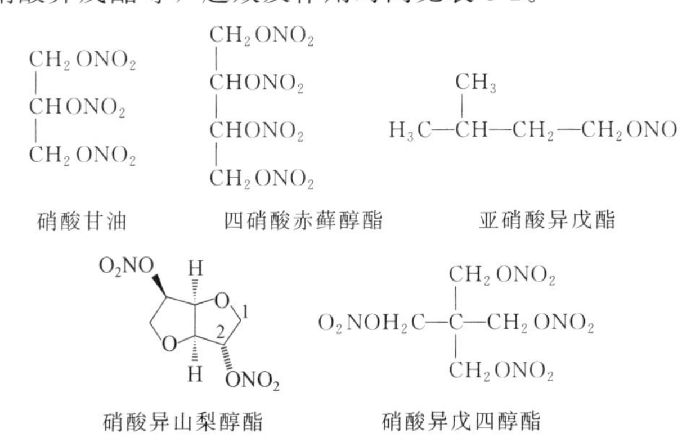

硝酸甘油　　四硝酸赤藓醇酯　　亚硝酸异戊酯

硝酸异山梨醇酯　　硝酸异戊四醇酯

表 3-2 常用硝酸酯类及亚硝酸类药物

名　称		起效/min	作用时间/min
硝酸甘油	Nitroglycerin	2	30
硝酸异戊四醇酯	Erythrity Tetranitrate	20	330
赤藓醇四硝酸酯	Erythritol Tetranitrate	15	180
硝酸异山梨醇酯	Isosorbide Dinitrate	3	60
亚硝酸异戊酯	Amyl Nitrite	0.25	1

上述药物中，硝酸酯基团的个数与药理作用水平之间没有直接的关系，但具有较高脂水分布系数的药物有较强的抗心绞痛活性；硝酸酯的作用比亚硝酸酯强。药物亲酯性决定了扩血管的时间效应。

3.2.3 苯系衍生物

苯系衍生物用于制备抗心律失常药物，主要用于治疗心动过速型的心律失常。

(1) 普鲁卡因胺 (Procainamide Hydrochloride)

又名奴佛卡因胺 (Novocamid)

$$H_2N-C_6H_4-CONHCH_2CH_2N(C_2H_5)_2\cdot HCl$$

本品为白色或类白色的结晶性粉末，易溶于水及乙醇，微溶于氯仿，具有抗心律失常活性，可用于室上性和室性心律失常。

以对硝基甲苯为原料，经重铬酸钠和硫酸氧化（或空气氧化）为对硝基苯甲酸，与氯化亚砜（亚硫酰氯）作用得对硝基苯甲酰氯，再与二乙氨基乙胺缩合得对硝基（二乙氨基乙基）苯甲酰胺，加压氢化（或用硫酸亚铁还原）为普鲁卡因胺盐即溶于乙醇中，低温通入干燥氯化氢至 pH 5 左右得粗品，在无水乙醇中重结晶精制即得产品。

本品可制成口服片剂，储藏期间易氧化变色，在配制注射剂时可加入亚硫酸氢钠作为抗氧剂。在强酸性溶液中或长期放置后水解产物为对氨基苯甲酸和二乙氨基乙胺。

$$H_2N-C_6H_4-COOH \qquad NH_2CH_2CH_2N(C_2H_5)_2$$

对氨基苯甲酸　　二乙氨基乙胺

$$O_2N-C_6H_4-CH_3 \xrightarrow[\triangle]{[O]} O_2N-C_6H_4-COOH \xrightarrow{SOCl_2} O_2N-C_6H_4-COCl \xrightarrow[NaOH]{H_2NCH_2CH_2N(C_2H_5)_2}$$

$$O_2N-C_6H_4-CONHCH_2CH_2N(C_2H_5)_2 \xrightarrow{H_2/Ni} H_2N-C_6H_4-CONHCH_2CH_2N(C_2H_5)_2 \xrightarrow[C_2H_5OH]{HCl}$$

$$H_2N-C_6H_4-CONHCH_2CH_2N(C_2H_5)_2\cdot HCl$$

(2) 美西律 (Mexiletine)

$$2,6\text{-}(CH_3)_2C_6H_3-OCH_2CH(CH_3)-NH_2\cdot HCl$$

本品为白色粉末，几乎无臭无味，易溶于水或乙醇，几乎不溶于乙醚。适用于室性心律失常，对急性心肌梗死和洋地黄中毒引起的室性心律失常效果较好。

本品的合成可用 2,6-二甲基苯酚与 1,2-环氧丙烷作用得 1-(2′,6′-二甲基苯氧基)-2-羟基丙烷，然后与亚硫酰氯作用得 1-(2′,6′-二甲基苯氧基)-2-氯丙烷，再与邻苯二甲酰胺钾（钠）缩合，经肼解成盐即得。

$$2,6\text{-}(CH_3)_2C_6H_3-OH \xrightarrow[NaOH]{CH_3-CH(O)-CH_2} 2,6\text{-}(CH_3)_2C_6H_3-OCH_2CH(CH_3)-OH \xrightarrow{SOCl_2} 2,6\text{-}(CH_3)_2C_6H_3-OCH_2CH(CH_3)-Cl$$

$$\xrightarrow[NaI,\,DMF]{C_6H_4(CO)_2NK} 2,6\text{-}(CH_3)_2C_6H_3-OCH_2CH(CH_3)N(CO)_2C_6H_4 \xrightarrow[(2)\ C_2H_5OH,\ HCl]{(1)\ H_2NNH_2\cdot H_2O} 2,6\text{-}(CH_3)_2C_6H_3-OCH_2CH(CH_3)NH_2\cdot HCl$$

美西律

3.2.4 苯氧乙酸类

此类药物主要用于降血脂，又称抗动脉粥样硬化药，主要针对胆固醇和甘油三酯的合成和分解代谢而发挥作用。因胆固醇在体内的生物合成是以乙酸为起始原料，因此开发了氯贝丁酯及其类似物的一类苯氧乙酸衍生物。

氯贝丁酯（Clofibrate），又名安妥明（Atromid）。

$$Cl-C_6H_4-O-C(CH_3)_2-COOC_2H_5$$

本品为白色或淡黄色油状液体，有异味，不溶于水，溶于多数有机溶剂。在体内迅速水解为活性产物氯贝酸。

合成方法可用对氯苯酚与丙酮、氯仿在氢氧化钠溶液中缩合为对氯苯氧异丁酸钠，经酸化、酯化减压蒸馏即得。

也可以采用下述的改进方法：以苯酚为原料，与丙酮、氯仿缩合再进行氯代反应和酯化。因苯氧异丁酸空间位阻大，主要得到对位氯代产物。

$$CH_3COCH_3 + HCCl_3 \xrightarrow{NaOH} (H_3C)_2C(OH)-CCl_3 \xrightarrow[NaOH]{Cl-C_6H_4-OH} Cl-C_6H_4-O-C(CH_3)_2-CCl_3 \xrightarrow{NaOH}$$

$$[Cl-C_6H_4-O-C(CH_3)_2-C(OH)_3] \longrightarrow Cl-C_6H_4-O-C(CH_3)_2-COONa \xrightarrow[\triangle]{C_2H_5OH} Cl-C_6H_4-O-C(CH_3)_2-COOC_2H_5$$

3.2.5 其他杂环类

（1）胍类

本类药物属于抗高血压药，降压机理是干扰交感神经末梢去甲肾上腺素的释放，耗竭去甲肾上腺素的储存。这类药物包括胍乙啶和胍甲啶（Guanazodine）等。

胍乙啶（Guanethidine）

$$\left[\text{(azocan-1-yl)}N-CH_2CH_2NHC(=NH)NH_2 \right]_2 \; H_2SO_4$$

硫酸胍乙啶

本品为白色结晶性粉末，几乎无臭，易溶于水，微溶于乙醇，不溶于氯仿和乙醚。主要用于治疗中度和重度舒张压高的高血压。

（2）肼类

本类药物属于直接松弛血管平滑肌的降压药物，肼屈嗪（Hydralazine）是第一个被发现有降压作用的口服降压药。类似药物还有双肼屈嗪（Dihydralazine）、布屈嗪（Budralazine）、托屈嗪（Todralazine）、恩屈嗪（Endralazine）等。

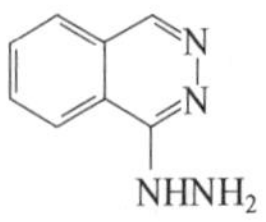

肼屈嗪 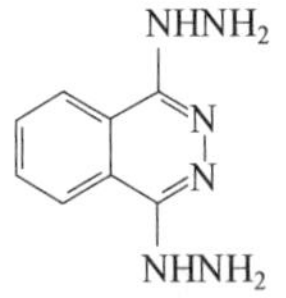　双肼屈嗪 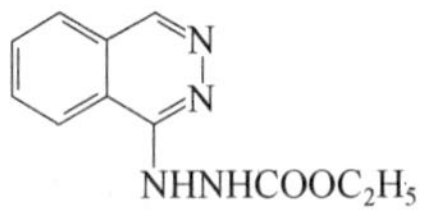　托屈嗪

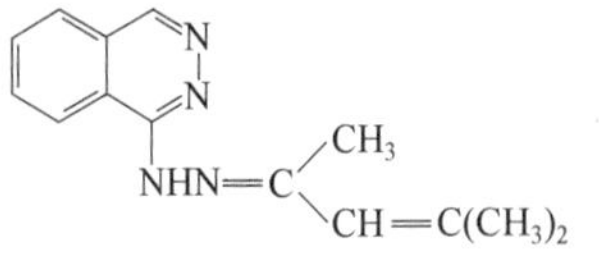

布屈嗪 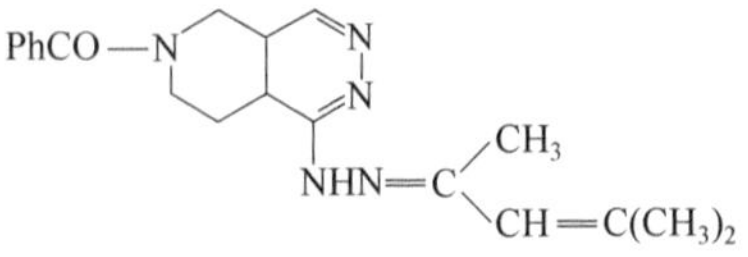　恩屈嗪

其中双肼屈嗪、布屈嗪在作用时间和副作用方面优于肼屈嗪。托屈嗪在体内代谢产生肼屈嗪而起作用，恩屈嗪的作用为肼屈嗪的两倍，用于治疗顽固性高血压。

双肼酞嗪（Dihydralazini Sulfas，又名血压达静、双肼达嗪）

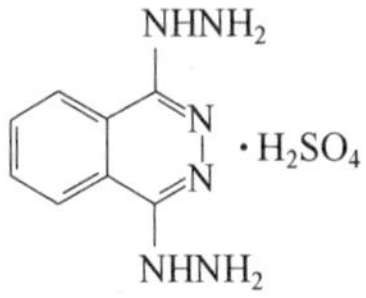

本品为白色或淡黄色结晶性粉末，微溶于水和乙醇，略溶于沸水，适用于肾不全高血压。

以邻苯二甲酸酐为原料与水合肼共热，生成1,4-二羟基屈嗪；与五氯化磷在三氯氧磷中作用，氯代为1,4-二氯屈嗪；再与水合肼在乙醇中肼化生成1,4-二肼基屈嗪，最后加硫酸成盐即得本品。

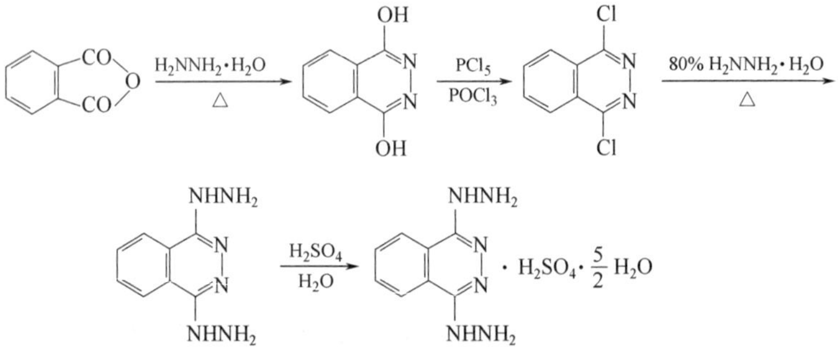

心血管药物在世界药物市场中占有重要地位，多年来销售额一直领先，在世界最畅销的药物中所占的比例也最高。当前已有的心血管药物种类繁多，各有作用特点及缺点，扬长避短寻找更为理想的药物是研究的热点。

我国对心血管药物的研制开发取得了很大的进展。近年来已批准投产的新原料药有抗高血压药吲哚帕胺，血管扩张药氟桂利嗪，抗心律失常药莫雷西嗪，血脂调节药吉非贝齐等。这些新药物的产生对调整我国心血管药物的结构及市场都产生了积极的影响。

3.3 抗肿瘤药物及中间体

恶性肿瘤是严重威胁人类健康的常见病和多发病，位于所有疾病死亡率的第二位，仅次于心脑血管疾病。肿瘤的治疗方法有手术治疗、放射治疗和药物治疗（化学治疗），但在很大程度上仍以化学治疗为主。

抗肿瘤药物是指抗恶性肿瘤的药物，又称抗癌药，按照作用机制可分为以下几类。

a. 干扰核酸生成的药物，根据其干扰核酸合成的环节不同又可分为：

ⅰ. 嘌呤拮抗物，即嘌呤核苷酸合成抑制剂，如巯嘌呤、喷司他丁等。

ⅱ. 嘧啶拮抗物，主要靠抑制嘧啶的生物合成而起到抗癌作用，如氟尿嘧啶。

ⅲ. 叶酸拮抗物，为二氢叶酸还原酶抑制剂，如甲氨蝶呤等。

b. 破坏 DNA 结构和功能的药物，如烷化剂、破坏 DNA 的抗生素等。

c. 影响蛋白质合成的药物，如秋水仙碱、长春花生物碱类等。

d. 嵌入 DNA 中干扰转录 RNA 的药物，如放线菌素等。

e. 影响体内激素平衡的药物，如雌激素等。

3.3.1 干扰核酸生物合成的药物中间体

3.3.1.1 嘌呤拮抗物中间体

这类药物又称为抗代谢抗肿瘤药物，通过抑制 DNA 合成中所需的叶酸、嘌呤、嘧啶及嘧啶核苷而抑制肿瘤细胞的生存和复制所必需的代谢途径，导致肿瘤细胞死亡。该类药物在肿瘤的化学治疗上占约 40%的比重。

腺嘌呤和鸟嘌呤是 DNA 和 RNA 的重要组分，次黄嘌呤是腺嘌呤和鸟嘌呤生物合成的重要中间体，嘌呤类代谢物主要是次黄嘌呤和鸟嘌呤的衍生物。

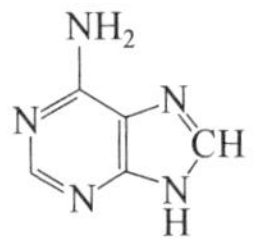

腺嘌呤 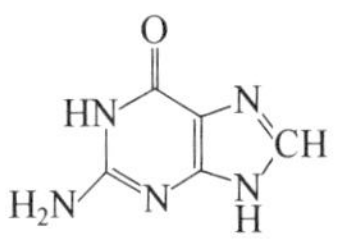　　鸟嘌呤 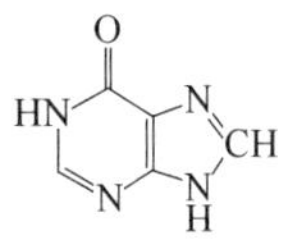　　次黄嘌呤

磺巯嘌呤钠（Sulfomercarpine Sodium，又名溶癌呤）

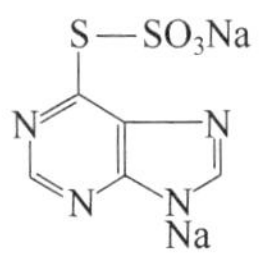

本品是巯嘌呤（6-MP）的水溶性衍生物，白色鳞片状结晶，无臭，极易溶于水。在体内分解释放出 6-MP 而起作用，用于治疗急性白血病及绒毛膜上皮癌的脑和脊椎转移。

可以 6-MP 为原料，先用碘氧化为二嘌呤-6,6′-二硫化物，再和亚硫酸钠作用，生成水溶性的磺巯嘌呤钠和不溶性的 6-MP，后者可循环使用。磺巯嘌呤钠的水溶液放入乙醇中，即可析出白色鳞片状结晶。

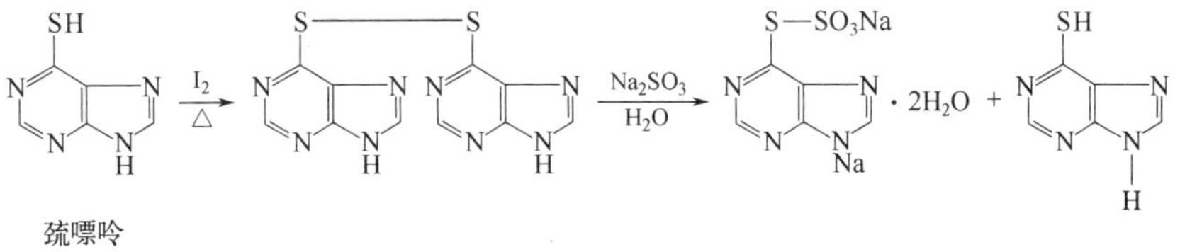

巯嘌呤

3.3.1.2 嘧啶拮抗物中间体

嘧啶拮抗物主要为尿嘧啶和胞嘧啶的衍生物。尿嘧啶掺入肿瘤组织中的速度较其他嘧啶快。根据电子等排概念，以卤原子代替氢原子合成的卤化尿嘧啶衍生物中，氟尿嘧啶的抗肿

瘤效果最好。本品抗瘤谱较广，对绒毛膜上皮癌及恶性葡萄胎有显著疗效，对治疗结肠癌、直肠癌、胃癌和乳腺癌、头颈部癌等有效，是治疗实体肿瘤的首选药物。

氟尿嘧啶（Fluorouracil，5-FU，又称 5-氟尿嘧啶）

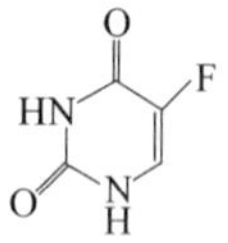

O HN F O N H

本品为白色结晶或结晶性粉末，略溶于水，微溶于乙醇，几乎不溶于氯仿。5-FU 的合成是用氯乙酸乙酯在乙酰胺中与无水氟化钾作用，氟化得氟乙酸乙酯，以甲醇钠为缩合剂，与甲酸乙酯缩合得氟代甲酰乙酸乙酯烯醇型钠盐，再与甲基异脲缩合成环，酸水解后即得本品。

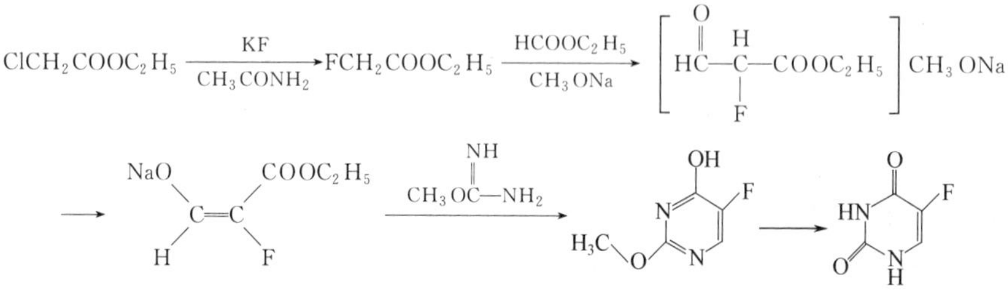

$$ClCH_2COOC_2H_5 \xrightarrow[CH_3CONH_2]{KF} FCH_2COOC_2H_5 \xrightarrow[CH_3ONa]{HCOOC_2H_5} \left[\begin{matrix} O \quad H \\ \| \quad | \\ HC{-}C{-}COOC_2H_5 \\ | \\ F \end{matrix}\right] CH_3ONa$$

$$\longrightarrow \begin{matrix} NaO \qquad COOC_2H_5 \\ C{=}C \\ H \qquad F \end{matrix} \xrightarrow{CH_3OC(=NH){-}NH_2} (\text{OH, F, N, N, } H_3C{-}O) \longrightarrow (\text{O, HN, F, O, N, H})$$

氟尿嘧啶疗效虽好，但毒性较大，可引起严重的消化道和骨髓抑制等副作用。根据氟尿嘧啶结构特点，研制了大量高效、低毒的衍生物，其分子中的 N 是主要的修饰部位。如以 5-FU 为原料，合成出的替加氟（Tegafur）是氟尿嘧啶的单四氢呋喃环取代的衍生物，其特点及其他衍生物见表 3-3。

表 3-3 5-FU 的衍生物及特点

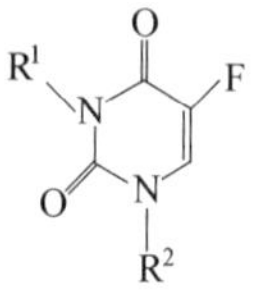

O R^1 N F O N R^2

名　称	取代基 R^1、R^2	特　点
替加氟(Tegafur)	$R^1=H$ $R^2=$  (O)	是氟尿嘧啶的前药，在体内转化为氟尿嘧啶发挥抗癌作用，作用特点和适应证与氟尿嘧啶相似，毒性较低，为氟尿嘧啶的 1/6～1/5，化疗指数为其两倍
双呋氟尿嘧啶(Difuradin)	$R^1=R^2=$ 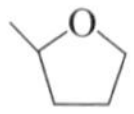 (O)	是氟尿嘧啶的 1,3-双四氢呋喃环取代物，作用特点和适应证类似替加氟。作用持续时间较长，不良反应比替加氟轻
卡莫氟(Carmofur)	$R^1=H$ $R^2=CONHC_6H_{13}$	在体内缓缓释放出氟尿嘧啶而发挥抗肿瘤作用，抗瘤谱广，治疗指数高。临床上可用于胃癌、乳腺癌等的治疗，对结肠癌和直肠癌的治疗效果较好
去氧氟尿苷(Doxifluridine)	$R^1=H$ $R^2=$ 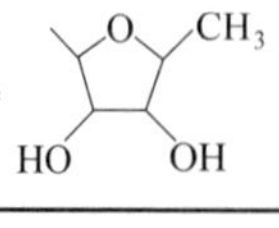 (O, CH_3, HO, OH)	在体内被嘧啶核苷磷酸化酶转化成游离的氟尿嘧啶而发挥作用。该酶因在肿瘤组织内转化为氟尿嘧啶的速度快、浓度高而对肿瘤有选择性作用。主要治疗胃癌、直肠癌、乳腺癌等

3.3.1.3 叶酸拮抗物中间体

叶酸是核酸生物合成的代谢物，也是红细胞发育生长的重要因子，临床用作抗贫血药。

叶酸缺乏时，白细胞减少，因此叶酸的拮抗剂可用于缓解急性白血病。已有多种叶酸拮抗剂用于临床，如氨蝶呤钠（Aminopterin Sodium，白血宁）和甲氨蝶呤，主要作用于二氢叶酸还原酶，效果较好。

甲氨蝶呤（Methotrexate，MTX）

NH_2　COOH
N　N　CH_2N—⟨苯环⟩—CO—NH—CHCH$_2$CH$_2$COOH
H_2N　N　N　CH_3

本品为橙黄色结晶性粉末，在水、乙醇、氯仿或乙醚中几乎不溶，易溶于稀碱。用于儿童急性淋巴性白血病疗效较好。

以四氨基嘧啶双盐酸盐为原料，与 2,3-二溴丙醛环合得 6-溴甲基蝶呤，最后在酸性环境中与对甲氨基苯甲酰谷氨酸缩合即得产品。

NH_2　NH_2　H_2N　N　NH_2　·2HCl　$\xrightarrow{BrCH_2CHBrCHO}$　NH_2　CH_2Br　H_2N　N　N

CH_3NH—⟨苯环⟩—CO—NH—CH—CH_2CH_2COOH（CH 上连 COOH）→

NH_2　COOH
CH_2N—⟨苯环⟩—CO—NH—CHCH$_2$CH$_2$COOH
H_2N　N　N　CH_3

甲氨蝶呤

3.3.2 破坏 DNA 结构和功能的药物中间体

3.3.2.1 烷化剂（Alkylating Agents）

烷化剂也称生物烷化剂（Bioalkylating Agents），是抗肿瘤药物中使用最早的一种，但其选择性较低，故毒性较大。按结构主要分为氮芥类、亚乙基亚胺类、烷基磺酸类、亚硝基脲类、三氮烯和肼类。

（1）氮芥类（Nitrogen Mustards）

氮芥类是 β-氯乙胺类化合物的总称。由于氮芥刺激性较大，经结构改造后以不同的基团代替甲基而得到了一系列的氮芥类药物。通式中的 R 称为载体，β-氯乙氨基为烷化基团。烷基化部分是抗肿瘤活性的功能基；载体部分可以用来改善该类药物在体内的吸收、分布等药代动力学性质，提高选择性和抗肿瘤性，也会影响药物的毒性。

H_3C—N(CH_2CH_2Cl)$_2$

氮芥

R—N(CH_2CH_2Cl)$_2$

氮芥类药物

($ClCH_2CH_2$)$_2$N—⟨苯环⟩—CH_2CH(NHCHO)—COOH

氮甲

HOOC—CH(NH_2)—CH_2—⟨苯环⟩—N(CH_2CH_2Cl)$_2$

美法仑

（2）亚乙基亚胺类（Aziridines）

氮芥类药物是通过转变为亚乙基亚胺活性中间体而发挥烷基化作用的，因此指导合成了一批直接含有活性亚乙基亚胺基团的化合物。

最早用于临床的是三亚乙基亚胺（Triethylene Melamine，TEM），治疗作用和毒性与盐酸氮芥相似。六甲密胺（Hexamethylmelamine，HMM）与TEM结构极相似，抗瘤谱广。通过干扰瘤细胞核酸的合成起抗瘤作用，不属于烷化剂。

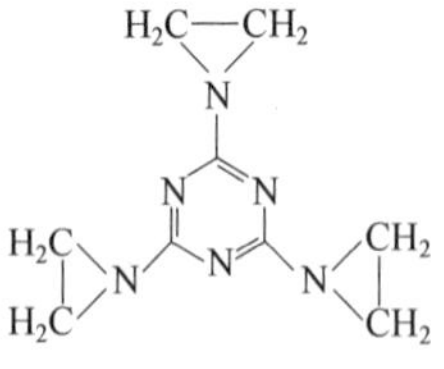

三亚乙基亚胺 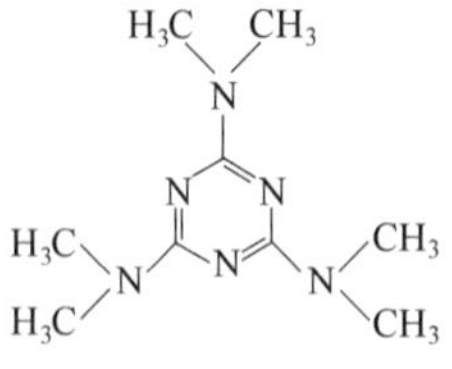　　　　六甲密胺

亚乙基亚胺的磷酰胺衍生物可以提高亚乙基亚胺类化合物的抗肿瘤作用和减少毒副作用，临床主要应用的有替哌（Tepa）和噻替哌（Thiotepa）。

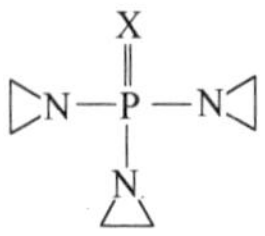

	X=O	替哌	主要用于治疗白血病
	X=S	噻替哌	用于乳腺癌、卵巢癌、肝癌、膀胱癌等

噻替哌的合成方法：用硫氯化磷在三乙胺存在下，于无水苯中低温与亚乙基亚胺缩合得粗品，石油醚重结晶即得精品。

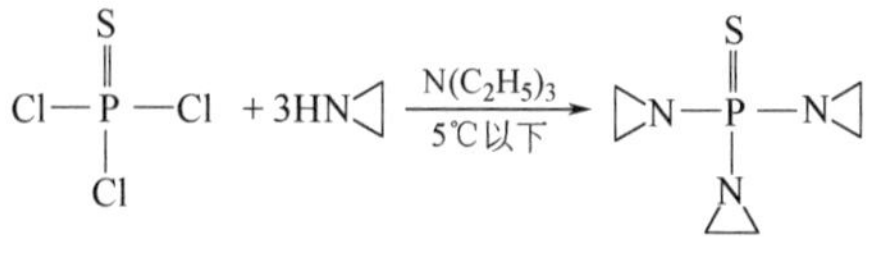

$$PSCl_3 + 3HN\triangleleft \xrightarrow[5℃以下]{N(C_2H_5)_3} 噻替哌$$

噻替哌

(3) 亚硝基脲类（Nitrosoureas）

亚硝基脲类药物具有 β-氯乙基亚硝基脲结构，具有广谱的抗肿瘤活性。β-氯乙基具有较强的亲脂性，使这类药物易通过血脑屏障，用于治疗脑瘤和某些中枢神经系统的肿瘤。

a. 卡莫司汀（Carmustine、BCNU）

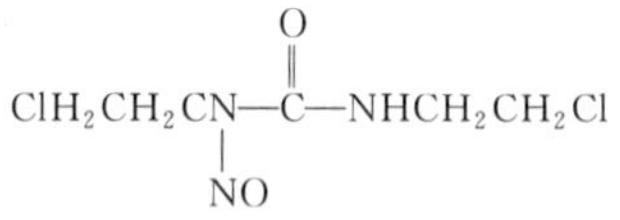

$$ClH_2CH_2CN(NO)-C(=O)-NHCH_2CH_2Cl$$

本品为结晶性粉末，难溶于水，能溶于乙醇，在酸性环境中较稳定，在碱性环境中不稳定，很易分解。适用于治疗脑瘤，对黑色素瘤和胃肠道肿瘤亦有一定疗效。

以乙醇胺为原料，在DMF中与脲加热缩合，再与一分子乙醇胺加热作用即生成1,3-双羟乙基脲，用氯化亚砜处理得1,3-双氯乙基脲，最后在低温下亚硝基化即得产品。

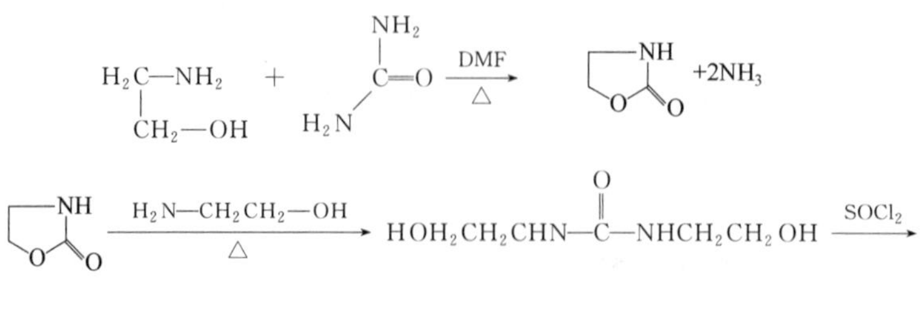

$$H_2C(NH_2)-CH_2OH + H_2N-C(=O)-NH_2 \xrightarrow[\triangle]{DMF} \text{噁唑烷-2-酮} + 2NH_3$$

$$\text{噁唑烷-2-酮} \xrightarrow[\triangle]{H_2N-CH_2CH_2-OH} HOH_2CH_2CHN-C(=O)-NHCH_2CH_2OH \xrightarrow{SOCl_2}$$

$$ClH_2CH_2CHN—\overset{O}{\overset{\|}{C}}—NHCH_2CH_2Cl \xrightarrow[H^+]{NaNO_2} ClH_2CH_2C\underset{NO}{\underset{|}{N}}—\overset{O}{\overset{\|}{C}}—NHCH_2CH_2Cl$$

卡莫司汀

亚硝基脲类药物中，*N*-亚硝基的存在使得该氮原子与邻近羰基间的键变得不稳定，在生理条件下分解生成亲电性基团，这些亲电性基团以DNA作为靶，使DNA的碱基和磷酸酯基烷基化，导致链间交联和单键的破裂。

临床应用的其他亚硝基脲类药物如下：

$$ClCH_2CH_2\underset{NO}{\underset{|}{N}}—\overset{O}{\overset{\|}{C}}—NHR$$

洛莫司汀 (Lomustine) R= 环己基

司莫司汀 (Semustine) R= 4-甲基环己基 ($—CH_3$)

盐酸尼莫司汀 (Nimustine) R= $—H_2C—$(4-氨基-2-甲基嘧啶-5-基) (NH_2, N, CH_3)

雷莫司汀 (Ranimustine) R= $—CH_2$-(吡喃糖基：O, OH, OH, OH, OCH_3)

b. 洛莫司汀（Lomustine、CCNU）

本品为淡黄色粉末，不溶于水，略溶于无水乙醇。主要用于治疗各种脑瘤，也用于肺癌、恶性黑色素瘤和各种实体瘤。

合成方法的第一步与卡莫司汀相同，所得产物用环己胺处理后再氯代得1-(*β*-氯乙基)-3-环己基脲，最后亚硝化即得产品。

$$\text{(噁唑烷-2-酮)} \xrightarrow[\triangle]{H_2N—\text{环己基}} HOH_2CH_2CHN—\overset{O}{\overset{\|}{C}}—NH—\text{环己基} \xrightarrow{SOCl_2}$$

$$ClH_2CH_2CHN—\overset{O}{\overset{\|}{C}}—NH—\text{环己基} \xrightarrow[H^+]{NaNO_2} ClH_2CH_2C\underset{NO}{\underset{|}{N}}—\overset{O}{\overset{\|}{C}}—NH—\text{环己基}$$

3.3.2.2 与DNA共价结合的金属化合物

顺铂（Cisplatin），又名顺氯氨铂，化学名为顺式-二氯二胺合铂（*cis*-Diaminedichloroplatinum），是首先用于临床的抗肿瘤铂络合物，其反式异构体无效。

供药用的是含有甘露醇和氯化钠的冷冻干燥粉，具有广谱的抗肿瘤活性，是目前公认的治疗睾丸癌和卵巢癌的一线药物。

用盐酸肼或草酸钾还原六氯铂酸二钾得四氯铂酸二钾，再与醋酸铵、氯化钾在pH=7的条件下回流1.5h即得产品。

$$[PtCl_6]\cdot K_2 \xrightarrow[\text{或 } K_2C_2O_4]{H_2NNH_2\cdot HCl} [PtCl_4]\cdot K_2 \xrightarrow[pH=7,\ \triangle]{NH_4Ac,\ KCl} (H_3N)_2PtCl_2$$

当前铂络合物的研究方向是寻找高效低毒的药物、研究构效关系和探索铂络合物分子水平上的抗肿瘤作用机制，已开发的铂络合物如下，它们的抗肿瘤谱和活性与顺铂类似，但肾毒性、消化道反应较低。

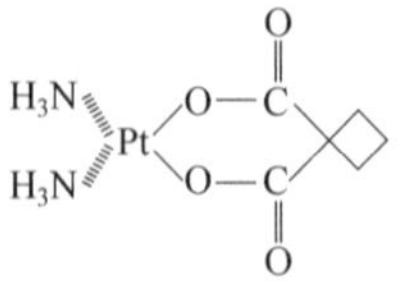

卡铂(Carboplatin)

八面体型铂络合物水溶性比顺铂高，肾毒性很低。

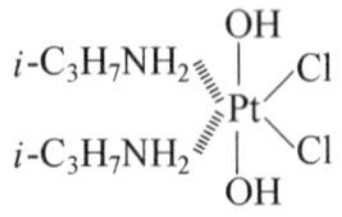

异丙铂(Iproplatin)

虽然恶性肿瘤的药物治疗已经有了显著的进展，但离根治的目标还相距甚远。世界各国都正致力于研发疗效更好、毒副作用更小、选择性更强的抗肿瘤药物，具体表现如下。

a. 继续从微生物、动植物、海洋生物等中筛选有效成分，以其及已知有效药物为先导化合物，进行结构改造，寻找毒副作用小、抗癌谱广的衍生物及类似物。

b. 抗癌药物的研究已超出以核酸及其成分为靶点的细胞毒药物。随着细胞生物学和分子生物学的发展，抗肿瘤药物的研究向 DNA 拓扑酶癌基因及其产物蛋白激酶 C、微管蛋白、钙调蛋白等各种新靶点方向发展。

c. 采用生物工程技术研制单克隆抗体、干扰素、白细胞介素、超氧化物歧化酶、红细胞生成素等大分子新型抗癌药。

d. 肽类药物如亮丙瑞林等也是研发的一个新领域；脂质体包裹、环糊精包裹、抗癌药与抗体结合等靶向制剂均为当前的重点研究方向。

3.4 抗生素类药物中间体

抗生素（Antibiotics）是某些细菌、放线菌、真菌等微生物的次级代谢产物，或用化学方法合成的相同结构或结构修饰物，在低浓度下对各种病原性微生物或肿瘤细胞有选择性杀灭抑制作用的药物。

1929 年青霉素的发现开辟了抗生素化学疗法的新时代，至 20 世纪 60 年代期间，找到了许多有重要临床价值的抗生素，使许多感染性疾病得到了有效控制；20 世纪 60 年代初开始了半合成抗生素阶段，即以生物合成和化学合成的方法制备了一系列药代动力学更佳、疗效更高的抗生素衍生物，半合成青霉素和头孢菌素得到了迅速发展；20 世纪 80 年代后发现的新抗生素的特点是酶抑制剂、免疫调节剂、杀虫剂等药理活性占相当大的比例。目前在抗生素领域中，除继续保留一部分力量进行传统的抗细菌、抗真菌等抗生素的研究外，已将大部分的注意力投入各种药理活性物质的筛选中。今后抗生素的研发将以药理活性物质为主导，推出各种前所未有的新的抗生素。

抗生素的杀菌作用机制主要有四种：①抑制细菌细胞壁的合成；②与细胞膜相互作用；

③干扰蛋白质的合成；④抑制核酸的转录和复制。抗生素按照化学结构大体可分为以下几种：①β-内酰胺类；②四环素类；③氨基糖苷类；④大环内酯类；⑤其他类。

3.4.1 β-内酰胺类

β-内酰胺类（β-Lactam）抗生素分子中含有由四个原子组成的β-内酰胺环，根据β-内酰胺环是否连接有其他杂环及杂环的结构，可分为青霉素类（Penicillins）、头孢菌素类（Cephalosporins）及非典型β-内酰胺抗生素类。

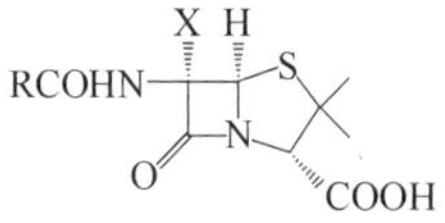

X=—H或—OCH_3
青霉素

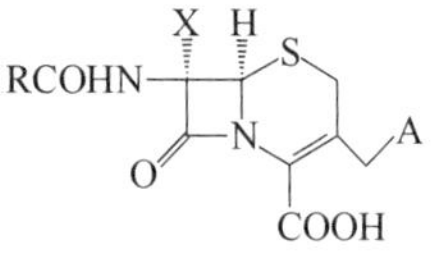

X=—H或—OCH_3
头孢菌素

非典型的β-内酰胺抗生素主要有碳青霉烯（Carbapenem）、青霉烯（Penem）、氧青霉烷（Oxypenam）和单环的β-内酰胺（Monobactam）。

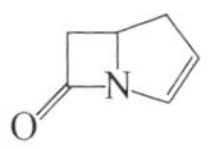

碳青霉烯 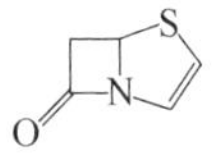　青霉烯 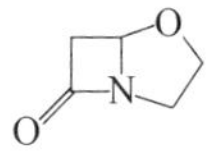　氧青霉烷 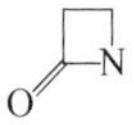　单环β-内酰胺

3.4.1.1 青霉素

（1）天然青霉素

青霉素由青霉菌发酵途径得到，具有很好的抗菌作用，对革兰氏阳性细菌如链球菌、葡萄球菌、肺炎球菌、阴性球菌及螺旋体等有效。表3-4列出了五种天然青霉素，其中以青霉素G含量最高、作用最强。

表3-4 天然存在的青霉素

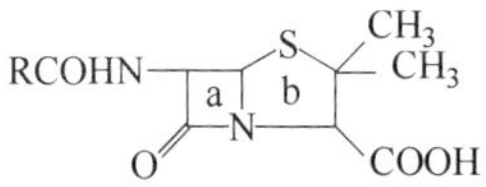

名　称	取代基R	分子式
青霉素F(Penicillin F)	$CH_3CH_2CH=CH-CH_2-$	$C_{14}H_{20}N_2O_4S$
青霉素G(Penicillin G)	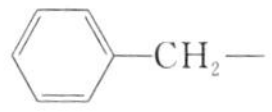 $C_6H_5-CH_2-$	$C_{16}H_{18}N_2O_4S$
青霉素X(Penicillin X)	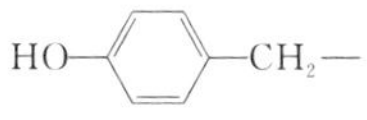 $HO-C_6H_4-CH_2-$	$C_{16}H_{18}N_2O_5S$
青霉素K(Penicillin K)	$CH_3(CH_2)_6-$	$C_{16}H_{26}N_2O_4S$
青霉素N(Penicillin N)	$HOOCCH(NH_2)CH_2CH_2CH_2-$	$C_{14}H_{21}N_3O_6S$

（2）半合成青霉素

青霉素的缺点是不耐酸、不能口服、不耐酶而引起耐药性和抗菌谱窄。为了克服这些缺点，以从青霉素发酵液中得到的6-氨基青霉烷酸（6-Aminopenicillanic Acid）为原料，将各

种类型的侧链与之缩合，发展了多种半合成青霉素（Semi-synthetic Penicillin），按性能可分为耐酸青霉素、耐酶青霉素、广谱青霉素等。

a. 耐酸青霉素　该类衍生物结构中 6 位侧链的 α 碳上都有吸电子性的取代基团，如非奈西林（Pheneticillin）、丙匹西林（Propicillin）和阿度西林（Azidocillin）等。

药物	R
非奈西林	R=—CH(CH_3)OC_6H_5
丙匹西林	R=—CH(C_2H_5)OC_6H_5
阿度西林	R=—CH(N_3)C_6H_5

b. 耐酶青霉素　该类衍生物结构中侧链均具有较大空间位阻的基团，如苯唑西林（Oxacillin）、双氯西林（Dicloxacillin）、氯唑西林（Cloxacillin）、氟氯西林（Flucloxacillin）等。

	R^1	R^2
苯唑西林	H	H
氯唑西林	Cl	H
双氯西林	Cl	Cl
氟氯西林	Cl	F

c. 广谱青霉素　如氨苄西林（Ampicillin）、阿莫西林（Amoxicillin）、替卡西林（Ticarcillin）、磺苄西林（Sulbenicillin）、氟氯西林（Flucloxacillin）等。

药物	R
氨苄西林	C_6H_5—CH(NH_2)—
阿莫西林	HO—C_6H_4—CH(NH_2)—
替卡西林	噻吩基—CH(COOH)—
磺苄西林	C_6H_5—CH(SO_3H)—

通过研究该类药物的构效关系发现其结构特点如下。

a. 改变药物的极性，使之易于透过细胞膜可以扩大抗菌谱。如含有芳环侧链，在酰基 α-位上引入极性亲水性基团—NH_2、—COOH、—SO_3H 等，可扩大抗菌谱，基团的亲水性越强，对革兰氏阴性菌作用越强，对铜绿假单胞菌也有效，有利于口服吸收，并能增强青霉素结合蛋白的亲和力。

b. 在分子中适当的部位引入立体障碍的基团可以克服耐药性。如引入杂环萘啶、呋喃等，可得到耐酶和耐酸的抗生素；在杂环邻位带有甲氧基、双氯，其立体效应可保护 β-内酰胺环不被 β-内酰胺酶进攻而得到耐酶药物。

c. 青霉素噻唑环上的羧基是基本活性基团，不能被取代，只能用前药原理进行酯化，可增加口服吸收和改善药物代谢动力学性质，延长作用时间。改善药代动力学的方法是调节脂水分配系数，制备前药，或改造代谢不稳定的部位。

半合成青霉素的方法：

6-APA 是半合成青霉素的主要中间体，可由青霉素 G 用青霉素酰化酶酶解制得；亦可将青霉素酰化酶通过化学键进行固定化后再裂解青霉素 G 制得，该法称为固定化酶法，可用于大规模工业生产。

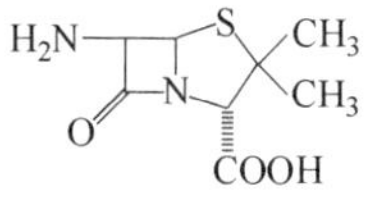

6-APA

常用接侧链的方法有以下四种。

a. 酰氯法　一般以稀碱为缩合剂，在室温下进行。如果酰氯水溶液不稳定，缩合应在无水介质（如氯仿等）中，以三乙胺为缩合剂进行酰化反应。

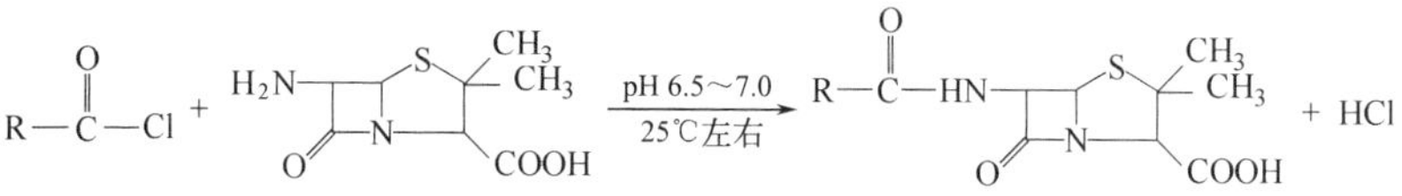

pH 6.5～7.0
25℃左右

b. 酸酐法　将各种侧链羧酸变为混合酸酐，再与 6-APA 缩合，反应条件与酰氯法相似。

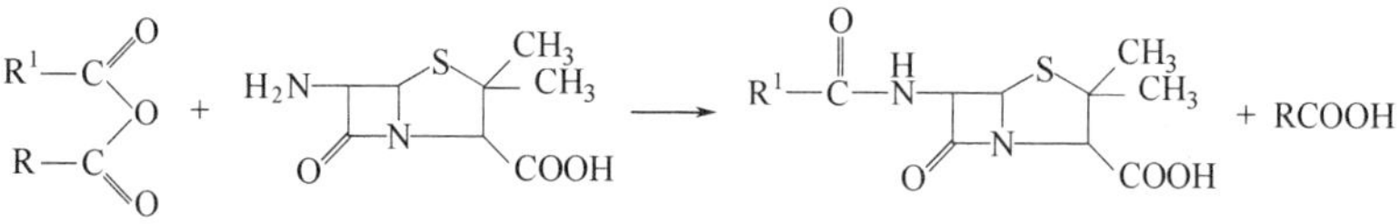

c. DCC（N,N'-二环己基碳二亚胺）法　以 DCC 为缩合剂，将侧链羧酸与 6-APA 在有机溶剂中缩合。此法收率高、步骤短，但成本高。

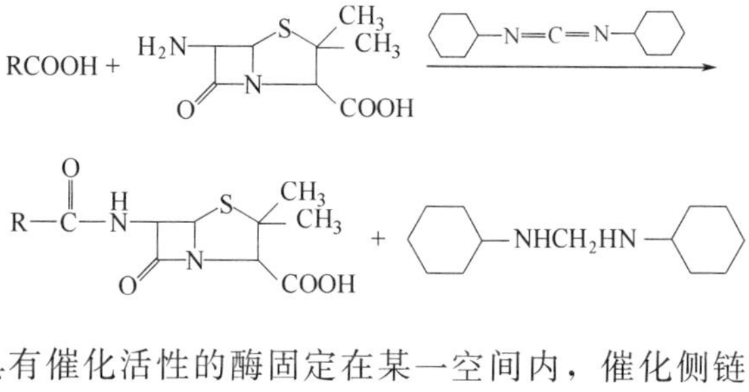

d. 固相酶法　将具有催化活性的酶固定在某一空间内，催化侧链羧酸与 6-APA 直接缩合。此法可简化工艺、提高效率，酶的催化活性是关键。

3.4.1.2　头孢菌素类

（1）头孢菌素的基本结构特点

头孢菌素又称先锋霉素。天然的头孢菌素 C(Cephalosporin C)是由与青霉菌近缘的头孢菌属的真菌所产生的抗生素，其结构由 D-α-氨基己二酸和 7-氨基头孢烷酸(7-Aminocephalosporanic acid,7-ACA)缩合而成。

H_3N^+ ^-OOC $CH(CH_2)_3C(=O)$—NH— S N O COOH CH_2OCOCH_3

头孢菌素 C

7-ACA 是抗菌活性的基本母核，主要由 β-内酰胺环与氢化噻嗪环并合而成。与青霉素相比，头孢菌素 C 更稳定，具有耐酸、耐酶、毒性小、很少或无交叉过敏等优点；但抗菌活性低，是因为 7 位侧链上 D-α-氨基己二酸亲水性过强。若用亲脂性取代基代替，在 3 位上保留乙酰氧基或引入杂环得到头孢噻吩（Cephalothin）和头孢唑啉（Cefazolin），抗菌活性增强。

R^1COHN— S N O COOH CH_2R^2

	R^1	R^2
头孢噻吩	—H_2C—(噻吩基, S)	—$OCOCH_3$
头孢唑啉	—H_2C—N(四唑基, N N N N)	—S—(噻二唑, N—N, S)—CH_3

（2）半合成头孢菌素类药物

根据半合成青霉素改造的经验，在侧链酰胺的 α-位上引入亲水性基团—SO_3H、—NH_2、—COOH，成功地获得了一些广谱、可口服的头孢菌素，如头孢磺啶（Cefsulodin）、头孢氨苄（Cefalexin）、头孢羟氨苄（Cefadroxil）、头孢拉定（Cefradine）等。

R^1COHN— S N O COOH R^2

	R^1	R^2
头孢磺啶	—HC(SO_3H)—(苯基)	—H_2C—N^+(吡啶)—$CONH_2$
头孢氨苄	—HC(NH_2)—(苯基)	—CH_3
头孢羟氨苄	—HC(NH_2)—(苯基)—OH	—CH_3
头孢拉定	—HC(NH_2)—(环己二烯基)	—CH_3

头孢呋辛（Cefuroxime）由于对 β-内酰胺酶有高度的稳定性而引起人们的关注。将 2-氨基噻唑与头孢呋辛中的甲氧肟结合，构成了系列耐酶和广谱的氨噻肟头孢菌素，如头孢噻肟（Cefotaxime）。

R^1COHN— S N O COOH CH_2R^2

	R^1	R^2
头孢呋辛	—C(=$NOCH_3$)—(呋喃基, O)	—CH_2OCONH_2
头孢噻肟	—C(=$NOCH_3$)—(噻唑, N S)—NH_2	—CH_2OCONH_2
头孢曲松	—C(=$NOCH_3$)—(噻唑, N S)—NH_2	—H_2C—S—(三嗪, H_3C—N, N, N, OH, O)

（3）头孢菌素类的合成

头孢菌素的半合成方法与青霉素类似，以 7-ACA 为母核，在 7 位或 3 位接上不同的取代基。7-ACA 是生产许多半合成头孢菌素的关键原料，因此裂解 7-ACA 是半合成的基础。主要方法有亚硝酰氯法、硅酯法和青霉素扩环法，还有报道用头孢菌素脱酰酶将头孢菌素 C 转化成 7-ACA。

a. 亚硝酰氯法　以头孢菌素 C 为原料，经亚硝酰氯处理，分子内环合形成亚胺醚，再水解得到 7-氨基头孢霉烷酸。

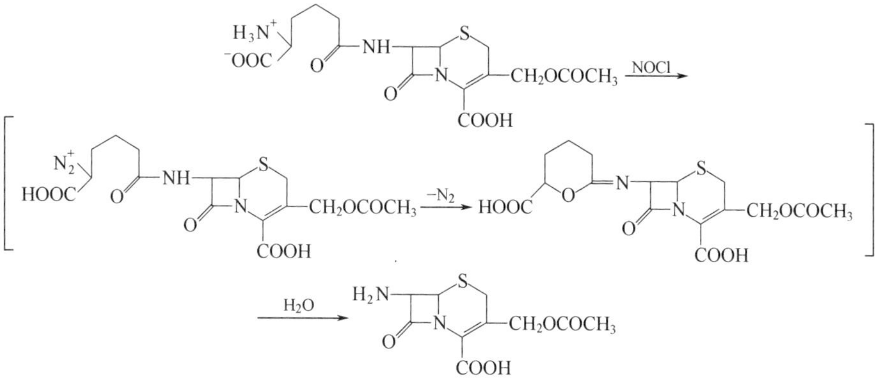

7-ACA

b. 硅酯法　把头孢菌素 C 的两个羧基先用三甲基氯硅烷酯化进行保护，然后用五氯化磷氯化得到偕氯亚胺，经正丁醇反应生成偕亚胺醚，水解同时去保护基得到 7-ACA。

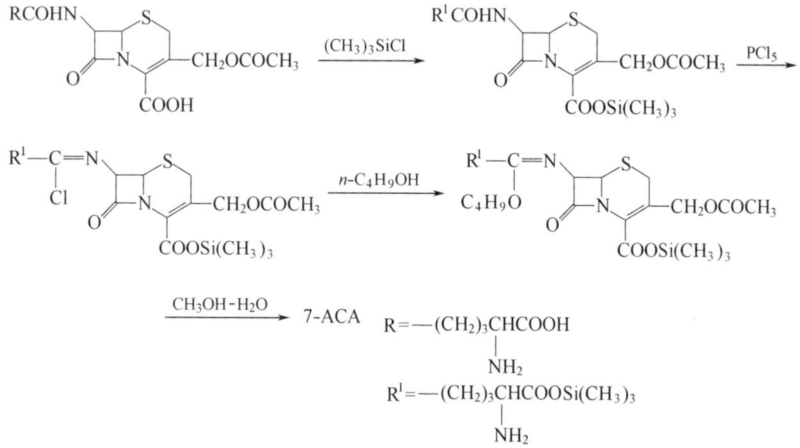

$R = -(CH_2)_3CH(NH_2)COOH$

$R^1 = -(CH_2)_3CH(NH_2)COOSi(CH_3)_3$

c. 青霉素扩环法　1963 年 Morin 等首先把青霉素 S-氧化物扩环为脱乙酰氧基头孢菌素，引起了青霉素扩环的广泛研究。用 D-10-樟脑磺酸催化扩环的收率较高，可达 90%，还可以用磺酸盐、磷酸、磷酸酯、磺酰胺等催化扩环。

常用方法是把青霉素 G 的钾盐用氯甲酸三氯乙酯保护羧基，再将其氧化成亚砜青霉素，用磷酸处理便可扩环。扩环后的中间体经过与硅酯法类似的反应，即用五氯化磷氯化得到偕氯亚胺，经甲醇反应生成偕亚胺醚，水解得到 7-氨基去乙酰氧基头孢烷酸三氯乙酯（7-ADCA）。

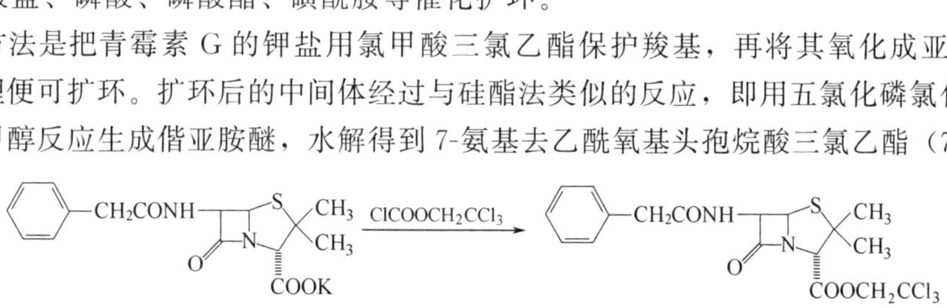

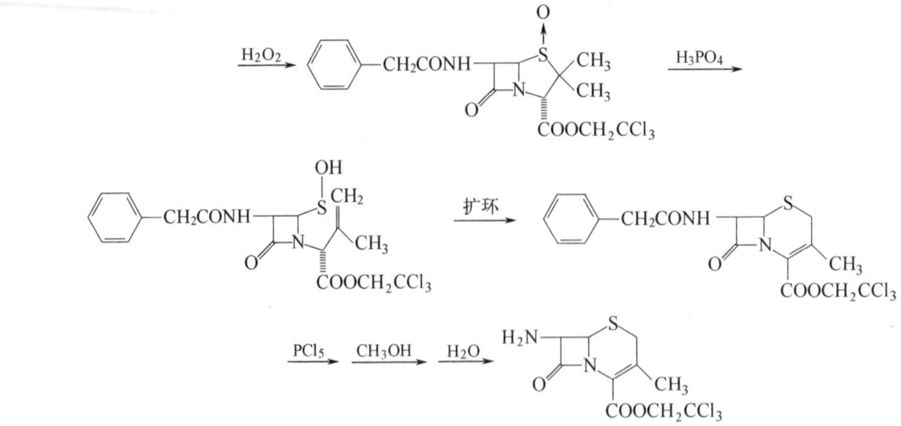

7-ADCA

7-ACA 和 7-ADCA 是合成头孢菌素的重要中间体，在 7 位或 3 位接上不同的取代基就得到各种头孢菌素。如头孢氨苄的结构中 3 位是甲基，所以其合成时用 7-ADCA 为原料较合适。即以青霉素钾为原料，经氧化、扩环、裂解得 7-ADCA，再与带保护基的 α-氨基苯乙酰氯链缩合，再用锌粉-甲酸去保护基得到产品。

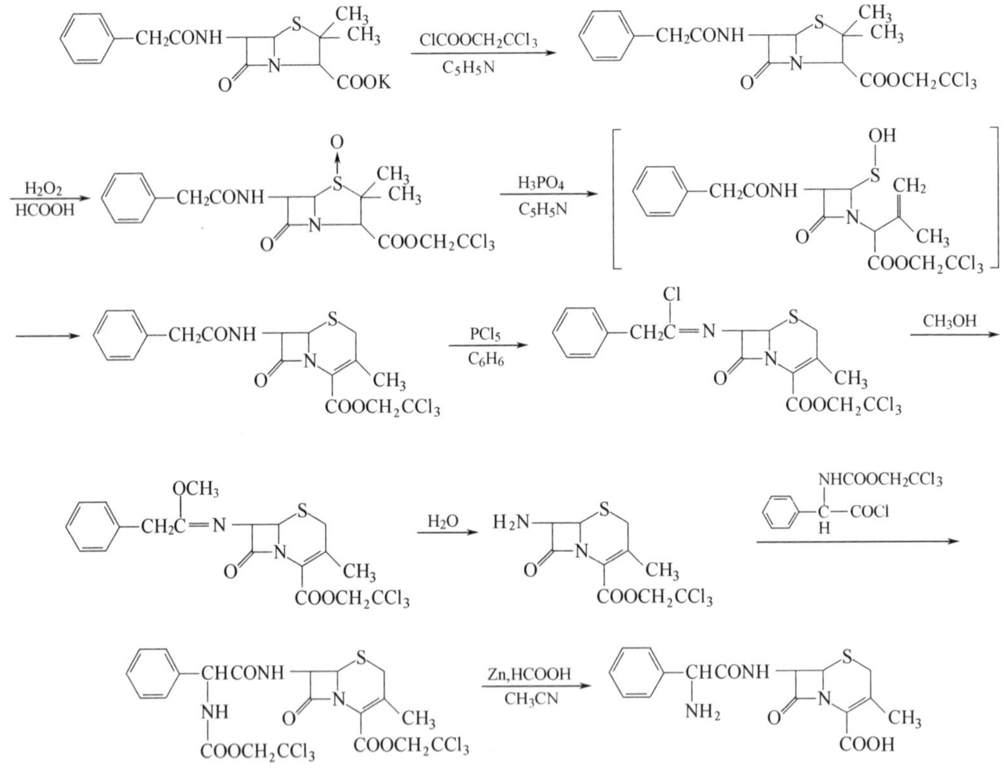

3.4.2 四环素类

四环素类（Tetracycline）药物是由放线菌产生的一类口服的广谱抗生素（表 3-5），对革兰氏阳性菌和阴性菌包括厌氧菌有效，四环素类抗生素为并四苯（Naphthacene）衍生物，具有十二氢化并四苯（1,2,3,4,4α,5,5α,6,11,11α,12,12α-dodecahydronaphthacene）

的基本结构。

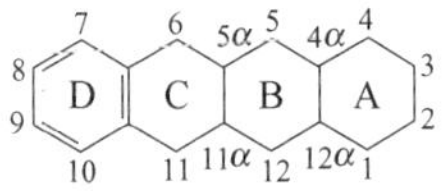

十二氢化并四苯

表 3-5 四环素类抗生素

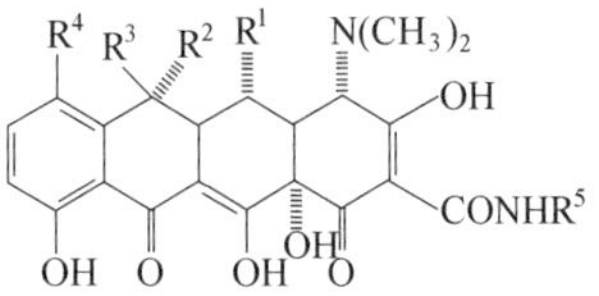

R^1	R^2	R^3	R^4	R^5	药 物
H	OH	CH_3	Cl	H	金霉素
OH	OH	CH_3	H	H	土霉素
H	OH	CH_3	H	H	四环素
OH	H	CH_3	H	H	多西环素
OH	$=CH_2$		H	H	美他环素
H	CH_3	CH_3	H	 —CH_2N	氢吡四环素
H	H	H	NO_2	H	硝环素

3.4.2.1 天然四环素类抗生素（Natural Tetracyclines）

（1）金霉素（Chlortetracycline）

金霉素是1948年自金色链丝菌的培养液中分离出来的一种抗生素，临床上用其盐酸盐治疗斑疹、伤寒、泌尿道感染、阿米巴痢疾等。其为金黄色或黄色结晶或结晶性粉末，无臭，味苦，不溶于丙酮、氯仿、乙醚。

（2）土霉素（Oxytetracycline）

土霉素是1950年自土壤中皲裂链丝菌的培养液中分离出来的一种抗生素。其为淡黄白色结晶或结晶性粉末，无臭，在空气中稳定。本品的抗菌谱和适应证与金霉素相似，但稳定性较高，副作用较小。

（3）四环素（Tetracycline）

四环素为淡黄色结晶性粉末，无臭，在空气中稳定；露置日光下颜色变深。本品的抗菌谱和抑菌效力与金霉素及土霉素相似，但服后毒性和副作用小，吸收较快，血中浓度较高。

3.4.2.2 半合成四环素类抗生素

长期用药发现天然四环素类药物易产生耐药性、化学结构不稳定、半衰期短，影响牙齿、骨骼的生长等，故临床已少用，现由半合成的四环素类代替。

天然四环素类结构中，6位的羟基极性大，影响药物在体内的吸收，且易使四环素类发生脱水反应而失效。将6位的羟基除去，不影响抗菌活性，且脂溶性提高、吸收改善、稳定性增加，如多西环素（Doxycycline）等；6位甲基对抗菌活性影响不大，合成了美他环素

(Methacycline）等；2位酰氨基是抗菌必要活性基团，一般不能改变，但在氨基上引入亲水基团，可增加药物的水溶性，如氢吡四环素；7位引入吸电子基团，可提高活性，如硝环素(Nitrocycline)。

（1）盐酸多西环素（Doxycycline Hydrochloride，又名强力霉素）

本品为淡蓝色或黄色结晶性粉末，无臭味苦，有吸湿性，易溶于水和甲醇，微溶于乙醇和丙酮。本品抗菌谱广，对革兰氏阳性球菌和阴性杆菌有效。抗菌作用比四环素约强10倍，对四环素耐药菌仍有效。主要用于呼吸道感染如慢性支气管炎、肺炎和泌尿系统感染等，也可用于斑疹、伤寒和支原体肺炎。

将土霉素溶于甲醇中，在甲醇-氨存在下，低温和氯代丁二酰亚胺作用，生成11-α-氯-6,12-半缩酮土霉素；半缩酮在无水氟化氢存在下，很易与C6甲基上的氢进行环外脱水生成11-α-氯-6-次甲基土霉素，在乙醇中与对甲苯磺酸成盐，冷却至0℃即析出结晶；在二甲基甲酰胺（DMF）中，以钯炭为催化剂，将11-α-氯-6-次甲基土霉素进行氢化，使C6次甲基氧化为甲基，同时去除11-α-氯生成α-6-去氧土霉素；氢化过程中有异构体β-6-去氧土霉素生成，它的抗菌活力仅为α-异构体的三分之一，α-6-去氧土霉素溶解在DMF中，加入磺基水杨酸，冷后即析出α-6-去氧土霉素磺基水杨酸盐，用氯化氢、无水乙醇成盐并重结晶即得产品。

强力霉素

上述反应在弱碱性中进行氯化反应，主要是防止在酸性中生成脱水土霉素；氢化反应只要求发生在C6次甲基上，因此钯炭需要用毒剂毒化再进行反应。

（2）盐酸美他环素（Methacyclini Hydrochloride，又名盐酸甲烯土霉素）

本品为无臭的黄色结晶性粉末，能溶于水、稀盐酸、甲醇，几乎不溶于其他有机溶剂，性质较稳定。应用范围与强力霉素大致相同，口服吸收良好，有效血药浓度可维持 12h 以上，具有长效的优点。

可由合成强力霉素的中间体 11-α-氯-6-次甲基土霉素为原料，经连二亚硫酸钠还原除去氯原子或在一定条件下用钯炭氢化，最后按强力霉素转化的方法，精制为盐酸美他环素。

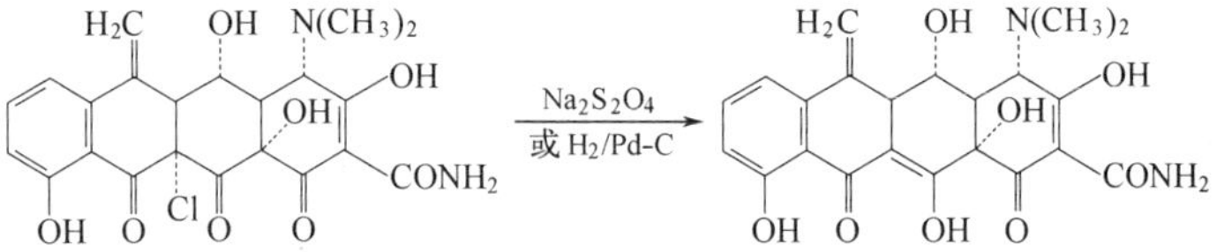
H2C
OH
N(CH3)2
OH
OH
CONH2
OH
O
Cl
O
O
Na2S2O4
或 H2/Pd-C
H2C
OH
N(CH3)2
OH
OH
CONH2
OH
O
OH
O

3.4.3 氯霉素及其衍生物

氯霉素（Chloramphenicol）是于 1947 年由委内瑞拉链霉菌培养液中得到，确定了分子结构后次年即用化学方法合成。由于其毒性大、抑制骨髓造血机能、引起再生障碍性贫血，因而临床应用受到限制。但它在治疗伤寒、斑疹伤寒等方面迄今为止仍是首选药物，其他抗生素无法替代。氯霉素是第一个含硝基的天然药物，结构中的二氯乙酰胺基与抗菌活性有关。

氯霉素有四个旋光异构体，仅 D-(—)苏阿糖型有抗菌活性，具有左旋光性。

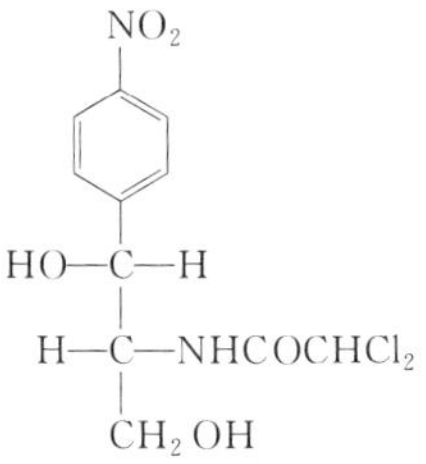
NO2
HO—C—H
H—C—NHCOCHCl2
CH2OH

D-(—)苏阿糖型

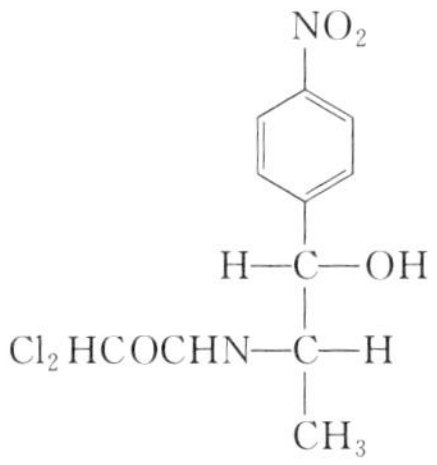
NO2
H—C—OH
Cl2HCOCHN—C—H
CH3

L-(+)苏阿糖型

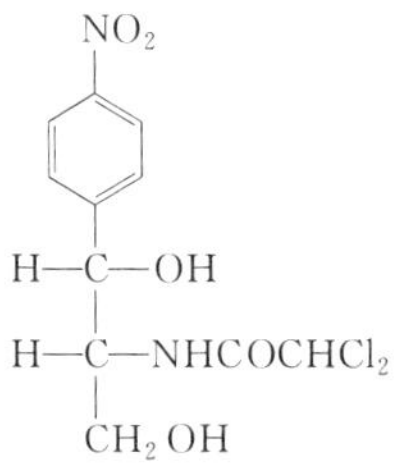
NO2
H—C—OH
H—C—NHCOCHCl2
CH2OH

D-(—)赤藓糖型

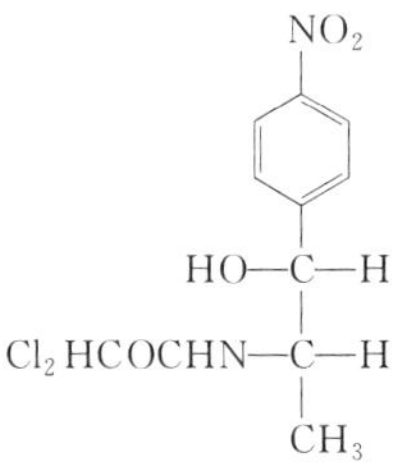
NO2
HO—C—H
Cl2HCOCHN—C—H
CH3

L-(+)赤藓糖型

氯霉素的合成方法很多，如用苯甲醛和 β -硝基乙醇缩合得到 2-硝基-1-苯基-1,3-丙二醇：

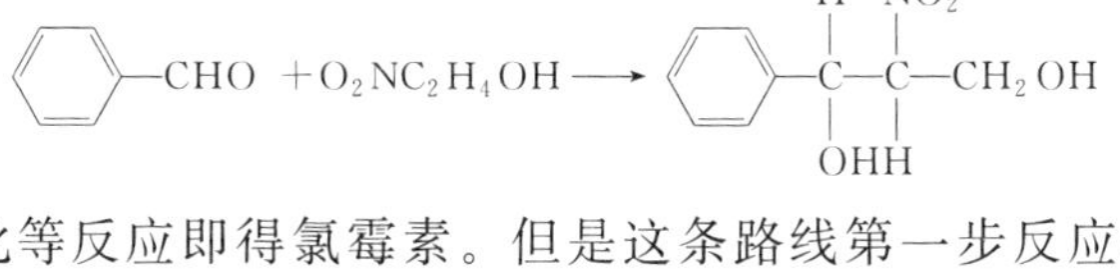
CHO
+O2NC2H4OH
H
NO2
C—C—CH2OH
OHH

再经还原、硝化、酰化等反应即得氯霉素。但是这条路线第一步反应得到的 D-(—)赤藓糖型异构体远较所需要的 D-(—)苏阿糖型异构体为多，经济上不合理。

采用下列路线得到的产品都具有左旋光性，即以对硝基苯乙酮为原料，经溴代生成对硝基-α-溴代苯乙酮，与环六亚甲基四胺成盐，再以盐酸水解后得到盐酸盐。用乙酸酐酰化后得到对硝基-α-乙酰氨基苯乙酮，用异丙醇铝还原为消旋体（苏阿糖型），再经盐酸脱去乙酰基后，用二氯乙酸甲酯作用即得到氯霉素。

$$O_2N-C_6H_4-COCH_3 \xrightarrow[C_6H_5Cl,25℃]{Br_2} O_2N-C_6H_4-COCH_2Br \xrightarrow[35℃]{(CH_2)_6N_4}$$

$$O_2N-C_6H_4-COCH_2Br(CH_2)_6N_4 \xrightarrow[C_2H_5OH,35℃]{HCl} O_2N-C_6H_4-COCH_2NH_2 \cdot HCl$$

$$\xrightarrow[20℃]{(CH_3CO)_2O} O_2N-C_6H_4-COCH_2NHCOCH_3 \xrightarrow{HCHO}$$

$$O_2N-C_6H_4-COCH(NHCOCH_3)-CH_2OH \xrightarrow[CH_3CH(OH)CH_3,60℃]{Al[OCH(CH_3)_2]_3}$$

$$O_2N-C_6H_4-CH(OH)-CH(NHCOCH_3)-CH_2OH \xrightarrow[H_2O]{HCl} O_2N-C_6H_4-CH(OH)-CH(NH_2 \cdot HCl)-CH_2OH$$

$$\xrightarrow[C_2H_5OH,65℃]{Cl_2CHCOOCH_3} O_2N-C_6H_4-CH(OH)-CH(NHCOCHCl_2)-CH_2OH$$

3.5 解热镇痛类药物中间体

解热镇痛药（Antipyretic Analgesics）能使发热病人的体温恢复正常，但对正常人的体温没有影响。这类药物也具有中等强度的镇痛作用，但其强度不及吗啡及其合成代用品。常用的解热镇痛药按化学结构可分为水杨酸类、苯胺类、吡唑酮类。其中，除苯胺类药物以外都具有抗风湿作用，也可治疗风湿及类风湿性关节炎。

3.5.1 水杨酸类解热镇痛药

水杨酸（Salicylic Acid）及其盐类均具有解热镇痛和抗风湿作用，但对胃肠道的刺激较大。1898 年合成了其衍生物乙酰水杨酸（阿司匹林），其镇痛作用比水杨酸强，在临床上广泛应用。但长期使用或剂量过大可诱发并加重溃疡病，因此对其进行结构修饰，合成了盐、酯、酰胺等一系列疗效更好的水杨酸衍生物。如乙酰水杨酸铝（Aluminum Acetyl Salicylate）、贝诺酯（Benorilate，扑炎痛）、乙氧苯酰胺（Ethoxy Benzamide，止痛灵）、赖氨匹林（Aspirin-DL-Lysine）等。

o-HOC_6H_4COOH 水杨酸

o-$CH_3COOC_6H_4COOH$ 乙酰水杨酸

$[o\text{-}CH_3OOC C_6H_4COO^-]_2 AlOH$ 乙酰水杨酸铝

o-$CH_3COOC_6H_4COO-C_6H_4-NHCOCH_3$ 贝诺酯

o-$C_2H_5OC_6H_4CONH_2$ 乙氧苯酰胺

$$\left[\text{C}_6\text{H}_4(\text{COO}^-)(\text{OCOCH}_3)\right] \cdot \text{H}_3\text{N}^+\text{—CH(COO}^-)(\text{CH}_2)_4\overset{+}{\text{N}}\text{H}_3$$

赖氨匹林

(1) 阿司匹林 (Aspirin, 乙酰水杨酸)

本品为白色结晶或结晶性粉末，无臭或微带醋酸臭，微溶于水，易溶于乙醇，可溶于乙醚、氯仿，水溶液呈酸性。本品为水杨酸的衍生物，经近百年的临床应用，证明对缓解轻度或中度疼痛，如牙痛、头痛、神经痛、肌肉酸痛及痛经效果较好，亦用于感冒、流感等发热疾病的退热，治疗风湿痛等。近年来发现阿司匹林对血小板聚集有抑制作用，能阻止血栓形成，临床上用于预防短暂脑缺血发作、心肌梗死、人工心脏瓣膜和静脉瘘或其他手术后血栓的形成。

合成路线较为简单，以水杨酸为原料，在硫酸催化下经乙酸酐酰化制得。但由于阿司匹林中可能有未反应的水杨酸或因产品贮存不当水解产生水杨酸，故药典规定应检查游离水杨酸的含量。

$$\text{C}_6\text{H}_4(\text{COOH})(\text{OH}) + (\text{CH}_3\text{CO})_2\text{O} \xrightarrow[70\sim75^\circ\text{C}]{\text{H}_2\text{SO}_4} \text{C}_6\text{H}_4(\text{COOH})(\text{OCOCH}_3) + \text{CH}_3\text{COOH}$$

阿司匹林

(2) 二氟尼柳 (Diflunisal)

在乙酰水杨酸的5位上引入含氟取代基，能明显增强消炎镇痛作用，且胃肠道刺激小，如二氟尼柳，又名5-(2,4-二氟苯基)水杨酸。

对轻度和中度疼痛具有止痛作用，能够缓解关节炎、类风湿性关节炎等引起的疼痛，用法类似于阿司匹林，作用时间长。

本品的合成是以间苯二胺为原料，氟化后生成间二氟苯，再经浓硝酸硝化后，作用生成2,4-二氟硝基苯；经铁和盐酸还原后，生成2,4-二氟苯胺；重氮化后，生成2,4-二氟苯重氮盐；再与苯缩合后形成2,4-二氟联苯，酰化得到4-(2,4-二氟苯基)苯乙酮；经双氧水氧化后得到4-乙酰氧基苯基-间二氟苯，水解得4-(2,4-二氟苯基)苯酚，最后羧化即得产品。

$$\text{H}_2\text{N—C}_6\text{H}_4\text{—NH}_2 \xrightarrow[\text{② HBF}_4]{\text{① NaNO}_2,\text{HCl}} \text{F—C}_6\text{H}_4\text{—F} \xrightarrow{\text{浓 HNO}_3} \text{F—C}_6\text{H}_3(\text{F})\text{—NO}_2 \xrightarrow{\text{Fe,HCl}} \text{F—C}_6\text{H}_3(\text{F})\text{—NH}_2$$

$$\xrightarrow[\text{② HBF}_4]{\text{① NaNO}_2,\text{HCl}} \text{F—C}_6\text{H}_3(\text{F})\text{—N}_2^+\text{BF}_4^- \xrightarrow{\text{Cu},\ \text{C}_6\text{H}_6} \text{F—C}_6\text{H}_3(\text{F})\text{—C}_6\text{H}_5 \xrightarrow{(\text{CH}_3\text{CO})_2,\text{AlCl}_3} \text{F—C}_6\text{H}_3(\text{F})\text{—C}_6\text{H}_4\text{—COCH}_3$$

$$\xrightarrow{\text{H}_2\text{O}_2} \text{F—C}_6\text{H}_3(\text{F})\text{—C}_6\text{H}_4\text{—OCOCH}_3 \xrightarrow{\text{H}^+} \text{F—C}_6\text{H}_3(\text{F})\text{—C}_6\text{H}_4\text{—OH} \xrightarrow{\text{CO}_2,\text{K}_2\text{CO}_3} \text{F—C}_6\text{H}_3(\text{F})\text{—C}_6\text{H}_3(\text{COOH})\text{—OH}$$

二氟尼柳

3.5.2 苯胺类药物中间体

本类药物如对乙酰氨基酚（扑热息痛）等均是以苯胺为母核衍生出来的药物，由于毒副作用大，和吡唑酮类一样，应用不如水杨酸类广泛，有些品种临床上已经停止使用，如乙酰苯胺（Acetanilide）和非纳西丁（Phenacetin）等。

对乙酰氨基酚（Paracetamol，又名扑热息痛、醋氨酚、退热净）

OH

$NHCOCH_3$

对乙酰氨基酚

本品为白色或微带红色的结晶性粉末，无臭，味微苦，在热水、醇、丙酮中易溶，冷水中微溶。本品可缓解轻度至中度疼痛，如感冒引起的发热头疼、关节痛、神经痛以及偏头痛、痛经等。

以氯苯为原料，经硝化后得对硝基氯苯，再经氢氧化钠水解得对硝基苯酚钠，硫酸酸化后生成对硝基苯酚，经铁、氯化钠还原得对氨基苯酚，再酰化即得成品。该合成路线适用于大规模生产，成本低廉，但是对硝基氯苯毒性较大。

Cl —浓 HNO_3，浓 H_2SO_4→ Cl / NO_2 —NaOH→ ONa / NO_2 —稀 H_2SO_4→ OH / NO_2 —Fe，NaCl→ OH / NH_2 —CH_3COOH→ OH / $NHCOCH_3$

对乙酰氨基酚

以硝基苯为原料制备对乙酰氨基酚的方法原料易得，工序短，但需要较昂贵的催化剂。合成路线如下：

NO_2 —Pt/C，H_2 还原→ OH / NH_2 —CH_3COOH 酰化→ OH / $NHCOCH_3$

一般国外生产对乙酰氨基酚的公司规模都较大，可配套生产对氨基酚。各公司根据其拥有的原料中间体和技术优势，选择不同的合成路线生产成品，如赫斯特-塞仑耐斯（Hoechst-Celanese）公司则采用Fries重排，肟化后进行Beckmann重排的方法直接合成对乙酰氨基酚。该路线因成本低、污染小而具备一定的优势。

OH —乙酰化→ OAc —重排→ OH / $COCH_3$ —肟化→ OH / $H_3C—C═N—OH$ —重排→ OH / $NHCOCH_3$

3.6 药物特殊杂质检查方法

特殊杂质是指在该药物的生产和贮藏过程中，根据药物的性质、生产方法和工艺条件，有可能引入的杂质，其随药物的品种而异。如阿司匹林中的游离水杨酸、咖啡因中的其他生物碱、盐酸普鲁卡因注射液中的对氨基苯甲酸等均属特殊杂质。药典中特殊杂质的检查方法均在各品种的检查项下具体规定。因药品种类繁多，特殊杂质多种多样，检查方法各异。

3.6.1 利用药物与杂质在物理性质上的差异

本法为利用药物的杂质在挥发性、溶解性、臭味及颜色等方面的差异，对杂质的存在情况进行检查。

（1）药物中如存在具有特殊气味的杂质，可以由气味判断该杂质的存在。例如黄凡士林中异性有机物检查，异性有机物主要是指非烃类有机物，利用其灼烧时产生异味可检查黄凡士林精制的程度；又如麻醉乙醚异臭检查，是控制原料乙醇中引入的杂醇油以及乙醛和过氧化物等杂质，方法为：取供试品 10mL，置于瓷蒸发皿中，使自然挥发，挥散完毕后，不得有异臭。

（2）挥发性药物中所含不挥发性杂质的检查，一般步骤为：先将供试品水浴加热，使药物挥发，再将残渣于 105℃烘至恒重，称量。如《中国药典》对樟脑中不挥发物质的检查规定：取本品 2.0g，在 100℃加热使樟脑全部挥发并干燥至恒重，遗留残渣不得超过 1mg。

（3）药物自身无色，但从生产中引入了有色的有关物质，或其分解产物有颜色。采用检查供试品溶液颜色的方法，可以控制药物中有色杂质的量。如磺胺嘧啶中有色杂质的检查；以及如《中国药典》对酚酞的乙醇溶液颜色检查规定：溶液应无色或几乎无色，以此控制生产时可能引入的碱性杂质及羟基蒽醌黄色氧化物等杂质。

（4）利用药物和其杂质溶解行为的差异，可以对多种药物进行杂质检查。如吡哌酸在碱溶液中易溶，而其可能杂质双吡哌酸甲酯（Ⅰ）及吡哌酸甲酯（Ⅱ）均为碱中不溶物。选用氢氧化钠作为溶剂，控制供试品溶液的澄清度，可以限制Ⅰ、Ⅱ的量。

3.6.2 利用药物与杂质在化学性质上的差异

（1）利用药物与杂质在酸碱性上的差异，可采用如下方法检查杂质：规定消耗滴定液的体积测定 pH 值法和指示剂判断法。如乙琥胺中酸度的检查，主要检查酰胺化（环合）未反应完全的 2-甲基-2-乙基丁二酸。取本品 0.10g，加水 10mL 使溶解，以玻璃电极为指示电极，用酸度计进行测定，pH 值应为 3.0～4.5。利用酸碱性的不同，可以通过提取方式分离药物及其杂质，再进行检查。

（2）利用药物与杂质氧化还原性的差异，即药物与杂质之间的氧化还原电位的差异进行检查。如盐酸可卡因中检查肉桂酰可卡因与其他易氧化物杂质，可卡因与肉桂酰可卡因共存于古柯叶中，肉桂酰可卡因中含有双键，与硫酸及高锰酸钾共存时，能使高锰酸钾褪色。利用这一性质，《中国药典》规定：取供试品 0.10g，加水 5mL 溶解后，加 5%硫酸溶液 0.3mL 与高锰酸钾滴定液（0.02mol/L）0.10mL，密塞，在 15～20℃的暗处放置 30min，紫色不得完全消失。

（3）利用药物中存在的杂质能与一定试剂发生沉淀反应的性质，检查杂质。

邻苯二酚的检查：间苯二酚中邻苯二酚是合成时引入的杂质。邻苯二酚在乙酸酸性条件下，可与铅离子形成白色不溶性铅盐，而间苯二酚由于二酚羟基距离较远，不与醋酸铅发生沉淀。根据这一特征反应，《中国药典》规定：取供试品 0.5g，加水 10mL 溶解后，加稀醋酸 2 滴与醋酸铅试液 0.5mL，不得发生浑浊。

(4) 利用药物中杂质与一定试剂发生显色反应的性质，检查杂质。这一类方法是根据限量要求规定：一定反应条件下不得产生某种颜色；或供试品在相同条件下呈现的颜色不得超过杂质对照品相应颜色；或供试品在一定条件下的吸光度不得超过一定值。因显色反应很多，此类方法应用也很广泛。如盐酸乙基吗啡中检查吗啡，由于吗啡具有酚羟基，能与亚硝酸钠在酚羟基的邻位的碳原子上发生亚硝化反应，生成的2-亚硝基吗啡在氨碱性条件下显黄棕色。根据这一特性，盐酸乙基吗啡中检查吗啡的方法为：取供试品0.10g，加盐酸溶液(9→1000)使溶解成5mL，再加亚硝酸钠试液2mL，摇匀，放置15min，加氨试液3mL，摇匀；如显黄棕色，与吗啡溶液[取无水吗啡2.0mg，加盐酸溶液(9→1000)使溶解成100mL] 5.0mL用同一方法制成的对照液比较，不得更深。

(5) 利用药物中杂质与一定试剂反应产生气体的特性，检查杂质。《中国药典》中利用与一定试剂反应产生气体，来检查的杂质有砷、硫、碳酸盐、氨或铵盐、氰化物等。如氧化镁中碳酸盐的检查。由于原料中残存的碳酸镁以及由于贮存不当，在空气中吸收二氧化碳，使氧化镁中碳酸盐含量增加。基于有碳酸盐存在时，加乙酸即生成乙酸镁和二氧化碳这一特性，《中国药典》规定：取供试品0.10g，加水5mL，煮沸，放冷，加乙酸5mL，不得泡沸。

3.6.3 利用药物与杂质光学性质的差异

(1) 利用药物或杂质的光学活性不同，通过测定药物的比旋度(或旋光度)的数值，检查杂质。如《中国药典》规定肾上腺素盐酸溶液的比旋度为$-53.5°\sim-50.0°$，如供试品的测定值不在此范围，则表明其纯度不符合要求。这是因为肾上腺素为左旋体，其中存在右旋异构体。

若药物本身没有旋光性，而其杂质有，则可以通过限定药物溶液的旋光度值来控制相应杂质的量。例如《中国药典》对硫酸阿托品中莨菪碱的检查规定为：取供试品，加水制成每1mL中含50mg的溶液，依法测定，旋光度不得过$-0.4°$。

(2) 利用药物和杂质对光吸收性质的显著差异，对药物中存在的杂质及其量加以控制。

药物和杂质具有不同的生色体系，二者的紫外-可见吸收光谱会存在一定的差异，利用物质的这一特性，可以对杂质进行控制。

当杂质在某一波长处有最大吸收，而药物在此无吸收时，可以通过控制供试品溶液在此波长处的吸光度来控制杂质的量。如华法林钠中杂质酚酮在385nm处有最大吸收，华法林钠在308nm处有最大吸收、在385nm处吸收较小，《中国药典》中华法林钠中酚酮的检查为：取供试品，加5%的氢氧化钠溶液制成每1mL中含0.125g的溶液，用紫外-可见分光光度法测定，于15min内在385nm的波长处测定吸光度，不得超过0.30。

若药物在紫外区有明显吸收，而杂质吸收很弱或没有吸收，可以根据吸光度的大小限制杂质的量。如青霉素钠检查项下有吸光度的测定：供试品的水溶液(每1mL含1.80mg)在280nm的波长处测定吸光度，不得大于0.10，在264nm处有最大吸收，吸光度应在0.80～0.88。

(3) 红外分光光度法在杂质检查中主要用于药物中无效或低效晶型的检查。某些多晶型药物由于其晶型结构不同，一些化学键的振动发生变化，导致红外吸收光谱中某些特征峰的频率、峰形和强度出现显著差异。利用这些差异，可以检查药物中低效(或无效)晶型杂质，结果可靠，方法简便。《中国药典》采用红外光谱法检查杂质，如甲苯咪唑中无效 A 晶型、棕榈氯霉素混悬液中无效的 A 晶型等。

3.6.4 利用药物和杂质色谱行为的差异

色谱法可以利用药物与杂质的吸附或分配性质的差异，进行分离和检测，因而广泛应用于药物的杂质检查中。药物中的一些杂质，如反应的中间体、副产物、分解产物等，和药物的结构相近，与某些试剂的反应也相同或相似，必须分离后再检查。

3.6.4.1 薄层色谱法

薄层色谱法简便、快速，灵敏度也较高，又不需要特殊设备，在杂质检查中应用很多。药典中常用的方法有杂质对照品法和供试品自身对照法。

（1）杂质对照品法

适用于已知杂质并能制备杂质对照品的情况。根据杂质限量，取供试品溶液和一定浓度的杂质对照品溶液，分别点于同一硅胶（或其他吸附剂）薄层板上，展开，定位，检查，供试品中所含杂质的斑点不得超过相应杂质的对照斑点。

（2）供试品自身对照法

供试品自身对照法适用于杂质的结构不能确定，或无杂质对照品的情况。将供试品溶液按限量要求稀释至一定浓度作为对照溶液，与供试品溶液分别点于同一薄层板上，展开、定位、检查。供试品溶液所显杂质斑点不得深于对照溶液所显主斑点颜色（或荧光强度）。

3.6.4.2 高效液相色谱法

高效液相色谱法不仅分离效能高，而且可以准确地测定各组分的峰面积，其在杂质检查中的应用日益增多，特别是对已使用高效液相色谱法测定含量的药物，可采用同一色谱条件进行杂质检查。应用高效液相色谱法进行杂质检查的方法有五种类型。

（1）峰面积归一化法

取供试品溶液适量，进样，经高效液相色谱分离、测定后，计算各杂质峰面积及其总和占总峰面积（含药物的峰面积，而不含溶剂峰面积）的百分率，不得超过限量。峰面积归一化法检查杂质虽简便、易行，但当杂质与药物的吸收程度不一致时，测定误差大。

（2）不加校正因子的主成分自身对照法

用于没有杂质对照品时杂质的限量检查。将供试品溶液稀释成与杂质限度相当的浓度，作为对照溶液。分别取供试品溶液和对照溶液进样，计算供试品溶液色谱图上各杂质峰面积及其总和，与对照溶液主成分峰面积比较，以确定杂质是否超过限量。

（3）加校正因子的主成分自身对照法

用于有杂质对照品时杂质的含量测定。在检查方法建立时，采用杂质对照品和药物对照品配制一定浓度的溶液，进行色谱分离、分析后，计算校正因子，计算公式为：

$$\text{校正因子}(f)=\frac{A_r/c_r}{A_{xr}/c_{xr}}$$

式中，A_r 为药物对照品的峰面积；A_{xr} 为杂质对照品的峰面积；c_r 为药物对照品的浓度；c_{xr} 为杂质对照品的浓度。

此校正因子可直接载入各品种正文中，用于校正杂质的实测峰面积。按规定测定杂质的含量时，将供试品溶液稀释成与杂质限度相当浓度的溶液，作为对照溶液调节仪器灵敏度，使主成分色谱峰的峰高约达满量程的10%～25%，再分别取供试品溶液和对照溶液进样，测量供试品溶液色谱图上各杂质峰面积，将这些峰面积分别乘以相应的校正因子后与对照溶液主成分的峰面积比较，按下式计算各杂质的含量。

$$浓度(c_x)=f\times\frac{A_x}{A_r}\times c_r$$

式中，A_x 为供试品溶液中杂质的峰面积；c_x 为杂质的浓度；f 为校正因子；A_r 为药物对照品的峰面积；c_r 为药物对照品的浓度。

(4) 内标法加校正因子测定供试品中杂质的含量

用于有杂质对照品时杂质的含量测定。

按规定，配制含有内标的供试品溶液，进样分析，测量供试品中杂质和内标的峰面积，按下式计算杂质的浓度。

$$浓度(c_x)=f\times\frac{A_x}{A_i}\times c_i$$

式中，A_x 为供试品溶液中杂质的峰面积；c_x 为杂质的浓度；f 为校正因子；A_i 为内标物的峰面积；c_i 为内标物的浓度。

(5) 外标法测定供试品中某个杂质或主成分的含量

用于有杂质对照品的情况。配制杂质对照品溶液和供试品溶液，分别取一定量注入色谱仪，测定杂质对照品和供试品中杂质的峰面积，按外标法计算杂质的浓度。由于微量注射器不易精确控制进样量，采用外标法时，宜用定量环进样。

3.6.4.3 气相色谱法

除药物中残留溶剂外，一些挥发性特殊杂质也可以采用气相色谱法检查。检查的方法与高效液相色谱法相同，不同的是标准溶液加入法是将一定量的对照品溶液精密加入供试品溶液中，根据外标法或内标法测定杂质的含量，再扣除加入的对照品溶液含量，即得供试品溶液中杂质的含量。

3.7 生物医药领域发展前景

生物技术在引领未来经济社会发展中的战略地位日益凸显，生物医药与生物技术领域技术发展备受关注，欧美等发达国家加快生物技术战略部署，抢占生物经济战略高地。生物医药领域的发展前景主要体现在以下几个方面：

一是基因编辑技术正在开辟疾病诊疗新路径。基因组学技术的兴起、基因编辑技术的发展、分子诊断和基因检测技术的提升为疾病精准诊断和治疗带来了全新突破，为遗传性疾病、肿瘤等的基因治疗提供新的手段。

二是干细胞与再生医学为临床治疗模式带来深刻变革。干细胞诱导分化与大规模制备技术不断取得突破，新型功能化生物医用材料有望使受损组织或器官永久康复。目前，单纯干细胞移植疗效并不理想，需要载体材料提供适宜干细胞生长及发挥生物学功能的“3D”结构。此外，器官异体嵌合再生技术有着巨大的发展空间，利用动物体内器官发育的内在调控机制，在内源器官形成的信号、环境和结构的助力下，人类干细胞被诱导在器官缺陷的动物体内嵌合，并随着动物的发育形成由人源细胞组成的功能性组织或器官，从而为人类器官提供新的供体来源，解决临床器官需求。

三是生物技术疫苗将发挥更大作用。未来的疫苗技术和产品将主要面向感染性疾病、恶性肿瘤、自身免疫性疾病和代谢性疾病等重大需求，解决传统药物和治疗方式无法解决的问题，在保障人民生命健康方面发挥更大的作用。目前，针对以艾滋病、结核、疟疾、流感、登革热等为代表的传染病，以肿瘤、自身免疫性疾病、阿尔茨海默病、慢性呼吸道疾病等为代表的慢性疾病等，均可以借助分子遗传学、分子细胞免疫学、结构生物学、生物信息学、计算生物学、纳米技术、佐剂技术和系统生物学等新兴学科和技术体系，开发具有高保护性和治疗性免疫效应的生物技术疫苗。

四是生物技术与人工智能等交叉融合正在改变生物医药研发模式。未来，生物技术与纳米技术、新材料技术、信息技术和认知技术等新型技术的融合日趋广泛，推动生物医药的纵深发展和交叉创新。大数据和人工智能正在推动生物医药产业的重大变革。生物技术与现代信息技术的深度融合将更准确、更深入地揭示人体生理构造和疾病发生发展的全过程，也将为疾病治疗模式带来全新突破。

五是生物医药战略性新兴产业加速发展。目前，全球有超过 50 个国家或地区已发布了生物技术产业相关政策与战略。其中，多个国家发布了生物经济战略，以加速前沿生物技术创新研究和应用，推动生物战略性新兴产业的发展。

六是后疫情时代加速生物医药变革。新冠肺炎疫情给全球生物医药行业的劳动力、基础设施和供应链带来巨大压力，暴露了社会医疗资源等方面存在的问题，同时也加速了生物医药行业生态系统的整体变革。2021 年 5 月，德勤公司与上海市科学技术协会联合发布的《中国生物医药创新趋势展望》中指出：“全球生物医药产业创新突破正处于进行时”。

拓展学习 2

练习思考题

1. 抗生素类药物可分为哪几类？请分别举例说出几种药物名称。
2. 解热镇痛类药物可分为哪几类？请分别举例说出几种药物名称。
3. 化学原料药按药理作用可分为哪几类？
4. 心血管药物可分为哪几类？请分别举例说出几种药物名称。
5. 抗肿瘤药物可分为哪几类？请分别举例说出几种药物名称。

第 3 章练习思考题参考答案

参考文献

[1] 肖崇厚，杨松松，洪筱坤．中药化学．上海：上海科学技术出版社，2023.
[2] 赵德丰．精细化学品合成化学与应用．北京：化学工业出版社，2001.

[3] 仉文升，李安良．药物化学．2版．北京：高等教育出版社，2005.
[4] 尤启东，彭司勋．药物化学．4版．北京：化学工业出版社，2020.
[5] 李端．药理学．6版．北京：人民卫生出版社，2006.
[6] [美] D. 莱德尼瑟，L. A. 米切尔．药物合成的有机化学．郑虎等译．北京：化学工业出版社，1985.
[7] [英] J. B. 斯坦莱克．药物作用的化学基础．北京：人民卫生出版社，1982.
[8] 吴春福．药学概论．北京：中国医药科技出版社，2020.
[9] 郑虎主编．药物化学．5版．北京：人民卫生出版社，2006.
[10] 段长强，王兰芬．药物生产工艺及中间体手册．北京：化学工业出版社，2002.
[11] 张振秋，马宁．药物分析．北京：中国医药科技出版社，2016.

4 农药

本章学习目标

1. 了解农药的定义与分类；
2. 了解杀虫剂的主要典型品种及制备方法；
3. 了解除草剂的主要典型品种及制备方法；
4. 了解杀菌剂的主要典型品种及制备方法。

4.1 概述

在农业中化学的应用主要表现在化肥、农药、农用薄膜和饲料添加剂这四个方面，它们均属于农用化学品。其中涉及精细化学品的有农药和饲料添加剂，根据两者的产量、应用范围及在精细化工市场中的比重来看，农药是农用化学品的重中之重。

4.1.1 农药的定义与分类

(1) 定义

农药（Pesticide）是指防治农作物病害、虫害、草害、鼠害和调节植物生长的药剂。

1874 年合成出来的俗称为滴滴涕（DDT），化学名称为 2,2-双(对氯苯基)-1,1,1-三氯乙烷的化合物取代了剧毒的砷化物，并且其应用范围不断扩大，它的应用也是有机农药付之于实际应用的开端。自从 1942 年人工合成了第一种有机农药 2,4-滴（2,4-D）后，人类相继开发了大量有机农药品种。

根据以上的农药发展简史，大致可将农药的使用分为两个阶段，主要是以 20 世纪 40 年代初期为分界线。这之前是第一阶段，是以天然及无机化合物为主的天然和无机农药时代；从第二阶段起进入有机合成农药时代，并从此使农作物保护工作发生了巨大的变化。

(2) 分类

农药有很多分类方法，但最常见的分类方法是第一种。

a. 按照所防治对象的不同进行分类，农药可分为杀虫剂、除草剂、杀菌剂、杀鼠剂、杀线虫剂、杀螨剂、杀鸟剂、杀软体动物剂、杀卵剂和植物激素、植物生长调节剂、脱叶剂、干燥剂、种子处理剂。前九类农药是指能够防治危害农、林、牧业产品和环境卫生等方面的昆虫、螨、病菌、杂草、鼠和鸟兽等有害生物的药剂。后五类农药是指在植物生长时期能影响其生理变化的物质。

b. 按照化学结构分类，农药可分为有机氯、有机氮、有机磷、氨基甲酸酯、拟除虫菊酯、有机硫、有机硅、有机金属、酰胺、苯氧羧酸等。

c. 按照来源分类，农药可分为矿物源（无机化合物）、化学合成（有机化合物）和生物源（天然有机物、抗生素、生物农药）。

d. 按照作用方式，农药可分为杀虫剂——胃毒剂、触杀剂、熏蒸剂、驱避剂、拒食剂、引诱剂、性信息素、不育剂等；杀菌剂——治疗剂、保护剂、铲除剂、防腐剂等；除草剂——触杀性除草剂、内吸性除草剂等。

e. 按毒理作用，农药可分为神经毒剂、呼吸毒剂、原生质毒剂和物理性毒剂。

大多数农药能够对有生命机体的生命过程产生影响，其破坏生命过程的初级作用形式可以划分为四种类型：

a. 作用形式是破坏神经协调，如有机磷杀虫剂和氨基甲酸酯杀虫剂。

b. 作用形式是打乱机体的结构，如异稻瘟净（异丙基-*S*-苄基硫苷磷酸酯）杀菌剂能够阻止壳多糖合成，壳多糖是真菌的生命结构成分，因而它提供了控制这些害虫的选择性。

c. 作用形式是干扰机体的能量供应，如克菌丹能抑制真菌体内的多种酶的生成，达到杀菌作用。

d. 作用形式是阻碍机体的生长和再生。影响细胞分裂和蛋白质合成是农药的一种重要作用，各种除草剂和杀菌剂常常是按这条路线起作用的。

农药是确保农业增产丰收的重要产品，其质量至关重要。不合格、质量低劣的农药，不仅起不到杀虫除草的作用，还会贻误农时、造成药害、污染环境。一个新的活性化合物能够成为实用产品，被投入农作物的保护工作当中去，不但要在性能、价格、安全性等方面有优势，还要通过严格的毒性评价和环境评价。要完成如此巨大的任务，需要一个庞大的产业来支持，那就是农药工业。

4.1.2 农药工业

人口与粮食、环境与环境质量、资源与能源、医疗福利与新的信息系统是21世纪人类面临的五大问题。据联合国粮农组织统计，世界面临每年增加7000万人的巨大压力，而同时面对着耕地以每年5万～7万平方公里速度减少的荒漠化威胁，这将加剧人口对粮食的需求。这就提出了一个巨大的课题：如何提高现有的耕地的质量与单位面积的产量。

提高可耕地的单位面积产量的举措是多方面的，除了保护好现有耕地、加快农业机械化外，还有农药的使用也是其中重要措施之一。使用农药不仅可以避免各种有害生物对农作物的危害，而且可以促进农作物的生长，提高农作物的质量。自从使用农药以后，我国平均每年挽回粮食2500万吨、棉花40万吨、蔬菜800万吨、水果330万吨，减少直接经济损失约300亿元，这自然是农药的巨大作用。当然，要把农药更科学、更合理、更有效地应用在农业上，还需要有一个完整的体系来指导使用和制造农药商品，这就使农药走向了一个新的阶段——农药工业化时代。

4.2 杀虫剂

4.2.1 概述

杀虫剂（Insecticide）的功能是杀死害虫，如甲虫、苍蝇、蛴螬、鼻虫、跳虫以及近万种其他害虫。杀虫剂的使用先后经历了四个阶段：

a. 最早发现的是天然杀虫剂及无机化合物，但是它们作用单一、用量大、持效期短；

b. 有机氯、有机磷和氨基甲酸酯等有机合成杀虫剂，它们的特征是高效高残留或低残留，其中有不少品种对哺乳动物有高的急性毒性；

c. 当使用拟除虫菊酯类杀虫时，单位面积的投药量已显著减少，对害虫的毒力却大为提高；

d. 现在研制成功了几种特异性杀虫剂，这类杀虫剂能改变害虫的生活习性、形态及生长繁殖等，为杀虫剂开创了新时代。

我国的杀虫剂产量约占农药总产量的 50%。这主要是因为我国的主要作物是水稻和棉花，虫害普遍发生。再者，我国的磷资源丰富，而且有机磷杀虫剂工业基础比较雄厚，不但能够满足内需而且尚能出口。

我国杀虫剂品种主要以有机磷、氨基甲酸酯、拟除虫菊酯、有机氮、杂环化合物及生物农药等为主，产量达到万吨级的杀虫剂产品有敌百虫、敌敌畏、氧乐果、乐果、甲基对硫磷、甲胺磷、杀虫双等，5000～10000t 级的杀虫剂有久效磷、辛硫磷、水胺硫磷、杀螟硫磷、三唑磷、对硫磷、马拉硫磷、乙酰甲胺磷、丙溴磷、滴滴涕（作为其他农药中间体或卫生用药）、杀虫单、灭多威、克百威、异丙威、速灭威、残杀威、氰戊菊酯、溴氰菊酯、氯氰菊酯、甲氰菊酯、丙烯菊酯、胺菊酯、氟氯氰菊酯、苏云金杆菌、齐螨素、吡虫啉等。

4.2.2 有机磷类杀虫剂

早在 1932 年 Lange 和 Krueger 就发现有机磷化合物在作物保护中的作用，并在 19 世纪末和 20 世纪初开展大量的研究工作。他们于 1944 年合成的代号为 E605 的化合物，是有机磷化合物在使用上的一大突破，因为后来的很多化合物均是由这种化合物为结构母体稍加修饰而成的。

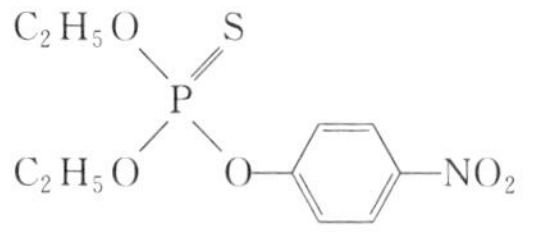

C_2H_5O S C_2H_5O P O NO_2

E605

随后，有机磷化合物以其广谱、高效的杀虫活性以及使用方便、容易在自然条件下降解等优点，成为杀虫剂中的主力军，在品种、数量和生产量上长期占据首位。不单单是杀虫剂，有机磷化合物还在杀菌剂、除草剂以及植物生长调节剂等其他农药领域有很大的市场。

但是，有机磷农药因长期使用而导致大批的害虫对其产生耐药性，而且在生产和使用时很不安全，其毒性和残留量也很高。所以，一些国家已对其中一些高毒品种采取了禁用和限制使用或淘汰的措施，如美国环保局已计划重新审查其毒性的有机磷品种共有 23 个。我国生产和使用的品种也有不少在其中，如表 4-1 中带下划线的为美国重新审查品种。

表 4-1 我国生产的有机磷农药

类 别	名 称
杀虫剂	敌百虫、敌敌畏、氧乐果、久效磷、辛硫磷、水胺硫磷、杀螟硫磷、喹硫磷、三唑磷、甲基异柳磷、倍硫磷、甲丙硫磷、特丁硫磷(叔丁硫磷)、乐果、对硫磷、甲基对硫磷、甲胺磷、毒死蜱、马拉硫磷、乙酰甲胺磷、丙溴磷
除草剂	草甘膦、莎稗磷
杀菌剂	稻瘟净、异稻瘟净、甲基立枯磷、乙膦铝
其他	乙烯利、克线磷

然而，我国又是个磷资源大国，在调整杀虫剂品种时如何充分利用资源优势，也是摆在面前的一个问题。我国现在还拥有一定比例的农药厂在生产有机磷类农药，在设备装置方面还有基础。所以，最经济的方法是对我国的有机磷类高毒产品进行取代，开发出更高效、低毒的有机磷品种。对于国情和农药的发展，应该生产一些适于我国的有机磷农药品种，尤其是国外在我国登记，但专利或保护期尚未到期的产品往往具有高效、安全、与环境相容性好等特点，对于取代甲胺磷等杀虫剂有重要的意义。

按化学结构有机磷杀虫剂可分为：磷酸酯类，硫代磷酸酯类，二硫代磷酸酯类，焦磷酸酯类，膦酸酯类，磷酰胺类等。其中前三类品种在有机磷杀虫剂中占有重要的地位。

(1) 倍硫磷 (Fenthion)

又名百治屠、蕃硫磷、Baycide、Baytan、Baytex、Lebaycid、Mercaptophos、Queleton、Tiguvon、Spotton、Bayer29493、OM-1680、S1752 等。化学名称为 *O*,*O*-二甲基-*O*-4-甲硫基-间甲苯基硫代磷酸酯 (*O*,*O*-dimethyl-*O*-4-methylthio-*m*-tolyphosphorothioate)。本品于 1958 年由德国拜尔 (Bayer) 公司开发。

倍硫磷属于硫代磷酸酯类。它是由间甲酚与二甲基二硫 (或二甲基亚砜) 制取甲硫基间甲酚 (二甲基二硫可由水、硫化钠、硫黄粉及硫酸二甲酯制得)，然后将其与 *O*,*O*-二甲基硫代磷酰氯 (甲基氯化物) 缩合制得倍硫磷。反应路线如下：

$$Na_2S_2+(CH_3)_2SO_4 \longrightarrow CH_3SSCH_3+Na_2SO_4$$

$$CH_3SSCH_3 + HO\text{—}C_6H_4\text{—}CH_3\,(m) \longrightarrow HO\text{—}C_6H_3(CH_3)\text{—}SCH_3 + CH_3SH$$

$$HO\text{—}C_6H_3(CH_3)\text{—}SCH_3 + (CH_3O)_2P(=S)\text{—}Cl \longrightarrow (CH_3O)_2P(=S)\text{—}O\text{—}C_6H_3(CH_3)\text{—}SCH_3$$

倍硫磷主要起胃毒和触杀作用，为杀虫谱广、持效期长的速效杀虫剂。主要用于大豆、棉花、果树、蔬菜和水稻害虫，也可用于防治蚊、蝇、臭虫、虱子、蜚蠊等卫生害虫。

(2) 哒嗪硫磷 (Pyridaphenthione)

又名达净松、苯哒磷、哒净硫磷、打杀磷、Ofunack。化学名称为 *O*,*O*-二乙基-*O*-(2,3-二氢-3-氧代-2-苯基-6-哒嗪基)硫代磷酸酯[*O*,*O*-diethyl-*O*-(2,3-dihydro-3-*oxo*-2-phenyl-pyridazinyl)phosphorothionate]。本品于 1971 年由日本三井东亚公司开发。

哒嗪硫磷属于硫代磷酸酯类。它是以水为介质，以氢氧化钠为缚酸剂、三甲胺为催化剂的水相法来制取。目前国内生产厂家均采用此种工艺路线。

$$C_6H_5\text{—}NH_2 + NaNO_2 + HCl \xrightarrow{0\sim5℃} C_6H_5\text{—}N_2Cl + H_2O + NaOH$$

$$C_6H_5{-}N_2Cl + Na_2SO_3 + 2[H] \xrightarrow{80℃} C_6H_5{-}NHNHSO_3Na + NaCl$$

$$C_6H_5{-}NHNHSO_3Na + HCl + H_2O \xrightarrow[2h]{回流} C_6H_5{-}NHNH_2 \cdot HCl + NaHSO_3$$

$$C_6H_5{-}NHNH_2 \cdot HCl + \text{(HC—CO)}_2\text{O} \xrightarrow[4h]{回流} \text{HO—(pyridazinone)—N—}C_6H_5 + H_2O + HCl$$

$$\text{HO—(pyridazinone)—N—}C_6H_5 + (OC_2H_5)_2P(S)Cl \xrightarrow[4h]{回流} (OC_2H_5)_2P(S)\text{—O—(pyridazinone)—N—}C_6H_5$$

哒嗪硫磷具有触杀和胃毒作用，兼具杀卵作用。本品可用于水稻、棉花、小麦、油料作物、蔬菜、果树等作物及林木，防治螟虫、纵卷叶螟、稻苞虫、飞虱、叶蝉、蓟马、稻瘿蚊、棉叶螨、棉蚜、棉铃虫、红铃虫及叶螨等害虫。并由于其具有独特的杂环结构，它对抗药性害虫亦显示出较高的药效，尤其对水稻害虫及各种螨类防效突出，是当前较具发展前途的有机磷品种之一。

（3）稻丰散（Phenthoate）

又名爱乐散、益尔散、Elsan、Tanone、Cidial、PAP、Papthion、Bayer 33051、S-2940、L561、TH346-1。化学名称为 *S*-α-乙氧基羰基苄基-*O*,*O*-二甲基二硫代磷酸酯（*S*-α-ethoxycarbonylbenzyl-*O*,*O*-dimethyl-phosphorodithioate）。本品于 1961 年由意大利蒙特卡蒂尼（Montecatini）公司开发。

稻丰散属于二硫代磷酸酯类。它是由氰苄制得苯乙酸，再经氯化、酯化制得 α-氯代苯乙酸乙酯，随后加入 *O*,*O*-二甲基二硫代磷酸钠并用碘化钾调节 pH 值后制得。它的合成路线如下：

$$C_6H_5{-}CH_2CN \xrightarrow{KMnO_4} C_6H_5{-}CH_2COOH$$

$$C_6H_5{-}CH_2COOH \xrightarrow{Cl_2} C_6H_5{-}CHClCOOH$$

$$C_6H_5{-}CHClCOOH + CH_3CH_2OH \longrightarrow C_6H_5{-}CHClCOOC_2H_5$$

$$C_6H_5{-}CHClCOOC_2H_5 + (CH_3O)_2P(S){-}SNa \xrightarrow{KI} (CH_3O)_2P(S){-}S{-}CH(C_6H_5)COOC_2H_5$$

稻丰散是一种非内吸性杀虫剂，具有中毒、低残留、杀虫谱广的优点，能保护水稻、棉花、蔬菜、油料、果树和其他作物不受鳞翅目、叶蝉科、蚜类和软甲虫类的危害，可用于替代甲胺磷等农药，是国家“十五”期间鼓励发展的农药品种。

由于有机磷的长期开发使开发新的活性结构已十分困难。但近年有人发现了三元不对称的结构和杂环结构具有无交互性的优点，具有市场前景。有机磷类还可以作为土壤杀虫剂，因为即使急性毒性高，也不妨碍土壤用药，如 1992 年布莱顿大会上推出的 MAT7484 主要用于玉米，它对地下害虫毒性很高。

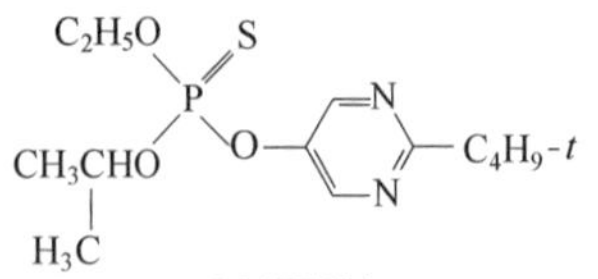

MAT7484

4.2.3 氨基甲酸酯类杀虫剂

氨基甲酸酯类化合物是一类具有广谱生物活性、作用迅速、选择性高、有内吸活性、没有残留毒性等优点的杀虫剂。据估计全世界已商品化的该类品种近 40 种，不少品种已成为世界上产量最大的农药之一（如西维因），在防治虫害上起着不可忽视的作用。我国开发的氨基甲酸酯类农药，由于在关键中间体甲基异氰酸酯的生产技术上达到了先进水平，产品质量都在 99%以上，保证了西维因、灭多威、克百威、异丙威、残杀威等原药的质量都达到了 97%～99%的高水平。其中万吨以上的品种有灭多威、克百威、异丙威、速灭威、仲丁威等。

氨基甲酸酯类杀虫剂的合成方法主要有硝酸尿素盐法、光气法、酯交换法和二氧化碳直接合成四种方法。其中，硝酸尿素盐法工艺复杂且易爆，工业生产事故率高；光气法毒性大，副产物 HCl 对设备腐蚀严重；酯交换法虽然产率高，质量好，但因以氨基甲酸乙酯作起始原料，生产成本高；二氧化碳直接合成需要高压、高温，反应条件苛刻。后来采用碳酰胺直接醇解的方法合成氨基甲酸酯类化合物，取得了理想的效果。反应通式如下：

$$NH_2CONH_2 + ROH \xrightarrow{Sn^{2+},\ Cu^{+}} NH_2COOR + NH_3$$

R：$-(CH_2)_5-CH_3$，环己基，苯基，$-CH_2-C_6H_5$，$-(CH_2)_4-$，$-(CH_2)_6-$

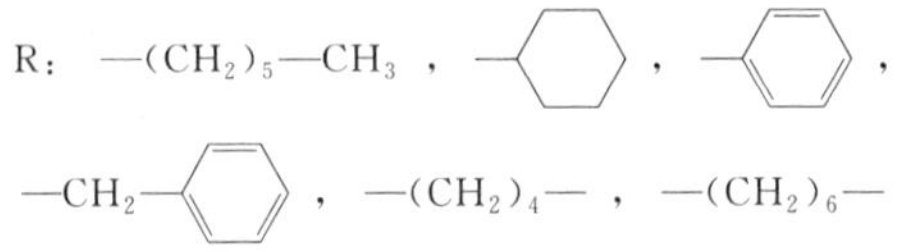

氨基甲酸酯类杀虫剂一般可分为：*N*-甲基氨基甲酸芳基酯、*N*-甲基氨基甲酸肟酯、*N*-酰基-*N*-甲基氨基甲酸酯、*N*,*N*-二甲基氨基甲酸酯等。其中前三类在这类中占有较为重要的地位。

（1）西维因（CBL）

又名甲萘威、胺甲萘、Carbaryl、Bugmaster、Carbamine、Denapon、Dicarbam、Hexavin、Karbaspray、US-7744、OMS-29 等。化学名称为 1-萘基甲基氨基甲酸酯（1-naphthyl methylcarbamate）。本品于 1956 年由美国联合碳化物公司开发并生产，它是第一个实用化的氨基甲酸酯品种。

西维因属于 *N*-甲基氨基甲酸芳基酯类，它的制法主要有两种：第一种是光气法，其又分为热法和冷法两种。热法为由无水甲胺与光气反应然后在氢氧化钠存在下与甲萘酚反应制得产品；冷法为在甲萘酚的甲苯液中通入光气，再加入一甲胺和氢氧化钠制得。第二种方法为由甲萘酚与甲基异氰酸酯反应制取。后来以 1-萘酚与甲氨基甲酰氯为原料合成西维因，也是很好的方法。

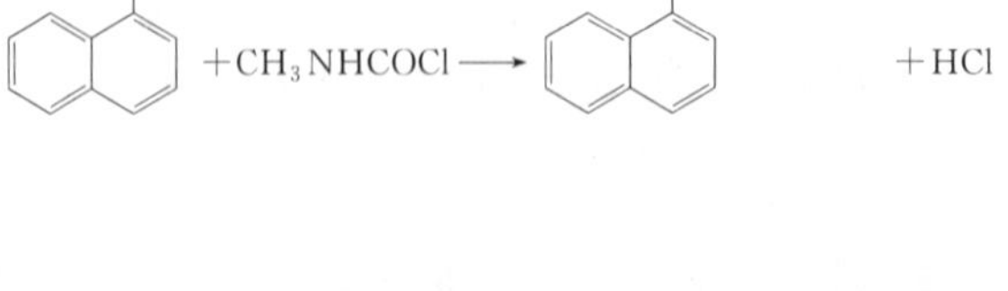

$$\text{1-萘酚(OH)} + CH_3NHCOCl \longrightarrow \text{1-萘基}-OCONHCH_3 + HCl$$

西维因是广谱触杀虫剂，兼有胃毒作用，有轻微的内吸作用，残效较长。通常用来防治棉铃虫、红铃虫、金刚钻、蚜虫、稻飞虱和叶蝉等害虫。与马拉硫磷、乐果、敌敌畏等混用有明显增效作用。

（2）灭多威（Methomyl）

又名乙肟威、灭多虫、Halvard、Harubado、Kipsin、Lannate、Lanoate、Nudrin、Methavin、DP1179、ENT27341。化学名称为 *S*-甲基-*N*-(甲基氨基甲酰氧基)硫代乙酰亚胺酸酯［*S*-methyl-*N*-(methylcarbamoyloxy) thioacetimidate］。本品于1966年由美国杜邦公司（Du Pont）首先推荐。

灭多威属于 *N*-甲基氨基甲酸肟酯类，它可由乙醛肟通氯后制取2-氯乙醛肟，再与甲硫醇反应制得2-甲硫基乙醛肟（灭多威肟），随后与甲基异氰酸酯反应制得。它的反应路线如下：

$$CH_3CH{=}NOH \xrightarrow{Cl_2} CH_3\overset{\overset{Cl}{|}}{C}{=}NOH \xrightarrow{CH_3SH} CH_3S\overset{\overset{CH_3}{|}}{C}{=}NOH \xrightarrow{CH_3NCO} CH_3S\overset{\overset{CH_3}{|}}{C}{=}NOCONHCH_3$$

灭多威是一种内吸广谱杀虫剂，并具触杀的胃毒作用。可用于防治棉铃虫、谷实夜蛾、玉米螟、苹果蠹蛾、苜蓿象甲等害虫。但毒性较大，研究人员正致力于研究新的替代品种。如棉铃威为其中的一个低毒化品种，对哺乳动物较安全，能防除多种经济作物上的重要害虫，特别是对鳞翅目害虫有优良活性。

（3）苯醚威（Fenoxycarb）

又名双氧威、Insegar、Logic、Torus、Pictyl、OMS3010、RO13-5223。化学名称为2-(对苯氧基苯氧基)乙基氨基甲酸乙酯(ethyl[2-(4-phenoxyphenoxy)ethyl]carbamate，ethyl ester)。本品于1982年由瑞士 Dr. R. Maag 公司开发。

苯醚威属于乙基氨基甲酸酯类，它可由对苯氧基苯酚与2-氯-乙基氨基甲酸乙酯在碱性催化剂和溶剂存在下合成。具体反应路线如下：

$$HOCH_2CH_2NH_2 + HCl \xrightarrow{145\sim165℃} ClCH_2CH_2NH_2 \cdot HCl$$

$$HO{-}C_6H_4{-}OH + X{-}C_6H_5 \xrightarrow{\text{碱、溶剂}} C_6H_5{-}O{-}C_6H_4{-}OH$$

$$C_6H_5{-}O{-}C_6H_4{-}OH + ClCH_2CH_2NHCOOC_2H_5 \xrightarrow{\text{碱、溶剂}} C_6H_5{-}O{-}C_6H_4{-}OCH_2CH_2NHCOOC_2H_5$$

苯醚威对昆虫具有胃毒和触杀作用，表现为对多种昆虫有强烈的保幼激素活性，可导致杀卵，抑制幼虫的蜕皮、生长及成虫的变态，造成幼虫后期或蛹期死亡；亦能抑制成虫的生长，分解成虫的翼肌组织以及使成虫出现早熟。它的这种作用特点，将成为今后杀虫剂的发展重点，现已在欧美十二个国家和日本登记使用。

然而，美国环保局已列出重新评价的名单中就有甲萘威、克百威、灭多威、硫双灭多威和除线威这些氨基甲酸酯类农药品种，一旦审查不合格，这将影响这类品种的使用。因而，近年来由克百威开发了丁硫克百威、丙硫克百威、呋线威；由灭多威开发了磷硫灭多威、磷亚威、棉铃威。这些新的动向反映了氨基甲酸酯类杀虫剂的研究开始主要集中在低毒衍生物上，通过向结构中引入硫原子，推出一系列高效低毒品种。与母体化合物相比，新的低毒化衍生物的毒性下降20～50倍，而杀虫活性影响不大，其杀虫谱发生变化，选择性提高，对作物药害减轻，持效期延长。

另一大突破是将类保幼激素的结构引入到氨基甲酸酯杀虫剂结构中，如上述的苯醚威，这样得到的新品种兼具氨基甲酸酯和类保幼激素的特点。保幼激素对昆虫起着在幼龄期的保幼作用和在成虫期的促性腺作用，不过天然保幼激素的活性虽高，却不稳定。通过类似物的合成和优化，得到类保幼激素化合物具有稳定性和持久性，适合实际应用。如 20 世纪 80 年代开发的二苯醚类化合物双氧威对多种害虫表现出活性，对蜜蜂和有益生物无害。在双氧威末端环的 3 位上再引入氯原子或氟原子，这将使它对蚊子幼虫防效优于双氧威。

4.2.4 拟除虫菊酯类杀虫剂

天然除虫菊最早的种植是在秘鲁和南斯拉夫的 Dalmatia，14～15 世纪发现其具有杀虫作用。由于天然种植的除虫菊在数量上有限，提取方法复杂，Schechter 和 Laforge 于 1949 年首先用菊酸与 2-烯丙基-3-甲基环戊-2-烯-4-醇-1-酮（丙烯醇酮）合成了丙烯菊酯，开创了合成拟除虫菊酯的历史，并且这种结构被用来作为后继开发的先导化合物，进行修改和衍生。

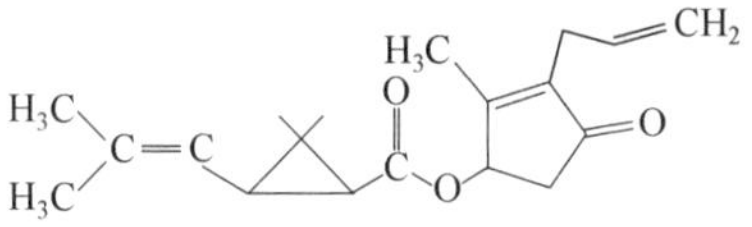

丙烯菊酯

拟除虫菊酯（Pyrethroids）是一类具有高效、广谱、低毒和能生物降解等特性的重要合成杀虫剂。20 世纪 60 年代后期，特别是 70 年代，人们大力发展拟除虫菊酯杀虫剂。尤其是 1973 年开发成功了第一个对日光稳定的拟除虫菊酯苯醚菊酯，克服了它对光和空气不稳定的不足之处。以后近 20 年中，拟除虫菊酯杀虫剂以其高效低毒的显著特点，并随着立体化学的发展和对拟除虫菊酯光学结构研究的不断深入，得到了较快的发展和人们更多的关注。拟除虫菊酯类杀虫剂现已成为农用及卫生杀虫剂的主要支柱之一。目前已商业化的拟除虫菊酯杀虫剂已有 70 多个品种，其中主要品种有 20 多个，溴氰菊酯、高效氯氟氰菊酯、氯氰菊酯、联苯菊酯、顺式氯氰菊酯、S-氰戊菊酯、七氟菊酯等品种占整个拟除虫菊酯杀虫剂市场份额的 84.6%。

按照化学结构拟除虫菊酯杀虫剂可分为：菊酸系列（环丙烷羧酸类）、菊酸系列（卤代环丙烷羧酸类）、非环丙烷羧酸系列、非酯类系列。

（1）第一菊酸系列

这一系列主要有丙烯菊酯、丙炔菊酯、胺菊酯、苄呋菊酯、苯醚菊酯、苯醚氰菊酯、烯炔菊酯和甲氰菊酯等。这些都是外国公司已在我国登记的品种，其中甲氰菊酯、苯醚菊酯、苯醚氰菊酯和炔戊菊酯（即烯炔菊酯）等在我国也已开发成功，并且有的已工业化。

甲氰菊酯（Fenpropathrin）又名灭扫利、Danitol、Fenpropanate、Herald、Meothrin、Ortho、Danito、Rody、SD41704、S-3206、OMC-1999 等。化学名称为 α-氰基-3-苯氧基苄基-2,2,3,3-四甲基环丙烷羧酸酯（α-cyano-3-phenoxybenzyl-2,2,3,3-tetramethyl cyclopropanecar boxylate）。本品于 1973 年由日本住友化学公司开发。

其合成方法主要有两种：一是用环丙烷羧酸法，二是用卤代环丁酮法。第一种方法较常用，即由重氮乙酸酯与四甲基乙烯反应制备环丙烷羧酸，酰化得 2,2,3,3-四甲基环丙烷甲酰氯（即菊酰氯），再与间苯氧基苯甲醛（醚醛）及氰化钠反应制得。反应路线如下：

$$H_3C—HC{=}CH_2 \xrightarrow[\text{聚合}]{\text{催化剂}} (H_3C)_2CH—C(CH_3){=}CH_2$$

$$(H_3C)_2CH—C(CH_3){=}CH_2 \xrightarrow[\text{异构体}]{\text{催化剂}} (H_3C)_2C{=}C(CH_3)_2$$

$$HCl+NH_2CH_2COOC_2H_5 \xrightarrow{NaNO_2} N_2CHCOOC_2H_5$$

$$N_2CHCOOC_2H_5+(H_3C)_2C{=}C(CH_3)_2 \xrightarrow{\text{催化剂}} \text{2,2,3,3-四甲基环丙烷}—COOC_2H_5$$

$$\text{2,2,3,3-四甲基环丙烷}—COOC_2H_5 \xrightarrow[H^+]{OH^-} \text{2,2,3,3-四甲基环丙烷}—COOH$$

$$\text{2,2,3,3-四甲基环丙烷}—COOH \xrightarrow{SOCl_2} \text{2,2,3,3-四甲基环丙烷}—COCl$$

$$\text{2,2,3,3-四甲基环丙烷}—COCl+C_6H_5—O—C_6H_4—CHO \xrightarrow[\text{催化剂}]{NaCN} \text{2,2,3,3-四甲基环丙烷}—COOCH(CN)—C_6H_4—O—C_6H_5$$

甲氰菊酯对害虫和害螨具有很强的触杀、驱避和胃毒作用，即便在低温下也有较好的效果。其对鳞翅类害虫高效，对同翅目、半翅目、双翅目、鞘翅目等多种害虫有效，杀虫谱甚广。

(2) 第二菊酸系列

即卤代乙烯基环丙烷结构的拟除虫菊酯，这类拟除虫菊酯成为目前拟除虫菊酯杀虫剂中最重要的一类，主要的品种有溴氰菊酯、氯氰菊酯、杀灭菊酯等。

溴氰菊酯(Deltamethrin)又名凯素灵、凯安保、敌杀死、Decamethrin、Decis、Kothrin、AIS-29279、Cislin、K-Othrin、Butox、FMC-45498、RU22950。化学名称为(*S*)-*α*-氰基-3-苯氧基苄基-(1*R*,3*R*)-3-(2,2-二溴乙烯基)-2,2-二甲基环丙烷羧酸酯[(*S*)-*α*-cyano-3-phenoxybenzyl-(1*R*,3*R*)-3-(2,2-dibromovinyl)-2,2-dimethylcyclopropane carboxylate]。本品于1975年由法国罗素-优克福公司开发生产。具体反应路线如下：

$$\text{内酯(HO—CH—O—C(=O), (S)—(R)-2,2-二甲基环丙烷)} \rightleftharpoons OHC—(S)\text{-2,2-二甲基环丙烷-}(R)—CO_2H$$

$$OHC—(S)\text{-2,2-二甲基环丙烷-}(R)—CO_2H \xrightarrow[\text{Wittig反应}]{Br_2C{=}PPh_3} Br_2C{=}CH—(R)\text{-2,2-二甲基环丙烷-}(R)—CO_2H$$

$$Br_2C{=}CH—(R)\text{-2,2-二甲基环丙烷-}(R)—CO_2H + HO—CH(CN)—C_6H_4—O—C_6H_5 \longrightarrow Br_2C{=}CH\text{-2,2-二甲基环丙烷-}COOCH(CN)—C_6H_4—O—C_6H_5$$

溴氰菊酯为神经毒剂，以触杀、胃毒为主，也有一定的驱避与拒食作用，但无内吸和熏蒸活性。它是一种超高效杀虫剂，其击倒速度快，药效比氯氰菊酯高 10 倍，是传统杀虫剂的 25～50 倍，用于防治农田害虫、卫生害虫和贮粮害虫。

（3）非环丙烷羧酸系列

第一个不含环丙烷结构的拟除虫菊酯杀虫剂品种是氰戊菊酯，由于其结构比较简单、合成相对容易，已成为我国目前产量最大的拟除虫菊酯产品之一。

氰戊菊酯（Fenvalerate）又名速灭杀丁、敌虫菊酯、杀虫菊酯、中西杀虫菊酯、速灭菊酯、杀灭菊酯、戊酸氰菊酯、异戊氰菊酯、Azomark、Belmark、Ectrin、Extrin。化学名称为(*R*,*S*)-*α*-氰基-3-苯氧基苄基-(*R*,*S*)-2-(4-氯氧基)-3-甲基丁酸酯［(*R*,*S*)-*α*-cyano-3-phenoxybenzyl-(*R*,*S*)-2-(4-chlorophenyl)-3-methylbutyrate］。本品于 1974 年由日本住友公司合成。

本品可由对氯氰苄与溴代异丙烷制成对氯苯基异丁腈，再加入硫酸制得的 2-对氯苯基-3-甲基丁酸（戊菊酸），再经酰氯化反应制得戊菊酰氯，最后再与醚醛、氰化钠反应制得。反应路线如下：

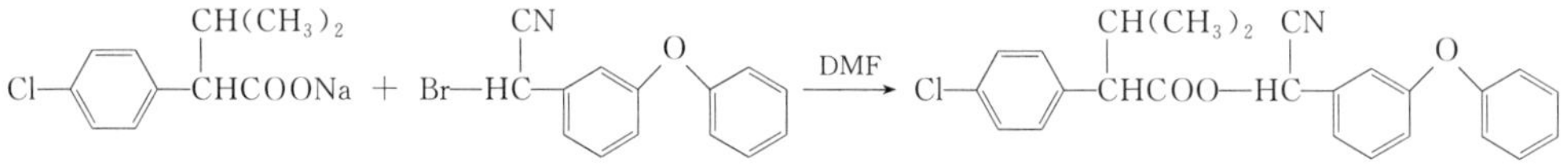

Cl-C6H4-CH(CH(CH3)2)COONa + Br—HC(CN)-C6H4-O-C6H5 —DMF→ Cl-C6H4-CH(CH(CH3)2)COO—HC(CN)-C6H4-O-C6H5

普通氰戊菊酯由 4 个异构体组成，其中 *S*,*S*-体的杀虫活性最高，约为混合体的 4 倍。1985 年住友开发成功顺式氰戊菊酯，*S*,*S*-体含量≥75%，不仅对农业害虫的药效大大高于普通氰戊菊酯，而且可用作卫生杀虫剂和杀白蚁剂。国内也已开发成功顺式氰戊菊酯，并投入生产。随后，又在原有的结构苯氧苄基上加一个溴，即得到另一个品种溴灭菊酯，亦称溴氰戊菊酯。其特点是对鱼类毒性比氰戊菊酯低，对高等动物比氰戊菊酯更安全。

（4）非酯类系列

与羧酸酯型拟除虫菊酯相比，非酯型拟除虫菊酯合成方法较拟除虫菊酯简单，且大都低毒，可用来防治水田或水塘中的害虫。传统拟除虫菊酯都属羧酸酯类化合物，后来出现的肟醚、醚、酮、烃以及含氟、硅、锡、氘的化合物，其结构中不含酯基，但仍具有拟除虫菊酯农药的活性特点，使拟除虫菊酯的化学结构从羧酸酯扩大至相当广泛的非羧酸酯型化合物。

从官能团角度，非酯型拟除虫菊酯可分为肟醚、醚、酮、烃等几类。肟醚类拟除虫菊酯在结构与杀虫活性关系方面与戊酸氰醚酯类型相类似，有很高的杀虫活性，且其合成比较简单。最具代表性的化合物是 1980 年 Nanjyo 合成的肟醚菊酯。醚类拟除虫菊酯类似于除虫菊酯和滴滴涕的衍生物，最具有代表性的化合物是醚菊酯（多来宝，MTI-500，Ethoproxyfen，Ethofenprox，CAS 80844-07-1）。烃类拟除虫菊酯包括烷烃和烯烃两种。烷烃拟除虫菊酯最具代表性的化合物是烃菊酯（MTI-800），它的杀虫活性较醚菊酯高数倍。烯烃拟除虫菊酯较典型的化合物为国家研究开发公司开发的具有以下（M）结构的化合物。

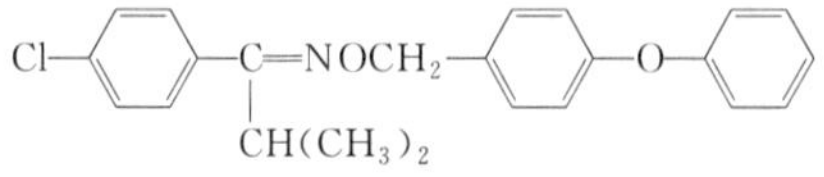

肟醚菊酯 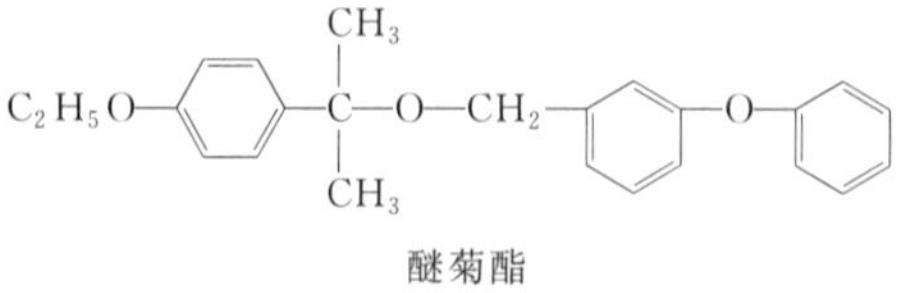　　醚菊酯

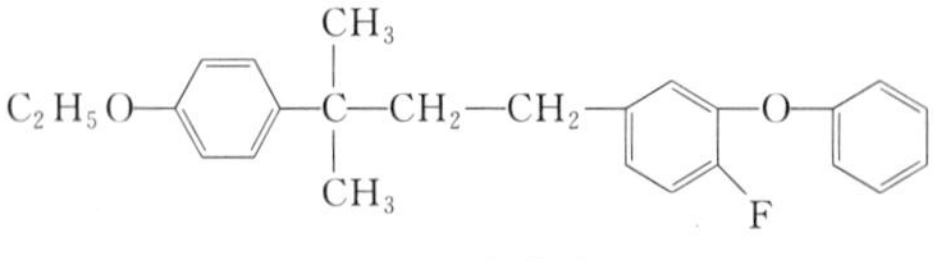

烃菊酯 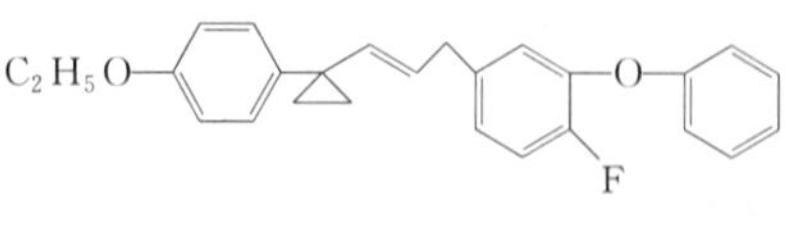　　（M）

非酯型拟除虫菊酯，构型不同，生物活性不同，可通过立体选择合成高效的异构体。但据有关报道，拟除虫菊酯光学异构体的组成对解决抗性问题的发展有不可忽视的影响，单一光学异构体溴氰菊酯的抗性发展速度大于八种光学异构体混合物的氯氰菊酯。对非酯型拟除虫菊酯是否有相似抗性规律，值得进一步研究和关注。

拟除虫菊酯发展到今天，已先后经历了从对光不稳定到对光稳定、从环丙烷结构到非环结构、从酯类到非酯类，以及引入含氟基团、杂环结构等一系列过程，使这类化合物的适用范围不断扩大，性能不断优化。拟除虫菊酯有很好的发展前景，二氯苯醚菊酯、氯氰菊酯、溴氰菊酯比天然除虫菊酯活性要强，且对日光稳定，只要使用有机磷、氨基甲酯10%～20%的药量就能达到很好的防治效果。我国也加紧了创制新的品种，如上海中西药业集团公司研制的溴氟菊酯，中国科学院大连化学物理研究所研制的溴氰菊酯、甲氰菊酯、*S*-甲氰菊酯，上海农药所与中西药业集团公司合作研制的*S*-反式丙烯菊酯。目前，拟除虫菊酯杀虫剂的开发具有以下特点：

a. 加入氟原子，提高生物活性；

b. 开发土壤用药品种；

c. 开发具杀螨活性的药剂；

d. 光学异构体拆分与立体专一或立体选择合成高活性异构体；

e. 通过结构改造得到毒性低的醚类似物和烃类似物。

4.2.5 其他类型杀虫剂

由于许多农业害虫对长期使用的上述的农药品种已产生不同程度的抗性，以及所造成的环境污染问题日益突出，促使农业科学家纷纷研制新型杀虫剂，从化学结构的改造到生物技术的开发利用，提出多种防治途径。

4.2.5.1 苯甲酰脲类杀虫剂

苯甲酰脲类化合物是一类几丁质合成抑制剂，以前的杀虫剂几乎都是以昆虫的神经系统为作用点，而此类药剂却是通过抑制昆虫正常发育而起作用，从而开辟了以昆虫表皮为靶标的新研究领域。壳牌公司在20世纪70年代开发出第一个苯甲酰脲类杀虫剂氟虫脲（卡死克，Flufenoxuron）后，荷兰的B. V. Duphar、石原、陶氏益农等公司也纷纷加入，分别开发了氟螨脲（Flucycloxuron）、氟啶脲、氟铃脲。目前这类化合物中已经商品化的比较著名的品种有伏虫隆（Teflubenzuron，1980年由美国氰胺公司最早开发）、定虫隆（Chlorfluazuron）、氟螨脲、氟虫脲等。

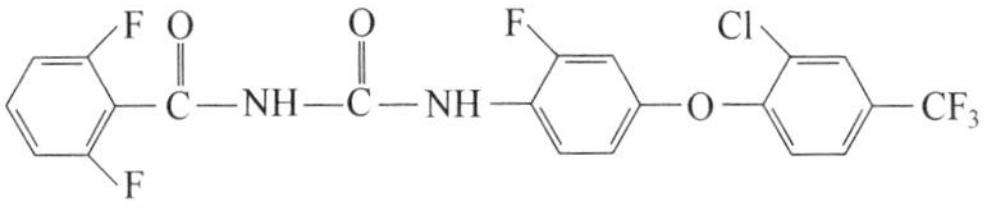

氟虫脲

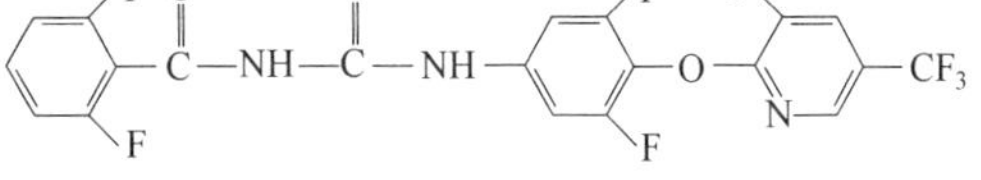

定虫隆

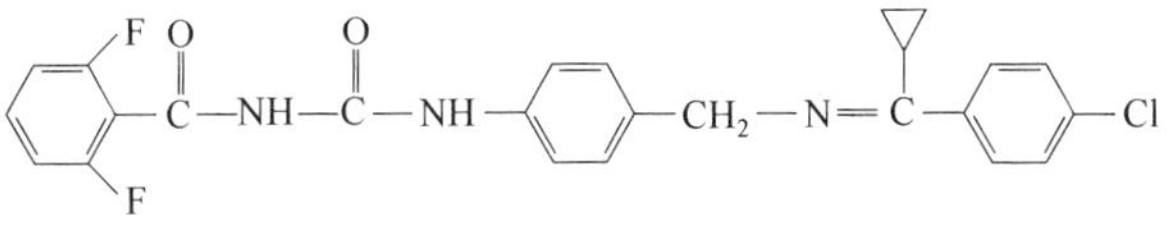

氟螨脲

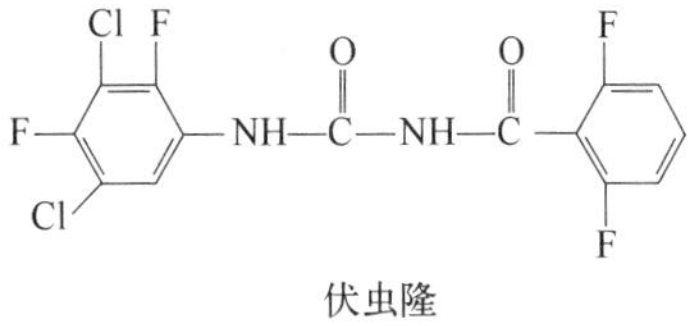

伏虫隆

苯甲酰脲类杀虫剂的制备主要有两种方法：

a. 由卤代苯酰胺和取代基的苯异氰酸酯的反应；

b. 由卤代苯甲酰异氰酸酯和取代基的苯胺进行普通的缩合反应。

苯甲酰脲类杀虫剂对许多重要害虫的幼虫具有胃毒作用，特别是对鳞翅目和双翅目幼虫的效果尤为明显，它通过干扰表皮沉积作用，使昆虫不能正常蜕皮或变态而死亡。也可抑制昆虫卵内胚胎发育过程中的表皮形成，使卵不能正常发育孵化。同时对昆虫的生殖能力也有一定的抑制作用。由于其特有的作用机制，对人畜低毒，用量少，是对环境友好的杀虫剂新品种，被专家称为 21 世纪新型农药。

4.2.5.2 有机氮类杀虫剂

这类杀虫剂的研究主要集中在挖掘新的作用方式，结构上以含氮杂环化合物发展最为迅速。有机氮类杀虫剂按作用机理可分为：作用于神经系统的杀虫剂（烟碱类杀虫剂、吡唑类杀虫剂）；抑制呼吸作用的杀虫剂。

（1）作用于神经系统的杀虫剂

一类是烟碱类杀虫剂，典型的品种是乙虫脒（Acetamiprid），由日本曹达公司开发，其作用于神经接合部后膜，使昆虫异常兴奋，全身痉挛、麻痹而死。另一类是吡唑类杀虫剂，典型的品种是锐劲特（Fipronil），法国罗纳-普朗克公司开发，作用于昆虫神经肽的 γ-氨基丁酸受体而致效。它们都具有持效长且速效、内吸活性卓越、无交互抗性的特点，对抗性害虫也有较好的效果。

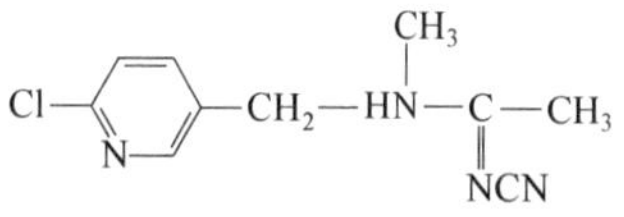

乙虫脒 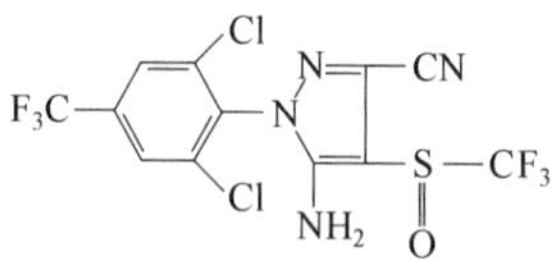　　锐劲特 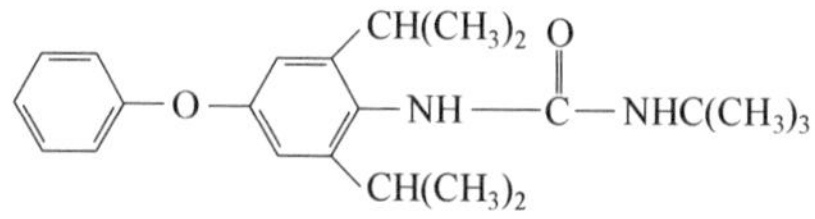　　杀螨隆

（2）抑制呼吸作用的杀虫剂

杀螨隆（Diafenthiuron）由瑞士汽巴-嘉基公司开发。该药剂在阳光下转化为相应的碳化二亚胺类化合物，抑制线粒体的腺苷三磷酸酶。可防治棉花、果树、蔬菜和观赏植物上的植食性螨类、粉虱、蚜虫和叶蝉，对抗性小菜蛾和一些抗性黏虫非常有效。残效特长，无交互抗性。

将杂环，特别是含氮杂环引入农药的化学结构中，不仅提高了生物活性，而且改善了选择性，给杀虫剂的开发增添了活力。新品种类型有吡啶类、吡咯类、嘧啶类、吡唑类、噁唑类、三唑类、酰肼类、烟碱类等杂环化合物，它们结构各异，作用机理、杀虫谱也不尽相同，从而为杀虫用药提供了更多的选择。值得一提的是，进入 20 世纪 90 年代，烟碱成为这一类杀虫剂的研究热点，并发挥着越来越重要的作用。

4.3 除草剂

4.3.1 概述

世界上杂草约有五万种，对经济造成损失的约有 1800 余种，在主要粮食作物田中生长的约有 200 余种，每年使农作物减产 15%左右。随着工业化的发展及社会的进步，化学防治已成为杂草防除的最主要手段。目前，大约有 300 余种除草剂（Herbicide）用于防除阔叶杂草和禾本科杂草。我国生产的除草剂品种中，稻田除草剂有 25 种、麦田除草剂有 20 种、玉米田除草剂有 15 种、大豆田除草剂有 20 种、棉花田除草剂有 5 种、油菜田除草剂有 3 种、花生田除草剂有 6 种。

美国在农药产品中除草剂所占的比例较大，约为 50%，而我国除草剂约占 15%，完全是由于种植结构（美国主要的作物为大豆、玉米等）、从事农业生产的人数和除农业外其他行业发展水平的差异，才导致除草剂用量的不同。进入 20 世纪 90 年代以来，世界农药市场的增长速度明显减慢，但除草剂在世界农药市场销售额中所占比例呈上升趋势。其中，磺酰脲类、三嗪类、酰胺类、咪唑啉酮类除草剂的销售额占前四位，其市场份额分别是磺酰脲类 10.2%、三嗪类 10.0%、酰胺类 8.7%、咪唑啉酮类 7.5%。此外，氨基甲酸酯类为 4.7%。

除草剂按作用方式可分为激素类除草剂、需光性除草剂及抑制氨基酸合成类除草剂。激素类除草剂一般可分为：苯氧乙酸类；苯甲酸类；二取代苯胺及苯酰胺类；有机杂环类。需光性除草剂一般可分为：酚类；二苯醚类；取代脲类；均三氮苯类；有机杂环类。

抑制氨基酸合成的除草剂种类比较繁杂和庞大，分类见表 4-2。

表 4-2　抑制氨基酸合成的除草剂种类

分类	化学结构分类	特点
乙酰乳酸合成酶(ALS)/乙酸羟酸合成酶(AHAS)抑制剂	磺酰脲类、咪唑啉酮类、三唑并嘧啶磺酰胺类和嘧啶水杨酸类	这类抑制剂属于内吸传导型除草剂
乙酰辅酶 A 羧化酶(ACCase)抑制剂	芳氧羧酸类和环己烯酮类	这类抑制剂属于内吸传导型除草剂
原卟啉原氧化酶(Protox)抑制剂	二苯醚类、三唑啉酮类、吡唑类、酰亚胺类、环状亚胺类、脲嘧啶类	这类抑制剂属于触杀型除草剂，对作物、环境安全，残效适中，对后茬作物无影响
对羟基苯基丙酮酸酯双氧化酶(HPPD)抑制剂	吡唑类、三酮类和异噁唑类	这类抑制剂的作用特点是具有广谱的除草活性、对环境的相容性和安全性极高、苗前和苗后均可使用

4.3.2 均三嗪类除草剂

均三嗪类除草剂，又有人称之为均三氮苯类除草剂，是指以均三氮苯为基本化学结构的广谱除草剂。均三嗪类化合物的除草活性最初是由 A. Gast 于 1952 年发现可乐津（Chlorazine）而提出的，1956 年瑞士的嘉基公司发现并生产了高活性的西玛津。至此，这类以三嗪环为骨架的除草剂逐步引起人们的关注，至今仍为有价值的旱田除草剂。由于我国耕地以旱田为主，因此这类除草剂在我国得到了广泛使用。

我国先后生产了西玛津（西玛嗪，Simazine）、莠去津、氰草津（嗪草津，百得斯，Cyanazine）、西草净（Simetryne）、扑草净（Prometryn）、二异丙净（Dipropetryn）、氟草净（SSH-108）。其中莠去津为世界上产量最大的除草剂品种，该产品于 1957 年被发现，经进一步优化、衍生和替换，共开发出三十个品种，多为旱田除草剂。该类除草剂在 20 世纪六七十年代，在市场上得以迅猛发展，至今在市场上仍居除草剂市场首位。

此类除草剂的命名有一规定，凡其中有两个碳被脂肪胺取代的为“津”；两个碳被脂肪胺取代，另一个碳被烷硫基取代的为“净”；两个碳被脂肪胺取代，另一个碳被烷氧基取代为“通”。它们的水溶性以“通”最大，“净”次之，“津”最小。

(1) 西玛津 (Simazine)

又名丁玛津、Aquazine、Bitemol、Gesoran、Gasatop、G27692、CET 等。化学名称为 2-氯-4,6-二(乙氨基)-1,3,5-三嗪[2-chloro-4,6-di(ethylamino)-1,3,5-triazine]。本品于 1956 年由瑞士嘉基公司开发。

本品可由三聚氯氰和乙胺在缚酸剂中反应制得。反应路线如下:

$$+\ 2C_2H_5NH_2 \xrightarrow{NaOH}$$

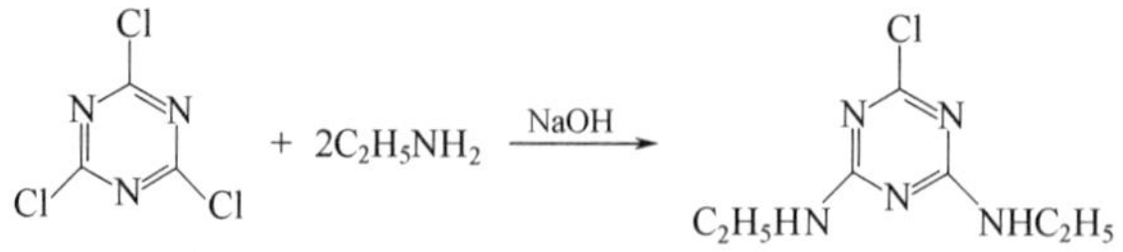

西玛津适用于玉米、高粱、甘蔗、橡胶、香蕉、菠萝以及茶园、果园等,防除一年生阔叶杂草及禾本科杂草。

(2) 阿特拉津 (Atrazine)

又名莠去津、Aatrex、Gesaprim、Primatel-A、Zenphos、A361、G-30027 等。化学名称为 2-氯-4-乙氨基-6-异丙氨基-1,3,5-三嗪(2-chloro-4-ethylamino-6-isopropylamino-1,3,5-triazine)。本品于 1958 年由瑞士嘉基公司首先推荐。

本品可由三聚氯氰与一乙胺反应后制得 2,4-二氯-6-乙氨基-1,3,5-三嗪(乙胺均三嗪),再与异丙胺反应即得莠去津。莠去津的反应介质有水和有机溶剂两类:水法工艺路线短、设备少、成本低、毒性和污染小;溶剂法工艺过程长、所需设备比水法多一倍、成本高、溶剂毒性和污染大。所以,通常生产厂家均采用水为反应介质。反应路线如下:

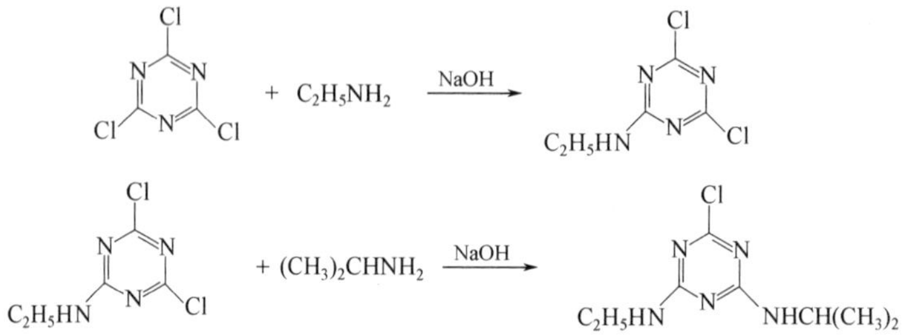

$$+\ C_2H_5NH_2 \xrightarrow{NaOH}$$

$$+\ (CH_3)_2CHNH_2 \xrightarrow{NaOH}$$

本品为选择性内吸传导型苗前、苗后除草剂,适用于玉米、高粱、甘蔗以及茶园、果园、苗圃、林地。防除马唐、稗草、狗尾草、莎草、看麦娘、蓼、藜等一年生禾本科和阔叶杂草,并对某些多年生杂草亦有效。莠去津曾在世界除草剂市场的销售额排名第五,但因其用量大、残效长、对地下水可能造成影响等缘故,其使用量在逐年下降。

(3) 西草净 (Simetryne)

又名 Simetryn、GY-bon、G32911。化学名称为 2-甲硫基-4,6-二(乙氨基)-1,3,5-三嗪[2-methylthio-4,6-bis(ethylamino)-1,3,5-triazine]。本品于 1955 年由瑞士汽巴-嘉基公司开发。本品可由三聚氯氰与一乙胺反应制得 2-氯-4,5-二(乙氨基)-1,3,5-三嗪(二乙均三嗪),再与甲硫醇(钠)反应制得。反应路线如下:

$$+\ CH_3SNa \longrightarrow$$

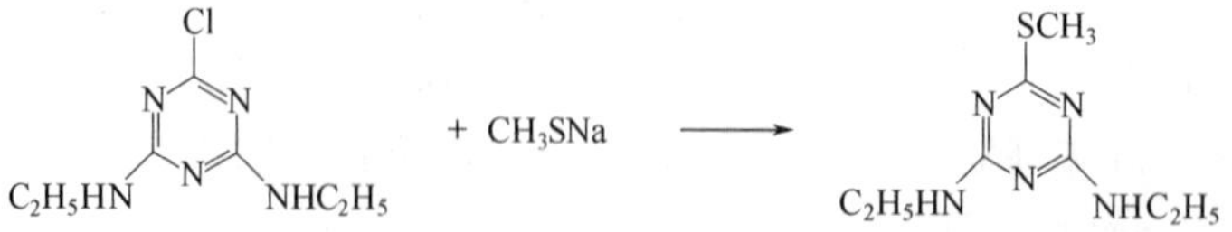

西草净为选择性内吸传导型除草剂。主要用于稻田防除稗草、牛毛草、眼子菜、泽泻、野慈姑、母草、小慈草等，也可用于玉米、大豆、小麦、花生、棉花等作物田。

（4）扑草净（Prometryn）

又名扑蔓尽、割草佳、Gesagard、Caparol、Merkazin、Polisin、G-34161 等。化学名称为 4，6-双异丙氨基-2-甲硫基-1，3，5-三嗪（4，6-bisisopropylamino-2-methylthio-1，3，5-triazine）。本品于 1962 年由嘉基公司推广。反应路线如下：

$$\text{Cl-triazine: } (CH_3)_2HCHN,\ NHCH(CH_3)_2 + CH_3SH \xrightarrow{NaOH} SCH_3\text{-triazine: } (CH_3)_2HCHN,\ NHCH(CH_3)_2$$

本品适用于稻、麦、棉、花生、甘蔗、大豆、薯类、果树、蔬菜等作物。

（5）扑灭通（Prometon）

又名 Gesafram、Pramitol、G-31435。化学名称为 2-甲氧基-4,6-双异丙氨基-1,3,5-三嗪[2-methoxy-4,6-bis(isopropylamino)-S-triazine]。本品于 1959 年由嘉基公司开发。反应路线如下：

$$\text{Cl-triazine: } (CH_3)_2HCHN,\ NHCH(CH_3)_2 + CH_3OH \xrightarrow{NaOH} OCH_3\text{-triazine: } (CH_3)_2HCHN,\ NHCH(CH_3)_2$$

本品适用于大多数一年生的多年生单、双子叶杂草。

此类除草剂具有性质稳定、持效期长、对人畜低毒、对鱼类亦低毒，具内吸传导作用，土壤处理后能很快被根部吸收并随蒸腾流由木质部输导到叶片的特点。通常，水溶性越大，除草活性越强。它们主要通过抑制光合作用而致效，并根据植物遗传差别、位差、生化解毒进行选择。但也有因易被雨水淋洗，影响地下水质，某些药剂有损伤哺乳动物的胃、肾、肝组织，对遗传物质 DNA 有不良影响等缺点，故有的国家已停用或控制使用。近年来，由于玉米种植面积迅速发展，此类除草剂在我国发展较快。但由于有上述不良之处，某些老的品种将被逐渐取代。

4. 3. 3 磺酰脲类除草剂

本类除草剂与咪唑啉酮类除草剂为当今发展迅速的两类新颖除草剂，是迄今为止活性最高、用量最低的一类除草剂，它主要通过抑制侧链氨基酸合成的乙酰乳酸合成酶（ALS）而致效。杜邦公司的 G. Levitt 在 1978 年报道磺酰脲类化合物具有超高效的除草活性，并于 1982 年开发出麦田除草剂氯磺隆（Chlorsulfuron），使杂草防除进入了超高效时代。这类除草剂有很高的除草效力，用量一般为 2～100g/hm^2，比传统除草剂的除草效率提高 100～1000 倍。该类除草剂对动物低毒，在非靶生物体内几乎不积累；在土壤中可通过化学和生物过程降解，滞留时间不长。

目前有关磺酰脲类除草剂的专利有 400 多项，已商品化的有 37 种，可用于旱田或水田，芽前或芽后除草。此后，经过结构改造与修饰，开发出一系列品种：甲磺隆、嘧磺隆（豆黄隆，豆磺隆）、氯嘧磺隆、苄嘧磺隆、胺苯磺隆（油磺隆，菜磺隆，菜王星）、苯磺隆（巨星)、氟胺磺隆、四唑磺隆、玉嘧磺隆、氟啶磺隆、噻磺隆（阔叶散）等。我国主要生产的品种除以上品种的前六种外，还生产绿磺隆、吡嘧磺隆（水星，克草神，一克净，草克星）。

（1）苄嘧磺隆（Bensulfuron-methyl）

又名农得时、超农、苄黄隆、便黄隆、稻无草、Londax、DPX-F5384。化学名称为 α-(4,6-二甲氧基嘧啶-2-基氨基甲酰基氨基磺酰基)邻苯甲酸[α-(4,6-dimethoxy-pyrimidin-2-ylcarbamoylsulfamoyl)-*o*-tolluic acid]。本品于 1984 年由美国杜邦（Du Pont）公司开发，主要用于水稻田间除草。

本品可由 2-苯甲酸甲基氯苄（氯苄）与硫脲、氯气反应制得 2-苯甲酸甲酯磺酰氯（磺酰氯），再与氨水反应制得 2-苯甲酸甲酯苄磺酰胺（磺酰胺），随后与异氰酸丁酯、光气反应制得 2-苯甲酸甲酯苄磺酰基异氰酸酯（异氰酸酯），最后与 4,6-二甲氧基-2-氨基嘧啶（嘧啶）反应制得。反应路线如下：

$$(COOCH_3)(CH_3) + Cl_2 \longrightarrow (COOCH_3)(CH_2Cl)$$

$$(COOCH_3)(CH_2Cl) + NH_2C(=S)NH_2 \longrightarrow (COOCH_3)(CH_2SC(=NH)NH_2 \cdot HCl)$$

$$(COOCH_3)(CH_2SC(=NH)NH_2 \cdot HCl) + Cl_2 \longrightarrow (COOCH_3)(CH_2SO_2Cl)$$

$$(COOCH_3)(CH_2SO_2Cl) + NH_3 \longrightarrow (COOCH_3)(CH_2SO_2NH_2)$$

$$(COOCH_3)(CH_2SO_2NH_2) + ClCOCl + C_4H_9NCO \longrightarrow (COOCH_3)(CH_2SO_2NCO)$$

$$(COOCH_3)(CH_2SO_2NCO) + H_2N\text{-}(N,N)(OCH_3)_2 \longrightarrow (COOCH_3)(CH_2SO_2NHCO\text{—}HN\text{-}(N,N)(OCH_3)_2)$$

（2）玉嘧磺隆（Rimsulfuron）

又名 DPX-E9636。化学名称为 1-(4,6-二甲氧基嘧啶-2-基)-3-(3-乙基磺酰基-2-吡啶磺酰)脲[1-(4,6-dimethoxypyrimidin-2-yl)-3-(3-ethyl sulfonyl-2-pyridylsulfonyl) urea]。本品于 1988 年由美国杜邦公司开发，主要用于玉米田间除草。

本品可由 3-(乙磺酰基)-2-吡啶磺酰胺（吡啶磺酰胺）与 4,6-二甲氧基-2-嘧啶氨基甲酸酯（嘧啶氨基甲酸酯）反应制得。反应路线如下：

$$(N)(SO_2C_2H_5)(SO_2NH_2) + C_6H_5\text{—}OOCHN\text{-}(N,N)(OCH_3)_2 \longrightarrow (N)(SO_2C_2H_5)(SO_2NHCO\text{—}NH\text{-}(N,N)(OCH_3)_2)$$

4.3.4 酰胺类除草剂

酰胺类除草剂，是目前生产中应用较为广泛的一类除草剂，可以用于玉米、花生、大豆、棉花等多种作物，防除一年生禾本科杂草和部分阔叶杂草，由于该类药剂具有杀草谱广、效果突出、价格低廉、施用方便等优点，在生产中推广应用面积逐渐扩大。酰胺类除草剂一直居除草剂市场第二位，从美国 Monsanto 公司生产的烯草胺开始，各公司相继开发了敌稗、新燕灵、甲氟胺、毒草胺、甲氧毒草胺、丁草胺、甲草胺、乙草胺、都尔、丙草胺等品种，其中大多数为土壤处理剂。我国先后生产了敌稗、甲草胺（拉索，草不绿，Alachlor）、乙草胺（绿利来，Acetochlor）、丁草胺（马歇特，灭草特，去草胺，Butachlor）、异丙甲草胺（都尔，杜尔，Metolachlor），我国还创制生产了杀草胺和克草胺。这类除草剂在我国的生产量较大，应用较广泛。

（1）敌稗（DCPA）

又名 Propanil、Stam、Ftam Surlopur、Rogne、Surper、Supernox、Bay 30130、DP-35、FW734、S10145。化学名称为 3′,4′-二氯丙酰替苯胺［*N*-(3,4-dichlorophenyl) propionamide］。本品于 1960 年由美国罗门哈斯（Rohm & Haas）公司开发。

本品可由对硝基氯苯经氯气氯化制得 3,4-二氯硝基苯，再经铁粉、乙酸还原成 3,4-二氯苯胺，再与丙酸反应即可制得。反应路线如下：

$$O_2N\text{–}C_6H_4\text{–}Cl + Cl_2 \longrightarrow O_2N\text{–}C_6H_3(3\text{-}Cl)\text{–}Cl$$

$$O_2N\text{–}C_6H_3(3\text{-}Cl)\text{–}Cl \xrightarrow{Fe/CH_3COOH} H_2N\text{–}C_6H_3(3\text{-}Cl)\text{–}Cl$$

$$H_2N\text{–}C_6H_3(3\text{-}Cl)\text{–}Cl + CH_3CH_2COOH \longrightarrow C_2H_5CONH\text{–}C_6H_3(3\text{-}Cl)\text{–}Cl$$

敌稗为优异的种属间选择性触杀除草剂，主要用于水稻秧田，也可用于直播田防除多种禾本科和双子叶杂草，诸如鸭舌草、水马齿苋、水芹、水蓼、三棱草、马唐、狗尾草、看麦娘、野苋菜、红蓼等杂草幼苗。

（2）丁草胺（Butachlor）

又名灭草特、去草胺、马歇特、Machete、Macheta、Butanex 等。化学名称为 *N*-(丁氧甲基)-*α*-氯-2′,6′-二乙基乙酰替苯胺(*N*-butoxymethyl-*α*-chloro-2′,6′-diethylacetanilide)。本品于 1969 年由美国孟山都公司开发。

本品可由 2,6-二乙基苯胺与甲醛反应生成亚胺，与氯化乙酰氯加成，再与丁醇缩合制得。反应路线如下：

$$2,6\text{-}(C_2H_5)_2C_6H_3\text{–}NH_2 + HCHO \longrightarrow 2,6\text{-}(C_2H_5)_2C_6H_3\text{–}N{=}CH_2$$

$$2,6\text{-}(C_2H_5)_2C_6H_3\text{–}N{=}CH_2 + ClCH_2COCl \longrightarrow 2,6\text{-}(C_2H_5)_2C_6H_3\text{–}N(CH_2Cl)(COCH_2Cl)$$

$$2,6\text{-}(C_2H_5)_2C_6H_3\text{–}N(CH_2Cl)(COCH_2Cl) + BuONa \longrightarrow 2,6\text{-}(C_2H_5)_2C_6H_3\text{–}N(CH_2OBu)(COCH_2Cl)$$

丁草胺可用于稻田防除一年生禾本科杂草、莎草及阔叶草，还可用于旱田。

（3）杀草胺（Shacaoan）

又名特定，化学名称为 *N*-异丙基-*α*-氯代乙酰替邻乙基苯胺。本品于 1966 年由我国化工部沈阳化工研究院开发，并于 1970 年投产。

本品可由邻硝基乙苯经铁粉、盐酸还原制取邻氨基乙苯，再与异丙醇反应制得邻异丙氨基乙苯，与氯乙酸反应制得。反应路线如下：

$$C_6H_4(C_2H_5)NH_2 + (CH_3)_2CHOH \longrightarrow C_6H_4(C_2H_5)NHCH(CH_3)CH_3$$

$$C_6H_4(C_2H_5)NHCH(CH_3)CH_3 + ClCH_2COOH \longrightarrow C_6H_4(C_2H_5)N(COCH_2Cl)CH(CH_3)CH_3$$

杀草胺为芽前除草剂，土壤处理可灭杀芽期杂草，持效期达 15～20 天。主要用于水稻本田、大豆等旱田作物，防除诸如水田的稗草、鸭舌草、水马齿苋、三棱草、牛毛草及旱田的狗尾草、马唐、灰菜、马齿苋等一年生单子叶和部分双子叶杂草。

4.3.5 咪唑啉酮类除草剂

咪唑啉酮类除草剂是一类重要的、对环境良好的广谱型除草剂，曾在世界特别是美国大豆田除草剂市场上占有绝对的优势。20 世纪 80 年代中后期在很短的时间内便迅速得到了世界的青睐。它具有人们理想中的高效（用药量为各老品种的十分之一）、广谱、选择性强、使用方便（既可土壤处理也可茎叶处理）及低毒等诸多优点，开创了除草剂品种的超高效阶段。该类除草剂是由美国氰胺（American Cyanamid，ACC）公司于 1983 年发现的，当时开发的是灭草烟，同样进行了系列开发推出了咪草烟、灭草喹、咪草酯、烟咪唑草等产品。咪唑啉酮类的代表则是灭草烟、咪草烟、灭草喹等。

（1）灭草烟（Imazapyr）

又名 Arsenal、AC252925、CL252925。化学名称为 2-(4-异丙基-4-甲基-5-氧化-2-咪唑啉-2-基)烟酸[2-(4-isopropyl-4-methyl-5-oxo-2-imidazolin-2-yl)nicotinic acid]。本品于 1984 年由美国氰胺公司开发。

本品可由 2,3-吡啶二羧酸与乙酸酐在甲苯中反应生成吡啶二酸酐，不经分离，直接和 $(CH_3)_2CHC(CN)—(CH_3)NH_2$ 在 10～12℃下反应，生成氨基甲酸基烟酸，再与过氧化氢在氢氧化钠中于 40℃下水解，然后将温度升至 70℃环合即制得灭草烟。反应路线如下：

$$C_5H_3N(COOH)_2 \xrightarrow{\text{乙酸酐}} C_5H_3N(CO)_2O$$

$$C_5H_3N(CO)_2O + (CH_3)_2CHC(CH_3)(CN)NH_2 \longrightarrow C_5H_3N(COOH)CONHC(CH_3)(CN)CH(CH_3)_2$$

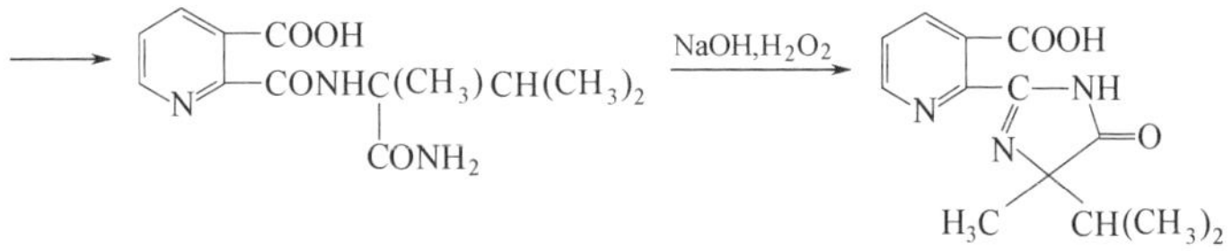

本品可防除所有杂草，对莎草科杂草、一年生和多年生单子叶杂草、阔叶杂草和杂木有较好的防效。

(2) 灭草喹 (Imazaquin)

又名 Scepter、Image、Imazaqino、AC252214、CL252214 等。化学名称为(*R*,*S*)-2-(4-异丙基-4-甲基-5-氧化-2-咪唑啉-2-基)喹啉-3-羧酸 [(*R*,*S*)-2-(4-isopropyl-4-methyl-5-oxo-2-imidazolin-2-yl)quinoline-3-carboxylic acid]。本品于 1987 年由美国氰胺公司开发。

本品可由喹啉二羧酸酐与 2-氨基-2,3-二甲基丁腈酰化，再与过氧化氢和氢氧化钠反应制得。反应路线如下：

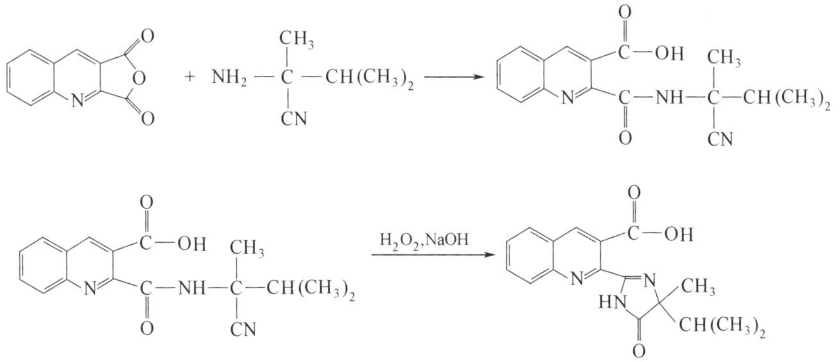

本品可用于防除大田中的阔叶杂草、禾本科杂草，以及其他如鸭跖草、铁荸荠等杂草。

4.3.6 其他类除草剂

在各类农药中除草剂的品种的新老更替的速度最快，总的来说，20 世纪 50～60 年代出现的老品种如三嗪类、酰胺类、氨基甲酸酯类等，进入 20 世纪 80 年代其市场占有份额呈下滑趋势，而 20 世纪 70 年代末出现的新品种特别是磺酰脲类和咪唑啉酮类则呈上升趋势。其他种类如有机磷类、二苯醚类等除草剂品种仍有广阔的前景。

(1) 有机磷类除草剂

此类中最早开发的是 1958 年的伐草磷，以后又陆续开发了胺草磷、抑草磷、调节磷、草甘膦、草铵膦等，其中草甘膦已成为世界主要除草剂品种之一，产量达数万吨。此类除草剂主要作用于植物的分生组织。其可分为两大类，一类为土壤处理剂如伐草磷、胺草磷、砜草磷；另一类为叶面处理剂，有草甘膦、双丙氨膦等。

草甘膦 (Glyphosate) 又名农达、镇草宁、膦甘酸、MON-0573 等。化学名称为 *N*-(膦酸甲基)甘氨酸 [*N*-(phosphonomethyl)glycine]。本品于 1971 年由美国孟山都公司推广。反应路线如下：

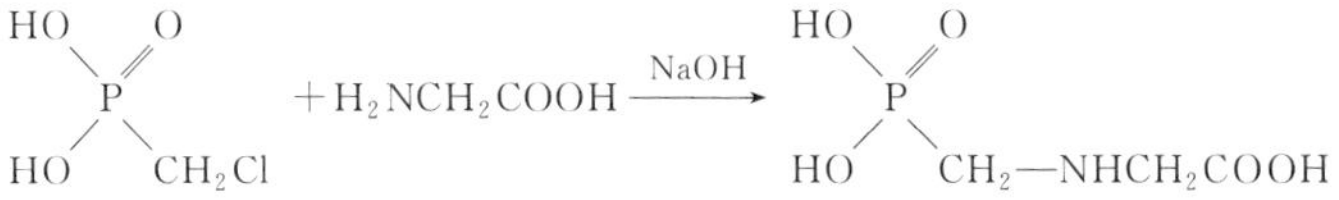

$$(HO)_2P(=O)CH_2Cl + H_2NCH_2COOH \xrightarrow{NaOH} (HO)_2P(=O)CH_2-NHCH_2COOH$$

本品为非选择性内吸传导型茎叶处理除草剂，对一年生及多年生杂草具有很高的活性。目前，草甘膦正逐渐取代咪唑啉酮类除草剂成为新的主力军。

（2）氨基甲酸酯类除草剂

1945 年 W. G. Templeman 等人报道了苯胺灵（Propham）具有植物生长调节活性，随后捷利康（Zeneca，前为 ICI）公司将其开发成除草剂。20 世纪 60 年代初期，孟山都（Monsanto）公司开发出燕麦敌（Diallate）等硫代氨基甲酸酯类旱田除草剂。1969 年日本组合化学公司开发出杀草丹（Thiobencarb）等一系列含苄基取代的硫代氨基甲酸酯类水稻田除草剂。我国生产的品种有灭草灵（Swep）、杀草丹（禾草丹，灭草丹，稻草完，Thiobencarb）、燕麦敌、野燕畏（野麦畏，阿畏达，燕麦畏，Tri-allate）、燕麦灵（Barban）。但此类除草剂的用量有逐年下降的趋势。

$C_6H_5-NHCOOCH(CH_3)_2$

苯胺灵

（3）二苯醚类除草剂

二苯醚类化合物的作用机理是抑制光合作用，因此作用速度快，且稍有药害，但通常不影响作物产量，对后茬作物安全。20 世纪 60 年代中期，美国罗门哈斯公司首先开发出稻田除草剂除草醚（Nitrofen）。80 年代又开发了乙羧氟草醚（Fluoroglycofen），在芽前或芽后施用，可防除小麦、大麦、花生、大豆和稻田中阔叶杂草和禾本科杂草。近期商品化的品种为匈牙利 Budapest 化学公司的氯氟草醚乙酯（Buvirex，Ethoxyfen-ethyl，HC-252），它是具有单一旋光活性体的高效旱田苗后除草剂，主要用于防除大豆、小麦、大麦、花生、豌豆等田中的阔叶杂草。其结构与通常二苯醚类不同，以氯替代硝基，活性几乎比通常二苯醚类高一个数量级，可与磺酰脲类除草剂媲美。我国生产的品种有氟磺胺草醚（虎威，除豆莠，Fomesafen）、三氟羧草醚（杂草焚，杂草净，豆阔净，达克尔，Acifluorfen）、乙氧氟草醚（果尔，Oxyfluorfen）等。

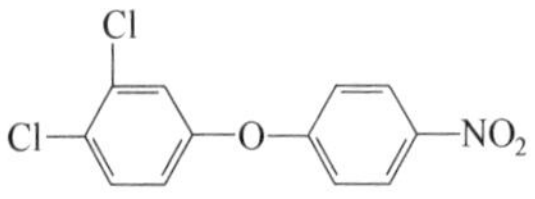

除草醚 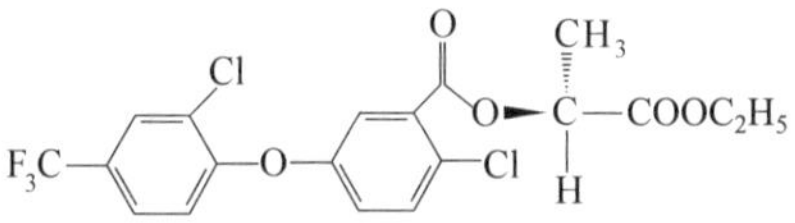　　氯氟草醚乙酯

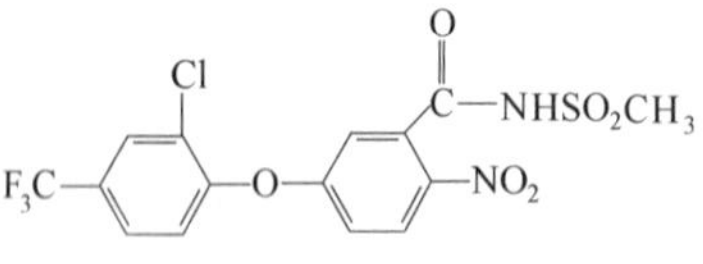

氟磺胺草醚 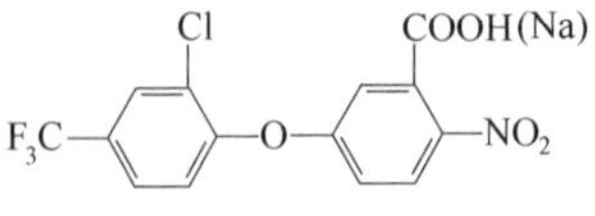　　三氟羧草醚

近年来，除草剂开发研制表现出以下特点。

a. 环境相容性好。指除草剂对非靶标生物的毒性低，影响小，在大气、土壤、水体、作物中易于分解，无残留影响。

b. 创制超高活性、用量少的品种。新开发的产品大都是作用在酶的分子水平上，其用量极少，甚至每公顷几克，如此低的剂量，同以前每公顷几千克的用量相比对环境及人类造成的负面影响就减少了很多。

c. 旱田除草剂增多。

d. 立体异构体除草剂的研究成为 21 世纪除草剂发展方向之一。

e. 从除草剂作用机理中选择靶标模型，确定新品种开发途径。

f. 天然源除草剂的研究进一步加强。利用生物产生的天然活性物质直接作为农药或以其新颖的化学结构作先导化合物进行结构优化开发合成的类似物，日益受到重视。

g. 抗除草剂（Herbicide Resistant）和耐除草剂（Herbicide Tolerant）的转基因作物已推广使用等。

4.4 杀菌剂

4.4.1 概述

（1）定义

杀菌剂（Fungicide）是通过防止或根除病原菌的侵染来保护农作物生长的一类农药。它同杀虫剂和除草剂一同作用，防止作物减产。

1800 年杀菌剂开始应用于农业病害防治，到 1821 年石灰硫黄合剂以及 1882 年波尔多液的应用，又开创了杀菌剂混剂应用的先河。早期的杀菌剂都是非内吸性的无机物，如各种形态的硫、铜、汞化合物；有机杀菌剂则始于 1934 年，先后有二甲基氨基硫代甲酸盐（福美类）、亚乙基双二硫代氨基甲酸盐类（代森类）和三氯甲硫基类（克菌丹等）杀菌剂问世。

近年来，随着各地保护地种植面积的不断扩大，温、湿度条件极适宜病菌的滋生和蔓延，引起病菌在寄主植物上不断侵染而造成每年都发生病害，导致农业生产遭受严重损失。杀菌剂的使用对植物病害的防治起到至关重要的作用。目前在众多杀菌剂中，使用最多、效果最好的十大有效成分是苯并咪唑类、代森类、百菌清、铜制剂、丁苯吗啉、甲霜灵、丙环唑、扑菌唑、硫黄、三唑醇。已普遍使用的还有叶枯灵、三氯甲硫基类的克菌丹、敌菌丹；氨基甲酸酯类的霜霉威、磺菌威、苯霜灵；酰替苯胺类的甲霜灵、肤霜灵等是目前内吸性杀菌剂持效期最长的。十余年来，世界杀菌剂市场一直维持于水平状发展，尽管世界各地区的杀菌剂市场的变化此起彼落，变化较大，但总体却呈现平稳发展的态势。

（2）分类

杀菌剂按作用方式通常可分为：非内吸性杀菌剂（早期无机杀菌剂、有机硫类、二甲酰亚苯胺类、多氯烷硫基二甲酰亚胺类、含氯苯衍生物类、有机磷类）；内吸性杀菌剂（丁烯酰胺类、苯基酰胺类、苯并咪唑类、二甲酰亚胺类、嘧啶类、取代甲醇类、三氯乙基酰胺类、苯酰胺类、多唑类、有机磷类、噻唑类、噁唑类、麦角甾醇生物合成抑制剂类、甲氧基丙烯酸酯类等）。

杀菌剂亦可按作用方式分类，该分类方法也比较重要：

a. C14 脱氧基化酶抑制剂（三唑类、咪唑类、嘧啶醇类等含氮杂环杀菌剂）；

b. 异构化酶和还原酶抑制剂（吗啉类、哌啶类、Spiroxamine 类化合物）；

c. 络合物Ⅱ型抑制剂（琥珀酸酯脱氢酶抑制剂）；

d. 络合物Ⅲ型抑制剂（Strobilurin 类、Famoxadone 类化合物）；

e. 作用机理研究不明的杀菌剂（苯胺基嘧啶类、苯基吡咯类、Quinoxyfen 类、Dimethomorph 类、Iprovalicarb 类化合物）；

f. 植物活化剂。

4.4.2 非内吸性杀菌剂

非内吸性杀菌剂是指在植物染病以前施药，通过抑制病原孢子萌发，或杀死萌发的病原孢子，以保护植物免受病原物侵害。

（1）代森锰锌（Mancozeb）

又名 Dithane M-45、Manzate 200、Nemispor、Policar MZ、Fore。化学名称为代森锰和锌离子的配位化合物（含锰 20%、锌 2.5%）。本品于 1961 年由美国罗门哈斯（Rohm&Haas）公司开发。本品属于有机硫类，可由乙二胺与二硫化碳、氢氧化钠反应制得次乙基双二硫代氨基甲酸钠（代森钠），再由代森钠与硫酸锰反应制得代森锰，最后与硝酸锌反应制得。反应路线如下：

$$\begin{matrix} CH_2-NH-CSSNa \\ | \\ CH_2-NH-CSSNa \end{matrix} + MnSO_4 \longrightarrow \begin{matrix} CH_2-NH-CSS \\ | \qquad\qquad\quad Mn \\ CH_2-NH-CSS \end{matrix}$$

$$\begin{matrix} CH_2-NH-CSS \\ | \qquad\qquad\quad Mn \\ CH_2-NH-CSS \end{matrix} + Zn(NO_3)_2 \cdot 6H_2O \longrightarrow \begin{matrix} CH_2-NH-CSS \\ | \qquad\qquad\quad Mn-Zn \\ CH_2-NH-CSS \end{matrix}$$

本品药害很小，可广泛用于蔬菜、果树、花卉、粮食及其他经济作物，防治由藻菌纲、半知菌所引起的霜霉病、斑病、疫病、赤霉病等。

（2）克菌丹（Captan）

又名开普顿、Orthoc。化学名称为 *N*-三氯甲硫基-4-环己烯-1,2-二甲酰亚胺［*N*-(trichloromethylthio)-cyclohe xene-1,2-dicarboximide］。本品于 1949 年由 Standard Oil Development 公司推出。它属于二甲酰亚胺类，可由三氯甲次磺酰氯（酰氯）与四氢苯二甲酰亚胺（亚胺）反应制得。而四氢苯二甲酰亚胺可由顺酐与丁二烯反应制得四氢苯二甲酸酐，再与氨水反应制得。反应路线如下：

$$\text{四氢苯二甲酸酐} + NH_3 \longrightarrow \text{四氢苯二甲酰亚胺(NH)} + H_2O$$

$$\text{四氢苯二甲酰亚胺(NH)} + ClSCCl_3 \longrightarrow \text{四氢苯二甲酰亚胺-}NSCCl_3$$

本品为广谱杀菌剂，可用于防治苹果疮痂病、黑星病，梨黑星病，葡萄霜霉病、黑腐病，草莓灰霉病等。

一般来说，非内吸性杀菌剂制备较为容易，费用低廉。大多数非内吸性杀菌剂都是非“专一性”的，因而较少发生抗性问题，产生残毒的危险性也小。但只能防治植物表面的病害，对于深入植物内部和种子胚内的病害无能为力，而且它的用量较多，药效受风雨的影响较大。

4.4.3 内吸性杀菌剂

内吸性杀菌剂可以在寄生菌进入寄主时将它杀死，甚至在侵染已发生后尚可医治寄主，但是它不能提高寄主的抗病能力。

乙霉威（Diethofencarb）

又名万霉灵、Dietofencarb、S-165、S-1605、S-32165。化学名称为 3,4-二乙氧苯基氨基甲酸异丙酯（isopropyl 3,4-diethoxyphenylcarbamate）。本品于 1983 年由日本住友化学公司开发。

本品可由 3,4-二乙氧基苯胺与氯代甲酸异丙酯反应制得。前者可由邻苯二酚制成邻苯二酚钠后与溴乙烷反应制得邻苯二氧乙基，再经硝化、还原制得 3,4-二乙基苯胺，后者可由异丙醇与光气反应制得。具体反应路线如下：

$$(C_2H_5O)_2C_6H_3-NH_2 + ClCOOCH(CH_3)_2 \longrightarrow (C_2H_5O)_2C_6H_3-NHCOOCH(CH_3)_2$$

乙霉威为与多菌灵、二甲菌核利等杀菌剂具有负交互抗性独特作用的杀菌剂，能有效地防治对多菌灵产生抗性的灰葡萄孢子引起的蔬菜、葡萄、柑橘等作物的灰霉病、菌核病等病害。

我国近期开发的杀菌剂主要有以下特点。

a. 针对病原菌抗性开发新型杀菌剂，如乙霉威对多菌灵产生抗性的病害灰霉病有特效；

b. 以天然产物为先导化合物开发具有独特作用机理的新化合物，如吡咯类和丙烯酸酯类，不仅活性高，且与已知杀菌剂无交互抗性；

c. 通过增强植物自身对病害的免疫能力达到抗病目的，此类产品被称作系统激活剂（SAR）；

d. 多数新产品均有一个显著特点，即作用机理独特、高效，且与已知杀菌剂无交互抗性。

20 世纪 60 年代以来，随着内吸选择性杀菌剂的开发成功以及在农业病害防治中的大量应用，使得病原菌的抗性问题日益严重。为适应这种形势，需要提高杀菌剂的使用技术和充分利用杀菌剂资源、研制和开发高效杀菌剂混剂，可以起到延缓抗性的发展、提高防效、扩大防治谱和降低用药成本的目的。从目前田间发病情况来看，卵菌纲病害（霜霉病、疫病）、灰霉病及白粉病已成为危害农业生产的最严重的病害，因此，研制和开发防治这三种病害的杀菌剂混剂应是今后杀菌剂混剂开发的重点。杀菌剂混剂的研制和开发，国际上以日本最为活跃，我国在杀菌剂混剂的研究领域起步较晚，但近年来发展很快，每年都有若干新品上市。

4.5 其他类型农药

除了杀虫剂、除草剂和杀菌剂这三大类农药类型外，杀线虫剂、杀鼠剂、植物激素、植物生长调节剂及生物农药等在各自的应用范围内都发挥着它们的作用。这不仅使农药的分类越来越多，还使农药的应用范围从原来的农业范围不断地扩大。

4.5.1 杀线虫剂

（1）定义

线虫广泛分布于世界的各个角落，约有50多万种，其中植物线虫有200余属4000多种。植物线虫是农作物、林木、蔬菜、药材和花卉的重要病原体，它能造成植物损伤、引起病害、延迟生育、矮化、皱缩、枯萎及死亡，导致不同程度的减产，其中根部线虫的危害最大。目前对线虫病还没有较为全面的综合防治措施，主要还是用杀线虫剂。

早期曾用于防治线虫的化学药剂有二硫化碳、甲醛、氰化物、氯化苦等，在此后又相继发展了其他一些卤代烃类化合物及有机磷类、二硫代氨基甲酸酯类、有机硫类等几类化合物，但总体上品种较少，只有30多种，常用的约有10多种，其中包括我国研制的甲基异柳磷等。有机磷杀线虫剂为其中的一大类型，实际应用证明它具有以下优点：

a. 有较高的植物耐药性，可用于已移栽的作物；

b. 施用后不需等待期并在土壤中有较长的残效期；

c. 有内吸性，能用来防治已进入根部的线虫；

d. 可用于秧苗根浸渍处理。

（2）分类

杀线虫剂可分为熏蒸剂与非熏蒸剂两大类型。

熏蒸剂为杀死性药剂，杀线虫效果彻底，防病增产效果显著，还不易诱发线虫耐药性，但对环境保护有副作用，有的品种对人体有致癌或影响生育的后果。非熏蒸杀线虫剂与熏蒸剂的最大不同之处在于并非直接杀死线虫，而是麻醉作用，影响线虫取食、发育、繁殖行为，延迟线虫对作物的侵入时间及危害峰期，故有人称之为“制线虫剂”（Nematistat）。防治效果反映为增产显著，但线虫的密度不见明显下降，还会因虫体麻醉之后能复苏等原因而诱致线虫产生耐药性。

我国目前应用的主要品种有：杀线威、甲基异柳磷（Isofenphos-methyl）、呋喃丹（Carbofuran）、丁硫克百威（Carbosulfan）、涕灭威（Aldicarb）、威百亩、溴甲烷及三唑磷（Triazophos）、益收宝、克线丹等。

杀线威（Oxamyl）又名万强、除线威、草安威、草肟威、甲氨叉威、Vydate、Thiooxamyl，化学名称为*N*,*N*-二甲基-2-甲基氨基甲酰基氧代亚氨-2-甲硫基乙酰胺[methyl-2-(dimethylamino)-*N*-[(methylamino)carbonyloxy]-2-oxo-ethanimidothioate]。本品于1974年由美国杜邦公司开发，并于1982年在日本登记。

本品属于肟类氨基甲酸酯系列杀线虫剂、杀螨剂和杀虫剂。可由*N*,*N*-二甲基-2-甲硫基-2-羟肟基乙酰胺（硫羟肟酰胺）与甲基异氰酸酯反应制取。反应路线如下：

$$CH_3OOCCH{=}NOH + Cl_2 \longrightarrow \underset{\displaystyle Cl}{CH_3OOC\overset{}{C}{=}NOH} + HCl$$

$$\underset{\displaystyle Cl}{CH_3OOCC{=}NOH} + CH_3SH \longrightarrow \underset{\displaystyle SCH_3}{CH_3OOCC{=}NOH}$$

$$\underset{\displaystyle SCH_3}{CH_3OOCC{=}NOH} + (CH_3)_2NH \longrightarrow \underset{\displaystyle SCH_3}{(CH_3)_2NOCC{=}NOH}$$

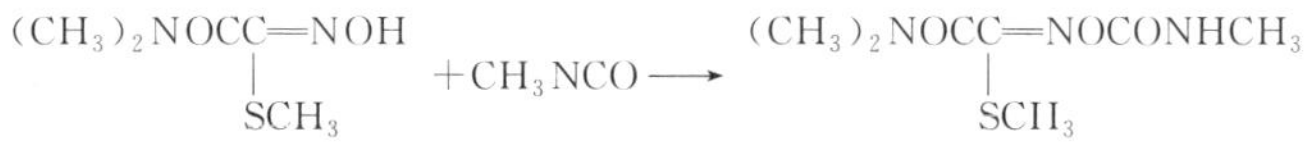

$$(CH_3)_2NOCC(SCH_3){=}NOH + CH_3NCO \longrightarrow (CH_3)_2NOCC(SCH_3){=}NOCONHCH_3$$

杀线威是广谱性的杀线虫剂，能防治蓟马、蚜虫、马铃薯瓢虫、螨等，广泛应用于棉花、柑橘、花生、烟草、苹果、马铃薯等作物和某些观赏作物，除可用作叶面处理外还可用做土壤处理剂。

1956 年 Uirginia-Carolina 化学公司推出的除线磷（Dichlofenthion，酚线磷，氯线磷，Mobilawn，Vci Nemacide，Tri-VC13，VC-13，ENT-17470）被公认为第一个有机磷杀线虫剂，其重要意义还在于它可作非熏蒸型土壤处理剂用。其药害小，可多种方式施用，这使杀线虫剂研究向前迈进了一大步。

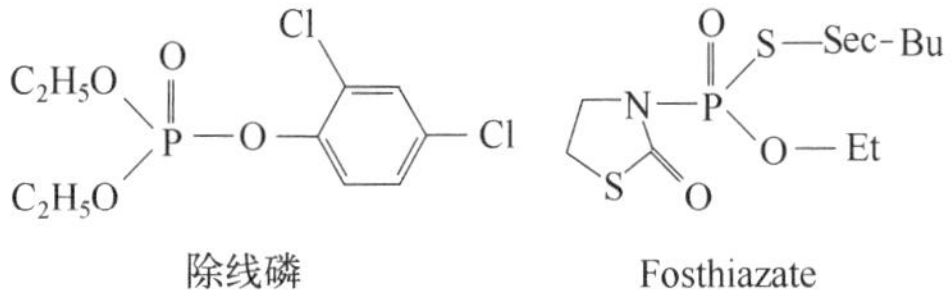

除线磷　　Fosthiazate

Fosthiazate 是日本 Ishihara Sangyo Kaisha Ltd 开发的一种新型杀线虫剂。在各种 *N*-膦基杂环的合成和杀线虫活性的评价中，Fosthiazate 由于高效、安全和经济等有利条件，被选中开发。1992 年 Fosthiazate 在日本登记并进入市场，被广泛用于控制各种线虫。Fosthiazate 的作用方式是抑制目标害虫中的醋酸基胆碱酯酶，对植物寄生线虫第二阶段的幼虫，显示了优良的杀线虫活性，阻止线虫在土壤里的运动并侵入根里。

4.5.2 杀鼠剂

鼠类属于哺乳动物的啮齿目，有 3000 多种，常见的有 500～600 余种。鼠类繁殖力极强，据有关资料统计，全世界粮食产量约有 1/5 被老鼠毁掉。另外老鼠对破坏森林、草原、农田、建筑、仓储物品和通信设备等方面的损失更是惊人。对于鼠害，一般可采用物理、化学和生物的方法进行防治。很早以前，人们曾长期使用天然物质如红海葱、马钱子碱等灭鼠，以后逐渐使用一些新单质和化合物如黄磷、氰化物等。实践证明，使用化学药物是当前采用最多、应用最广、效果最佳的方法，即使用杀鼠剂杀灭老鼠。

较理想的杀鼠剂应具下列条件。

a. 有效成分所配制的毒饵可在各种条件下具有良好的稳定性，最好是无臭、无味的。

b. 对老鼠具有毒力强，有专一性，对鼠在年龄、性别、习性上没有毒力差别。其他动物吃了死鼠不应有二次中毒的危险。

c. 没有剧烈的中毒症状，使食毒饵的老鼠不易警觉。

d. 毒力作用的时间适当，使鼠在药力发作前吃下致死量。

e. 不易产生耐药及抗药的可能性。

杀鼠剂按其对鼠类灭杀作用的快慢可分为慢性药剂和急性药剂。缓效杀鼠剂又称慢性杀鼠剂，是指老鼠摄入毒饵经过数天才致死的杀鼠剂。由于中毒缓慢，可使老鼠连续摄食多次以达到致死量。速效杀鼠剂又称急性杀鼠剂或单剂量杀鼠剂，是指鼠类一次或在较短时间里多次摄入毒饵很快就能致死的杀鼠剂，主要有磷化锌、甘氟、鼠特灵、鼠立死、毒鼠磷等。

目前世界上使用最多的鼠药是抗凝血杀鼠剂。抗凝血杀鼠剂的优点是使用浓度低，通常抗凝血杀鼠剂属慢性药剂，其代表品种有杀鼠灵、溴敌隆、鼠得克、大隆、敌鼠、氯敌鼠等。相对来说，急性杀鼠剂发展要慢一些，特别在国内，仍是以老品种如甘氟、磷化锌为主。

杀鼠新（Ditolylacinone）化学名称为 2-[2′,2′-双(4-甲基苯基)乙酰基]-1,3-茚满二酮铵盐。杀鼠新为国内外首创的茚满二酮类抗凝血杀鼠剂，被列为“八五”国家重点科技攻关项目，于 1995 年完成中试研究。

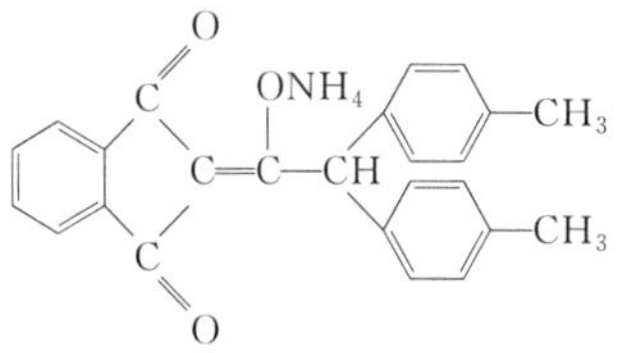

杀鼠新 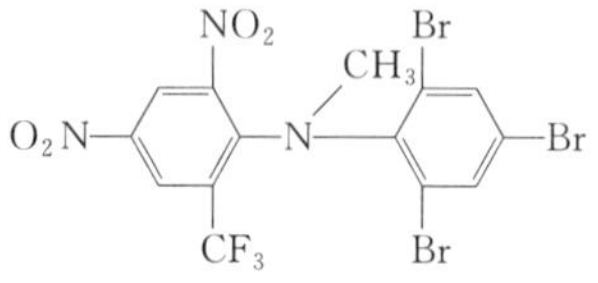　　　　溴杀灵

溴杀灵（Bromethalin）化学名称为 *N*-[甲基-(2,4-二硝基-6-三氟甲基苯基)-2,4,6-溴苯基]胺。溴杀灵是美国 20 世纪 80 年代中期商品化的新型杀鼠剂，它介于速效和缓效杀鼠剂之间且兼有二者高效、广谱、安全的优点。溴杀灵独有的优点是有停食效应。鼠吃到致死剂量即停止进食，节省毒饵，降低灭鼠费用。

目前化学杀鼠剂正向急性杀鼠剂慢性化、慢性杀鼠剂急性化的趋势发展，亚急性杀鼠剂的推出无疑是适应了灭鼠学科发展的需要。

4.5.3 植物激素和生长调节剂

植物激素是指在植物体内某些部位合成的、可被运送到其他部位发生特殊的生理作用的微量有机物质。在国内，习惯上将植物体内自身产生的内源调控物质叫植物激素，将人工合成的具有植物激素活性的物质叫植物生长调节剂，将二者通称为植物生长物质。

目前，已经得到确认的植物激素有九大类，即生长素（Auxin）、赤霉素（Gibberellin，GA）、乙烯（Ethylene）、细胞分裂素（Cytokinin）、脱落酸（Abscisic acid，ABA）、油菜素甾醇类（Brassinosteroids，BRs）、水杨酸类（Salicylates，SA）、茉莉酸类（Jasmonates，JAs）和多胺类（Polyamines，PAs）。植物激素由于在植物体内含量均极低、难以提取、价格昂贵而不利于在生产上广泛应用，而现在生产上用的是具有植物激素功能的植物生长调节剂，它们是通过微生物发酵或化学合成的方法制成的。

植物生长调节剂根据其作用方式大致可分为两大类：一类是生长促进剂，如促进生长、生根，打破休眠，防止衰老，其中含有如生长激素、细胞分裂素和赤霉素这样的植物激素；另一类是生长抑制剂，如防止棉花、小麦疯长，防止大蒜、洋葱发芽，其中含有如乙烯利和脱落素这样的植物激素。但是这种区分并不绝对正确，因为同一种植物生长调节剂在低浓度下可作为生长促进剂，而在高浓度下又可作为生长抑制剂，如 2,4-二氯苯氧乙酸（2,4-滴），低浓度使用时，具有促进生根、生长和保花、保果作用，高浓度使用时，能抑制植物生长，使用浓度再提高，便会杀死双子叶植物，具有除草剂的作用。表 4-3 中列出的是植物生长调节剂的名称及主要作用。

表 4-3 植物生长调节剂的名称及主要作用

主要作用	调节剂名称	主要作用	调节剂名称
促进发芽	萘乙酸、赤霉素、吲哚乙酸	促进生根	萘乙酸、吲哚乙酸、吲哚丁酸、2,4-滴、6-苄基氨基嘌呤
促进开花	萘乙酸、乙烯利、2,4-滴、赤霉素	促进成熟	乙烯利、乙二膦酸、增甘膦、比久
促进排胶	乙烯利、增产胺(DCPTA)	抑制发芽	萘乙酸甲酯、青鲜素、矮壮素、比久
防止倒伏	矮壮素(氯代氯化胆碱)、比久、多效唑	打破顶端优势	乙烯利、青鲜素(顺丁烯二酸酰肼)、三碘苯甲酸
控制株型	矮壮素、多效唑、甲哌啶、比久	疏花疏果	萘乙酸、乙烯利、西维因
化学杀雄	乙烯利、甲基胂酸盐	调节性别	乙烯利、赤霉素
保花、保果	萘乙酸、萘氧乙酸、赤霉素、2,4-滴、比久、防落素	促进干燥	乙烯利、促叶黄、草甘膦、氯酸镁、氯酸钠
抑制光呼吸	亚硫酸氢钠、2,3-环氧丙酸	抑制沸腾	比久、矮壮素、脱落酸

萘乙酸甲酯（Methyl Naphtylacetate，简称 MENA），主要用作植物生长调节剂，它已广泛用于马铃薯、小麦、薄荷、甜菜、胡萝卜、烟草、果树、橡胶树等作物，特别是对于抑制马铃薯的发芽、保持其营养成分方面具有较大的应用价值。据文献报道目前合成萘乙酸甲酯的方法主要有：氯甲基萘法、萘乙酮法、萘乙酸法等。后来马新起提出一种新的合成方法，这种方法缩短了反应时间，醇酸物质用量比较小，能耗较少，产品收率达 92%以上。

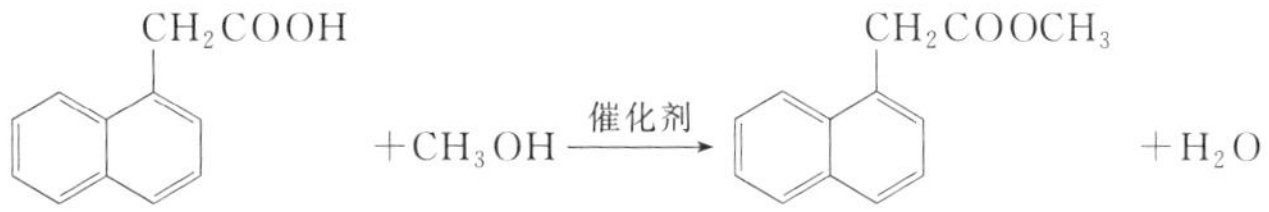

$$\text{(1-萘基)}CH_2COOH + CH_3OH \xrightarrow{\text{催化剂}} \text{(1-萘基)}CH_2COOCH_3 + H_2O$$

乙烯利（Ethephon、一试灵、乙烯磷、乙烯灵、Ethrel、Cepha，化学名称为 2-氯乙基膦酸）最早由美国 Chemical 公司由乙烯中制得。乙烯利为一种用途广泛的植物生长调节剂，被植物吸收后能促进果实早熟或齐穗，增加雌花，促早结果，减少顶端优势，使植株矮壮、防倒及雄性不育等；主要用于棉花、高粱、小麦、蔬菜、果树、烟草、橡胶树等作物。

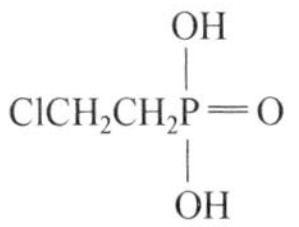

$ClCH_2CH_2P(=O)(OH)_2$　　Cl—（吲唑环，NH、N—H）—$CH_2COOC_2H_5$

乙烯利 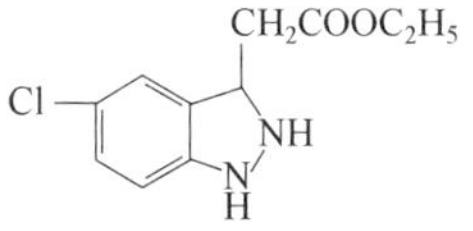　　吲熟酯

最近又出现一种新型植物生长调节剂吲熟酯（吲唑酯，试验名称 J-455，国外商品名 Figaron，其有效成分为 5-氯-1*H*-3-吲唑基乙酸乙酯），它是由日本日产化学工业公司开发并销售的。吲熟酯在日本允许作为农药使用的植物生长调节剂中的销售量仅次于赤霉素和青鲜素而居于第三位，美国农药词典 1984 年版已将其列为在美国允许使用的农药新品种，韩国及西班牙也报道了吲熟酯在柑橘生产上的应用研究工作。

总之，植物生长物质都符合以下特征：

a. 有特异的生物活性，所需浓度很低；

b. 在调节不同生理现象上有基本作用；

c. 随着发育的进程，各组织对生长物质的敏感性不同，而且不同剂量的生长物质，发生的效应并不相同；

d. 各类生长物质往往不是单一起作用，而是彼此有相互作用，不同生长物质的不同配比可以发生特殊的效应，有时一种生长物质可以抑制或刺激另一种生长物质的合成。随着研究的日益深入，符合植物激素性质的植物生长调节剂不断被发现，这些研究扩展和丰富了人们对植物体内化学信息传递的认识。

4.5.4 生物农药

通常所说的生物农药是指以细菌、真菌、病毒、线虫以及由它们产生的代谢物为有效成分的农药，起源于20世纪60年代，其开发在20世纪70年代曾掀起过高潮。近年来，随着人类对生存环境质量的要求越来越高，生物农药正逐渐受到关注。

（1）昆虫信息素

昆虫信息素是昆虫所分泌的能引诱同种异性个体进行交尾的微量化学物质，它是物种特定的通信系统。当具备两个基本的条件，即性信息素产生和对性信息素作出反应，此系统即会启动。自从日本东京Shin-Etsu化学制品公司研制开发了合成信息素灭虫法，便使信息素代替农药作为第二代杀虫剂成为现实。昆虫信息素分为性信息素、追踪信息素、告警信息素、聚集信息素、利己信息素、利他信息素等。

蚕蛾醇［家蚕（*Bombyx mori*）］属于性信息素，是由德国化学家在1959年成功地分离并鉴定的第一种昆虫信息化合物。由于它具有较简单的化学结构和在害虫监测及防治中的应用前景，至今已有400种以上的蛾类昆虫性信息素得到鉴定。

$CH_3CH_2CH{=}CHCH{=}CH(CH_2)_9OH$

蚕蛾醇

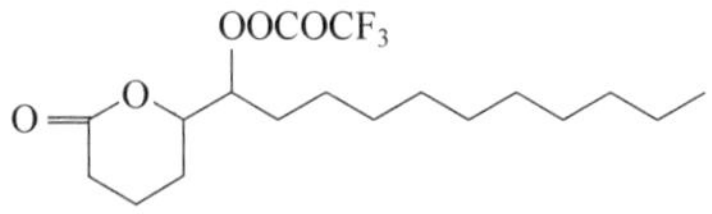

$OOCOCF_3$

赤式-6-三氟乙酰氧基-5-十六酸内酯

1982年Laurence Pickett又以微量化学分析方法证明由雄蚊释放的蚊虫产卵信息素的存在。该信息化合物是赤式-6-乙酰氧基-5-十六环内酯。人工合成该化合物时，为了提高诱蚊效率，通常将乙酰氧基的3个H换成F，即赤式-6-三氟乙酰氧基-5-十六环内酯。

大多数信息素具有下列共同的化学结构特征。

a. 碳链：信息素分子是由10～18个偶数碳原子组成的直链化合物。

b. 官能团：由伯醇、它的乙酸酯或醛构成。

c. 双键：信息素分子含1～3个碳碳双键，其位置多在5位、7位、9位或11位上。其分子构型多为顺式，但有时也由顺式和（或）反式组成。

昆虫信息素大都具有以下特性。

a. 活性高，极微量信息素就能引起生物反应。昆虫的每个感受器能感受一个分子，因此10～18g的化学物质足以引起生物反应。一只雌性蚕蛾一次释放的蚕蛾醇，足以吸引100万只以上的雄蛾。

b. 非常高的物种专一性，每一物种有自己的化学信号。性信息素通常是几种化合物的混合物，同一属中的不同的物种尽管化合物的成分相同，但只要比例不同，它们也能加以辨认。

c. 活性的有效距离大。活性化学物质通过扩散或风在空气中传播，一般的有效距离为50～100m。

d. 性信息素是低等动物繁衍的主要手段，分散的雄性或雌性动物只有通过信息素才能相互聚集、交配。目前，昆虫性信息素的提取方法主要有三种：溶剂提取法、冷捕法、吸附捕集法。

信息素的一个用途是放在捕集器中作诱饵。这一技术是设计一种装有微量信息素的陷阱来诱捕害虫，再根据陷阱中害虫的种类、数量和性别特征，确定何时、何地喷洒农药，以及需要喷洒农药的剂量。一般情况下，一个陷阱中只要用 2mg 合成信息素就能检测 75 亩农田，有效期一个月。还可以在害虫交配期间，将合成信息素喷洒到田地上空，使昆虫的性信息素受到干扰，这样打乱了雄虫（或雌虫）的习惯，相互找不到配偶，交配失败，导致害虫数量较大幅度减少，达到治虫的目的。

昆虫信息素作为测报手段和防治技术获得相当的成功。诱捕技术以及诱捕和杀灭相结合的技术受到重视，防治害虫不能单独靠某一种措施，交配干扰技术也不能单独使用。例如，从 3 种甲虫寄主的花中提取的醋酸苯甲酯和性信息素成分(*R*)-3-羟基-2-己酮与(*R*)-3-羟基-2-辛酮混合后对雌蛾的引诱作用明显增强，田间试验的效果也非常显著。目前，昆虫信息素广泛应用于害虫预测预报、大量诱捕、作为分类学的辅助手段、森林果树害虫防治等。

（2）生物源除草剂

鉴于化学农药的毒性与环保问题，近些年来，无毒或低毒无污染的生物农药引起了人们的普遍兴趣，迄今为止，已研究了 80 种不同的侵染生物种，防除约 70 种杂草。生物源除草剂以其资源丰富、毒性小、不破坏生态环境、残留少、选择性强、对非靶标生物和哺乳动物安全、环境兼容性好等优点，正逐步引起人们的重视。

研究证明，一种植物释放到环境中的某种化合物可以直接或间接地危害另一种植物。利用植物的这种异株克生现象筛选新的除草剂品种正在不断深入。随着土壤生物与杂草学联系的加强，微生物除草剂的开发迅速兴起。在 1990～1995 年的 5 年间，包括生物除草剂在内的生物农药市场增加了 3 倍。预计今后长时间内生物除草剂会与常规产品和遗传工程植物竞争市场。

按照发展生物除草剂的标准，已经使用或商品化极具潜力的有 19 种，例如防除杂草莫伦藤的 DeVine、控制木本杂草的 Biochon、防除高尔夫球场草坪杂草的 Camperico 已经商品化。防除水稻及大豆田中 Aeschynomenevirginica 的 Collego、抑制豆科杂草的 Casst 和防除圆叶锦葵的 Biomal 已接近商品化阶段。日本三井东亚公司和三共公司的两个生物除草剂已进入公开试验阶段。

（3）植物活化剂

植物活化剂或“系统产生抗病性”（Systemic Acquired Resistance，SAR）激发剂是指植物中含有大量可诱导基因，其中包括在植物受到病原侵袭时，可诱导基因产生系统抗性的化合物。多种生物因子和非生物因子可激活植物自身的防卫反应即“系统活化抗性”，从而使植物对多种真菌和细菌产生自我保护作用。水杨酸即属于植物能自身产生的一种能抗御病原侵害的内源化合物，其他如 2,6-二氯异烟酸、Fosetyl、Metalaxyl、Probenazole 和除草剂 Trifluralin 也均具有增强作物抗病机能的功效。

目前，已商品化的品种有 Acibenzolar 和 Acibenzolar-S-methyl。其中，于 1996 年由原 Ciba-Geigy 公司开发并使其第一个商品化的品种 Acibenzolar，开创了这个新的农药时代。它可应用在小麦田中预防白粉病、叶枯病和颖枯病；水稻田中预防稻瘟病；烟草田中预防霜霉病；预防香蕉褐斑病；预防蔬菜中卵菌纲引起的病害、黑斑病、炭疽病。它的用量仅为 $10\sim50g/hm^2$，而持效期长达 30～60 天。

最激动人心的发现是原 Ciba-Geigy 公司在研究磺酰脲类除草剂时，偶然合成的苯并噻唑类化合物具有使作物抵抗多种病菌和细菌侵害的性质，并有极好的内吸传导性。诺华公司开发的苯并噻二唑羧酸酯类杀菌剂活化酯（Acibenzolar）也是植物抗病活化剂，可在水稻、小麦、蔬菜、香蕉、烟草等中作为保护剂使用。

这类化合物的开发给病害防治提供了新的有力武器。由于它对人畜和环境十分安全，因而引起农药界的广泛关注，并迈向商业化应用，成为当今开发新农药的热点之一。

4.6 杀虫剂速灭威含量的气相色谱分析法测定

4.6.1 速灭威含量测定的气相色谱分析方法一

（1）测定原理

试样用三氯甲烷溶解，以三唑酮为内标物，用 3%PEG-20M/Gas Chrom Q 为填充物的色谱柱和氢火焰离子化检测器（FID 检测器），对试样中的速灭威进行分离和测定。

（2）试剂

① 三氯甲烷。

② 速灭威标样　已知质量分数，≥99.0%。

③ 内标物　三唑酮，不含干扰分析的杂质。

④ 固定液　PEG-20M。

⑤ 载体　Gas Chrom Q（150～180μm）。

⑥ 内标溶液　称取内标物 1.0g，置于 100mL 容量瓶中，加入三氯甲烷溶解并稀释至刻度，摇匀。

（3）仪器

① 气相色谱仪　具有 FID 检测器。

② 色谱数据处理机　满刻度 5mV 或相当的积分仪。

③ 色谱柱　1000mm×3mm（i. d.）玻璃或不锈钢柱，内装 3%PEG-20M/Gas Chrom Q 的填充物，在 210℃老化 24h。

（4）测定条件

① 温度　柱室 200℃，汽化室 230℃，检测室 230℃。

② 气体流量　载气（N_2）30mL/min，氢气 30mL/min，空气 300mL/min。

③ 进样量　1μL。

④ 保留时间　速灭威约 11min，三唑酮约 17min。

（5）测定步骤

① 标样溶液的制备　称取含速灭威约 100mg（精确至 0.2mg）的标样，置于 15mL 具塞锥形瓶中，准确加入内标溶液 10mL，加入三氯甲烷 5mL，摇匀。

② 试样溶液的制备　称取含速灭威约 100mg（精确至 0.2mg）的试样，置于 15mL 具塞锥形瓶中，准确加入内标溶液 10mL，加入三氯甲烷 5mL，摇匀。

③ 测定　在上述操作条件下，待仪器基线稳定后，先连续注入数针标样溶液，直至相邻两针速灭威相对响应值变化小于 1.5%后，按照标样溶液、试样溶液、试样溶液、标样溶

液的顺序进行测定。

(6) 测定结果

将测得的两针试样溶液以及试样溶液前后两针标样溶液中速灭威与内标物峰面积之比分别进行平均。速灭威的质量分数 w（%）按下式计算：

$$w=\frac{r_2 \times m_1 \times w_1}{r_1 \times m_2}$$

式中 r_1——标样溶液中速灭威与内标物峰面积之比的平均值；

r_2——试样溶液中速灭威与内标物峰面积之比的平均值；

m_1——标样质量，g；

m_2——试样质量，g；

w_1——标样中速灭威的质量分数，%。

4.6.2 速灭威含量测定的气相色谱分析方法二

(1) 测定原理

试样用丙酮溶解，以邻苯二甲酸二乙酯为内标物，用 5%OV-101/Gas Chromosorb GAW-DMCS（150～180μm）为填充物的色谱柱和 FID 检测器，对试样中的速灭威进行分离和测定。

(2) 试剂

① 丙酮。

② 速灭威标样　已知质量分数，≥99.0%。

③ 内标物　邻苯二甲酸二乙酯，不含干扰分析的杂质。

④ 固定液　OV-101。

⑤ 载体　Gas Chromosorb G AW-DMCS（150～180μm）。

⑥ 内标溶液　称取内标物 2.0g，置于 200mL 容量瓶中，加入丙酮溶解并稀释至刻度，摇匀。

(3) 仪器

① 气相色谱仪　具有 FID 检测器。

② 色谱数据处理机　满刻度 5mV 或相当的积分仪。

③ 色谱柱　1000mm×3mm（i. d.）玻璃或不锈钢柱，内装 5%OV-101/Gas Chromosorb GAW-DMCS（150～180μm）填充物，在 210℃老化 24h。

(4) 测定条件

① 温度　柱室 150℃，汽化室 160℃，检测室 160℃。

② 气体流量　载气（N_2）30mL/min，氢气 30mL/min，空气 300mL/min。

③ 进样量　1μL。

④ 保留时间　速灭威约 2.6min，邻苯二甲酸二乙酯约 5.0min。

(5) 测定步骤

① 标样溶液的制备　称取含速灭威约 100mg（精确至 0.2mg）的标样，置于 15mL 具塞锥形瓶中，准确加入内标溶液 10mL，加入丙酮 5mL，摇匀。

② 试样溶液的制备　称取含速灭威约 100mg（精确至 0.2mg）的试样，置于 15mL 具

塞锥形瓶中，准确加入内标溶液 10mL，加入丙酮 5mL，摇匀。

③ 测定　在上述操作条件下，待仪器基线稳定后，先连续注入数针标样溶液，直至相邻两针速灭威相对响应值变化小于 1.5%后，按照标样溶液、试样溶液、试样溶液、标样溶液的顺序进行测定。

（6）测定结果

将测得的两针试样溶液以及试样溶液前后两针标样溶液中速灭威与内标物峰面积之比分别进行平均。速灭威的质量分数 w（%）按下式计算：

$$w=\frac{r_2 m_1 w_1}{r_1 m_2}$$

式中　r_1——标样溶液中速灭威与内标物峰面积之比的平均值；

r_2——试样溶液中速灭威与内标物峰面积之比的平均值；

m_1——标样质量，g；

m_2——试样质量，g；

w_1——标样中速灭威的质量分数，%。

4.7 除草剂绿黄隆的分析

绿黄隆（$C_{12}H_{12}ClN_5O_4S$）属磺酰脲类除草剂，白色结晶，具有超高效除草活性，属低毒类农药。对动物低毒，在非靶生物体内几乎不累积，在土壤中可通过化学和生物过程降解，滞留时间不长。用于小麦、棉花、花生、大豆、烟草等旱田作物中，可防治一年生禾本科、莎草科和大多数阔叶杂草。绿黄隆的测定方法有液相色谱法和薄层-紫外分光光度法等。

4.7.1 绿黄隆含量测定的液相色谱法

（1）测定原理

试样用甲醇溶解，过滤，以甲醇＋水＋冰醋酸为流动相，用 Bondapak MT C_{18} 为填充物的色谱柱和紫外检测器，用反相液相色谱对试样中的绿黄隆进行分离和测定。

（2）试剂

① 甲醇　HPLC 级。

② 二次蒸馏水。

③ 冰醋酸。

④ 绿黄隆标样　已知质量分数，≥98%。

（3）仪器

① 高效液相色谱仪　具有可变波长紫外检测器。

② 色谱数据处理机。

③ 色谱柱　250mm×4.6mm（i.d.）不锈钢柱，内填 Bondapak MT C_{18}（10μm）。

④ 过滤器　滤膜孔径约 0.45μm。

⑤ 定量进样阀　20μL。

（4）测定条件

① 柱温 室温。

② 流量 1mL/min。

③ 检测波长 243nm。

④ 进样体积 20μL。

⑤ 流动相 $V_{甲醇}:V_{水}:V_{冰醋酸}$（体积比）=60∶40∶0.1。

⑥ 保留时间 绿黄隆约10min。

（5）测定步骤

① 标样溶液的制备 称取含绿黄隆约100mg（精确至0.2mg）的标样，置于100mL容量瓶中，用甲醇溶解并稀释至刻度，摇匀。

② 试样溶液的制备 称取含绿黄隆约100mg（精确至0.2mg）的试样，置于100mL容量瓶中，用甲醇溶解并稀释至刻度，摇匀，过滤。

③ 测定 在上述操作条件下，待仪器基线稳定后，先连续注入数针标样溶液，直至相邻两针绿黄隆相对响应值变化小于1.5%后，按照标样溶液、试样溶液、试样溶液、标样溶液的顺序进行测定。

（6）测定结果

将测得的两针试样溶液以及试样溶液前后两针标样溶液中绿黄隆峰面积分别进行平均。绿黄隆的质量分数w（%）按下式计算：

$$w=\frac{S_2m_1w_1}{S_1m_2}$$

式中 S_1——标样溶液中绿黄隆峰面积的平均值；

S_2——试样溶液中绿黄隆峰面积的平均值；

m_1——标样质量，g；

m_2——试样质量，g；

w_1——标样中绿黄隆的质量分数，%。

4.7.2 绿黄隆含量测定的薄层-紫外分光光度法

（1）测定原理

试样经薄层分离后，取绿黄隆谱带的硅胶层，经溶剂洗脱，用紫外分光光度计进行测定。

（2）试剂

① 95%乙醇。

② 乙酸乙酯。

③ 三氯甲烷。

④ 绿黄隆标样 已知质量分数，≥98%。

⑤ 展开剂 $V_{三氯甲烷}:V_{乙酸乙酯}$（体积比）=80∶20。

⑥ 硅胶 GF_{254} 色谱分离用。

（3）仪器

紫外分光光度计，备有1cm石英比色池。

（4）测定步骤

① 薄层板的制备　称取7.5g硅胶GF_{254}，置于玻璃研钵中，加入蒸馏水19mL，研磨至均匀糊状，立即倒在一个预先洗净、干燥的10cm×20cm玻璃板上，轻轻振动使硅胶在板上分布均匀且无气泡。置于水平处，自然风干后移至烘箱中，在120～150℃下活化1h，取出放入干燥器中备用。

② 标样溶液的制备　称取含绿黄隆约50mg（精确至0.2mg）的标样，置于50mL容量瓶中，用三氯甲烷溶解并定容。准确移取10mL此溶液于另一个25mL容量瓶中，用三氯甲烷稀释至刻度。

③ 试样溶液的制备　称取含绿黄隆约50mg（精确至0.2mg）的试样，置于50mL容量瓶中，用三氯甲烷溶解并定容。准确移取10mL此溶液于另一个25mL容量瓶中，用三氯甲烷稀释至刻度。

④ 色谱分离　分别准确吸取0.3mL上述标样溶液和试样溶液，在已活化好的薄层板上，距底边2cm、距两侧各1.5cm处将标样溶液和试样溶液点成一直线，让溶剂挥发，置于在室温下充满展开剂饱和蒸气的展开缸中，薄层板浸入展开剂的深度为1cm左右。当展开前沿上升至距点样线约14cm时，取出板，待展开剂挥发后，于紫外灯下显色。将板上$R_f=0.4$的谱带完全转移到玻璃漏斗中（漏斗内铺两层定性滤纸），用95%乙醇20mL分多次（5～6次）洗脱到25mL容量瓶中，然后用乙醇稀释至刻度，摇匀。

⑤ 测定　以95%乙醇作参比，在波长254nm处分别测定标样溶液和试样溶液的吸光度。

（5）测定结果

绿黄隆的质量分数w（%）按下式计算：

$$w=\frac{A_2 m_1 w_1}{A_1 m_2}$$

式中　A_1——标样溶液中绿黄隆峰的吸光度；

A_2——试样溶液中绿黄隆峰的吸光度；

m_1——标样质量，g；

m_2——试样质量，g；

w_1——标样中绿黄隆的质量分数，%。

4.8 杀菌剂代森锰锌的分析

4.8.1 代森锰锌的测定原理

代森锰锌含量的测定方法可采用碘量法，即：试样于煮沸的氢碘酸-冰醋酸溶液中分解，生成二硫化碳、乙二胺盐及干扰分析的硫化氢气体；先用乙酸铅溶液吸收硫化氢，然后用氢氧化钾-乙醇溶液吸收二硫化碳，并生成乙基黄原酸钾。二硫化碳吸收液用乙酸中和后立即以碘标准溶液滴定。

反应方程式如下：

$$(C_4H_6N_2S_4Mn)_x(Zn)_y+4xH^++2xI^-\longrightarrow xIH_3NCH_2CH_2NH_3I+2xCS_2+xMn^{2+}+yZn^{2+}$$

$$CS_2+C_2H_5OK\longrightarrow C_2H_5OCSSK$$

$$2C_2H_5OCSSK + I_2 \longrightarrow C_2H_5OC(S)SSC(S)OC_2H_5 + 2KI$$

4.8.2 代森锰锌的测定试剂

① 乙醇。

② 乙酸溶液 30%（体积分数）。

③ 氢氧化钾-乙醇溶液 110g/L，使用前配制。

④ 氢碘酸-冰醋酸溶液 1份（约含）57%氢碘酸-冰醋酸溶液与9份冰醋酸相混合，使用前配制。

⑤ 乙酸铅溶液 100g/L。

⑥ 碘标准滴定溶液 $c\left(\frac{1}{2}I_2\right)=0.1mol/L$。

⑦ 淀粉指示剂 10g/L。

⑧ 酚酞指示液 10g/L。

4.8.3 代森锰锌的测定仪器

分解吸收装置如图4-1所示。

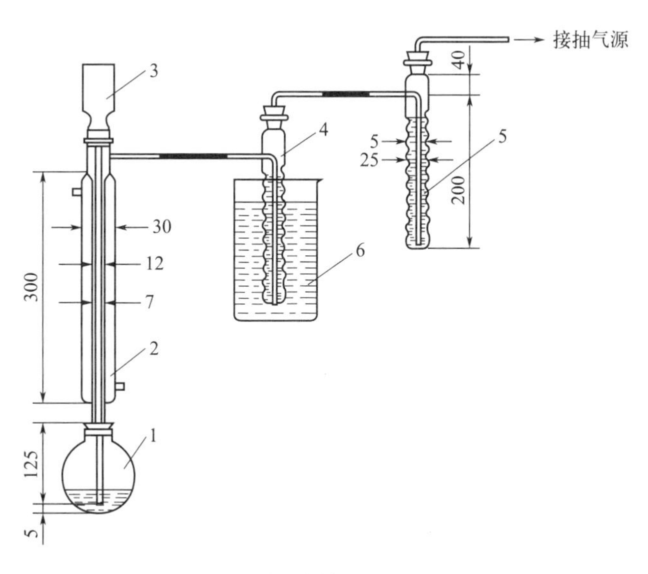

图4-1 分解吸收装置(单位: mm)

1—150mL烧瓶；2—直型冷凝管；3—长颈漏斗；4—第一吸收管；5—第二吸收管；6—水浴（70～80℃）

4.8.4 代森锰锌的测定步骤

（1）称取约含代森锰锌0.2g的试样（精确至0.2mg），置于干净的150mL圆底烧瓶中，在第一吸收管中加50mL乙酸铅溶液，保持温度70～80℃，第二吸收管中加50mL氢氧化钾-乙醇溶液，连接分解吸收装置，检查装置的密封性。打开冷却水，开启抽气源，控制抽气速度，以每秒 2～4 个气泡均匀稳定地通过吸收管。

(2) 通过长颈漏斗向圆底烧瓶加入 50mL 氢碘酸-冰醋酸溶液，摇匀。同时立即快速加热，小心控制防止反应液冲出，保持微沸 50min。拆开装置，停止加热，取下第二吸收管，将内容物用 200mL 水洗入 500mL 锥形瓶中，以酚酞指示液检查吸收管，洗至管内无内残物。用乙酸溶液中和至酚酞褪色，再过量 3～4 滴，立即用碘标准滴定溶液滴定，同时不断摇动，近终点时加 5mL 淀粉指示液，继续滴定至溶液呈现浅灰紫色。同时做空白试验。

4.8.5 代森锰锌的测定结果

代森锰锌的质量分数 w（%）按下式计算：

$$w=\frac{c(V_1-V_0)\times 0.1355}{m}\times 100\%$$

式中 V_1——滴定试样消耗碘标准溶液的体积，mL；

V_0——滴定空白消耗碘标准溶液的体积，mL；

m——试样质量，g；

c——碘标准滴定溶液的实际浓度，mol/L；

0.1355——与 1.00mL 碘标准滴定溶液 $\left[c\left(\frac{1}{2}I_2\right)=1mol/L\right]$ 相当的以克（g）表示的代森锰锌质量。

4.9 我国生物农药的应用展望

化学农药在过去的 50 年间为全球有害生物防治做出了重要贡献，但也对生态安全、食品安全和人体安全造成了不利影响。提高农药使用率，发展化学农药替代品是世界各地亟须解决的问题。20 世纪末，美国在保证作物产量不减少的前提下，化学农药的使用量减少了 35%。鉴于此，对化学农药实施更为严格的管理，推行毒性相对较低的生物农药是全球趋势，并且生物农药的研发时间和研发费用远低于化学农药，其发展潜力可期。之前就有有关机构预测，全球生物农药市场在 2019—2024 年间将以 14.1%的年复合增长率增长。中国是仅次于巴西和美国的全球第三大农药市场，但是生物农药的市场占有率并未进入全球前三。

2014 年起，我国在部分地区示范对使用生物农药的农民进行补贴，鼓励农民使用生物农药。2015 年，农业部颁布了《到 2020 年农药使用量零增长行动方案》，提出大力推进绿色防控、统防统治，大力推广应用生物农药、高效低毒低残留农药。随后，《农药工业“十三五”发展规划》《国家质量兴农战略规划（2018—2022 年）》《2020 年种植业工作要点》《关于推进实施农药登记审批绿色通道管理措施的通知》等政策相继出台，鼓励发展生物农药，助推绿色农业发展。在相关政策的支持下，生物农药整体发展呈稳步上升趋势，积极走向农业绿色发展之路。2021 年 8 月，农业农村部等六部门颁布了《“十四五”全国农业绿色发展规划》，要求加强绿色防控。农药减量增效依然是新时期的工作重点，为实现新时期的目标，推动生物农药的研发、生产和应用有重要意义。目前，市场上的生物农药以杀虫剂、杀菌剂为主，在除草剂领域相对空白。除草剂是生物农药未来值得突破的研发方向。需要注意的是，印楝素虽然是近年使用较广的植物源农药，但已有研究显示它会对传粉昆虫的行为、生长和发育产生消极的影响。例如，在施用了印楝素相关的杀虫剂后，蜜蜂在甜瓜花期的出现率降低。作为传粉昆虫的蜜蜂，其在作物花期的出现率可能会影响作物的产量。所以，在研发植物源农药时，其对传粉昆虫的影响应当被重视。考虑到许多国家对转基因作物的消极态度，关注基于 RNAi 的生物农药，尤其是可直接使用的 RNAi 杀虫剂的研发会是我国生物农药发展的机会。在商品化 RNAi 杀虫剂时，如何让其在施用后保持更持久的稳定性和有效性需要更加深入的研究。

相比化学农药，生物农药防治相对专一、见效相对较慢，生物农药的价格相对较高等也是制约生物农药广泛应用的因素。在生物农药的推广中，解决农民的顾虑、对农民提供有效的知识和长期的技术支持需要得到更多的关注。

拓展学习 3

练习思考题

1. 你熟悉哪些杀虫剂？
2. 你熟悉哪些除草剂？
3. 你熟悉哪些杀菌剂？
4. 昆虫信息素具有哪些共同的化学结构特征？
5. 信息素具有哪些特性？

第 4 章练习思考题参考答案

参考文献

[1] 张一宾，张怿．农药．北京：中国物资出版社，1997.
[2] 唐除痴，李煜昶，陈彬，杨华铮，金桂玉．农药化学．天津：南开大学出版社，1998.
[3] 王振荣，李布青．农药商品大全．北京：中国商业出版社，1998.
[4] 赵德丰．精细化学品合成化学与应用．北京：化学工业出版社，2001.
[5] 陈万义，薛振祥，王能武．新农药研究与开发．北京：化学工业出版社，1996.
[6] 钱旭红，徐玉芳，徐晓勇．精细化工概论．北京：化学工业出版社，2000.
[7] 陈茹玉，杨华铮，徐本立．农药化学．北京：清华大学出版社，2009.
[8] 孙家隆．现代农药合成技术．北京：化学工业出版社，2011.
[9] 薛振祥．农药中间体手册．北京：化学工业出版社，2004.
[10] 袁杨，杨红艳．南方农业，2022，16（11）：59-63.
[11] 贾长英，张晓娟，李辉，李泓睿等．精细化学品分析与检验．北京：中国石化出版社，2015.
[12] 王英健，牛桂玲．精细化学品分析：2 版．北京：高等教育出版社，2015.

5 涂料

本章学习目标

1. 了解涂料的概念、功能、组成、分类和命名；
2. 掌握醇酸树脂涂料、 环氧树脂涂料、聚氨酯树脂涂料、丙烯酸树脂涂料的组成及生产工艺；
3. 掌握重要树脂的改性；
4. 掌握涂料的发展趋势。

5.1 概述

涂料，是一种涂覆在物体（被保护和被装饰对象）表面同时能形成牢固附着的连续薄膜的配套性工程材料。早期的涂料是以油脂和天然树脂为原料的，随着科学的发展，各种高分子合成树脂的广泛应用，使涂料产品发生了根本的变化，因此准确的名称应为“有机涂料”。

涂料由于其施工方便、成本低廉、附加价值高等优点，在农业、国防、科研、建筑、机械、电子电器、食品包装等各行业得到了广泛的应用。据不完全统计，目前世界上涂料产品已有上千个品种，1999 年中国国家统计局公布，我国涂料产量为 171.22 万吨/年，2000 年已达 183.94 万吨/年，列世界第三位。涂料的发展日新月异，已成为重要的精细化工产品之一。随着涂料性能的发展，其应用日益广泛。总结起来其用途主要有以下几个方面。

a. 保护作用　涂料能在物体表面形成一层保护膜，能够阻止或延迟物体因长期暴露于空气中受到水分、空气、微生物等的侵蚀而造成的金属锈蚀、木材腐蚀、水泥风化等破坏现象。如不加涂料保护的钢铁结构的桥梁，寿命仅有几年；而涂料使用得当则可以百年巍然挺立。

b. 装饰作用　随着人民生活水平的提高，选择商品的标准不只限于其质量，其外表也越来越受到人们的重视。因此，涂料的装饰性也成为品种开发的重要因素。

c. 色彩标志作用　在国际上应用涂料作标志的色彩已经逐渐标准化。可用涂料来标记各种各样化学品、危险品的容器、各种管道，机械设备也可以用各种颜色的涂料作为标志，如氢气钢瓶是绿色的，氯气钢瓶则用黄色；交通运输中也常用不同色彩的警告、危险、前进、停止等信号以保证安全。

d. 特殊功能作用 涂料可以起到很多特殊功能的作用，如电性能方面的电绝缘、导电、屏蔽电磁波、防静电产生；热能方面的高温、室温和温度标记；吸收太阳能、屏蔽射线；机械性能方面的防滑、自润滑、防碎裂飞溅等；还有防噪声、减振、卫生消毒、防结霜、防结冰等各种不同作用。

5.2 涂料的分类和命名

涂料品种繁多，其分类方法也有很多种。

5.2.1 涂料的分类

按其是否有颜料可分为清漆、色漆等；按其形态可分为水性涂料、溶剂型涂料、粉末涂料、高固体分涂料、无溶剂涂料等；按其用途可分为建筑涂料、汽车漆、飞机漆、木器漆等；按其固化方式可分为常温固化涂料、高温固化涂料、射线固化涂料；按其涂装方式可分为喷漆、浸漆、烘漆、电泳漆等；按其施工工序可分为底漆、腻子、二道漆、面漆、光漆等；按其涂膜的特殊功能可分为绝缘漆、防锈漆、防腐蚀漆等。

这些分类的方法标准不一，各有侧重，并不能全面地反映涂料的本质。

按涂料中成膜物质的基础分为 17 大类，另加辅助材料 1 类，共 18 大类。其序号、代号、类别、主要成膜物质等项列于表 5-1。若主要成膜物质由两种以上的树脂混合组成，则按在成膜物质中起决定作用的一种树脂为基础作为分类的依据。

表 5-1 涂料的分类

序号	代号	发音	成膜物质类别	主要成膜物质	备注
1	Y	衣	油性漆类	天然动植物油，清油(熟油)，合成油	包括由天然资源产生的物质以及经过加工处理后的物质
2	T	特	天然树脂漆类	松香及其衍生物，虫胶，乳酪素，动物胶，大漆及其衍生物	
3	F	佛	酚醛树脂漆类	改性酚醛树脂，纯酚醛树脂，二甲苯树脂	
4	L	肋	沥青漆类	天然沥青，石油沥青，煤焦沥青，硬脂酸沥青	
5	C	雌	醇酸树脂漆类	甘油醇酸树脂，季戊四醇酸树脂，其他改性醇酸树脂	
6	A	啊	氨基树脂漆类	脲醛树脂，三聚氰胺甲醇树脂	
7	Q	欺	硝基漆类	硝基纤维素，改性硝基纤维素	
8	M	模	纤维素漆类	乙基纤维，羟甲基纤维，醋酸纤维，醋酸丁酸纤维，其他纤维酯及醚类	
9	G	哥	过氯乙烯漆类	过氯乙烯树脂，改性过氯乙烯树脂	
10	X	希	乙烯漆类	氯乙烯共聚树脂，聚醋酸乙烯及其共聚物，聚乙烯醇缩醛树脂，聚二乙烯乙炔树脂，含氟树脂	
11	B	玻	丙烯酸漆类	丙烯酸树脂，丙烯酸共聚物及其改性树脂	
12	Z	资	聚酯漆类	饱和聚酯树脂，不饱和聚酯树脂	
13	H	喝	环氧树脂漆类	环氧树脂，改性环氧树脂	
14	S	思	聚氨酯漆类	聚氨基甲酸酯	
15	W	吴	元素有机漆类	有机硅、有机钛、有机铝等元素有机聚合物	
16	J	基	橡胶漆类	天然橡胶及其衍生物，合成橡胶及其衍生物	
17	E	额	其他漆类	未包括以上所列的其他成膜物质，如无机高分子材料、聚酰亚胺树脂等	
18			辅助材料	稀释剂，防潮剂，催干剂，脱漆剂，固化剂	

辅助材料按不同用途分类见表5-2。

表5-2 辅助材料用途分类

序号	代号	发音	名称	序号	代号	发音	名称
1	X	希	稀释剂	4	T	特	脱漆剂
2	F	佛	防潮剂	5	H	喝	固化剂
3	G	哥	催干剂				

5.2.2 涂料的命名

(1) 涂料命名的原则

为了简化起见，在涂料命名时，除了粉末涂料外仍采用“漆”一词，以后在各章叙述时对具体涂料品种也称为某某漆，而在统称时用“涂料”而不用“漆”这个词。涂料的命名原则规定如下。

a. 全名＝颜料或颜色名称＋成膜物质名称＋基本名称。

例：红醇酸磁漆，锌黄酚醛防锈漆。

b. 对于某些有专业用途及特性的产品，必要时在成膜物质后面加以阐明。

例：醇酸导电磁漆，白硝基外用磁漆。

(2) 涂料的编号原则

a. 涂料型号分三个部分。第一部分是成膜物质，用汉语拼音字母表示；第二部分是基本名称，用两位数字表示；第三部分是序号，以表示同类品种间的组成、配比或用途的不同，这样组成的一个型号就只表示一个涂料品种，而不会重复。

例：C 04-2 C：成膜物质（醇酸树脂）；04：基本名称（磁漆）；2：序号

b. 辅助材料型号分两个部分。第一部分是辅助材料种类；第二部分是序号。

例：F-2 F：辅助材料种类（防潮剂）；2：序号

c. 基本名称编号原则：采用00～99两位数字来表示（见表5-3）。00～13代表基础品种；14～19代表美术漆；20～29代表人工用漆；30～39代表绝缘漆；40～49代表船舶漆；50～59代表防腐蚀漆等。

表5-3 基本名称的编号

代号	代表名称	代号	代表名称	代号	代表名称
00	清油	11	电泳漆	20	铅笔漆
02	清漆	12	乳胶漆	22	木器漆
03	厚漆	13	其他水溶性漆	23	罐头漆
04	调和漆	14	透明漆	30	(浸渍)绝缘漆
05	磁漆	15	斑纹漆	31	(覆盖)绝缘漆
06	粉末涂料	16	锤纹漆	32	绝缘(磁、烘)漆
07	底漆	17	皱纹漆	33	黏合绝缘漆
08	腻子	18	裂纹漆	34	漆包线漆
09	大漆	19	晶纹漆	35	硅钢片漆

续表

代 号	代表名称	代 号	代表名称	代 号	代表名称
36	电容器漆	52	防腐漆	67	隔热涂料
37	电阻漆、电位器漆	53	防锈漆	80	地板漆
38	半导体漆	54	耐油漆	81	渔网漆
40	防污漆、防蛆漆	55	耐水漆	82	锅炉漆
41	水线漆	60	防火漆	83	烟囱漆
42	甲板漆、甲板防滑漆	61	耐热漆	84	黑板漆
43	船壳漆	62	变色漆	85	调色漆
44	船底漆	63	涂布漆	86	标志漆、路线漆
50	耐酸漆	64	可剥漆	98	胶液
51	耐碱漆	66	感光涂料	99	其他

5.3 涂料的组成

涂料的类型不同，组成各异（表5-4）。高分子树脂或油料是涂料的主要成膜物质，在任何涂料中都是必不可少的。另外溶剂（尤其是水）、颜料、填料、助剂也是重要的组成部分。

表5-4 涂料的基本组成及我国涂料用量参考比例

分类	用量比例	组 成
主要成膜物质	油料 20%～30%	动物油：鲨鱼肝油、带鱼油、牛油等
		植物油：桐油、豆油、蓖麻油等
	树脂 10%～20%	天然树脂：虫胶、松香、天然沥青等
		合成树脂：酚醛、醇酸、氨基丙烯酸、环氧、聚氨酯、有机硅等
次要成膜物质	颜料 4%～25%	无机颜料：钛白、氧化锌、铬黄 、铁蓝、铬绿、炭黑等
		有机颜料：甲苯胺红、酞菁蓝、耐晒黄等
		防锈颜料：红丹、锌铬黄、偏硼酸钡等
		体质颜料：滑石粉、碳酸钙、硫酸钡等
辅助成膜物质	助剂 2%～5%	增塑剂、催干剂、固化剂、稳定剂、防霉剂
		润湿剂、防结皮剂、引发剂等
挥发物质	稀释剂 33%～47%	石油溶剂、苯、甲苯
		环戊二烯、醋酸丁酯、醋酸乙酯、丙酮等

（1）成膜物质

成膜物质具有能黏着于物质形成膜的能力，因而是涂料的基础，有时也叫基料和漆料。它决定着涂料的基本特性，主要包括油脂和树脂，还包括部分不挥发活性稀释剂。

（2）有机溶剂或水

有机溶剂或水是分散介质，主要作用在于使成膜基料分散成黏稠液体。不是成膜物质。它有助于施工和改善涂膜物质的某些特性。一般将成膜物质及分散介质的混合物称为漆料。

（3）颜料

颜料的应用是为了赋予涂膜很多特殊的性质。可以使涂膜物质呈现色彩、遮住被涂物质表面、增加厚度；还可以提高力学强度、耐磨性、附着力和耐腐蚀性等。颜料通常是固体粉末，自己本身不成膜，但是溶剂挥发后会留在涂膜中；还可以降低涂料成本。

（4）填料

不溶于涂料基料，加入基料中不显颜色和不具备遮盖力的固体粉末物质。可以改变涂料的某些性能或降低成本等。

（5）助剂

助剂是原料的辅助材料，用量一般很小，但却可以对涂料的性能产生很大的影响。一般不能成膜，如催干剂、增塑剂、表面活性剂等。另外还有防沉剂、防结皮剂、防霉剂、增光剂、抗静电剂、消泡剂等。

a. 增塑剂　增塑剂的增塑作用是通过降低基料树脂的玻璃化温度实现的。玻璃化温度是树脂由硬脆的固体状态转变为橡胶状的高弹体状态的温度。增塑剂通常可分为两类，一类是主增塑剂（溶剂型增塑剂），另一类是助增塑剂（非溶剂型增塑剂）。

主增塑剂的某些官能团可以和树脂中的某些官能团产生相互反应，所以主增塑剂可以被基料溶解。助增塑剂对基料树脂没有溶解作用，只有物理的润滑作用，对涂膜机械强度的影响较小。由于它易从涂膜中迁移或渗透掉，所以使涂膜柔韧性变差。

一般来讲，增塑剂的加入会增加涂膜的延伸性而降低它的抗张强度。涂料中常用的增塑剂如下。

ⓐ 邻苯二甲酸二丁酯（DBP）　该增塑剂对各种树脂都有良好的混溶性，所以在涂料中有较为广泛的应用。DBP 常用于硝酸纤维素涂料（用量约 20%～50%）和聚乙酸乙酯乳液涂料（用量约为 10%～20%，在乳液聚合时加入）中。

ⓑ 氯化石蜡　主要用作氯化橡胶的增塑剂，加入量可高达 50%，不会使氯化橡胶涂膜的抗化学性变差。

b. 催干剂　催干剂是加速涂膜固化速度的一种涂料助剂，通常是油溶性的有机酸金属盐。常用的催干剂是铅、钴、锰的环烷酸盐、辛酸盐、松香酸盐和亚油酸盐。近年来钴盐催干剂用量在逐年增加。催干剂加速涂膜固化速度是通过加速基料中不饱和脂肪酸的氧化聚合作用而实现的。

5.4 重要的树脂涂料

5.4.1 醇酸树脂涂料

醇酸树脂的发明是涂料工业发展的一个新突破，它的应用使涂料工业摆脱了以干性油和天然树脂混合炼制涂料的传统工艺，加之其原料简单、生产工艺简便、性能优良等特点，因而得到了飞速的发展。

醇酸树脂是由多元醇（如甘油）、多元酸和其他单元酸通过酯化作用缩聚而得。可制成清漆、磁漆、底漆、腻子等，还可以与硝化棉、过氯乙烯树脂、氨基树脂、氯化树脂、氯化橡胶、环氧树脂等合用，来改进和提高其他各类涂料产品的性能。目前国内外醇酸树脂的产量仍占全部涂料用合成树脂的首位。

5.4.1.1 基本结构

醇酸树脂是以多元醇（如甘油）和多元酸酐（如苯酐）形成的聚合物为主链，醇中剩余的羟基与脂肪酸作用形成聚酯的侧链，其构成比例随油度而变化。组成（Ⅰ）为甘油∶苯酐∶脂肪酸=1∶1∶1（分子比），油度为 60.5%的醇酸树脂的理想结构；甘油∶苯酐∶脂肪酸=3∶3∶1 的短油醇酸（油度 31.2%）的理想结构为（Ⅱ），示意如下：

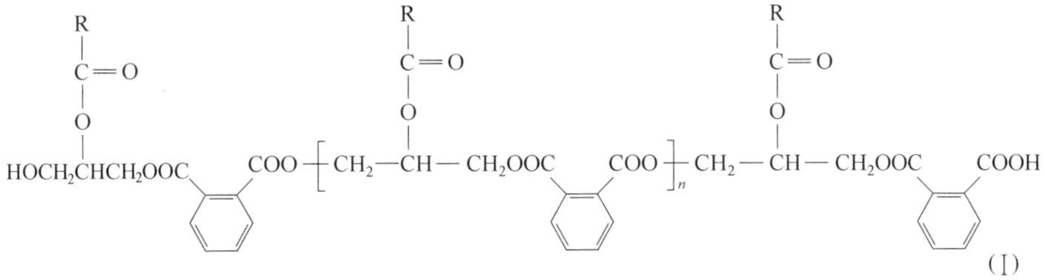

R—C=O—O

$HOCH_2CHCH_2OOC$ COO—[CH_2—CH—CH_2OOC COO]$_n$—CH_2—CH—CH_2OOC COOH

（Ⅰ）

R—C=O—O　OH

$HOCH_2CH_2CH_2OOC$ COO—[CH_2—CH_2—CH_2OOC COO—CH_2CH—CH_2OOC COO]$_n$—CH_2—CH—CH_2OOC COOH

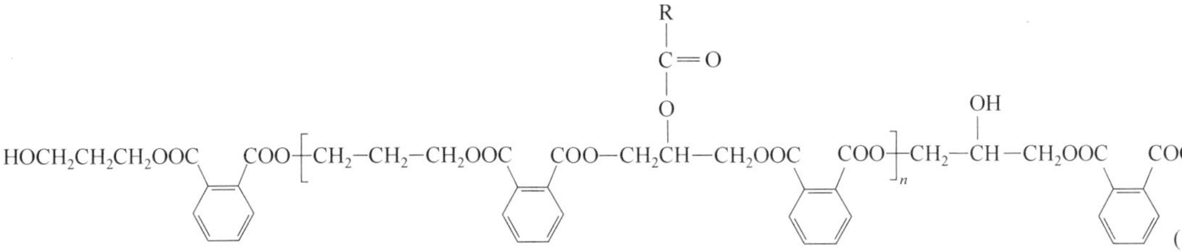

（Ⅱ）

由（Ⅰ）、（Ⅱ）结构式可见，醇酸树脂分子中存在酯基、羧基、羟基和脂肪酸中的不饱和键，这是醇酸树脂化学改性和气干固化的结构依据。

醇酸树脂分子中含有的酯基（有效偶极矩 $\mu=0.70$），以及端羟基和端羧基，对醇酸主链来讲是强极性的。但侧链的脂肪酸基主要由 C—C、C═C 键构成，偶极矩 $\mu=0$，因而有效偶极矩 $\mu=0$，故主要侧链是非极性的，导致整个醇酸树脂分子是极性主链和非极性侧链。在某种意义上讲，是由溶剂亲和力完全不同的两部分构成。在非极性溶剂（如脂肪烃类）中，作为分散内相的醇酸树脂大分子极性主链与非极性溶剂相隔离，而非极性侧链——脂肪羧基在非极性溶剂中任意舒展（相似相溶原理），故中、长油度醇酸树脂能很好地溶于脂肪烃溶剂中。醇酸树脂在极性溶剂（如酯类）中的情况则相反，醇酸主链能很好地在极性溶剂中舒展，使普通中、短油度的醇酸树脂能较好地溶于一般极性溶剂中。

5.4.1.2 醇酸树脂的分类

（1）按照油度的大小分类

按照油度的大小醇酸树脂可分为：短油度、中油度、长油度、极长油度醇酸树脂（表 5-5）。

油度的概念：醇酸树脂组分中油所占的百分含量称为油度（OL），计算公式为

$$OL(\%)=\frac{\text{油的用量}}{\text{树脂理论产量}}\times 100=\frac{\text{油的用量}}{\text{多元醇}+\text{多元酸}+\text{油量}+\text{酯化反应水}}$$

表 5-5 醇酸树脂的油度、苯酐含量、特性及用途

醇酸树脂	油度/%	苯酐/%	特性	用途
短	20～45	>35	非氧化型，溶解于芳香烃中，涂膜硬而脆	作内用烘烤涂料体系的改性树脂
中	45～60	30～34	氧化型（气干）或烘烤固化，溶解在芳香烃类混合溶剂中，涂膜较柔韧	作内用和外用涂料体系的改性树脂，也可用于快干涂料体系
长	61～70	20～30	氧化型溶解在脂肪烃类混合溶剂中，涂膜较柔韧	外用气干涂料体系
极长	71 以上	<20		

（2）按改性油的性能分类

a. 干性油醇酸树脂　由不饱和脂肪酸或碘值125～135或更高的干性油、半干性油为主改性制成的醇酸树脂，可以直接涂成薄层。主要用于各种自干性和低温烘干的醇酸清漆和瓷器产品。可用来涂装大型汽车、玩具、机械部件等。

b. 不干性油醇酸树脂　它是一种碘值低于100的脂肪酸改性制成的树脂。因其不能在空气中聚合成膜，故只能与其他材料混合使用，如与氨基树脂合用，可制成很硬而坚韧的漆膜，具有良好的保光性、保色性，并有一定的抗潮和抗中等强度酸、碱溶液的能力。用于电冰箱、汽车、仪器仪表设备等方面，对金属表面有较好的装饰性和保护作用。

5.4.1.3　醇酸树脂的原料

（1）植物油及脂肪酸（一元酸）

醇酸树脂是植物油或植物油中脂肪酸改性的聚酯树脂，根据脂肪酸的不饱和程度，植物油可分为干性油，碘值＞140，如桐油、梓油、脱水蓖麻油、亚麻仁油、苏籽油等；半干性油，碘值约为125～140，如豆油、葵花籽油等；不干性油，碘值＜125，如棉籽油、蓖麻油、椰子油等。脂肪酸或油的选择取决于醇酸树脂的最终用途。当用作增塑剂用以改性其他树脂（如硝基纤维素）时，通常选用完全饱和的或只含一个双键的脂肪酸或其油；当用作漆膜基料用以配制涂料时，通常选用干性或半干性脂肪酸或其油。

不饱和程度愈高，干率愈快。树脂的颜色则与此相反，不饱和程度愈低则颜色愈浅。例如：豆油改性醇酸树脂具有好的干率和保色性，因而标准醇酸树脂常利用豆油改性；亚麻油改性的醇酸树脂具有更快的干率，但保色性略显不足；脱水蓖麻油改性的醇酸树脂则常用作保色性良好的烘干漆；桐油改性的醇酸树脂保色性差，且漆膜易起皱，因而它们常与其他油一起混用，以提高干率和漆膜硬度；蓖麻油和椰子油改性的醇酸树脂常具有良好的保色性，用作其他树脂的增塑剂；而红花油、核桃油含有60％～70％的亚油酸，其改性的醇酸树脂具有极好的干性和保色性。

改性醇酸树脂时常用一些脂肪酸来取代油，如：短链饱和的脂肪酸、月桂酸、2-乙基己酸、异辛酸、异癸酸等，使树脂具有极好的增塑性；松香为松香酸和左旋海松酸的混合物，赋予醇酸树脂更好的硬度、干率、光泽和防水性；芳香酸中的苯甲酸、对正丁基苯甲酸部分取代脂肪酸改性的醇酸树脂具有更快的干率、更好的保色性、更高的硬度和户外保光泽性。

（2）多元醇

甘油和季戊四醇是合成醇酸树脂中最常用的多元醇，通常二元酸/季戊四醇的摩尔比略小于二元酸/甘油的摩尔比。季戊四醇还含有二聚和三聚体，具有很高的活性，常用以合成含60％以上脂肪酸的长油醇酸树脂，具有黏度大、固化量高、干燥快、硬度高、光泽性和防水性好等优点。季戊四醇与乙二醇或丙二醇混用常用以降低成本，并用以合成含30％～50％脂肪酸的中油和短油的醇酸树脂，其他可用来合成醇酸树脂的多元醇还有三甲醇乙烷、三甲醇丙烷、新戊二醇、二甘醇等。

（3）二元酸

在合成醇酸树脂中，最常用的二元酸为邻苯二甲酸（常用邻苯二甲酸酐）和间苯二甲酸。间苯二甲酸由于不会进行分子间的环化，可以制得高分子量、高黏度的醇酸树脂。与以邻苯二甲酸酐合成的醇酸树脂相比，具有染色快、柔韧性好、耐热和耐酸性好的特点。但间苯二甲酸熔点高，需要很长时间和高温才能溶解在反应混合物中，因而容易导致二聚化反应及其与多元醇发生的副反应。

此外，二元脂肪酸，如己二酸、壬二酸、癸二酸及二聚脂肪酸赋予醇酸树脂柔韧性和增塑性；氯化二元酸，如四氯邻苯二甲酸酐可提供醇酸树脂阻燃性；少量的马来酸酐和富马酸酐可改善树脂的保色性、加工时间和防水性等。

5.4.1.4 醇酸树脂的制备

（1）脂肪酸法

脂肪酸法是将多元醇、二元酸（酐）、脂肪酸全部同时加到反应釜中，搅拌升温至220～260℃进行酯化反应，直到所需的聚合度，将树脂溶解成溶液，过滤净化。

但这种一步酯化法没有考虑到多元醇的不同位置的羟基、脂肪酸的羧基、苯二甲酸酐的酐基、苯二甲酸酐形成的半酯羧基之间的反应活性不同以及不同酯结构之间酯交换非常慢的特点。Kraft 提出了一个改进方法，通常称为“高聚物脂肪酸法”，即先将全部多元醇、苯二甲酸酐与一部分脂肪酸反应至低酸值，制成高分子量主链；然后加入剩余量的脂肪酸再反应成酸性树脂，这部分脂肪酸成为侧链。

该法得到的醇酸树脂黏度高、颜色浅、干燥快、耐碱性和耐化学药品性更好。该方法的最大优点是：

a. 配方可塑性大，任何多元醇或多元酸的混合物均可使用；

b. 针对所需醇酸树脂的性能不同，可以选用不同脂肪酸，例如可使用高不饱和度脂肪酸（除去饱和度脂肪酸）以提高漆膜的干率；

c. 使用纯亚油酸，而不使用亚麻酸以减少变黄性等。

该法的缺点为：a. 脂肪酸是由甘油酯分解得到的，不直接使用油而使用脂肪酸增加了成本和工序；b. 需使用耐腐蚀设备；c. 脂肪酸熔点较高，贮存罐必须有加热保温设备以维持脂肪酸的液体状态。

（2）醇解法

将油、多元醇和二元酸（酐）一起加热酯化时，由于多元醇和二元酸（酐）优先酯化生成聚酯，聚酯不溶于油，因而形成非均相体系，并且在低反应程度即产生凝胶化，而油并没有什么反应。通常采用单甘油酯法来克服不相溶的问题。方法是在催化剂存在下，先将油（甘油三酸酯）和多元醇（如甘油）在 225～250℃下醇解，发生脂肪酸的再分配：

$$\begin{array}{l}CH_2OOCR'\\ |\\ CHOOCR''\\ |\\ CH_2OOCR'''\end{array} + \begin{array}{l}CH_2OH\\ |\\ CHOH\\ |\\ CH_2OH\end{array} \rightleftharpoons \begin{array}{l}CH_2OH\\ |\\ CHOOCR''\\ |\\ CH_2OOCR'''\end{array} + \begin{array}{l}CH_2OOCR'\\ |\\ CHOH\\ |\\ CH_2OH\end{array}$$

R—C=O（单甘油酯） + （二元酸） ⟶ [...]$_n$

醇解工序是醇酸树脂制造过程中非常重要的步骤，它影响着醇酸树脂的分子结构与分子量分布。醇解反应与酯交换反应类似，在均相之中形成一个平衡状态的混合物，包括甘油一酸酯、甘油二酸酯、未醇解的甘油三酸酯和游离的甘油。一般是在惰性气体氛围下，不断搅拌油并升温至 230～250℃，然后加入催化剂和多元醇，并维持温度在 230～250℃。醇解程度可以通过检测反应混合物在无水甲醇中的溶解性来判断。当 1 份体积的反应混合物在 2～3 份体积无水甲醇中得到透明的溶液时，加入二元酸（酐），并在 210～260℃下进行聚酯化反应。油、多元醇和催化剂三者之比为1∶(0.2～0.4)∶(0.0002～0.0004)(质量比)。

常用的醇解催化剂有氧化钙（氢氧化钙、环烷酸钙）、氧化铅（环烷酸铅）、氧化锂（环烷酸锂）。催化剂能加快达到醇解平衡的时间，但不能改变醇解程度。影响醇解程度的因素见表5-6。

表5-6 影响醇解程度的因素

影响因素	影响结果
反应温度	在催化剂存在下，反应温度在200～250℃之间，升高温度，反应加快，醇解速度增加，但树脂色深
反应时间	反应时间增加，甘油一酸酯含量增加，达到平衡后保持一段时间，然后甘油一酸酯含量缓慢下降
惰性气体	无惰性气氛时，树脂色深，且因氧化作用使油的极性下降，使多元醇与油的混溶性降低，醇解时间延长
油中杂质	油未精制时，所含蛋白质、磷脂、游离酸影响催化作用，也影响醇解程度
油的不饱和度	油的不饱和度增加，醇解速度增快，程度加深。如棉籽油(碘值102)107min，甘油一酸酯达55%；亚麻油(碘值107)46min，甘油一酸酯达59.9%

甘油一酸酯在醇解平衡体系中的含量标志着醇解反应的程度，含量高，不仅醇酸树脂透明性好，而且分子量分布窄。涂膜耐水性好、硬度高。至少含25%左右的甘油一酸酯才可以得到透明均一的醇酸树脂溶液。与脂肪酸法相比，醇解法使酯化反应在较高酸值下降低；并在稍高的酸值时增稠和凝胶；空气干燥较慢，树脂可以忍受更多的脂肪族稀释剂。

（3）酸解法

酯化反应不相溶问题也可以通过酸解法来解决：

$$\begin{array}{l} CH_2OOCR' \\ | \\ CHOOCR'' \\ | \\ CH_2OOCR''' \end{array} + HOOC-C_6H_4-COOH \longrightarrow \begin{array}{l} CH_2-O-CO-C_6H_4-COOH \\ | \\ CH-O-COR'' \\ | \\ CH_2-O-COR''' \end{array} + R'COOH$$

这种方法尤其适合二元酸为间苯二甲酸或对苯二甲酸的情况，原因是这两种二元酸熔点高，难以溶解在反应混合物中。

（4）脂肪酸-油法

该法是将脂肪酸、植物油、多元醇和二元酸混合物一同加入反应釜，并搅拌升温至210～280℃，保持酯化达到规定要求。脂肪酸与油的用量比应以达到均相反应混合体系为宜。该法成本较低，可以得到高黏度醇酸树脂。

上述四种制备方法中脂肪酸法和醇解法最常用。

5.4.1.5 醇酸树脂涂料配方举例

表5-7为桥梁用的灰色长油度醇酸树脂面漆配方。

表5-7 醇酸树脂桥梁面漆配方

组分	投料比(质量)/%	组分	投料比(质量)/%
醇酸树脂	76.0	环烷酸铅(12%)	1.80
铁红	3.10	环烷酸锌(3%)	1.50
黄丹	0.10	松节油	2.27
环烷酸锰(3%)	0.20	炭黑(通用)	0.80
硅油(1%)	0.20	中铬黄	1.00
钛白粉(金红石型)	10.80	环烷酸钴(3%)	0.13
铁蓝	1.10	环烷酸钙(2%)	1.00

5.4.2 环氧树脂涂料

环氧树脂是指分子中含有两个以上环氧基团的一类聚合物的总称。它是环氧氯丙烷与双酚 A 或多元醇的缩聚产物。由于环氧基的化学活性，可用多种含有活泼氢的化合物使其开环，固化交联生成网状结构，因此它是一种热固性树脂。双酚 A 型环氧树脂不仅产量最大、品种最全，而且新的改性品种仍在不断增加，质量正在不断提高。

环氧树脂涂料就是以环氧树脂、环氧酯树脂和环氧醇酸树脂为基料的涂料，它们可以是烘干型、气干型或光固化型。环氧树脂是合成树脂涂料的四大支柱之一。

5.4.2.1 环氧树脂的结构与特性

（1）结构特点

环氧树脂是含有环氧基团的高分子化合物。产量最大的环氧树脂是由环氧氯丙烷和双酚 A[2,2-二(4-羟基苯基)丙烷]合成得到的。

环氧树脂分子中有相当活泼的官能团——环氧基，三元环的两个碳和一个氧原子在同一个平面上，使环氧基有共振性；∠COC 大于∠OCC，故倾斜性大，反应性相当活泼。氧的电负性比碳大，导致静态极化作用，使氧原子周围电子云密度增加。这样，环氧基上形成两个可反应的活性中心即电子云密度较高的氧原子和电子云密度较低的碳原子。亲电试剂向氧原子进攻，亲核试剂向碳原子进攻，结果引起碳氧键断裂。根据以上的性质，环氧基与胺、酚类、羧基、羟基、无机酸反应，使环氧树脂涂料固化交联；环氧基与羟甲基、有机硅、有机钛、脂肪酸反应，对树脂的固化进行改性。

（2）环氧树脂的特性

环氧树脂涂料种类很多，性能各有特点，概括其优点如下。

a. 黏结力强　因为环氧树脂中含有羟基和醚键等极性基团，使得树脂与相邻界面分子作用力强，有的还能形成化学键，因此它的黏结力强。

b. 耐化学品好　固化好的环氧树脂含有稳定的苯环、醚键，因此一般都有较好的耐酸、碱及有机溶剂性能。

c. 收缩力小　环氧树脂与固化剂反应无副产物产生，因此收缩力小。

d. 电绝缘性好　固化好的环氧树脂电绝缘性极佳。

e. 稳定性好　环氧树脂未加固化剂，不会受热固化，不会变质，稳定性好。

环氧树脂具有很多优点，但是它也存在不足之处：户外耐候性差，易粉化，失光；环氧树脂结构中含有羟基，制造处理不当时，漆膜耐水性不好；环氧树脂有的是双组分的，在制造和使用时都不方便。

5.4.2.2 环氧树脂涂料的类型

（1）按照原料组成分类

环氧树脂是含有环氧基团结构的高分子化合物，主要是由环氧氯丙烷和双酚 A 合成的。主要分为三大类。

a. 双酚 A 型环氧树脂：是由双酚 A 和环氧氯丙烷合成的。

b. 非双酚 A 型环氧树脂：是由其他多元醇、多元酚或多元胺和环氧氯丙烷合成的。

c. 脂肪族环氧树脂：是由过氧乙酸环氧化脂环烯烃制得的。

（2）按照固化类型分类

见表 5-8。

表 5-8 按照固化类型分类的环氧树脂涂料

固化类型	涂料举例	干燥方式
胺固化型涂料	多元胺-胺固化环氧树脂涂料 聚酰胺-胺固化环氧树脂涂料 胺加成物胺-胺固化环氧树脂涂料 胺-胺固化环氧树脂涂料	常温干
合成树脂固化型涂料	环氧-酚醛树脂涂料 环氧-氨基树脂涂料 环氧-多异氰酸酯类 环氧-氨基-醇酸树脂涂料	烘干或常温干
酸固化型涂料	环氧酯漆 环氧酯与其他合成树脂并用漆 水溶性环氧酯漆	常温干或烘干
其他类型漆	无溶剂环氧树脂涂料 粉末环氧树脂涂料 线形环氧树脂涂料	常温干或烘干

5.4.2.3 环氧树脂的固化

常用固化剂胺、酸酐、多元酸、多硫化合物、咪唑等来固化，发生交联反应。

环氧乙烷与伯胺、仲胺、叔胺的反应如下：

$$-\underset{\diagdown O \diagup}{CH-CH_2} + RNH_2 \longrightarrow -\underset{OH}{\underset{|}{CH}}-CH_2-\underset{R}{\underset{|}{N}}-CH_2-\underset{OH}{\underset{|}{CH}}-$$

$$-\underset{\diagdown O \diagup}{CH-CH_2} + R_2NH \longrightarrow -\underset{OH}{\underset{|}{CH}}-CH_2-NR_2$$

$$-\underset{\diagdown O \diagup}{CH-CH_2} \xrightarrow{R_3N} \left[\underset{\underset{|}{O}}{\underset{|}{CH}}-CH_2\right]_n \overset{+}{N}R_3$$

叔胺盐通常比胺本身更可取，因为它们允许加入较多的催化剂而不致影响活化期。间苯二胺也可用作固化剂，但在室温下不易引起固化，反应速率较慢，所生成的交联树脂的玻璃化温度（T_g）较高。在胺、多胺或胺加成物存在下，环氧树脂可在室温下发生交联，被称为冷固化剂，两种组分必须分开包装，在使用前混合。

5.4.2.4 环氧树脂涂料的应用及配方举例

环氧树脂在石油化工、食品加工、钢铁、机械、交通运输、电子和船舶工业中有着广泛的应用，其构成的涂料主要有防腐蚀涂料、舰船涂料、电器绝缘涂料、食品罐头内壁涂料、水性涂料、地下设施防护涂料和特种涂料等。其中，环氧聚氨酯仿瓷涂料配方见表 5-9。

表 5-9 环氧聚氨酯仿瓷涂料配方

甲组分组成	投料比(质量)/%	乙组分组成	投料比(质量)/%
三羟甲基丙烷	25～28		
邻苯二甲酸酐	23～25		
顺丁烯二酸酐	0.2～0.3	二异氰酸酯	40～42
环氧树脂	15～20	三羟甲基丙烷	8～10
混合溶剂	40～50	混合溶剂	48～52
金红石型钛白粉	25～30	(经脱水处理)	
助剂	2～4		

5.4.3 聚氨酯涂料

聚氨酯是分子结构中含有氨基甲酸酯重复链节的高分子化合物，是由异氰酸酯和含有活性氢的化合物反应制得的。以聚氨酯树脂为主要成膜物质的涂料称为聚氨酯涂料。但是聚氨酯涂料中并不一定要含有聚氨酯树脂，凡是用异氰酸酯或其反应产物为原料的涂料都统称为聚氨酯涂料。

5.4.3.1 聚氨酯涂料的成膜机理

聚氨酯涂料主要依靠异氰酸酯官能团—NCO同活泼氢反应固化成膜。

（1）异氰酸酯同水反应

异氰酸酯与水反应生成的胺再与异氰酸酯反应：

$$R{-}N{=}C{=}O + H_2O \longrightarrow R{-}\overset{\displaystyle H \atop |}{N}{-}\overset{\displaystyle O \atop \|}{C}{-}O{-}H \longrightarrow RNH_2 + CO_2$$

潮气固化型聚氨酯就是通过以上两步反应固化成膜的，因为生成了脲键，漆膜表现出较好的硬度和光泽度。

但是在双组分涂料中，含羟基部分如果含有水分，则在成膜过程中，水同异氰酸酯反应生成的 CO_2 会使漆膜产生小泡，因此，含羟基部分必须除水。

（2）异氰酸酯同羟基反应

$$R{-}N{=}C{=}O + R'OH \longrightarrow R{-}\overset{\displaystyle H \atop |}{N}{-}\overset{\displaystyle O \atop \|}{C}{-}O{-}R'$$

羟基同异氰酸酯基团反应生成氨基甲酸酯键（—NH—C—O—）固化成膜。由于固化速度稍慢，有时需酌情添加催化剂催干。常用催化剂有二丁基二月桂酸锡、三乙烯二胺、三乙胺等。

（3）异氰酸酯同胺的反应

$$R{-}N{=}C{=}O + R'NH_2 \longrightarrow R{-}\overset{\displaystyle H \atop |}{N}{-}\overset{\displaystyle O \atop \|}{C}{-}NHR'$$

5.4.3.2 聚氨酯的性能

聚氨酯是由多异氰酸酯与多元醇（包括含羟基的多聚物）反应生成的。聚氨酯涂料形成的漆膜中含有酰氨基、酯基等，分子间很容易形成氢键，因此具有多种优异的性能。

a. 物理力学性能好，涂膜坚硬、柔韧、光亮、丰满、耐磨、附着力强；

b. 耐腐蚀性能优异，涂膜耐油、耐酸、耐化学药品和工业废气；

c. 电气性能好，易做漆包线漆和其他电绝缘漆；

d. 施工适应范围广，可室温固化或加热固化、节省能源；

e. 能和多种树脂混溶，可在广泛的范围内调整配方，配制成多品种、多性能的涂料产品以满足各种通用的和特殊的使用要求。

5.4.3.3 聚氨酯涂料的分类及应用

聚氨酯涂料按其结构与组成可分为氨酯油涂料、湿固化涂料、封闭型涂料、—NCO/—OH双组分涂料、催化固化型双组分涂料5大类，现分别介绍如下。

（1）氨酯油涂料

氨酯油涂料是先将干性油与多元醇进行酯交换，再以甲苯二异氰酸酯代替苯酐与醇解产物反应。在其分子中不含活性异氰酸酯基，主要靠干性油中的不饱和双键在钴、铅、锰等金属催干剂的作用下氧化聚合成膜。

氨酯油涂料的光泽、干率、丰满度、硬度、耐磨、耐水、耐油和耐化学腐蚀性能均比醇酸树脂涂料好，这主要是因为氨酯键之间可形成氢键，所以成膜快而硬，而醇酸树脂的酯键之间不能形成氢键，分子之间的内聚力较低。但这类涂料的涂膜户外耐候性不佳，易泛黄。与湿固化涂料和双组分涂料相比，氨酯油涂料的贮存稳定性好、无毒、有利于制造色漆，施工方便，价格也较低。一般用于室内木器家具、地板、水泥表面的涂装及船舶等的防腐蚀涂装。

（2）湿固化涂料

这类涂料是—NCO 端基的预聚物。在环境温度下通常和空气中的水反应生成胺，胺再进一步与另一个—NCO 基团反应生成脲键而固化成膜。为保证这类预聚物能顺利固化，常采用分子量较高的蓖麻油醇解物的预聚物，或含—OH 端基的聚酯与过量的二异氰酸酯反应，如二苯基甲烷二异氰酸酯（MDI）或甲苯二异氰酸酯（TDI）；如需要保色性好，可用脂肪族异氰酸酯。—NCO 基含量一般为 10%～15%。

因为这类涂料是靠空气中的湿气固化成膜的，所以固化速度取决于相对湿度和温度。空气湿度越高，固化时间越短。在环境温度下，只要相对湿度大于 30%，就可以达到所需的固化速度。

湿固化聚氨酯涂膜中含有大量的脲键和脲基甲酸酯键，这种脲键可以形成大量分子间的氢键。最近的研究还发现，分子间存在三维氢键结构，即 1 个羰基上的氧原子可以同时和 2 个氮原子上的氢原子形成氢键，如下式所示：

```
           O
           ‖
  ~~~~N—C—N~~~~
      |     |
      H     H
       ˙. .˙
         O
         ‖
  ~~~~N—C—N~~~~
      |     |
      H     H
```

这种三维氢键结构的形成使得聚氨酯涂膜的分子链可分为硬段和软段，硬段由形成三维氢键结构的脲键所组成，软段是由聚酯或聚醚多元醇组成，因此涂膜的耐磨性、耐化学腐蚀性、耐特种润滑油性、防原子辐射、附着力、耐水性和柔韧性都很好，可以用来作地板涂料和金属及混凝土表面的防腐蚀涂装，是地下工程和洞穴中最常用的高性能防腐蚀涂料的品种之一。湿固化聚氨酯涂料为单组分，因此使用方便，可避免双组分聚氨酯涂料使用前配制的麻烦和计量误差及余漆隔夜胶化报废的弊端。缺点是溶剂、颜填料或其他组分必须高度无水。

（3）封闭型涂料

根据异氰酸酯与大多数含活泼氢化合物反应是可逆反应的特点，采用单官能活泼氢化合物作封闭剂，与异氰酸酯基团形成加成物，即将活性—NCO 基封闭住。这种封闭型多异氰酸酯与含羟基的树脂可组成单组分罐装涂料。这种单罐装涂料常温下稳定，但受热时单官能活泼氢化合物被释放出来，而解封的异氰酸酯基与多羟基树脂反应固化成膜。

最常用的催化剂有苯酚、酮肟、醇、己内酰胺和丙二酸酯等；有机锡化合物、三乙烯二胺（DABCO）、辛酸锌等可用来作催化剂。

苯酚或取代苯酚封闭的异氰酸酯的热稳定性比酸封闭的异氰酸酯的差，而芳香族异氰酸酯比脂肪族异氰酸酯活泼，因此，苯酚封闭的芳香族异氰酸酯相对较活泼，典型的苯酚封闭异氰酸酯/含羟基树脂涂料的固化条件为160℃下30min。

苯酚封闭型聚氨酯涂料主要用作漆包线涂料，具有如下特点：电绝缘性能好、介电性能优良；耐热、耐寒、耐潮；吸水性低，在高温条件下电气性能很少降低；耐油、耐溶剂、耐药品性能良好；弹性好、附着力强、涂膜不易剥落，易于进行自锡焊。其配方举例见表5-10。

表5-10 封闭型聚氨酯涂料配方

组分	投料比(质量)/%	组分	投料比(质量)/%
苯酚封闭的TDI加成物	32.45	混合甲酚	20.4
对苯二甲酸聚酯(含羟基12%)	15.45	醋酸溶纤剂	17.4
辛酸亚锡	0.1	甲苯	11.8
聚酰胺树脂	2.4		

（4）—NCO/—OH双组分涂料

在聚氨酯涂料中，—NCO/—OH双组分涂料品种最多，产量最大，用途最广。一组分为含—NCO的异氰酸酯和无水溶剂组分，简称A组分或甲组分；另一组分为含—OH的化合物或树脂、颜填料、溶剂、催化剂和其他添加剂，称为B组分或乙组分。有时催化剂可作为第三组分单独包装，使用前将A/B组分按比例混合，利用—NCO与—OH反应生成聚氨酯涂膜。

A组分必须具有低气压、溶解性好、黏度适中的特点，并有足够的贮存稳定性、与羟基组分或其他树脂有很好的混溶性、游离二异氰酸酯单体含量应尽可能低。这样，常用的异氰酸酯主要为TDI、六亚甲基二异氰酸酯（HDI）、MDI等的预聚物、加成物或缩聚物。

在双组分聚氨酯树脂中，一个重要的参数是—NCO/—OH。在环境固化温度下，二者比例为1.1∶1的漆膜比1∶1比例漆膜性能更好，可能原因是部分—NCO基团与溶剂、颜填料或空气中的水反应生成脲键。若A组分太少，不足以和B组分反应，则涂膜发软、发黏、耐水性差、不耐化学腐蚀。但A组分过多，过剩的—NCO将吸收空气中的潮气而生成脲键，进而形成缩二脲键、甲酸酯键等，使涂膜交联密度过大、涂膜脆而不耐冲击。在飞机用装饰涂料中，—NCO/—OH比例通常高达2∶1。

值得注意的是，环氧树脂上的环氧基和羟基都参与了和—NCO基的反应，在前一种情况下一个环氧基相当于两个羟基的作用，计算配方时应予注意。

催化剂的作用在于降低—NCO和—OH反应活化能，加速交联反应的进行，对涂膜的交联密度亦有影响。常用催化剂有叔胺类、环烷酸盐类和金属盐等3大类。各类异氰酸酯组分和羟基组分本身的反应活性相差甚大，因此催化剂的品种和用量也各异。总之，催化剂的品种及用量必须视A、B组分及使用要求的不同通过实验确定。

固化环境的温度对涂膜的性能有很大的影响。室温固化时形成的键主要是氨基甲酸酯键；固化温度超过70℃时，将有大量脲基甲酸酯键生成，因此涂膜性能各异。实验发现，一般在>70℃低温固化时，涂膜的耐水性、耐腐蚀性等均有提高。

颜填料常与B组分混合研磨成色浆备用。但是碱性大的颜料如铁蓝、氧化锌等不宜选用，否则因碱性催化作用使涂料的使用期缩短，难于施工。此外，颜填料的选择还应视使用环境（如室内或室外、干寒或湿热地带等）和腐蚀介质的不同而异。如要求耐水的聚氨酯磁漆，不能选用水溶性较大的锌黄和锶黄等颜料。

（5）催化固化型双组分涂料

这类聚氨酯涂料的制法与湿固化聚氨酯涂料基本类似，即同样利用过量的二异氰酸酯与含羟基树脂（如聚酯、聚醚、环氧、羟基丙烯酸树脂等）反应来制备含—NCO端基的预聚物。但这类预聚物靠与空气中的湿气反应，固化速度很慢，施工前必须加催化剂以促进其固化成膜。

常用催化剂是胺类催化剂，如甲基二乙醇胺、三异丙醇胺，用量为基料总量的0.05%～4%，实际上都在0.1%左右调整，或采用有机金属化合物作催化剂，如环烷酸钴、环烷酸钙、环烷酸铅，用量占基料的0.05%～0.07%（以金属含量计）。

这类聚氨酯涂料用于配制清漆，用于木器、地板表面和混凝土表面的涂装以及金属表面的罩光。表5-11比较了几种聚氨酯涂料的性能。

表5-11 聚氨酯涂料性能

性能	单组分			双组分	透明漆
	氨基甲酸酯油	湿气	封闭		
耐磨性	尚可～好	优良	好～优良	优良	尚可
硬度	中	中～硬	中～硬	中	软～中
柔韧性	尚可～好	好～优良	好	好～优良	优良

5.4.4 丙烯酸树脂涂料

丙烯酸树脂是丙烯酸、甲基丙烯酸及其衍生物聚合物的总称。丙烯酸树脂涂料就是以（甲基）丙烯酸酯、苯乙烯为主体，同其他丙烯酸酯共聚所得丙烯酸树脂制得的热塑性或热固性树脂涂料，或丙烯酸辐射涂料。

丙烯酸树脂涂料因具有色浅，耐候、耐光、耐热、耐腐蚀性好，保色、保光性强，漆膜丰满等特点，广泛用于航空航天、家用电器、仪器设备、道路桥梁、交通工具、纺织和食品等方面。其分类见表5-12。

表5-12 丙烯酸树脂涂料分类

溶剂	干燥方式	类型	应用举例
溶剂型	烘干	自交联型 通过氨基树脂交联 通过环氧树脂交联 通过异氰酸酯交联(亦可常温干燥)	汽车、家用电器、钢家具 铝制品 彩色镀锌板
	常温干燥	硝化棉(NC)改性 醋丁纤维(CAB)改性 醇酸树脂改性	汽车修理 车辆 工业机械设备
水性型	常温干燥	乳液型	建筑材料、混凝土、木材、石板
	烘干	乳液型	金属防腐蚀涂料
		水溶性型	机械零件、汽车和铝制品
无溶剂型		粉末涂料	用电沉降涂料

丙烯酸树脂的基本反应是在光、热或引发剂作用下，丙烯酸单体进行的自由基聚合。聚合历程分为链引发、链增长和链终止三个基本过程，同时伴有链转移。

（1）链引发

常用的引发剂如BPO（过氧化苯甲酰）、AIPN（偶氮二异丁腈）等，受热产生自由基，产生的自由基引发单体。用R·表示引发剂形成的自由基，M代表丙烯酸单体，R·M代表单体自由基：

$$R\cdot + M \longrightarrow R\cdot M$$

（2）链增长

链增长是活性单体自由基与单体分子继续作用，形成大分子活性链的过程：

$$R\cdot M + M_n \longrightarrow RM_{(n+1)}\cdot$$

链增长速度极快，这一步反应是因为链增长的活化能低和放热反应所致。

（3）链转移

在增长过程中，正在增长的活性链从单体、溶剂、引发剂或另一个大分子上夺取一个电子，将自己的自由基转移到另一个分子上，从而使第一个大分子停止了链增长，但得到活性的分子仍继续反应，这一过程称为链转移。根据转移的对象不同，分以下几种：

a. 向链转移剂转移

$$R\sim CH_2\sim CHX + RSH \longrightarrow R\sim CH_2\sim CH_2X + RS\cdot$$

$$RS\cdot + CH_2 = CHX \longrightarrow RS—CH_2—\dot{C}HX$$

转移的结果，使大分子链停止增长，而自由基转移到调节剂上，调节剂自由基引发新的单体或聚合物链，使聚合物分子量比较平均。常用的链调节剂有：四氯化碳、正十二硫醇、乙基硫醇等。

b. 向溶剂转移　增长着的大分子链向溶剂转移自由基，活性大分子停止了增长，而溶剂变成了自由基去引发单体或聚合物。溶剂的链转移作用导致聚合物分子量偏低，单体转化率低，因此，选择合适的溶剂是非常重要的。

c. 向聚合物转移　活性大分子从别的已终止反应的大分子上夺取原子中止反应，造成一个新的活性中心继续发生反应。

（4）链终止

反应中的活性分子链相互结合形成稳定的大分子的过程为链终止。链终止又称为偶合终止，即自由基相互作用：

$$R(CH_2CHX)_m^{\cdot} + R(CH_2CHX)_n^{\cdot} \longrightarrow R(CH_2CHX)_{m+n}R \text{（偶合终止）}$$

$$R(CH_2CHX)_m^{\cdot} + R(CH_2CHX)_n^{\cdot} \longrightarrow R(CH_2CHX)_{m-1}CH{=}CHX + R(CH_2CHX)_{n-1}CH_2CH_2X \text{（歧化终止）}$$

丙烯酸树脂涂料的配方举例见表5-13。

表5-13　丙烯酸树脂涂料的配方举例

组　分	投料比(质量)/%	组　分	投料比(质量)/%
甲基丙烯酸甲酯	14.0	甲苯	35.0
苯乙烯	10.0	醋酸乙酯	24.0
丙烯酸丁酯	13.6	过氧化苯甲酰	1.0
丙烯酸	2.4		

5.5 水性涂料

水性涂料是以水为主要溶剂或分散介质，以水溶性聚合物为成膜物质的涂料。自 20 世纪 60 年代以来，石油危机的爆发和人们对环境保护的日益关注，促使水性涂料得到了迅速发展和广泛应用。

5.5.1 水性涂料的特点及类型

5.5.1.1 水性涂料的特点

水性涂料最突出的特点是全部或大部分用水取代了有机溶剂，成膜物质以不同方式均匀分散或溶解在水中，干燥或固化后，漆膜具有溶剂型涂料类似的耐水性和物理性能。然而用水作溶剂，也给水性涂料的性能、贮存和应用带来了一定问题，如由于水的表面张力较高，流动性差，易成为不良溶剂；树脂与水接触，其贮存稳定性受到限制；水性涂料欲获得好的施工效果，一般要控制一定的湿度；大部分水性涂料在使用时，为获得适当的流动性，被涂物需经预处理以清除油脂和杂质。

5.5.1.2 水性涂料的类型

根据树脂的类型，水性涂料可分为水稀释型、胶体分散型、水分散型（或乳胶型）3 种主要类型。表 5-14 列举了三种水性涂料的性能差别。

表 5-14 水性涂料的性能差别

性 能	水分散型	胶体分散型	水稀释型
外观	混浊,光散射	半透明,光散射	清澈
粒子尺寸	≥0.1μm	20～100nm	<0.005μm
自集能力常数 K	约 1.9	1.00	0
分子量	1000000	20000～200000	20000～500000
黏度	低,与分子量无关	黏度与分子量有些关系	强烈依赖聚合物分子量
固含量	高	中	低
耐久性	优良	优良	很好
黏度控制	需要外增稠剂	加共溶剂增稠	由聚合物分子量控制
成膜性	需要共溶剂	好,需要少量共溶剂	优良
配方	复杂	中	简单
颜料分散性	差	好～优良	优良
应用难度	很多	有些	无
光泽	低	像水稀释型	高

5.5.2 水溶性涂料的水性化方法

涂料成膜物质的高分子树脂通常都是油溶性的，制造水溶性涂料的一个重要内容就是如何将油溶性树脂转变为水溶性树脂。

聚合物水性化方法主要有三种，即成盐法、在聚合物中引入非离子基团法、将聚合物转变成两性离子中间体法。三种方法中，成盐法运用得最为普遍，不少工业化的水溶性涂料都采用这种方法。

（1）成盐法

成盐法就是将聚合物中的羟基或氨基分别用适当的碱或酸中和，使聚合物水性化的方法；已广泛用于工业生产中。

最常见的是含有羟基官能团的聚合物，酸值一般在30～150之间，通常以本体及在有机溶剂中进行缩聚或自由基聚合而制备。这类聚合物常采用胺作为中和剂。其干燥后漆膜不留下任何阳离子且可挥发。这类水溶性涂料具有高光泽、硬度、耐水性和耐低温等性能，已作为各种工业涂料及电泳涂料用于金属材料的内外部涂饰及维修。

（2）非离子基团法

为了不使用胺或共溶剂而达到水溶性，Blank设计出一种新型低分子量聚合物，其水溶性是通过引入非离子基团而获得的。非离子基团主要为羟基、醚基，因此这类聚合物与非离子表面活性剂具有某些相似之处，与现有的水性树脂以及大多数溶剂型树脂相溶，故可作活性稀释剂来取代体系中的共溶剂和胺。

摩尔比为1∶6的双酚A-环氧乙烷加成物可作水溶性涂料添加剂，作为共溶剂的取代物可降低具有污染性的共溶剂的含量，在水溶性丙烯酸涂料中可提高涂层的硬度、光泽、冲击强度和耐候性；而用于水溶性醇酸树脂体系，则可提高体系的稳定性、流动性、固体涂敷量和静电喷涂性。

（3）形成两性离子中间体法

这是通过形成两性离子型共聚物而得到一种无胺或甲醛逸出的新型水溶性涂料体系。这种方法得到的实用体系还不多，有待进一步研究。

5.5.3 各种水溶性树脂体系

常用的水稀释型树脂有环氧树脂、聚氨酯树脂、醇酸树脂、聚酯树脂、丙烯酸树脂等。

（1）水性环氧树脂

水性环氧树脂可分为阴离子型树脂和阳离子型树脂，阴离子型树脂用于阳极电沉积涂料，阳离子型树脂用于阴极电沉积涂料。

水性环氧树脂的主要特点是防腐性能优异，除用于汽车涂装外，还用于医疗器械、电器和轻工业产品等领域。用于防腐底漆的水性环氧树脂涂料的配方实例见表5-15。

表5-15 水性环氧树脂涂料配方

组分	投料比(质量)/%	组分	投料比(质量)/%
		环烷酸锌(8%)	0.33
TiO_2	8.26	三乙胺	0.30
灯黑炭	0.21	环烷酸钙(8%)	1.75
硅酸铝	6.71	环烷酸钴(6%)	0.16
碳酸钙	6.71	环烷酸镁(6%)	0.10
碱性铬酸铅	3.60	环烷酸铅(24%)	0.41
水性环氧树脂溶液	37.34	水	34.12

该配方为灰色水性防腐底漆，有极好的抗盐雾性；对水处理金属有极好的防腐和黏结性能。

（2）水性聚氨酯树脂

聚氨酯-丙烯酸酯共聚物复合水分散体系正得到广泛的应用，这种分散体系可以是将聚氨酯接枝到丙烯酸酯类聚合物的主链上；或以聚氨酯水分散体系为种子，将丙烯酸酯类单体通过乳液聚合接枝到聚氨酯主链上。

聚氨酯类水分散体系可以代替大部分溶剂型聚氨酯体系，用作皮革涂料、纺织涂料、纸张和纸板涂料、地板涂料、塑料涂料和汽车涂料等。配方举例见表 5-16。

表 5-16 水分散型聚氨酯涂料配方

组　　分	投料比(质量)/%	组　　分	投料比(质量)/%
水性聚氨酯树脂	70.5	6%钴化合物催干剂	0.23
乙二醇-丁醚	3.9	4%钙化合物催干剂	0.78
BYK301 抗滑剂	0.40	去离子水	24.19

（3）水性醇酸树脂

醇酸树脂由于有优良的耐久性、光泽、保光保色性、硬度、柔软性，用其他合成树脂（如丙烯酸酯、有机硅、环氧等）改性后，可制成具有各种性能的涂料，因而在溶剂漆中占有重要的地位。醇酸树脂通过常温干燥、低温烘干、氨基树脂改性烘干、环氧树脂改性、酚醛树脂改性等得到的水性醇酸树脂，在水性涂料中同样占有重要的地位。

水性醇酸树脂主要用作金属烘干磁漆、防腐底漆和装饰漆等。水稀释型醇酸树脂磁漆配方举例见表 5-17。

表 5-17 水稀释型醇酸树脂磁漆配方

组分	投料比(质量)/%	组分	投料比(质量)/%
短油度妥尔油醇酸树脂	27.53	二级丁醇	2.57
溶液(77%固含量)		钴催干剂	0.15
氢氧化铵(28%)	0.96	锆催干剂	0.15
KBY301 耐磨剂	0.25	助催干剂	0.11
改性有机硅消泡剂	0.20	去离子水	43.45
乙二醇-丁醚	3.94	TiO_2	20.69

上述配方的特点是涂料制备容易，光泽度高，可用作金属的白色气干性磁漆。

（4）水性聚酯树脂

制备水性聚酯树脂最广泛使用的方法是先合成羟基树脂，然后加入足够的偏苯三酸酐酯化部分羟基基团，这样在每个位置产生 2 个羧基基团。该法虽然在工业上已广泛使用，但与制备水性醇酸树脂一样，其主要缺点是树脂中的酯键在涂料的贮存过程中易水解。由于邻位羧基的空间效应，部分酯化的偏苯三酸酐的酯基特别容易水解，导致溶解的羧基失去，降低了树脂的分散稳定性。可以利用 2,2-二羟甲基丙酸作为二元醇组分，由于羧基基团位于叔碳原子旁而受阻，结果羟基易被酯化而羧基被保留，并最终质子化而形成盐。

水性聚酯树脂主要用于浸涂电动机作绝缘漆、烘干磁漆、金属装饰漆等。如高光泽水性聚酯树脂磁漆配方举例见表 5-18。

表 5-18 高光泽水性聚酯树脂磁漆配方

组分	投料比(质量)/%	组分	投料比(质量)/%
水性聚酯树脂溶液(固含量为 75%)	19.46	分散后,加入下列组分	
二甲基乙醇胺	1.48	水性聚酯树脂溶液(固含量为 75%)	14.46
有机硅添加剂	0.1	二甲基乙醇胺	1.06
六甲氧基甲基三聚氰胺	6.36	正辛醇	0.12
橘黄色颜料	0.65	乳胶防缩孔剂	0.18
铬酸锶	0.36	改性有机硅消泡剂	0.21
去离子水	7.1	去离子水	48.46

(5) 水性丙烯酸树脂

以丙烯酸酯和丙烯酸或甲基丙烯酸共聚而制成的丙烯酸树脂，其漆膜具有良好的透明性、色浅等特点，此外附着力、光泽、耐候性能也很好，因而它在涂料工业中尤其在装饰性漆方面占有重要的地位。有很多的不饱和单体包括各种丙烯酸酯在内，都可以和丙烯酸或甲基丙烯酸进行共聚。因此水性丙烯酸树脂的品种很多，可根据性能要求、来源和价格加以选择。

制备水性丙烯酸树脂常用的方法主要是以丙烯酸酯类单体和含有不饱和双键的羧酸单体（如丙烯酸、甲基丙烯酸、顺丁烯二酸酐等）在溶液中共聚成为酸性聚合物，加碱（主要是胺）中和成盐，然后加水稀释得到水性丙烯酸树脂。其主要组成及其作用如表 5-19 所示。

表 5-19 水性丙烯酸树脂的组成及作用

组成	常用品种		作用
单体	组成单体	甲基丙烯酸甲酯、丙烯酸乙酯等	调整基础树脂的硬度、柔韧性和耐候性等
	官能单体	甲基丙烯酸、丙烯酸、顺丁烯二酸酐等	提供亲水基团及水溶性并为树脂固化提供交联反应基团
中和剂	氨水、二甲基乙醇胺、*N*-乙基吗啉、2-二甲氨基-2-甲基丙醇等		中和树脂上的羧基、成盐、提供树脂水溶性
共溶剂	正丁醇、仲丁醇、乙丙醇、乙二醇乙醚、乙二醇丁醚、丙二醇乙醚、丙二醇丁醚等		提供反应介质、调整黏度和流平性等

5.6 重要树脂的改性

醇酸树脂类品种因原料易得、制造工艺简便且综合性能好，而在涂料用树脂中的占有量一直名列前茅。但醇酸树脂由于含有大量的酯基，因而耐水、耐碱和耐化学药品性逊于大多数树脂品种。因为醇酸树脂分子中含有羟基、羧基、苯环、酯基以及双键等活性基团，所以其改性方式很多，这里仅介绍几种常用的改性途径。

(1) 硝基纤维素改性

硝基纤维素单独成膜很脆，附着力差，无实用价值，和醇酸树脂配合可以在附着力、柔韧性、耐候性、光泽、丰满性以及保色性等很多性能方面得到改善。而通过硝基纤维素的改性可使不干性醇酸树脂涂料变为自干性涂料，硝基纤维素改性不干性醇酸树脂（蓖麻油、椰子油）广泛用作高档家具漆；而短油度（蓖麻油、椰子油和硬脂酸等饱和脂肪酸）醇酸树脂改性的硝基纤维素广泛用作清漆、公路划线漆、外用修补汽车漆、室内用玩具漆等。

（2）氨基树脂改性

含 38%～45%的邻苯二甲酸酐和羟基基团大大过量的短油或短中油度醇酸树脂与脲醛树脂和三聚氰胺甲醛树脂有很好的相容性，并且这些羟基基团通过氨基树脂交联形成三维网状结构，得到耐久性、力学性能以及耐溶剂性更好的涂料，用作金属柜、家电、铁板、玩具等的烘干涂料。

这些醇酸树脂通常由妥尔油或豆油脂肪酸与邻苯二甲酸酐和多元醇制成，因而含有相当数量的不饱和键，严重影响涂料在烘干过程中的保色性、光泽性及户外曝晒性。目前广泛采取的措施是采用不干性油如椰子油或短链饱和脂肪酸和少量不饱和脂肪酸为原料合成醇酸树脂。如果户外性能要求更高，可进一步以间苯二甲酸酯代替邻苯二甲酸酐，这种方法制得的醇酸树脂经三聚氰胺甲醛树脂改性后具有极好的户外耐老化性，用作汽车面漆。

（3）氯化橡胶改性

氯化橡胶是指天然橡胶经氯化的产物，是含氯量在 65%的三氯化物和四氯化物的混合物，结构通式为 $[C_{10}H_{11}Cl_7]N$。氯化橡胶与具有类似线性低极性的醇酸树脂混溶性好，一般含 54%以上脂肪酸的醇酸树脂与氯化橡胶在芳香烃稀释剂中相容性更好。引入氯化橡胶后，可以改进韧性、黏结性、耐溶剂性、耐酸碱性、耐水性、耐盐雾性、耐磨性等，并提高该膜的干率和减少尘土附着。主要用作混凝土地板漆和游泳池漆以及高速公路划线。

（4）酚醛树脂改性

酚醛树脂与干性醇酸树脂反应，生成苯并二氢呋喃型结构，可以大大改进漆膜的保光泽性、耐久性、耐水性、耐酸碱性和耐烃类溶剂性。用量一般为 5%，最多不超过 20%，一般是在醇酸树脂酯化完毕后，降温至 200℃以下，缓慢加入已粉碎的酚醛树脂，加完升温至 200～240℃，以达到要求黏度为止。

（5）乙烯基单体/树脂的改性

选用不同的乙烯基单体或树脂可以明显改善醇酸树脂的某一或某几方面的性能。可用于改性醇酸树脂的乙烯基单体或树脂有苯乙烯、四氟乙烯、聚丁二烯、聚甲基苯乙烯改性的共聚物树脂等。这里主要介绍苯乙烯、四氟乙烯、聚丁二烯等对醇酸树脂的改性。

a. 苯乙烯类改性　苯乙烯改性醇酸树脂可以大大改善漆膜的光泽、颜色、耐水性、耐酸碱性和耐化学药品性等。

b. 四氟乙烯改性　四氟乙烯和含共轭双键的亚麻油（经异构化）加成生成环状加成物。四氟乙烯改性醇酸树脂具有抗粉化、耐大气腐蚀、耐候性好的特点。

$$R{-}CH{=}CH{-}CH{=}CH{-}R'{-}COOH + \begin{array}{c} F\quad F \\ |\quad\ | \\ F{-}C{=}C{-}F \end{array} \longrightarrow \begin{array}{l} R{-}CH{-}CH{=}CH{-}CH{-}R'{-}COOH \\ \quad\ \ |\qquad\qquad\qquad\ \ | \\ F{-}C{-}{-}{-}{-}{-}{-}{-}{-}C{-}F \\ \quad\ \ |\qquad\qquad\qquad\ \ | \\ \quad\ \ F\qquad\qquad\qquad\ \ F \end{array}$$

c. 聚丁二烯改性　用聚丁二烯部分代替干性油如亚麻油、豆油等得到气干性醇酸树脂，其气干性取决于聚丁二烯的平均分子量。聚丁二烯改性醇酸树脂的漆膜色浅、光泽度高、硬度和耐化学药品性优良。向亚麻油醇酸树脂中加入 20%聚丁二烯可以改善漆膜的耐溶剂性；羟基改性的乙烯-醋酸乙烯共聚物（EVA）树脂用来改性的醇酸树脂可作军用和船舶涂料；聚 α-甲基苯乙烯用来改性的醇酸树脂可以提高干率和耐久性，用作交通漆。

（6）多异氰酸酯改性

醇酸树脂都不同程度地含有羟基，特别是中、短油度醇酸树脂，都可以与多异氰酸酯反应改性以改进其干率、机械强度、耐溶剂性和耐候性等。常用的芳香族多异氰酸酯有甲苯二异氰酸酯与三羟甲基丙烷的加成物，最适于中油度醇酸树脂的改性。

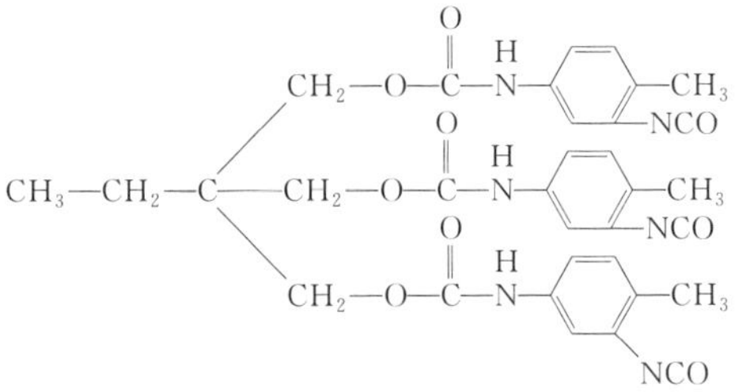

$$CH_3-CH_2-C\left[CH_2-O-\overset{O}{\overset{\|}{C}}-\overset{H}{N}-C_6H_3(CH_3)(NCO)\right]_3$$

（7）环氧树脂改性

环氧树脂是含有环氧基团的聚合物，具有耐化学性能优良、附着力好及热稳定性和电绝缘性较好的优点。环氧树脂改性醇酸树脂可以改善漆膜对金属的附着力、保光保色性和优良的耐水性、耐化学药品性、耐碱性、耐热性等。

这一改性主要改性气干性醇酸树脂。方法是将干性植物油和多元醇进行醇解后，降温加入环氧树脂，与醇解物进行反应，然后加苯酐酯化。环氧树脂分子量不要过大，加量不能多，否则树脂黏度不易控制，产品不透明，还可能影响气干性。也可以将环氧树脂、干性油脂肪酸、苯酐和多元醇进行合成反应制成环氧树脂改性气干性醇酸树脂。环氧树脂加入量在5%以上，涂膜性就可以获得改进。环氧树脂改性醇酸树脂可以用作防腐涂料。

（8）有机硅改性

将少量有机硅树脂与醇酸树脂共缩聚，得到的改性醇酸树脂具有优良的耐久性、耐候性、保光保色性、耐热性和抗粉化性等，可作船舶漆、户外钢结构件和器具的耐久性漆以及维修漆。反应机理是含端羟基或端烷氧基的有机硅树脂在一定温度下与醇酸树脂中的羟基反应。

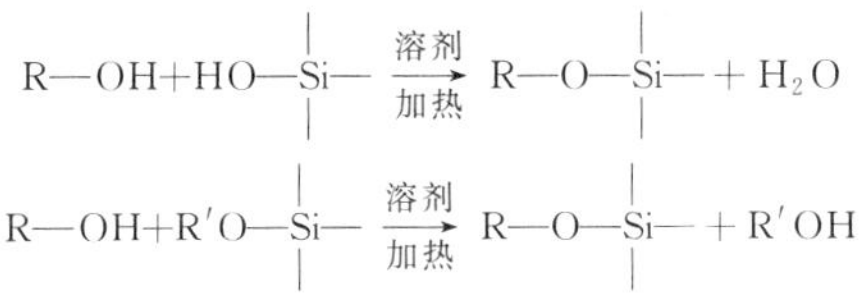

$$R-OH+HO-\underset{|}{\overset{|}{Si}}- \xrightarrow[\text{加热}]{\text{溶剂}} R-O-\underset{|}{\overset{|}{Si}}- + H_2O$$

$$R-OH+R'O-\underset{|}{\overset{|}{Si}}- \xrightarrow[\text{加热}]{\text{溶剂}} R-O-\underset{|}{\overset{|}{Si}}- + R'OH$$

（9）丙烯酸酯类单体或树脂改性

通过与醇酸树脂中的油或脂肪酸中的不饱和键或活泼的亚甲基共聚合以及活泼官能团之间的缩聚，丙烯酸酯类单体或树脂可以改性醇酸树脂。可以用于这类改性的丙烯酸酯类单体有甲基丙烯酸甲酯、甲基丙烯酸丁酯、丙烯酸乙酯和丙烯腈等。含共轭双键的油或脂肪酸生成 Diels-Alder 加成物和共聚物。共轭三键则由于共轭稳定的烯丙基存在而倾向于抑制聚合反应。通过醇酸树脂和丙烯酸树脂中的活泼官能团之间的缩聚，避免了均聚物的生成，并达到改性醇酸树脂的目的。

5.7 涂料中有害成分的测定

5.7.1 水性涂料中甲醛的测定

甲醛是生产树脂的重要原料，例如脲醛树脂、三聚氰胺甲醛树脂、酚醛树脂等，这些树脂是涂料和黏合剂中的基料。因此，凡是大量使用涂料的环节，都可能会有甲醛释放。甲醛对人体一般有刺激、过敏和致癌作用，因此必须对涂料中的游离甲醛含量加以严格控制，并对在涂料使用过程中释放出来的游离甲醛进行严格监控。

我国生态环境部规定水性涂料中游离甲醛的限量为500mg/kg，内墙用水性涂料中游离甲醛的含量不得超过50mg/kg。定量测定甲醛的方法主要有滴定分析法、分光光度法、气相色谱法、电化学分析法。由于涂料产品生产涉及许多树脂原料，一般情况下其中所含游离甲醛的浓度较高，多采用滴定分析法作定量分析，如亚硫酸氢钠法；而微量游离甲醛的测定多采用分光光度法，如乙酰丙酮法。

5.7.1.1 亚硫酸氢钠法

（1）方法原理

过量的亚硫酸氢钠与甲醛反应，生成羟甲基磺酸钠：

$$H_2C{=}O + NaHSO_3 \longrightarrow H_2C(OH)SO_3Na$$

剩余的亚硫酸氢钠用碘滴定，并同时作空白试验。用每100g水溶性涂料中所含未反应的甲醛质量（g）表示游离甲醛值。

（2）主要试剂

① 亚硫酸氢钠溶液　$c(NaHSO_3)=1\%$。称取1g亚硫酸氢钠，溶于100mL蒸馏水中，新配。

② 淀粉溶液　c(淀粉)=1%。称取1g可溶性淀粉，加入少许蒸馏水，调至糊状，再加入100mL沸腾蒸馏水，新配。

③ 硫代硫酸钠标准溶液　$c(Na_2S_2O_3)=0.1mol/L$。称取25g硫代硫酸钠（$Na_2S_2O_3 \cdot 5H_2O$），加入400mL新煮沸冷却蒸馏水和0.05g碳酸钠，用新煮沸冷却的蒸馏水稀释至1L，摇匀。静置过夜或更长时间后标定。

标定方法：称取0.15g经120℃烘干的基准重铬酸钾（准确至0.0002g）置于250mL碘量瓶中。加入25mL蒸馏水、2g碘化钾和40mL体积比为1∶10的硫酸溶液，摇匀。置于暗处10min，加入150mL蒸馏水，用硫代硫酸钠标准液滴定，近终点时，加入1mL 1%淀粉溶液，继续滴定至溶液由黄色变为亮绿色。

硫代硫酸钠标准溶液的浓度按下式计算：

$$c_1 = m/(V_1 \times 0.04903)$$

式中　c_1——硫代硫酸钠标准溶液的浓度，mol/L；

V_1——硫代硫酸钠标准溶液的体积，mL；

m——重铬酸钾的质量，g；

0.04903——1.00mL 0.1mol/L硫代硫酸钠标准溶液相当的重铬酸钾的质量，g。

④ 碘标准溶液　$c(1/2I_2)=0.05mol/L$。称取13g碘和30g碘化钾，置于洁净瓷乳钵中，加入少许蒸馏水研磨至完全溶解，或先把碘化钾溶于少许蒸馏水中，然后在不断搅拌下加碘使其全溶解后，用蒸馏水稀释至1000mL，摇匀。贮存于暗处，静置过夜或更长时间后标定。

标定方法：准确移取20～30mL硫代硫酸钠标准溶液置于250mL碘量瓶中，加入50mL蒸馏水及1mL 1%淀粉溶液，用碘标准溶液滴定至溶液呈稳定蓝色。

碘标准溶液的浓度按下式计算：

$$c_2=c_1V_1/(2V_2)$$

式中 c_2——碘标准溶液的浓度，mol/L；

V_2——碘标准溶液的体积，mL；

c_1——硫代硫酸钠标准溶液的浓度，mol/L；

V_1——硫代硫酸钠标准溶液的体积，mL。

（3）检验步骤

称取1g（准确至0.0002g）试样，置于250mL碘量瓶中，加入10mL蒸馏水至试样完全溶解后，用移液管准确加入20mL新配1%亚硫酸氢钠溶液，加塞，于暗处静置2h，加入50mL蒸馏水和1mL 1%淀粉溶液，用碘标准溶液滴定至溶液呈蓝色。另移取1份20mL 1%亚硫酸氢钠溶液，同时做空白试验。

（4）检验结果

游离甲醛质量分数ω(HCHO）按下式计算：

$$\omega(HCHO)=c_2(V_0-V_3)\times0.03003/m$$

式中 V_0——空白试验时消耗碘标准溶液的体积，mL；

V_3——滴定试样时消耗碘标准溶液的体积，mL；

c_2——碘标准溶液的浓度，mol/L；

m——试样的质量，g；

0.03003——与1.00mL 0.1000mol/L碘标准溶液相当的甲醛的质量，g。

两次平行测定，绝对误差范围应不超过0.05%，以其平均值表示，取小数点后两位数。

5.7.1.2 乙酰丙酮法

（1）方法原理

取一定量的试样，经过蒸馏，取得的馏分按一定比例稀释后，用乙酰丙酮显色。显色后的溶液用分光光度计比色测定甲醛含量。本方法适用于游离甲醛含量为5×10^{-3}～0.5g/kg的涂料。超过此含量的涂料经适当稀释后可按此方法测定。

（2）仪器设备

① 蒸馏装置 500mL蒸馏瓶，蛇形冷凝管，馏分接收器。

② 水浴锅、分析天平、分光光度计及其配件。

（3）主要试剂

① 乙酰丙酮溶液 称取乙酸25g，加50mL水溶解，加3mL冰醋酸和0.5mL已蒸馏过的乙酰丙酮试剂，移入100mL容量瓶中，稀释至刻度。此溶液贮存期不超过2周。

② 甲醛标准溶液 取2.8mL浓度约37%的甲醛溶液，用水稀释至1000mL，用碘量法测定甲醛溶液的准确浓度。此溶液浓度约为1g/L，使用时稀释成10mg/L的使用液。

（4）检验步骤

① 工作曲线的绘制 取1.0mL、5.0mL、10.0mL、15.0mL、20.0mL和25.0mL的使用液分别稀释至100mL，配成一组甲醛标准溶液，再分别取5mL该组标准溶液，各加1mL乙酰丙酮溶液，在100℃的沸水浴中加热，保持3min，冷却至室温后即用10mm吸收池，以水作参比，于412nm处测定吸光度。以5mL甲醛标准溶液中的甲醛含量为横坐标、吸光度为纵坐标，绘制标准工作曲线。以该直线斜率的倒数作为样品测定的计算因子F。

② 样品的处理 称取搅拌均匀后的试样2g于预先加入50mL水的蒸馏瓶中，轻轻摇

匀，再加 200mL 水，在馏分接收器中预先加入适量的水，浸没馏分出口，馏分接收器的外部用冰冷却，加热蒸馏，收集馏分 200mL，定容至 250mL，在 6h 内测定。

③ 样品的测定　取 5mL 经处理后的馏分溶液，加入 1mL 乙酰丙酮溶液，以下操作同工作曲线的绘制，测定吸光度。注意：空白试液的吸光度应小于 0.01。

（5）检验结果

游离甲醛质量分数 ω(HCHO) 按下式计算：

$$\omega(\mathrm{HCHO})=0.05\times F(A-A_0)/m$$

式中　F——工作曲线的斜率；

A——样品溶液的吸光度；

A_0——空白溶液的吸光度；

m——样品的质量，g。

5.7.2　水性涂料中重金属含量的测定方法

涂料中所含重金属来源于涂料生产时加入的各种助剂，如催干剂、防污剂、消光剂、颜料和各种填料中所含杂质。金属进入人体内的量超过人体所能耐受的限度后，即可造成严重的生理损害，引发多种疾病。

我国规定水性涂料中重金属含量小于 500mg/kg（以铅计），室内用涂料卫生规范中规定Ⅰ类水性涂料的重金属含量不得超过 200mg/kg（以铅计）、Ⅱ类水性涂料的重金属含量不得超过 100mg/kg（以铅计）。

涂料中重金属含量测定一般采用原子光谱法和分光光度法，可测定总铅含量范围在 0.01%～2%内的涂料样品，测定前对涂料中绝大部分有机组分进行预处理的方法有干法灰化、湿法消解和微波溶样三种技术。目前封闭容器微波消化溶样技术广泛用于同是有机组分（基体）食品、化妆品中重金属的测定。其在涂料样品的测定中也有所应用。该法对涂料的消化速度比传统消化方法快，且样品取样量少，降低了试剂中原有的杂质元素引起的分析干扰，避免了样品在消化过程中形成的挥发性组分（如熔点较低的金属：Sn、Hg）的损失，保证了测量结果的准确性，同时还避免了样品之间的相互污染和对外污染。

5.7.3　聚氨酯涂料中游离甲苯二异氰酸酯的测定

聚氨酯类涂料多是以多异氰酸酯（如二异氰酸酯）与含活泼的多羟基的化合物或预聚物作为基本原料。受反应速度、反应时间、配方及反应条件的影响，这些预聚物中不可避免地含有一定量游离的二异氰酸酯。特别是使用甲苯二异氰酸酯（TDI）时，由于游离的甲苯二异氰酸酯是一种毒性很强的吸入性毒物，在人体中具有积聚性和潜伏性，又是一种黏膜刺激性物质，对眼和呼吸系统具有很强的刺激作用，会引起过敏性哮喘，严重者会引起窒息等，因此对其含量应严加控制。许多国家和地区对聚氨酯产品中游离 TDI 的含量及相应的包装规定游离 TDI 不大于 1%或小于 0.5%。

目前测定游离异氰酸酯含量的方法有化学分析法、气相色谱法和液相色谱法，这几种方法各有所长，气相色谱法应该说是目前测定聚氨酯涂料中游离 TDI 的最好的方法。国际标准、美国标准及我国化工行业标准均采用气相色谱法，但各个方法在色谱图、固定液及内标物的选用上有所不同，有各自的特点。游离TDI的气相色谱测定方法，适用于气相色谱法测定氨基甲酸酯预聚物和涂料溶液中未反应的甲苯二异氰酸酯（TDI）单体含量，测量范围为0.1%～10%。

（1）方法简介

试样经汽化后通过色谱柱，使被测的游离甲苯二异氰酸酯与其他组分分离，用氢火焰离子化检测器检测，采用内标法定量。

（2）仪器设备

色谱仪：配有氢火焰离子化检测器，能满足分析要求的气相色谱仪。

色谱条件：柱温150℃；汽化温度150℃；载气流速为氮气50mL/min；氢气流速90mL/min；空气流速500mL/min；进样量1μL。

色谱柱：内径3mm，长1m或2m，不锈钢。固定相：固定液；甲基乙烯基硅氧烷树脂（UC-W982）。载体：Chromosorb W HP180～150μm（80～100目）。

通用玻璃器皿，在烘箱中干燥除去水分，放置于装有无水硅胶的干燥器内冷却待用。

（3）试剂与材料

乙酸乙酯：经5A分子筛脱水、脱醇，水的质量分数小于0.03%，醇的质量分数小于0.02%；甲苯二异氰酸酯（TDI）；1,2,4-三氯代苯（TCB），也可使用色谱纯十四烷；载气：氮气，质量分数大于99.8%；燃气：氢气，质量分数大于99.8%。

（4）检验步骤

① 固定相配制　准确称取1g固定液甲基乙烯基硅氧烷树脂（UC-W982）溶解于50mL二氯甲烷中，将此溶液放在蒸发皿中，缓慢搅拌，待固定液完全溶解后，将9g载体倒入，在通风柜中用红外灯加热至50℃左右，直至溶剂挥发至干，并且能自由流动，干燥0.5h，过筛后备用。

② 色谱柱填充与老化　将洗净烘干的柱子一端用玻璃棉堵好，接在真空泵上，另一端接上漏斗，缓慢加入配制好的固定相并轻轻敲打色谱柱至固定相不再进入为止，塞上玻璃棉，将柱子接到色谱仪上（不接检测器），通载气进行不同温度的分步老化（在80℃、120℃、160℃分别老化2h，升至200℃老化4h），连上检测器直到记录仪基线走直为止。

③ 试剂的脱水　将250g 5A分子筛放在500℃马弗炉中灼烧2h，待炉温降至100℃以下，取出放入装有无水硅胶的干燥器中冷却后，注入刚启封的500mL乙酸乙酯中，摇匀，静置24h，然后用气相色谱法测定其含水量、含醇量。

④ 相对质量校正因子的测定

配制A溶液：称取1g（准确至0.1mg）1,2,4-三氯代苯，放入干燥的容量瓶中，用乙酸乙酯稀释至100mL。

配制B溶液：称取0.25g（准确至0.1mg）TDI，放入干燥的容量瓶中，加入10mL A溶液，将样品充分摇匀，密封，静止20min（该溶液保存期1天）。待仪器稳定后，按上述色谱条件进行分析。按下式计算TDI的相对质量校正因子f_m。

$$f_m = A_s m_i / (A_i m_s)$$

式中　A_s——内标物1,2,4-三氯代苯的峰面积；

A_i——甲苯二异氰酸酯的峰面积；

m_i——B溶液中甲苯二异氰酸酯的质量，g；

m_s——A溶液中1,2,4-三氯代苯的质量，g。

（5）样品配制

对含有0.1%～1%未反应TDI的样品，称取5g试样（准确至0.1mg）放入25mL的干燥容量瓶中，用移液管取1mL A溶液和10mL乙酸乙酯移入容量瓶中，密封后充分混合均匀，待测。对含有1%～10%未反应TDI的样品，称取5g试样（准确至0.1mg）放入25mL的干燥容量瓶中，用移液管取10mL A溶液，密封后混匀（此时不需加入乙酸乙酯），待测。

（6）样品分析

在注入上述配制好的样品之前，按色谱条件待仪器稳定后，首先用进样器注入约1μL纯TDI，使柱子很快达到饱和。然后注入1μL配好的样品溶液进行分析。

各组分出峰顺序是乙酸乙酯、涂料中溶剂、1,2,4-三氯代苯、甲苯二异氰酸酯。

（7）检验结果

按下式计算TDI的质量分数ω(TDI)，取两次测定结果的平均值，精确至0.01%。

$$\omega(\mathrm{TDI})=m_s A_i f_m/(m_i A_s)$$

式中 m_s——内标物1,2,4-三氯代苯的质量，g；

m_i——样品的质量，g；

A_i，A_s——游离TDI的峰面积和内标物1,2,4-三氯代苯的峰面积；

f_m——TDI的相对质量校正因子。

5.7.4 VOC的测定

VOC或VOCs是挥发性有机化合物（Volatile Organic Compounds）的英文缩写，包括碳氢化合物、有机卤化物、有机硫化物、羰基化合物、有机酸和有机过氧化物等，在阳光作用下它们与大气中的氮氧化物、硫化物发生光化学反应，生成毒性更大的二次污染物，对人类健康构成威胁。涂料中的VOC定义为在一般压力条件下，沸点（或初馏点）低于或等于250℃且参加气相光化学反应的有机化合物。新修订并于2014年7月1日起实施的环境保护标准《环境标志产品技术要求　水性涂料》（HJ 2537—2014）对这些有害物限量更严格。

对于涂料中挥发性有机物（VOC）含量的测定，目前采用两种途径：一种方法是直接进样气相色谱法对已知挥发性组分进行分析；另一种方法是先分别测定涂料样品中的总挥发物含量以及水分含量，然后用前者扣除后者，即为涂料中挥发性有机物的含量。

5.8 国内涂料的发展现状

5.8.1 中国涂料企业数量情况

根据中国涂料工业协会的数据，2017年以来，中国规模以上涂料企业数量虽然有所减少，但基本在1900家以上。2020年，中国规模以上涂料企业数量为1968家，较上年增加35家。

5.8.2 中国涂料产量

在我国涂料的生产规模方面，根据中国涂料工业协会的数据，2017 年中国涂料产量达到 2041 万吨，首次突破 2000 万吨大关。值得注意的是，2015～2017 年、2019～2020 年由于中国房地产行业景气度影响，涂料行业的发展道路也略有坎坷，涂料产量增速也有放缓迹象。根据中国涂料工业协会披露的数据，2020 年全国 1968 家规模以上涂料企业实现总产量 2459.10 万吨，同比增长 2.6%。

5.8.3 国内涂料销售体量增长情况

在我国涂料市场需求方面，由于涂料广泛应用于各种金属、木材、水泥、砖石、皮革、织物、塑料、橡胶、玻璃及纸张等制品表面，并且我国拥有庞大的房地产、汽车等行业体量，因此我国对于涂料需求的规模同样是很大的。

练习思考题

1. 涂料的概念与功能。
2. 涂料命名的原则。
3. 涂料的编号原则。
4. 涂料的组成。
5. 醇酸树脂的原料有哪些？
6. 环氧树脂的特性。
7. 水性涂料的特点。

第 5 章练习思考题参考答案

参考文献

[1] 武利民．涂料技术基础．北京：化学工业出版社，2009.
[2] 洪啸吟，冯汉保．涂料化学．北京：科学出版社，1997.
[3] 刘国杰，耿耀宗．涂料应用科学与工艺学．北京：中国轻工业出版社，1994.
[4] 赵德丰．精细化学品合成化学与应用．北京：化学工业出版社，2001.
[5] 张先亮，陈新兰，唐红定．精细化学品化学．3 版．武汉：武汉大学出版社，2021.
[6] 曾繁涤，杨亚江．精细化工产品及工艺学．北京：化学工业出版社，1997.
[7] 朱广军．涂料新产品与新技术．南京：江苏科学技术出版社，2000.
[8] [美] 威克斯．有机涂料科学和技术．经桴良，姜英涛等译．北京：化学工业出版社，2002.
[9] 马庆麟．涂料工业手册．北京：化学工业出版社，2001.
[10] 刘志刚，张巨生．涂料制备•原理•配方•工艺．北京：化学工业出版社，2011.
[11] 邓舜扬．新型涂料配方与工艺．北京：中国石化出版社，2009.
[12] 李东光．涂料配方与生产（二）．北京：化学工业出版社，2011.

[13] 夏宇正，童忠良．涂料最新生产技术与配方．北京：化学工业出版社，2010.
[14] 孙玉绣，沈利．涂料配方精选．北京：中国纺织出版社，2012.
[15] 贾长英，张晓娟，李辉，李泓睿等．精细化学品分析与检验．北京：中国石化出版社，2015.
[16] 王英健，牛桂玲．精细化学品分析．2版．北京：高等教育出版社，2015.

6

染料与颜料

本章学习目标

1. 了解染料的概念及应用;
2. 掌握染料的命名;
3. 了解染料按结构分类;
4. 了解染料按应用分类;
5. 了解重氮化和偶合反应。

6.1 概述

染料和颜料一般都是自身有颜色，并能以分子状态或分散状态使其他物质获得鲜明和牢固色泽的化合物。

多数的有机染料能溶解在水中，在溶液中进行染色过程，而大多数颜料却是不能溶解在水中，也不溶于被染物中，它通常是以高度分散的状态使被染物着色。染料和颜料在染色、合成原理等方面有着相同的属性和密切的联系，但在应用领域以及着色方式、应用性能等方面却有着很大的区别。

6.1.1 染料的概念与命名

6.1.1.1 染料的概念

染料是指能使其他物质获得鲜明而牢固色泽的一类有机化合物，由于现在使用的染料都是人工合成的，所以也称为合成染料。

染料的应用主要有以下三个方面。

a. 染色　即染料由外部进入到底物（被染物）的内部，使底物获得色泽，如各种纤维、织物以及皮革的染色。

b. 着色　即在物体形成固体体态之前，将染料分散于组成物质中，成型后便得到了有颜色的物体，如塑料、橡胶及合成纤维的原浆着色等。

c. 涂色　即借助于涂料的应用，使染料附着于物体的表面，从而使物体表面着色，如涂料印花油漆等。

染料主要应用于各种纤维的染色，同时也广泛应用于塑料、橡胶、油墨、皮革、食品、造纸等方面。

6.1.1.2 染料的命名

染料是分子结构复杂（有些染料的结构尚未确定）的有机化合物，如果按一般的化学方法，无法准确地对其进行描述。所以对染料的命名有一套专门的命名方法。我国对染料的命名采用统一的命名方法，由三部分组成。

（1）冠称

冠称表示染料的应用类别和性质，又称属名。我国采用三十一个冠称。例如：酸性、中性、直接、分散、还原、硝化、阳离子、油溶、食用、色基等。

（2）色称

色称表示染料的基本颜色。我国采用三十个色泽名称。例如金黄、嫩黄、黄、深黄、大红、红、桃红、玫瑰红、品红、枣红、红紫、紫、翠蓝、蓝、湖蓝、艳蓝、深蓝、翠绿、绿、艳绿、橄榄绿、深绿、黄棕、棕、红棕、灰、黑等。颜色的名称前可加形容词：“嫩”“艳”“深”三个字。

（3）词尾

词尾也称尾注，补充说明染料的性能或色光和用途，词尾常用字母表示。

a. 色光的表示：B(Blue)—蓝光、G(Gelb，德文：黄)—黄光、R(Red)—红光。

b. 色的品质表示：F(Fine)—亮、D(Dark)—暗、T(Tallish)—深。

c. 性质和用途的表示：C—耐氯或棉用、Conc—浓、Gr—粒状、I—还原染料坚牢度、K—冷染（我国为热染型）、L—耐光牢度或匀染性好、Liq—液状、M—双活性基、N—新型或标准、P—适用于印花、Pdr—粉状、Pst—浆状、X—高浓度（我国为冷染）等。

在同一分类中的染料为了进一步加以区分，还需在词尾把表示染料类型的项加在其他字母之前，它们之间用-分开。例如：

活性嫩绿 KN-B，它就是采用的三段命名方法，分三个部分，“活性”是第一部分的冠称，表示染料的应用类型为活性染料类；“嫩绿”是第二部分的色称，表示染料的基本颜色为绿，“嫩”是色泽的形容词；“KN-B”是第三部分的词尾，表示染料的性质、用途为新型（或标准）的高温型，“B”表示色光。

由于染料色光表现程度的差异，有时会使用几个字母来表示色光，如：GG(2G)、GGG（3G）等，2G 表示的黄光程度高于 G 但低于 3G。

6.1.2 染料的分类

染料的分类方法主要有两种：第一是按照染料的应用分类；第二是按照染料的结构分类。这两种分类方法相互联系，可以结合使用。例如在还原染料中包含具有还原能力的靛族染料、蒽醌染料等，同理，偶氮染料中也有含酸性（碱性）基团的酸性（碱性）染料。

6.1.2.1 按染料的结构分类

（1）偶氮染料（Azo Dyes）

在分子的结构中含有偶氮基（—N═N—）的染料称作偶氮染料，它是染料中品种最多的一类染料，包括单偶氮、双偶氮和多偶氮。例如：

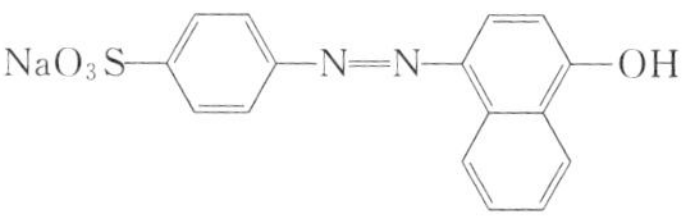

酸性橙 I（C. I. 酸性橙 20，14600）

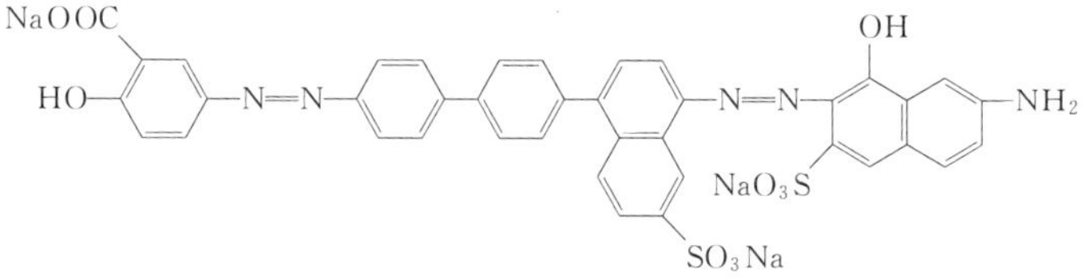

直接红棕 RH（C. I. 直接棕 46，31785）

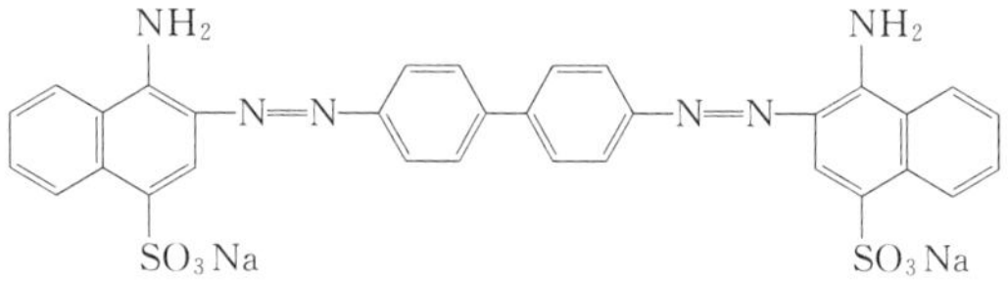

刚果红（C. I. 直接红 28，22120）

（2）蒽醌染料（Anthraquinone Dyes）

这些化合物的结构中含有蒽醌结构（O=⟨⟩=O）或多环酮，其数量在整个染料品种中居第二，仅次于偶氮染料，所以它也是染料中很重要的一类化合物。例如：

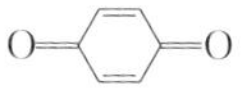

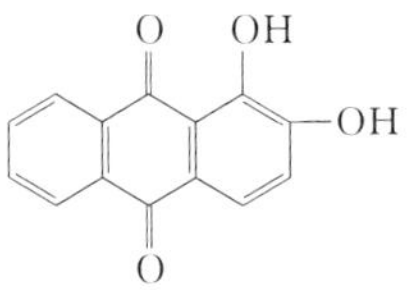

茜素（C. I. 媒染红 11，58000）

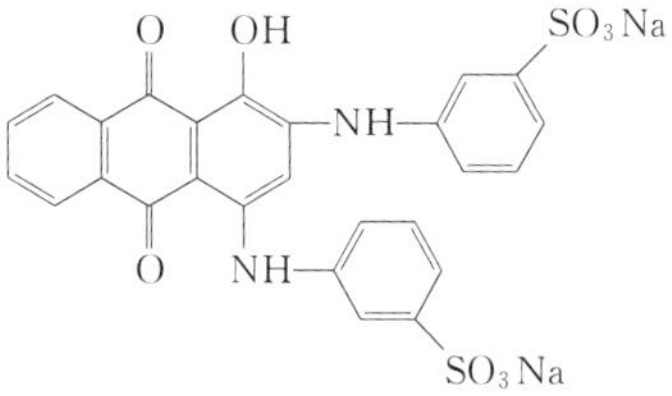

酸性媒染蓝黑 B（C. I. 媒染黑 13，63615）

（3）硝基和亚硝基类

如黄色酸性染料（C. I. Acid Yellow）：

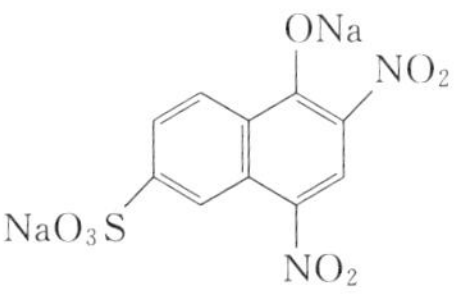

（4）靛族染料（Indigoid Dyes）

靛族染料是一类含 $\leftarrow\overset{O}{\overset{\|}{C}}-\underset{|}{C}=\overset{|}{C}-\underset{\underset{O}{\|}}{C}\rightarrow$ 共轭体系的靛族和硫靛母体结构的不溶性还原染料。也可认为是以靛蓝为母体结构的衍生物或相似结构的染料。例如：

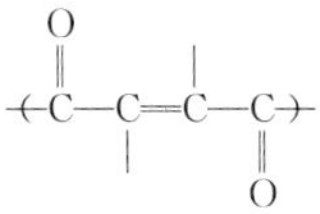

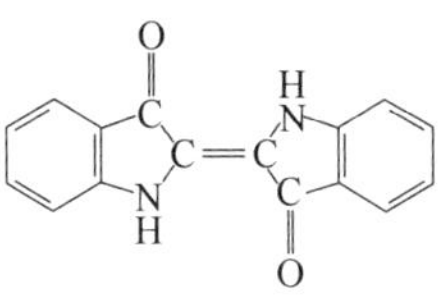

靛蓝 (C.I. 还原蓝 1,73000)

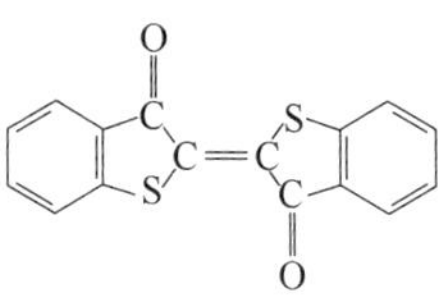

硫靛红C(C.I. 还原红 41,73300)

（5）硫化染料（Sulphur Dyes）

硫化染料是由某些芳香族化合物与硫或多硫化钠相互反应而生成的本身不溶于水的产物，染色时要用还原剂——硫化钠溶液，所以叫硫化染料。其具体分子式难以确定，分子中含有—S—结构或多硫结构：

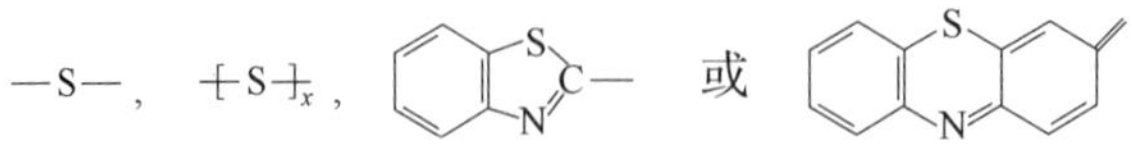

$-S-$，$\left[S\right]_x$，（苯并噻唑基）或（吩噻嗪结构）

例如：

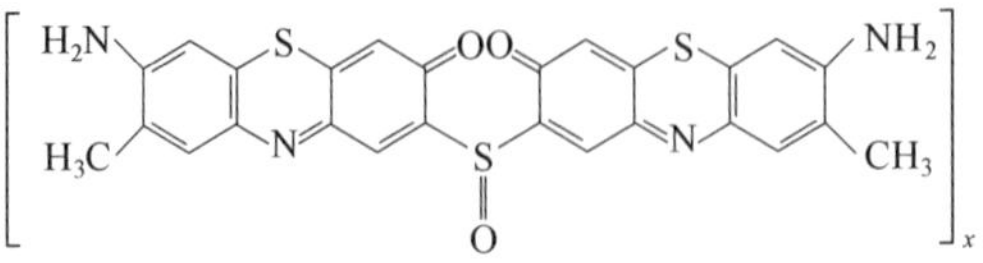

硫化蓝 BN(C.I. 硫化蓝 7,53440)

（6）芳甲烷类染料（Triarylmethane Dyes）

芳甲烷类染料是一个碳原子上连接有几个芳基结构的染料，连接两个芳基的叫二芳甲烷类染料，连接三个芳基的叫三芳甲烷类染料：

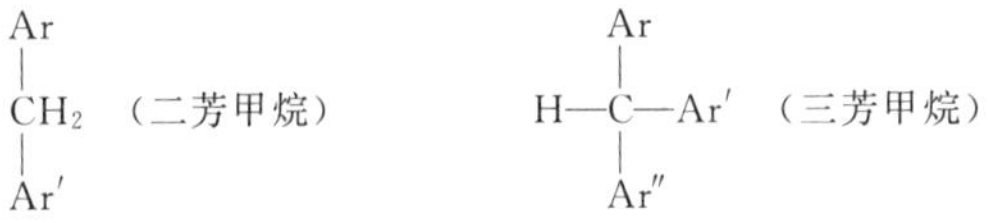

Ar—CH_2—Ar′（二芳甲烷）　　H—C(Ar)(Ar″)—Ar′（三芳甲烷）

其中后者的应用历史悠久并且广泛，在染料生产中居第三位。例如：

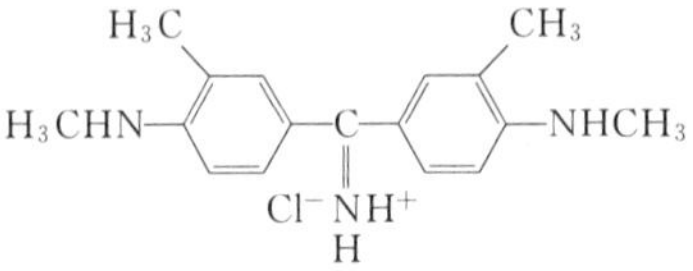

金胺 G（C. I. 碱性黄 3，341005） 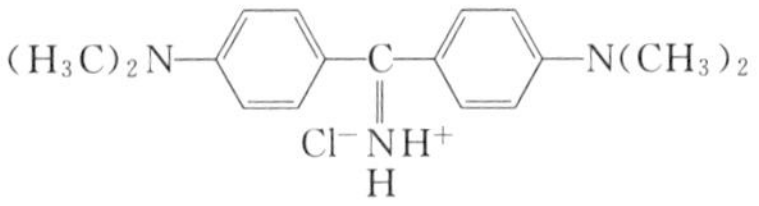　　金胺 O（C. I. 碱性黄 2，41000）

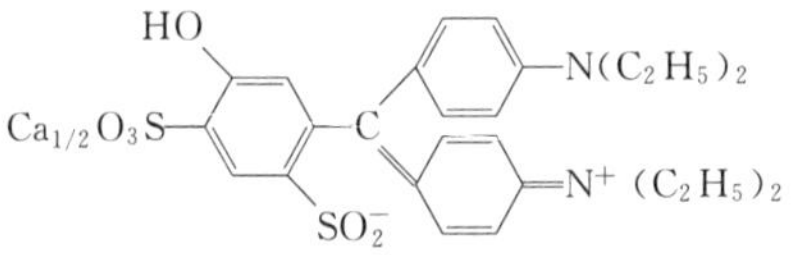

酸性蓝 A（C. I. 酸性蓝 7，42080） 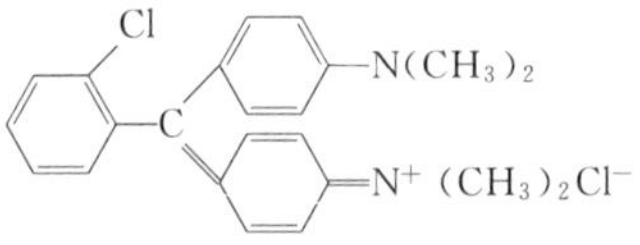　　碱性蓝 6G（C. I. 碱性蓝 1，42025）

（7）菁系染料（Cyanine Dyes）

菁系染料又称次甲基染料，是分子结构中含有一个或多个次甲基（—CH ═）的染料，该染料大部分为阳离子染料，因其具有很好的特性而被广泛应用于腈纶纤维的染色和照相增感剂中。

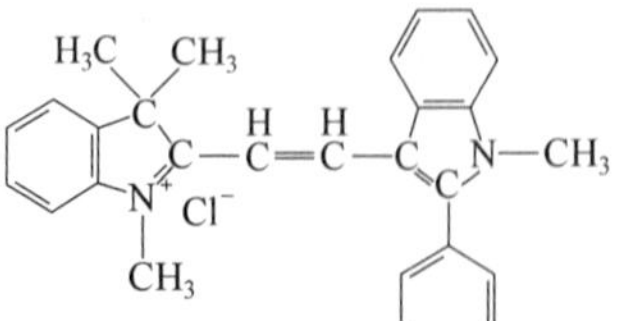

阳离子橙 R(C.I. 碱性橙 22,48040) 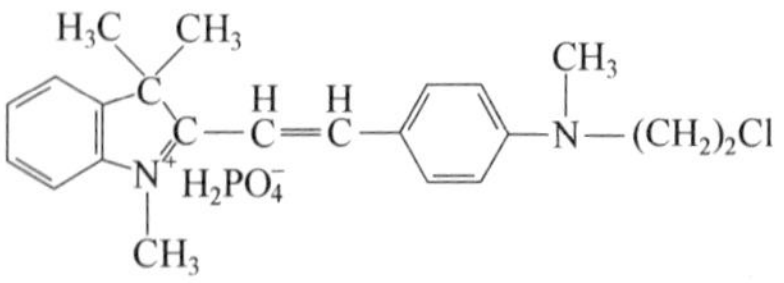　　阳离子桃红 FG(C.I. 碱性红 13,48015)

（8）酞菁染料（Phthalocyanine Dyes）

含有酞菁金属络合（四氮卟吩）结构的染料，主要是翠蓝和翠绿两个品种。

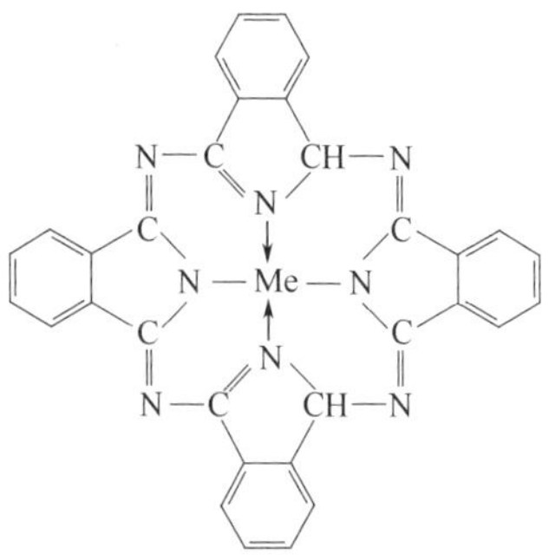

酞菁（Me=Cu、Ni、Co、Fe）

（9）杂环类染料

如咕吨、啶、嗪、唑、噻唑等。

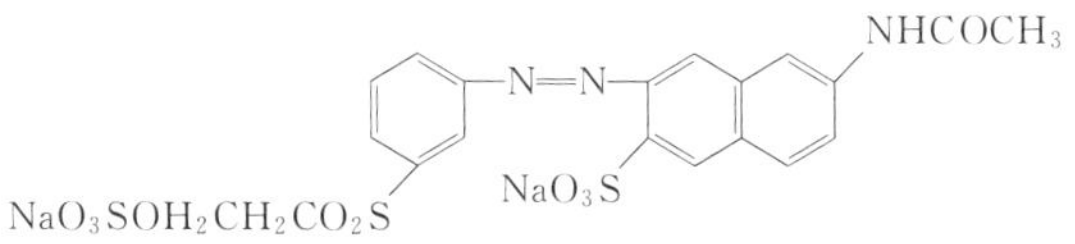

活性橙 KN-4R（C. I. 活性橙 7，17756）

活性基为 $—SO_2CH_2CH_2OSO_3Na$

β-乙基砜硫酸酯，KN 型
Remazol（FH）

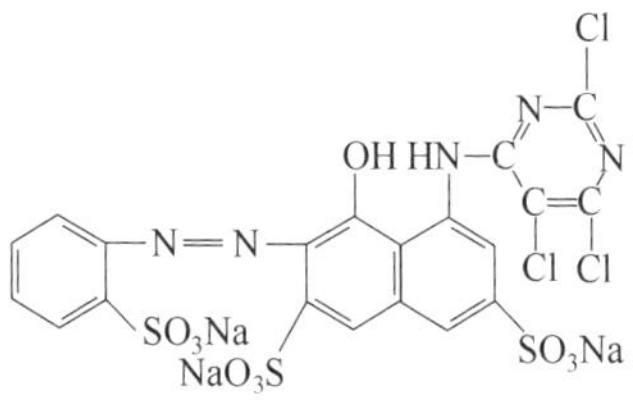

Reactone 红 2B

活性基为

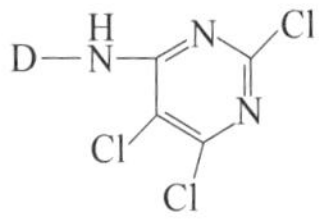

三氯嘧啶
DrimareneX(S)
Reactone(GY)

（D：染料母体，决定染料的颜色、鲜艳度、牢度及直接性）

此外，根据染料的结构类型还有硝基和亚硝基染料、稠环酮染料、醌亚胺染料、二苯乙烯染料等不同名称和类型的染料。

6.1.2.2 按染料的应用分类

a. 酸性染料　在染料分子中含有酸性基团，又称阴离子染料，能与蛋白质纤维分子中的氨基以离子键相结合，在酸性、弱酸或中性条件下适用。主要为偶氮和蒽醌结构，少数是芳甲烷结构。

b. 中性染料　为金属络合结构，因其是在近中性的条件下染色，所以称为中性染料，用于丝绸、羊毛等纺织物的染色。

c. 直接染料　染料分子多数为偶氮结构且含有磺酸基、羧基等水溶性基团，以范德华力和氢键与纤维素分子相结合，用于纤维素纤维的染色。

d. 还原染料　在碱性条件下被还原而使纤维着色，再经氧化，在纤维上恢复成原来不溶性的染料而染色，用于染纤维素纤维；将不溶性还原染料制成硫酸酯钠盐，可变成可溶性还原染料，主要用于棉布印花。

e. 分散染料　分子中不含水溶性基团的非离子型染料，在染色时用分散剂将染料分散成细微的分散状颗粒而对纤维染色，分散染料由此得名，主要用于涤纶、锦纶等合成纤维的憎水性纤维的染色和印花。

f. 硫化染料　染色原理与还原染料相似，在硫化碱液中染色，主要用来染棉纤维。

g. 活性染料　又称反应性染料，染料分子中有能与纤维分子中羟基、氨基生成共价键的基团。主要用于印染麻、棉等纤维，还用于蛋白质纤维的染色、印花。

h. 冰染染料　又称不溶性偶氮染料，由重氮组分和偶合组分直接在纤维上反应形成不溶性偶氮染料而染色，多用于棉布织物的染色，染色条件是在 0～5℃下冰水浴中进行。

i. 阳离子染料　又称碱性染料，在水中呈阳离子状态，可与纤维分子上羧基成盐，主要用于聚丙烯纤维的染色。

由于染料和颜料的品种很多，已开发出有价值的就有近万种。有很多染料和颜料很难以它们的应用及化学结构进行分类。实际上，上述两种方法是被大多数领域所公认的。它们在科研和生产中相互联系、相互补充，尚需不断地完善和发展。

6.1.3 染料索引

《染料索引》（Colour Index，简称 C. I. ）是由英国染色者协会（The Society of Dyers and Colourists，缩写 SDC）和美国纺织化学家和染色者协会（American Association of Textile Chemists and Colourists，缩写 AATCC）共同编写的一部汇集各种染料、颜料及其中间体的汇编，第三版中记录的染料品种有七千种之多，经常使用的在两千种左右。由于其具有的极高的应用价值，所以《染料索引》及后续版本已被许多国家正式列为国际上通用的染料制造、销售和使用的标准文献。

《染料索引》中主要通过应用类属和化学结构两种分类方法介绍了世界各国各厂商生产的染料和颜料的名称、性质、用途、类属、结构、合成及制造厂商等。

《染料索引》前一部分是以应用类属按染料对吸收光谱波长进行排序：黄、橙、红、紫、蓝、绿、棕、灰、黑。再在同一色称下对各类染料品种进行编号排序，这称为“染料索引应用类属名称编号”。例如：C. I. 酸性黄 11（C. I. Acid Yellow 11）

C. I. 直接红 28（C. I. Direct Red 28）

《染料索引》后一部分是在已知染料的化学结构下按化学结构对染料进行编号，这称为“染料索引化学结构编号”，对于染料的化学结构不明或不确定的无结构编号。

例如：C. I. 14600 的结构编号 即 C. I. 酸性橙 20

C. I. 22120 的结构编号 即 C. I. 直接红 28

由于各国厂家对同一结构染料的命名方法不同，致使染料名称非常复杂，所以，现在很多国家都把书刊、资料中的染料用《染料索引》中的染料索引编号来代表，以达到染料在各方面的统一。

6.1.4 染料的发色

染料的发色理论

光线照射在不同的染料分子上会显出不同的颜色，主要是因为不同的染料有着不同的分子结构。经典的发色理论认为，有机化合物至少要有某些不饱和基团存在时才能发色，Witt

（1876）提出该学说并把这些基团称为发色团。如乙烯基—CH ═ CH—，硝基 $-N(=O)\rightarrow O$ ，羰基 $>C=O$ ，偶氮基—N ═ N—等。增加共轭双键，颜色加深。羰基增加，颜色也加深。随后，Armstrong（1988）提出了有机化合物发色和分子中醌型结构有关。该理论在解释三芳甲烷类化合物及醌亚胺类染料的发色时取得了成功。但该理论无法合理解释其他类染料的发色原理。上述经典理论对染料化学的发展都曾起过重要的作用。

近代发色理论根据量子化学 Huckel 分子轨道理论，在由原子轨道线性组合的分子轨道中，具有较低能量的分子轨道称为成键分子轨道，而具有较高能量的轨道称为反键分子轨道。分子中的电子具有不同的能级，如图 6-1 所示，分子在基态时两个自旋相反的 π 电子占据能量低的成键轨道 π，有机化合物吸收可见光或紫外光照射时，成键轨道 σ、π 和 n 电子要吸收能量跃迁到高能量的反键轨道 σ^* 、π^* 轨道上去，此时分子处于激发态。

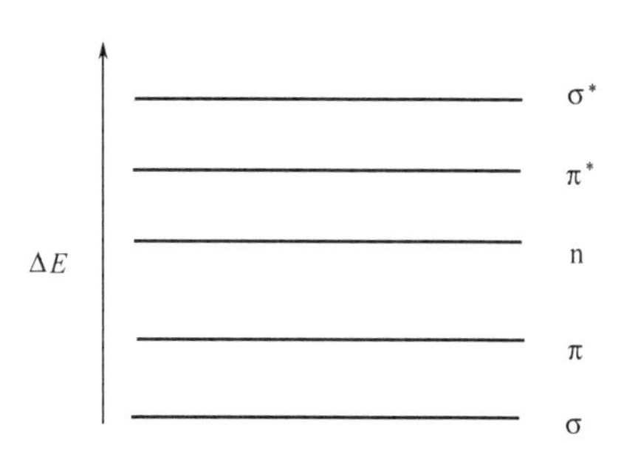

图 6-1 电子能级图

从图 6-1 可知有几种跃迁类型：σ-σ^* ；π-π^* ；n-σ^* ；n-π^* 。其中 σ-σ^* 和 n-σ^* 跃迁时需要能量较大，一般在紫外区才有吸收。而 n-π^* （分子中含有未共享孤电子对与 π 键作用）和 π-π^* 跃迁所需能量较小，在可见光范围内，即 400～760nm，该范围内光照射到眼睛能引起视觉。总之，物质的颜色，主要是由于物质分子中的电子在可见光作用下，发生了 π-π^* 或 n-π^* 跃迁的结果。

6.2 重氮化与偶合反应

偶氮染料是分子中含有偶氮基发色团的一类染料，它是合成染料中品种最多的染料，在染料工业合成中产量占一半以上。在酸性、冰染、直接、分散、活性、阳离子等染料中大部分是偶氮染料。偶氮染料按其分子中所含偶氮基的数目，可分为单偶氮、双偶氮和多偶氮染料，按染料本身的性质特点也可分为水溶性偶氮染料、不溶性偶氮染料、偶氮类分散染料和金属络合偶氮染料等。

重氮化和偶合是偶氮工业生产中的两个基本反应。

6.2.1 重氮化

由芳香族伯胺和亚硝酸作用生成重氮化合物的反应称为重氮化。由于亚硝酸不稳定，所以用亚硝酸钠与盐酸或硫酸作用，可以避免生成的亚硝酸分解，其与芳伯胺反应的生成物以重氮盐形式存在。

重氮化反应的基本方程式为：

$$Ar—NH_2+2HX+NaNO_2 \longrightarrow Ar—\overset{+}{N}_2X^-+NaX+2H_2O$$

芳香族伯胺称为重氮组分，亚硝酸称为重氮化剂。

6.2.2 偶合反应

重氮盐与酚类、芳胺作用生成偶氮化合物的反应叫偶氮反应。芳香族重氮化合物称为重氮剂。酚类和芳胺就称为偶合组分，大多数为电子云密度较高的试剂，如苯酚、萘酚、苯胺、萘胺及它们的衍生物等，偶合能力随着电子云密度的升高而增强。

$$Ar—N=N—Cl+Ar'OH \longrightarrow Ar—N=N—Ar'OH$$

$$Ar—N=N—Cl+Ar'NH_2 \longrightarrow Ar—N=N—Ar'NH_2$$

6.3 活性染料

6.3.1 活性染料的概念

活性染料又称反应性染料，是 20 世纪 50 年代出现的一类新型水溶性染料，活性染料分子中含有能与纤维素中的羟基和蛋白质纤维中的氨基发生反应的活性基团，染色时与纤维生成共价键，生成“染料-纤维”化合物。

活性染料具有颜色鲜艳、均染性好、染色方法简便、染色牢度高、色谱齐全和成本较低等特点，主要应用于棉、麻、黏胶、丝绸、羊毛等纤维及其混纺织物的染色和印花。

6.3.2 活性染料的分类

活性染料分子包括母体及活性基团两个主要部分，活性基团通过某些连接基与染料母体相连，不同的活性基团通过与纤维中的—OH 进行反应，而染料母体则是染料的发色部分，所以对活性材料可以根据其母体或活性基团进行分类。

按母体染料不同一般可分为偶氮型、蒽醌型、酞菁型等。其中偶氮染料色谱齐全，品种最多。根据活性基团的不同进行分类，可以分为三氮苯型（均三嗪型）、乙烯砜型、嘧啶型、磷酸型活性染料等。目前在生产和应用上仍以三氮苯型和乙烯砜型为主，其中三氮苯型几乎占了活性染料的一半左右。

6.3.3 活性染料的染色机理

以最早发现的活性染料氯氰型活性染料为例，其母体是对称三氮苯。三氮苯核上由于共轭效应，使氮原子上的电子云密度增大，而氮原子显更多的正电荷，如分子中碳原子上引入吸电子基如氯原子，碳原子正电荷会增加，该类型染料与纤维素纤维发生亲核取代反应而染色。纤维素负离子向染料分子中正电中心原子进攻取代氯原子，从而生成“染料-纤维”化合物。

$$\text{三聚氯氰}: \; C_3N_3Cl_3 \; (\text{环上碳原子带 } \delta^+ ,\; C \rightarrow Cl)$$

$$(D-NH)_2C_3N_3-Cl + \text{纤维}-O^- \longrightarrow (D-NH)_2C_3N_3-O-\text{纤维} + Cl^-$$

另一类比较重要的活性染料类型是乙烯砜型活性染料，从分子结构式：

$$D-SO_2-CH{=}CH_2$$

可知由于共轭效应使分子中 β 碳上正电荷密度增加。同三氮苯型染色机理相同，纤维素负离子与染料分子发生亲核取代反应：

$$D-SO_2-CH{=}CH_2 + \text{纤维}-O^- \longrightarrow D-SO_2-CH_2-CH_2-O-\text{纤维}$$

6.3.4 活性染料的合成

6.3.4.1 三氮苯型活性染料的合成

三聚氯氰型活性染料是最早发现的三氮苯型染料，分子中的三个氯原子的反应活性不同，可以在不同温度下被取代。这是合成一系列一氯及二氯三氮苯型活性染料的化学基础。

$$C_3N_3Cl_3 \quad (\text{Cl, Cl, Cl})$$

或

$$\text{(三角形简式，三个顶点各连 Cl)}$$

由于染色过程发生亲核取代反应，所以氯原子的活性显得尤为重要。当三氮苯上有不同的取代基时，氯原子的活性也会受到影响。由于共轭效应，当三氮苯上引入给电子基时，碳原子上正电荷密度会降低，从而降低氯原子活性。给电子影响氯原子活性的大小顺序为：苯胺＞氨基＞甲氧基。

三氮苯型活性染料的合成一般是先合成染料母体，然后再与三聚氯氰缩合。也可以先合成活性中间体，再合成染料。例如：

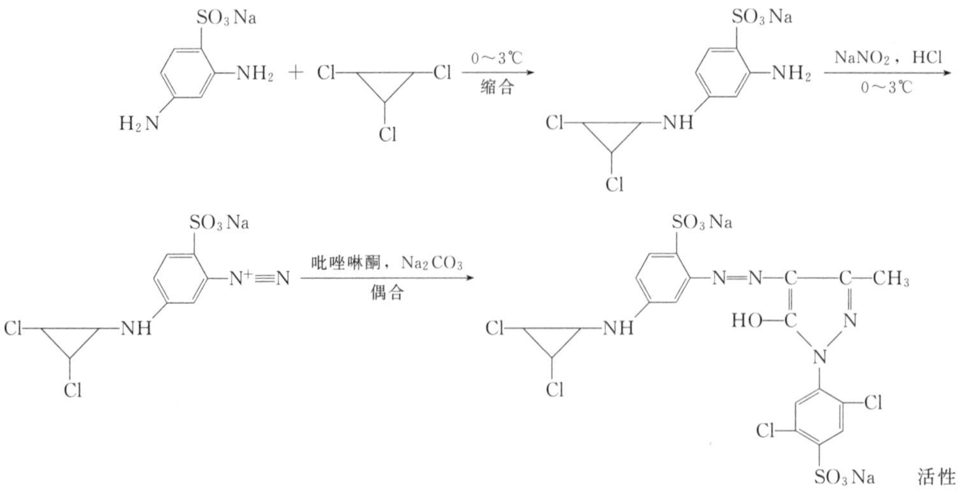

SO_3Na NH_2 H_2N + Cl Cl Cl $\xrightarrow[\text{缩合}]{0\sim3℃}$ SO_3Na NH_2 Cl NH Cl $\xrightarrow[0\sim3℃]{NaNO_2,\ HCl}$

SO_3Na $N^+\equiv N$ Cl NH Cl $\xrightarrow[\text{偶合}]{\text{吡唑啉酮},\ Na_2CO_3}$ SO_3Na N=N—C—C—CH_3 HO—C N N Cl NH Cl Cl Cl SO_3Na 活性嫩黄 X-GG

6.3.4.2 乙烯砜型活性染料的合成

乙烯砜型活性染料分子中都含有β-乙烯砜基硫酸酯作为活性基团。这类染料色谱齐全，合成简单，俗称 KN 型活性染料。

这类活性染料的合成中间体一般为β-羟乙砜基苯胺，然后再引入到染料分子中。例如：活性金黄 KN-G 的合成。

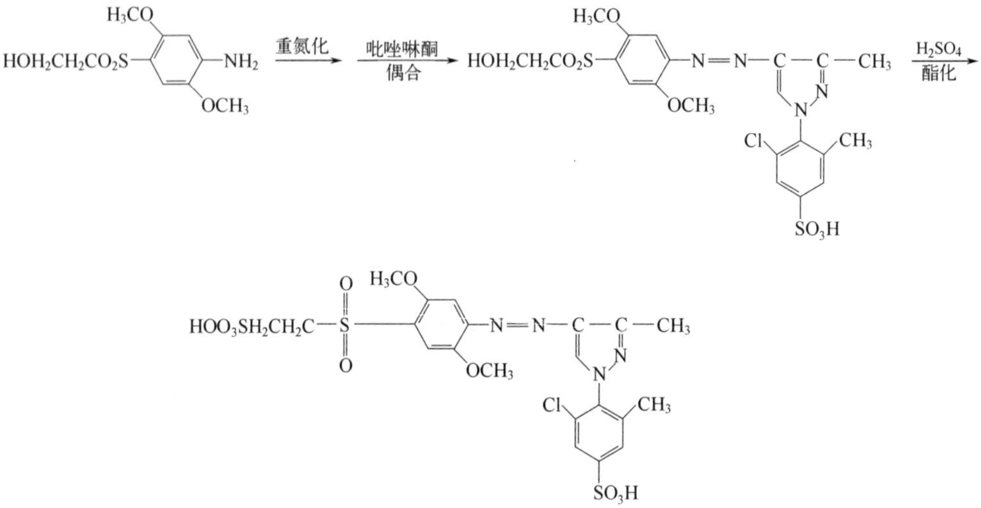

H_3CO $HOH_2CH_2CO_2S$ NH_2 OCH_3 $\xrightarrow{\text{重氮化}}$ $\xrightarrow[\text{偶合}]{\text{吡唑啉酮}}$ H_3CO $HOH_2CH_2CO_2S$ N=N—C—C—CH_3 OCH_3 N N Cl CH_3 SO_3H $\xrightarrow[\text{酯化}]{H_2SO_4}$

O H_3CO $HOO_3SH_2CH_2C$—S O N=N—C—C—CH_3 OCH_3 N N Cl CH_3 SO_3H

6.4 酸性染料

酸性染料是一类在酸性染浴中进行染色的染料，根据分子结构及使用方式的不同又可分为强酸性、弱酸性、酸性媒介、酸性络合材料等。这类染料主要应用于羊毛、蚕丝和锦纶等染色，也可应用于皮革、纸张、墨水等方面。

6.4.1 强酸性染料

它是最早发展起来的一种酸性染料。其分子结构简单，分子量低，要求在强酸性染浴中染色，对羊毛亲和力不大，能均染，故也称酸性均染染料。但染色不深、耐湿处理牢度不好、不耐缩绒，且对羊毛强度有损伤，手感差。

按化学结构强酸性染料主要分为偶氮型和蒽醌型。其中以偶氮型居多，它们的合成方法不同，但其染色机理基本一致，即染料分子与羊毛分子在强酸介质中借盐键结合。

$$\underset{\text{羊毛}}{W(NH_3^+)(COO^-)} \xrightarrow{H^+} W(NH_3^+)(COOH) \xrightarrow{D-SO_3^-} W(\overset{+}{N}H_3\cdots\overset{-}{O}_3S-D)(COOH)$$

6.4.1.1 强酸性偶氮染料的合成

强酸性偶氮染料是以吡唑啉酮及其衍生物为偶合组分的黄色染料，具有较好的耐光牢度。例如：酸性嫩黄 G。

SO_3Na N=N—C—C—CH_3 HO—C N N Cl Cl SO_3Na

常见的吡唑啉酮中间体有：

H_2C—C—CH_3 C N O N　　H_2C—C—CH_3 C N O N SO_3H　　H_2C—C—CH_3 C N O N Cl Cl SO_3H

6.4.1.2 强酸性蒽醌染料的合成

该类型染料的合成一般是在蒽醌母体上进行，利用磺化、硝化、还原之类的单元操作来完成，例如酸性蓝 B(C. I. 63010)。

O OH OH O $\xrightarrow[Na_2SO_4,110\sim115℃,4h]{25\%\ 发烟硫酸}$ O OH SO_3H HO_3S OH O $\xrightarrow[40℃硝化8h]{96\%H_2SO_4}$ NO_2 O OH SO_3H HO_3S OH O NO_2 $\xrightarrow{盐析}$

NO_2 O OH SO_3Na NaO_3S OH O NO_2 $\xrightarrow[75\sim78℃,2h]{碱液中硫化钠还原}$ NH_2 O OH SO_3Na NaO_3S OH O NH_2

6.4.2 弱酸性染料

弱酸性染料是针对强酸性染料的缺点，在强酸性染料中增大分子量，引入芳砜基或长碳链，在弱酸性介质中对羊毛亲和力较大，不损伤羊毛强度，手感及坚牢度均有所提高。

弱酸性染料染羊毛的染色机理为：染料分子与羊毛间借助盐键和范德华力结合。

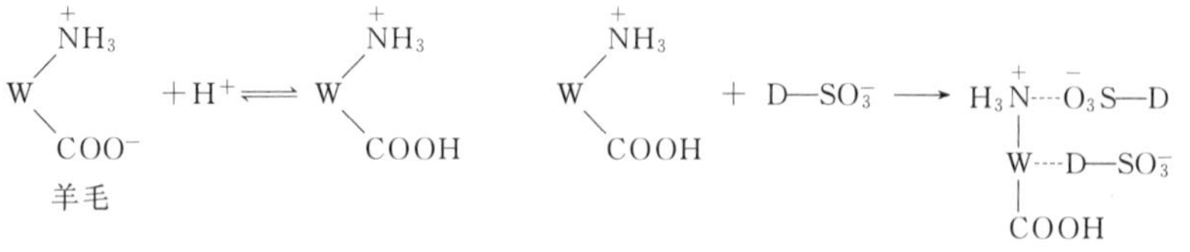

羊毛

这类染料的结构与强酸性染料相似，主要以偶氮和蒽醌型为主。

6.4.2.1 弱酸性偶氮染料的合成

该类型染料的合成方法与强酸性偶氮染料的合成方法类似，只是在重氮组分或偶合组分中多增加一个可以用来进入增加分子量基团的活性基。如下列重氮组成：

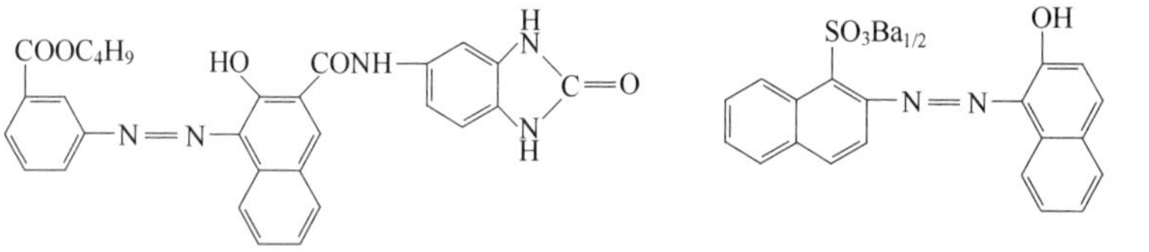

例如弱酸性嫩黄 5G 的生成：

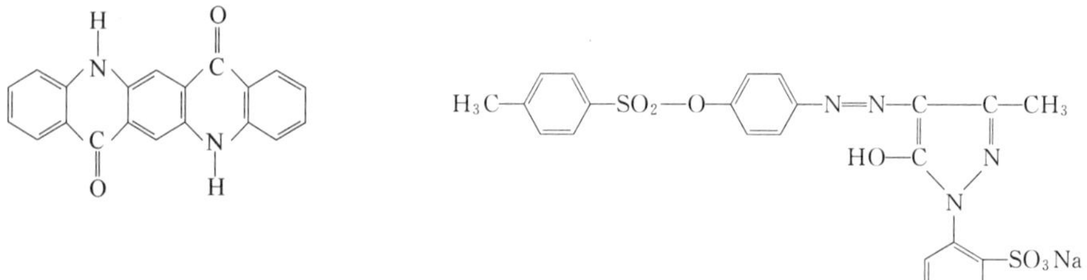

该类型染料以黄、橙、红、黑类为主。

6.4.2.2 弱酸性蒽醌染料的合成

这类染料以蓝绿色为主。如弱酸性艳蓝 B(C. I. 62075) 的合成。

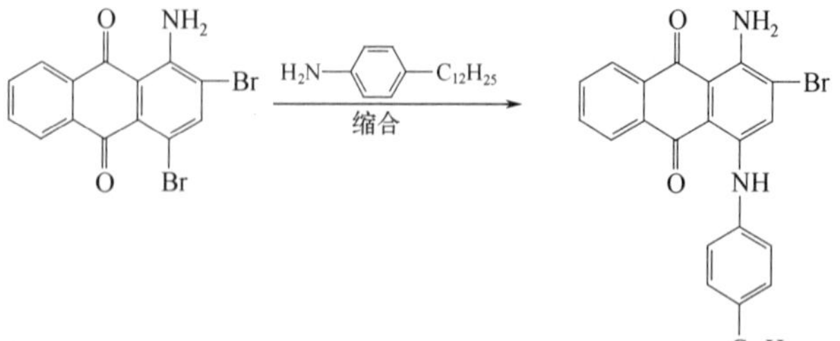

缩合

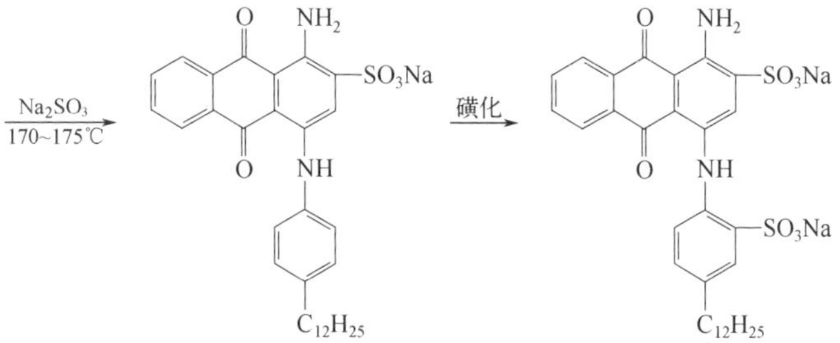

$\xrightarrow[170\sim175℃]{Na_2SO_3}$ $\xrightarrow{磺化}$

6.4.3 酸性媒介与络合染料

6.4.3.1 酸性媒介染料

酸性染料染色后，需用金属媒染剂处理，在织物上形成络合物，从而提高耐晒及各项湿处理牢度。

这类染料按其结构主要是偶氮型染料，其他的类型不多。最初酸性媒介染料是用水杨酸衍生制成，如酸性媒介深黄 GG。

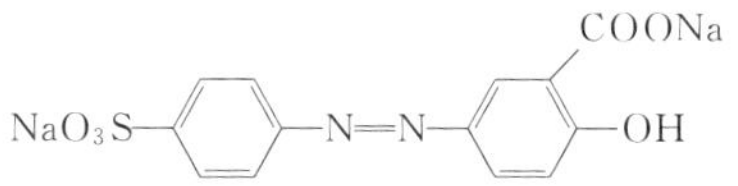

偶氮类酸性染料是指在分子中含有磺酸基或羧基，同时在芳环偶氮基邻位又有羟基的偶氮染料。

酸性媒介染料的合成与其他的酸性染料的合成方法类似，只是重氮组分和偶合组分的取代基不同。常见的偶合组分有：

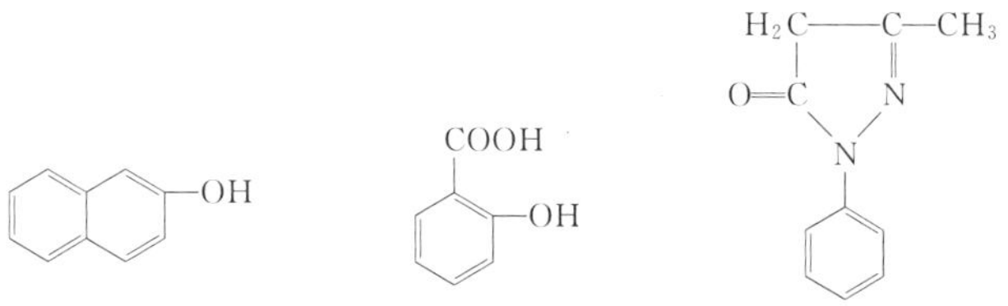

6.4.3.2 酸性络合染料

该类染料的母体与酸性媒介染料相似，不同的是在制备的过程中已将金属原子引入染料母体形成染料络合物，染料分子中一般含有磺酸基。

酸性络合染料的重氮组分主要是各种邻羟基芳胺，如：

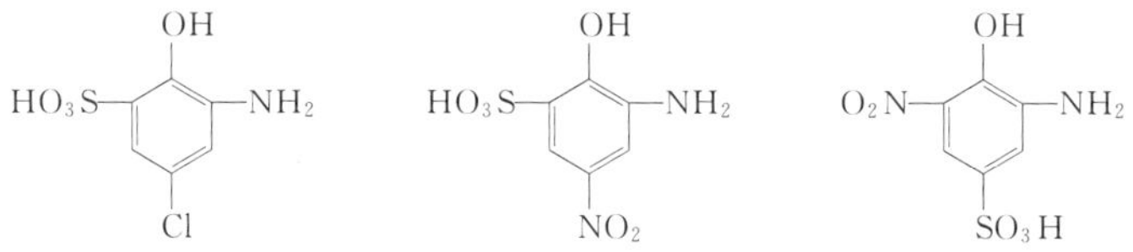

偶合组分主要有：水杨酸、乙酰乙酸乙酯、吡唑啉酮衍生物等。采用的络合剂主要有甲酸铬、硫酸铬等。其中以甲酸铬居多，络合反应可以在常压或加压条件下完成。

6.5 分散染料

分散染料是一类分子中不含如磺酸基等水溶性基团的非离子型染料。在染色时需借助于分散剂。在水中呈现高度分散的颗粒。

分散染料主要应用于涤纶、锦纶等合成纤维进行染色，经染色的化纤纺织产品色泽艳丽、耐洗牢度优良。

按化学结构的不同，分散染料主要可分为偶氮型和蒽醌型两种。前者约占 60%，后者占 40%，从色谱来看单偶氮染料具有黄、红至蓝各种色泽。蒽醌染料具有红、蓝、紫和翠蓝等颜色。此外还有双偶氮型分散染料，但为数不多。

另外按其应用性能可将分散染料分为三类：高温型（S 或 H）、中温型（SE 或 M）和低温型（E）。

6.5.1 偶氮型分散染料

偶氮型分散染料是分散染料中主要的一类，它的通式为：

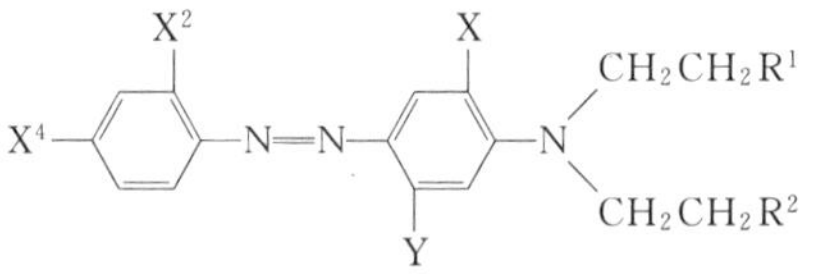

X^2、X^4、X、Y、$CH_2CH_2R^1$、$CH_2CH_2R^2$、—N═N—、N

X^2、X^4 为重氮组分在 2 位、4 位上的取代基；X、Y、R^1、R^2 是偶氮组分对应位置的取代基。

偶氮型分散染料的合成是通过典型的芳氨基重氮化反应和偶合反应来完成的。常见的重氮组分有：

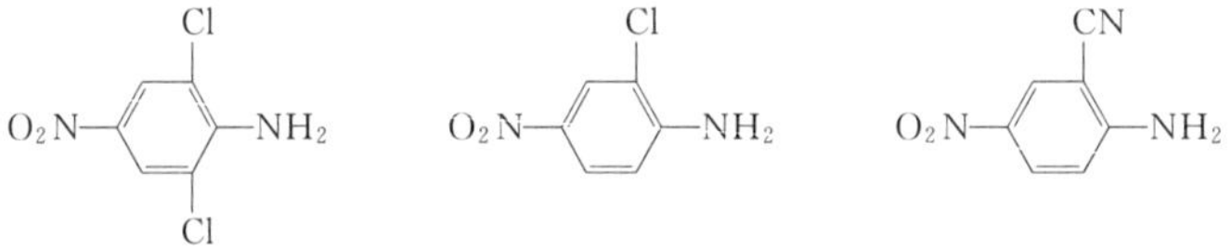

Cl、O_2N、NH_2、Cl　　Cl、O_2N、NH_2　　CN、O_2N、NH_2

常见的偶合组分有：

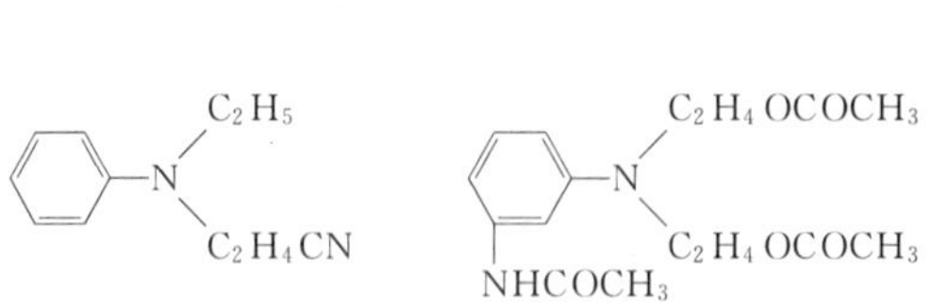

C_2H_5、N、C_2H_4CN　　$C_2H_4OCOCH_3$、N、$C_2H_4OCOCH_3$、$NHCOCH_3$

分散红玉 S-2GFL 的合成方法为：

（1）重氮组分的合成

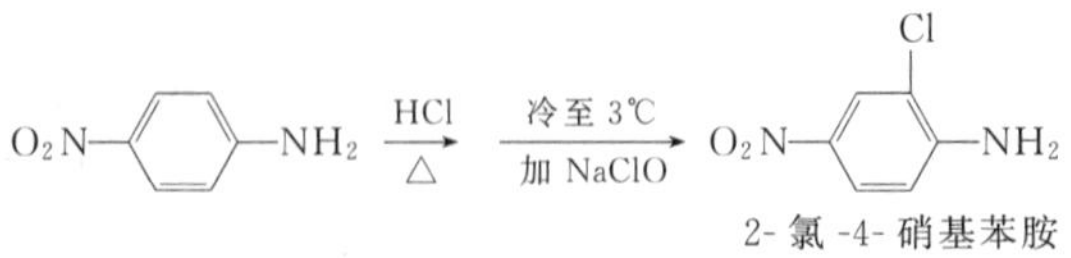

O_2N—⟨苯环⟩—NH_2 $\xrightarrow[\triangle]{HCl}$ $\xrightarrow[加\ NaClO]{冷至\ 3℃}$ O_2N—⟨苯环(Cl)⟩—NH_2

2-氯-4-硝基苯胺

（2）偶合组分的合成

间硝基苯胺 $\xrightarrow[\text{冷却下通入环氧乙烷}]{\text{压热釜：}H_2O\text{，}HCl}$ $\xrightarrow{100\sim120℃}$ N,N-二（羟乙基）间硝基苯胺（$N(CH_2CH_2OH)_2$，NO_2）

$\xrightarrow[90℃\text{加}(CH_3CO)_2O]{Fe\text{，}CH_3COOH}$ 3-乙酰氨基-N,N-二（乙酰氧乙基）苯胺（$N(CH_2CH_2OCOCH_3)_2$，$NHCOCH_3$）

（3）偶合反应

2-氯-4-硝基苯胺（Cl，O_2N，NH_2）$\xrightarrow[\text{打浆}]{HCl}$ $\xrightarrow{30℃\text{加}NaNO_2}$ $\xrightarrow[pH\ 4\sim5]{CH_3COONa}$ $\xrightarrow[\text{滴加偶合组分}]{0\sim3℃}$

O_2N—（Cl）苯环—N=N—苯环（$NHCOCH_3$）—$N(CH_2CH_2OCOCH_3)_2$

6.5.2 蒽醌型分散染料

这类染料分子结构中含有蒽醌结构，结构稳定，日晒牢度好。它的结构通式为：

（蒽醌母体：1位 NHR，2位 R^1，3位 R^2，4位 X，5位 Z，8位 Y，9、10位 O）

其中 X、Y、Z 为 —H、 —OH、 —NR^1R^2。

当 Y、Z 为 —H， X 为 —NR^1R^2 时，称为 1,4-二氨基蒽醌染料，耐光牢度较低，多为紫色。

当 Y、Z 为 —H， X 为 —OH 时，称为 1-氨基-4-羟基蒽醌染料，一般在 β 位上还有烷氧基或芳氧基，多数为红到紫色。

当 X、Y 为 —OH， Z 为 —NR^1R^2 时，称为 1,5-二羟基-4,8-二氨基蒽醌染料，多数为鲜艳的蓝色。

（1）1,4-二氨基蒽醌类分散染料的合成

1-氨基蒽醌-2-磺酸（O，NH_2，SO_3H，O）$\xrightarrow[97℃,12h]{H_3C-C_6H_4-SO_2NH_2}$ 1-氨基-4-（对甲苯磺酰氨基）蒽醌-2-磺酸（NH_2，SO_3H，$NHSO_2-C_6H_4-CH_3$）

$\xrightarrow[87\sim89℃,4h]{CH_3OH,KOH}$ 1-氨基-2-甲氧基-4-（对甲苯磺酰氨基）蒽醌（NH_2，OCH_3，$NHSO_2-C_6H_4-CH_3$）

（2）1-氨基-4-羟基蒽醌类分散染料的合成

这类染料通常以1-氨基蒽醌为原料，经溴化和醇或酚缩合而成。

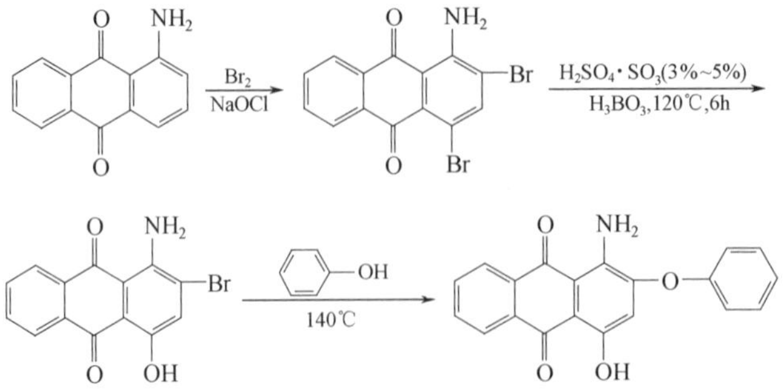

（3）1,5-二羟基-4,8-二氨基类蒽醌分散染料的合成

这类染料一般通过1,5-二硝基蒽醌经多步反应来完成，也可以对1,5-二羟基-4,8-二氨基蒽醌进行取代来合成。

6.6 还原染料

还原染料是一类分子中不含有磺酸基、羧基等水溶性基团，染色时在碱性溶液中借助还原剂［保险粉（$Na_2S_2O_4$）］作用而使棉纤维染色的染料。此类染料色谱齐全，色泽鲜艳，是棉及混纺织物的主要染色染料，同时在印花方面也有应用。

这类染料分子中都含有两个以上的羰基，在使用时羰基首先被保险粉还原成羟基化合物，称为隐色体。

$$Na_2S_2O_4 + 2H_2O \longrightarrow 2NaHSO_3 + 2[H]$$

$$2 \; {>}C{=}O + 2[H] \longrightarrow 2 \; {=}C{-}OH$$

不溶于水的隐色体与碱作用生成可溶性的隐色体钠盐。

$${=}C{-}OH + NaOH \longrightarrow {=}C{-}ONa + H_2O$$

此溶液中存在下列电离平衡：

$${=}C{-}ONa \rightleftharpoons {=}C{-}O^- + Na^+$$

该钠盐对棉纤维有较好的亲和力，被吸附后，经空气或其他氧化剂氧化后，又恢复为还原染料而固着在纤维上，从而达到染色的目的。

$$2 \; {=}C{-}OH \xrightarrow{[O]} {>}C{=}O + H_2O$$

还原染料应用方式相同，母体共轭结构不尽相同，所以依据其化学结构不同可分为：靛类染料、蒽醌类染料及其他醌类染料。

6.6.1 靛类还原染料

靛类还原染料最早是由古老的天然植物染料发展起来的。现在应用的靛蓝染料大多是人工合成的，它们具有相同的共轭发色体系。

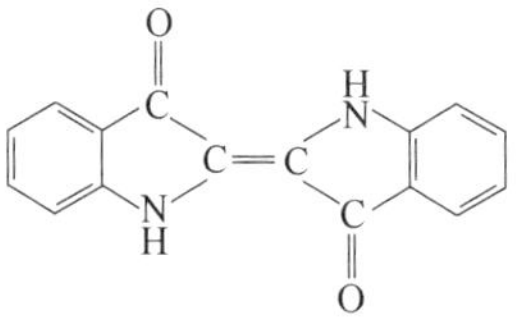

靛蓝

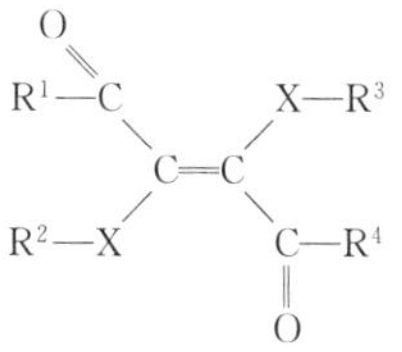

发色共轭体

靛蓝染料的合成主要是以苯胺和氯乙酸为原料，二者经缩合生成苯基甘氨酸，再经碱溶、环化、氧化等单元操作来完成。例如：靛蓝衍生物中最重要的品种——溴靛蓝的合成。

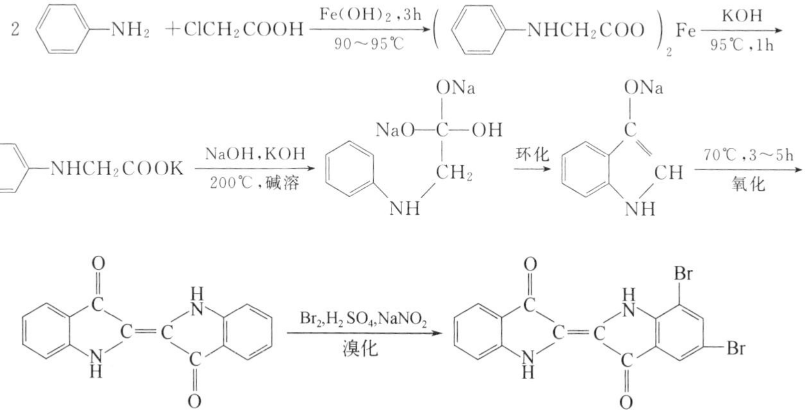

$Fe(OH)_2$，3h；90～95℃；KOH，95℃，1h

NaOH，KOH，200℃，碱溶；环化；70℃，3～5h，氧化

Br_2，H_2SO_4，$NaNO_2$，溴化

6.6.2 蒽醌类还原染料

在还原染料中的另一个重要类型是蒽醌及其衍生物和具有蒽醌结构的还原染料，这类染料色谱较全、颜色鲜艳、坚牢度好。主要有蓝绿、棕、灰等颜色。

蒽醌类还原染料依据结构不同又可细分为几种类型。较具有实用意义的是酰胺类蒽醌染料。此类染料分子蒽醌结构的 α 位上连有一个或几个酰氨基，常见的酰氨基为苯甲酰氨基和三聚氰酰氨基，酰氨基的位置不同表现出黄、橙红等色泽。如：

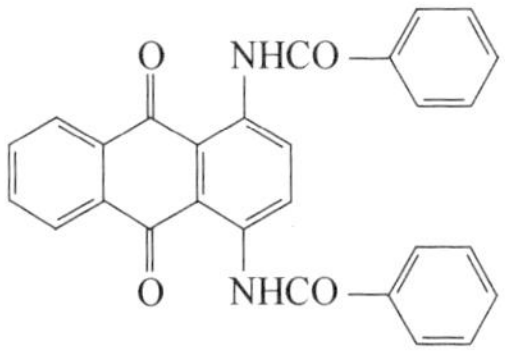

还原红5QK(C.I.61650)

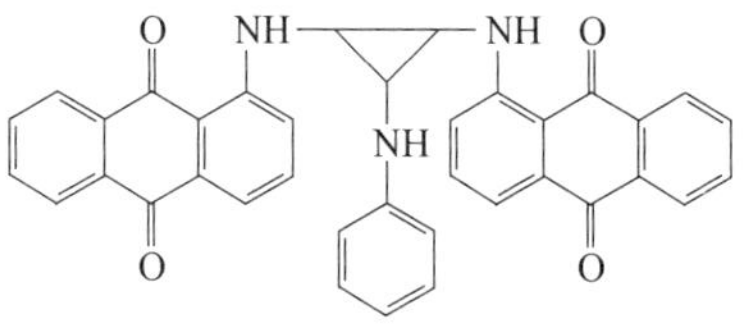

Cibanone黄2GR

另一类蒽醌还原染料是咔唑类蒽醌还原染料，这类染料的分子结构具有咔唑结构，是由 α,α-二蒽醌亚胺经闭环而得。该类染料是还原染料的重要品种之一，对纤维素纤维具有较高的亲和力，但不适于印花。

还原蓝 RSN 是 1901 年发现的第一个蒽醌还原染料。从它的结构可知其分子中含有两个亚氨基氮原子，是一类具有鲜艳蓝色、各项牢度优越、直到现在仍为主要的还原染料品种。其在生产上具有很大价值，合成如下：

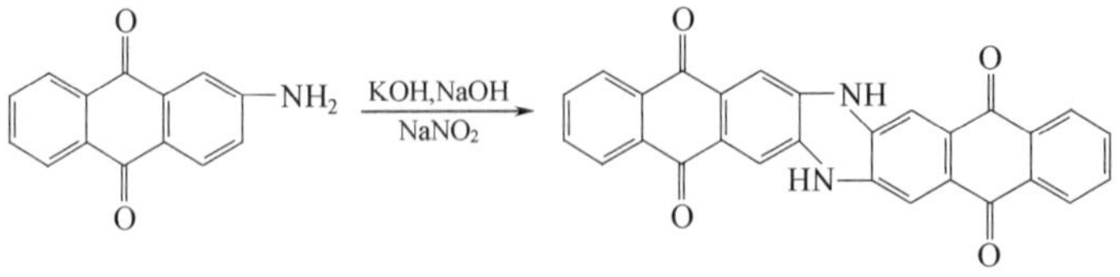

$\xrightarrow[NaNO_2]{KOH,NaOH}$

还原蓝RSN

还原棕 BR 是一个各项牢度均很好，具有两个氮核的衍生物，它是我国生产的主要棕色还原染料之一。

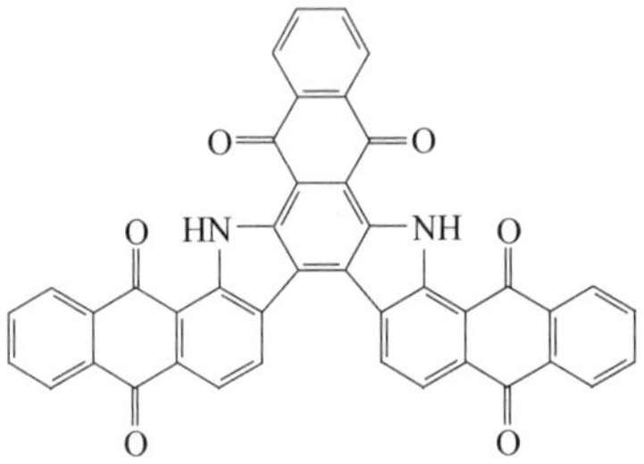

还原棕 BR

它是以 1-氯蒽醌和 1,4-二氨基蒽醌为原料，经以下过程合成的。

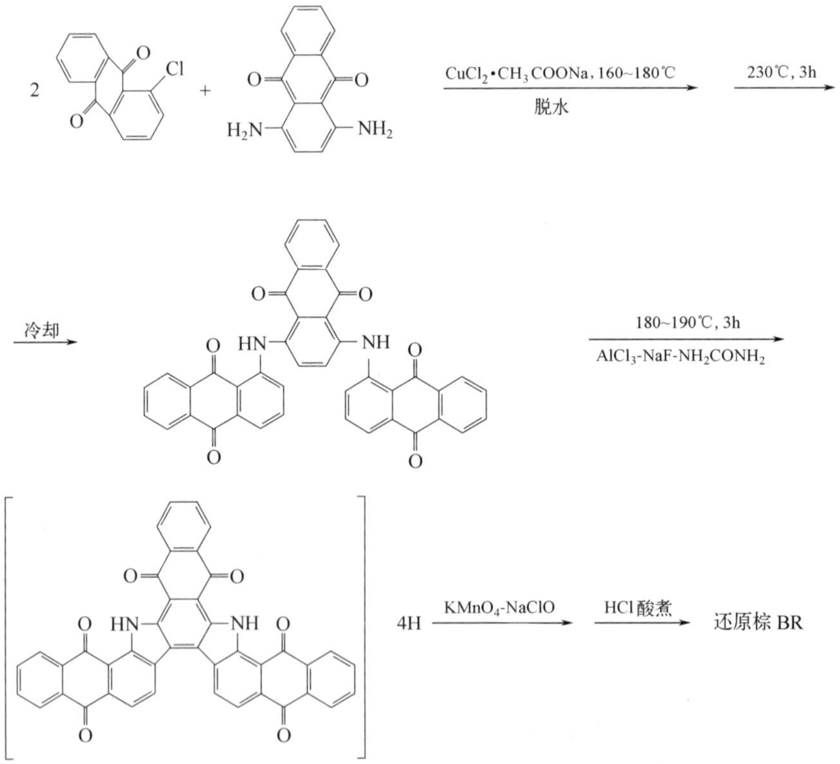

$\xrightarrow[脱水]{CuCl_2 \cdot CH_3COONa, 160\sim180℃}$ $\xrightarrow{230℃, 3h}$ $\xrightarrow{冷却}$ $\xrightarrow[AlCl_3\text{-}NaF\text{-}NH_2CONH_2]{180\sim190℃, 3h}$

4H $\xrightarrow{KMnO_4\text{-}NaClO}$ $\xrightarrow{HCl酸煮}$ 还原棕 BR

6.7 冰染染料

这是一类在冰冷却下，由其重氮盐组分（又称色基）和偶合组分（又称色酚）在棉纤维上发生偶合反应，生成不溶于水的偶氮染料，从而达到染色的目的。在工业生产中一般是先将色酚吸附在纤维上（又称打底），然后通过冰冷却的色基重氮盐在弱酸性溶液中进行偶合。

冰染染料分子中不含水溶性基团，能牢固地固着在纤维上，具有优良的耐洗牢度、色谱齐全、颜色鲜艳、应用方便、价格低廉，但摩擦牢度不好，主要应用于棉织物的染色和印花。

冰染染料分子由色基和色酚两部分组成，但由于它们各自独立，且化学结构不同，因此分别进行讨论。

6.7.1 色酚

色酚是冰染染料的偶合部分，用来与重氮盐在棉纤维上偶合生成不溶性偶氮染料的酚类，也称打底基。大多为不含磺酸基或羰基等水溶性基团，而含有羟基的化合物。

例如色酚 AS 是由 2,3-酸与不同取代芳胺的酰胺化而制得：

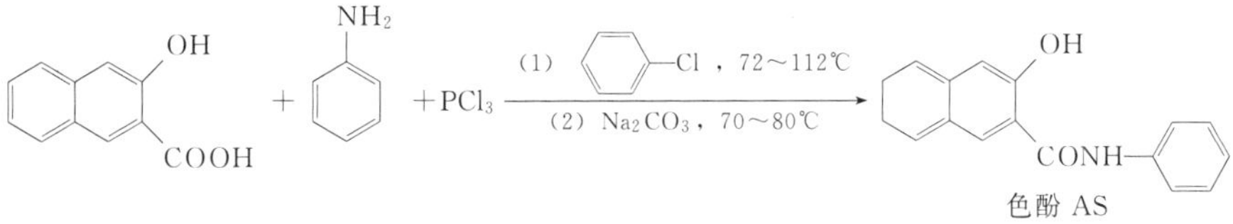

(1) 氯苯，72～112℃；(2) Na_2CO_3，70～80℃

色酚 AS

常见的乙酰化方法是把 2,3-酸与芳胺的混合物在氯苯中和三氯化磷加热作用而成，反应中应无水存在。

常用的品种有：

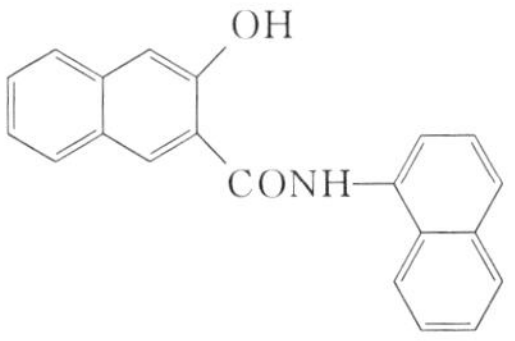

色酚 AS-BO

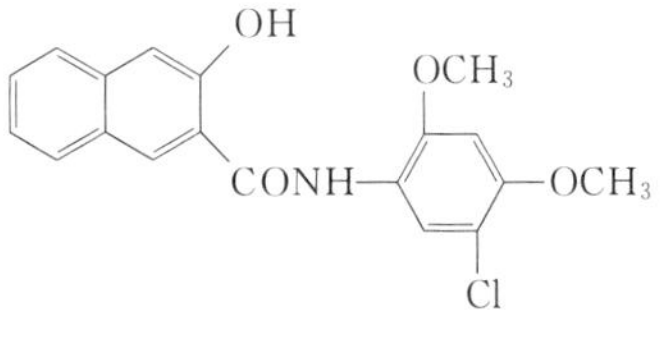

色酚 AS-ITR

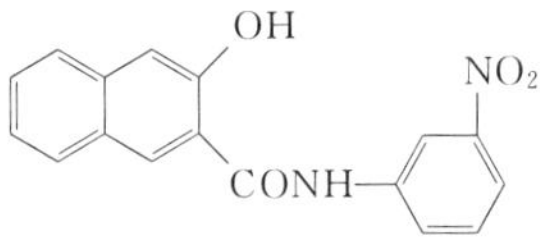

色酚 AS-BS

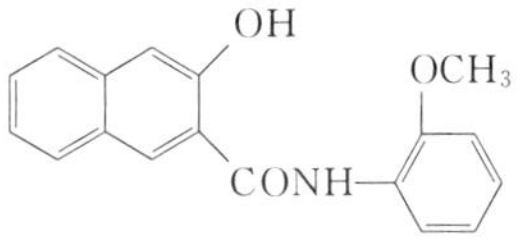

色酚 AS-DL

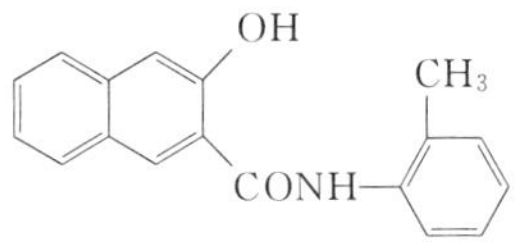

色酚 AS-D

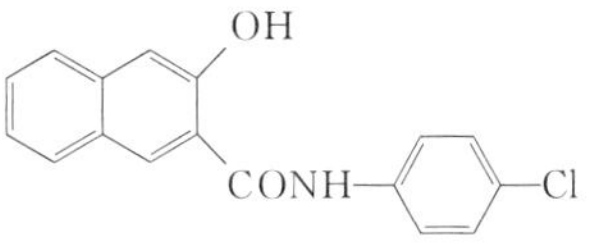

色酚 AS-E

以上品种经偶合后所得偶氮染料中没有黄色。另一类 AS-G 色酚与色基作用一般生成黄色染料，如色酚 GR，它与蓝色基 BB 重氮盐偶合可得到带蓝光绿色染料。

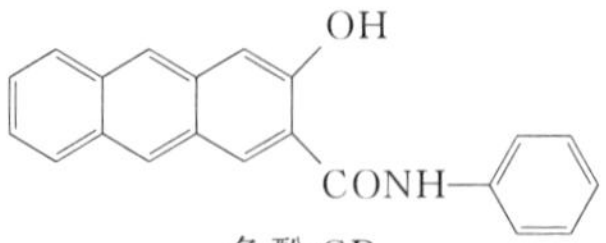

色酚 GR

6.7.2 色基

色基是冰染染料的重氮部分，又称显色剂。多数为不含可溶性基团的芳胺化合物或氨基偶氮化合物。根据不同色基与色酚偶合得到不同颜色染料，可将色基以颜色命名。常见品种有：

黄色基

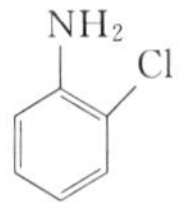

黄色基 GC

橙色基

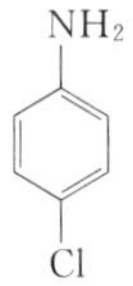

橙色基 G 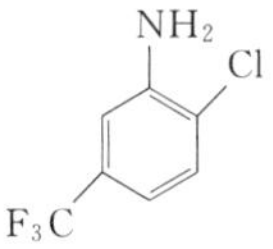　　橙色基 RD

红色基

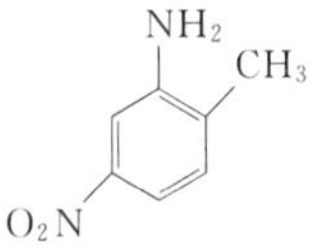

大红色基 G 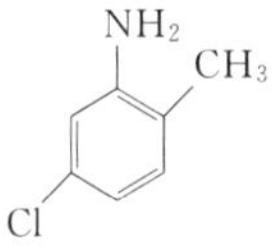　　红色基 KB 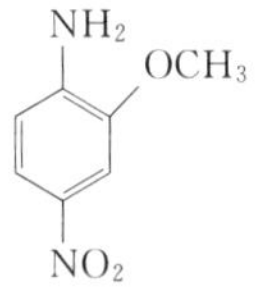　　红色基 B 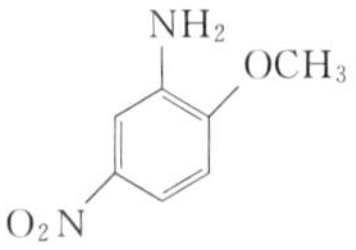　　大红色基 RC

蓝色基

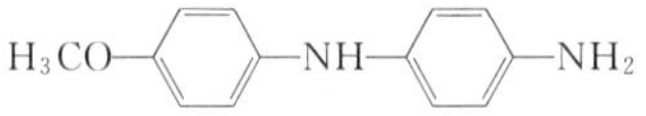

蓝色基 VB 　　蓝色基 BB

棕色基

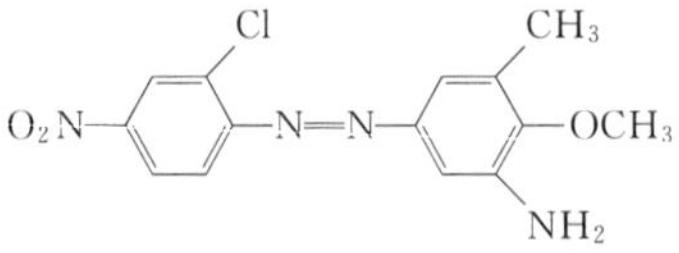

棕色基 V

黑色基

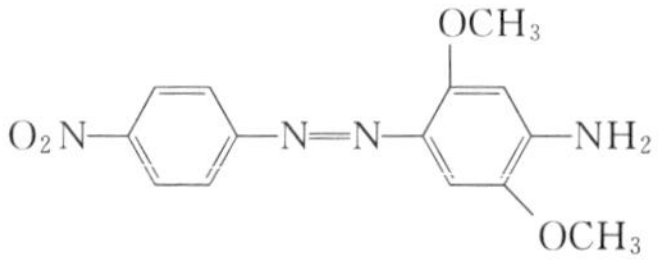

黑色基 K

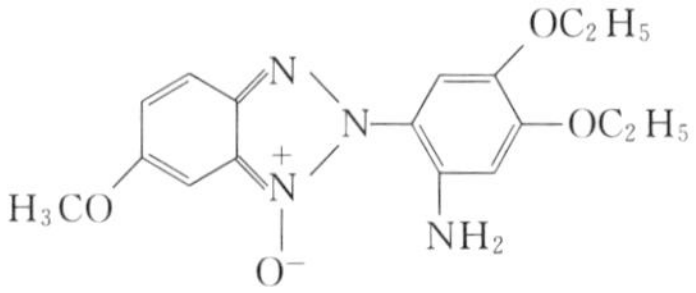

橄榄绿基

以上色基使用时必须先行重氮化才能偶合显色，为了省去这样的操作，可将色基在染料厂就制成稳定的重氮盐，使用时只需将其活化就可参加偶合而显色，这样稳定的重氮盐简称为色盐。

例如蓝色盐 VB

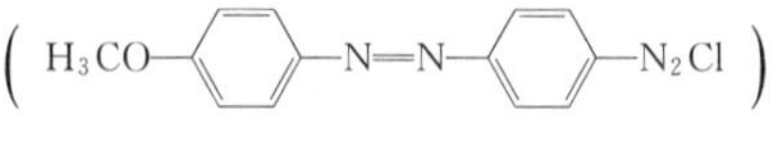

$$\left(H_3CO-C_6H_4-N{=}N-C_6H_4-N_2Cl \right)$$

红色盐 RL

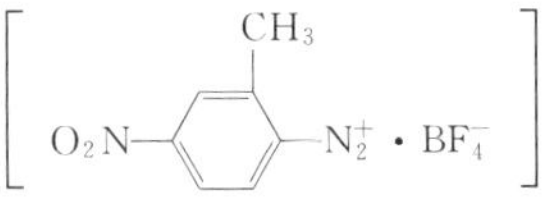

黑色盐 K

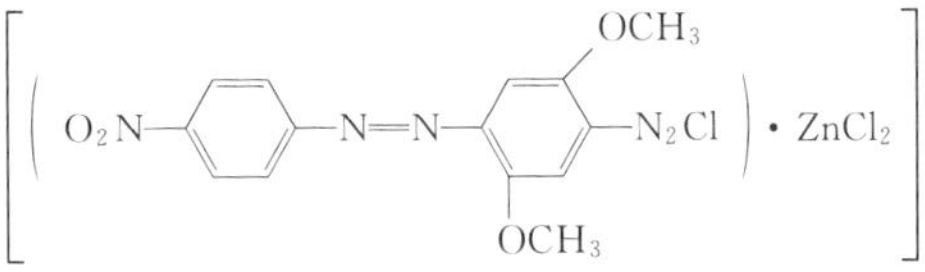

橙色基合成

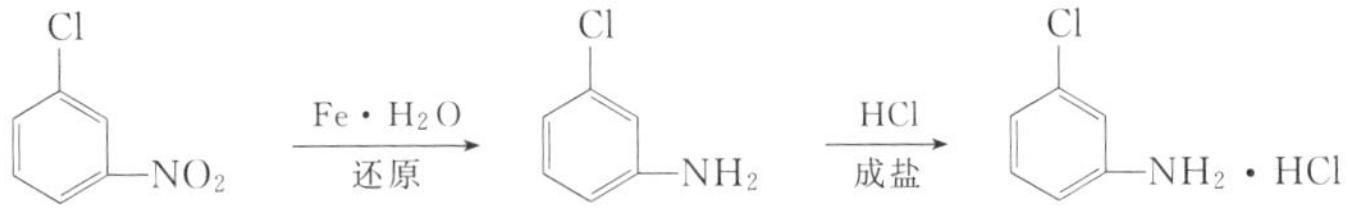

6.8 其他类型的染料

6.8.1 直接染料

直接染料是能在中性和弱键相介质中加热煮沸，不需媒染剂的帮助，即能染色的染料。直接染料是凭借直接染料与棉纤维之间的氢键和范德华力结合而成，主要应用于纤维、丝绸、棉纺、皮革等行业，同时在造纸等行业也有应用。

直接染料按其结构可分为：偶氮、二苯乙烯、噻唑等类型。按其应用分类则主要有普通直接染料、直接耐晒染料和直接偶氮染料。

a. 普通直接染料是指分子中含有磺酸基或羧基等水溶性基团，对纤维素具有较大亲和力，在中性介质中能直接染色的直接染料。这类染料结构以双偶氮及多偶氮染料为主，并以联苯胺及其衍生物占多数。20 世纪 70 年代以来，联苯胺已被肯定为致癌物质，不少国家已停止生产或限制使用。可选用一些无毒或毒性较小的中间体替代，例如直接黑：

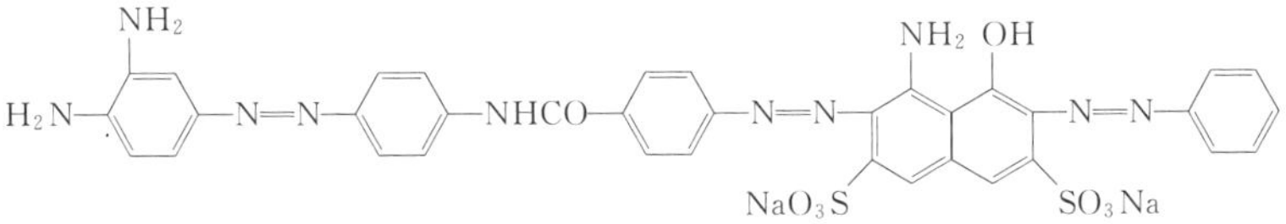

b. 直接耐晒染料较一般直接染料的日晒牢固性要高，一般在 5 级以上，主要类型有尿素型、三聚氯氰型、噻唑型、二噁嗪型等。如直接耐黑 G：

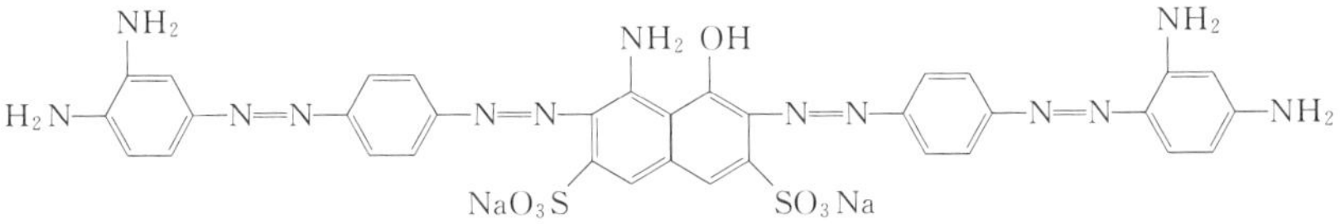

直接铜盐染料分子中含有铜，是由偶氮型染料经铜盐处理而制得的，染料与铜离子形成稳定络合物，从而提高了耐晒牢度。如直接耐晒红玉 BBL：

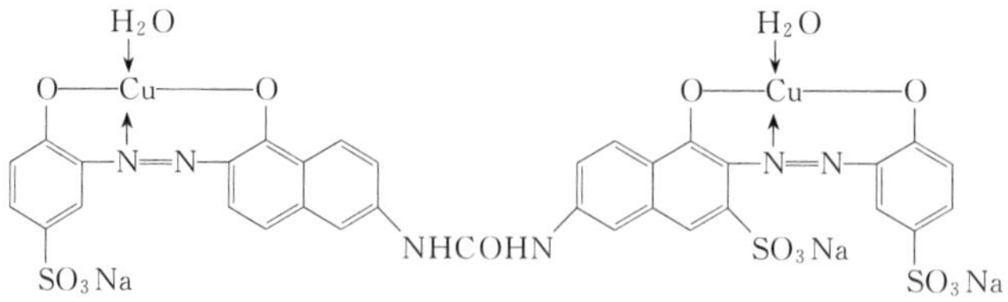

c. 直接偶氮染料是分子中带有能进行重氮化的氨基，染色时可以在棉纤维上进行重氮化，最后再用偶合剂偶合，生成较深的色泽，如直接耐晒黑GF：

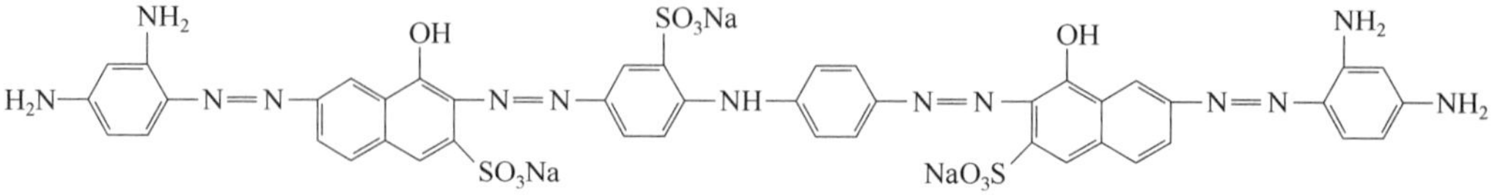

6. 8. 2 阳离子染料

这类染料在水溶液中电离成有色的阳离子，通过离子间盐键使带酸性基的纤维染色。阳离子染料是聚丙烯腈纤维染色所用的专用染料，色泽浓艳，按阳离子染料的化学结构可分为两类。

（1）隔离型阳离子染料

这类染料分子中阳离子基团与染料母体通过隔离基相连接，染料的正电荷定于染料分子某个原子上，如阳离子海军蓝。它的合成是先将阳离子引入偶氮染料的偶合组分或重氮组分基蒽醌染料的缩合组分，再与染料母体进行重氮化偶合或缩合。

常见的中间体有：

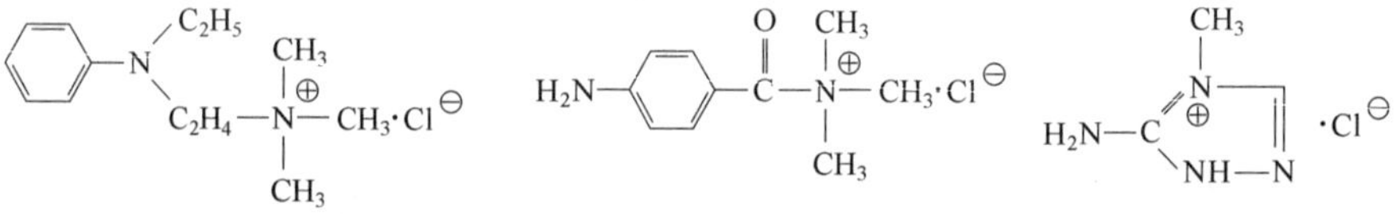

（2）共轭型阳离子染料

这类染料分子中正电荷离域在整个发色共轭体系中，共轭型是阳离子的主要类型，色泽鲜艳，其主要类型有三芳甲烷型和菁型结构的染料。阳离子红2GL的合成如下。

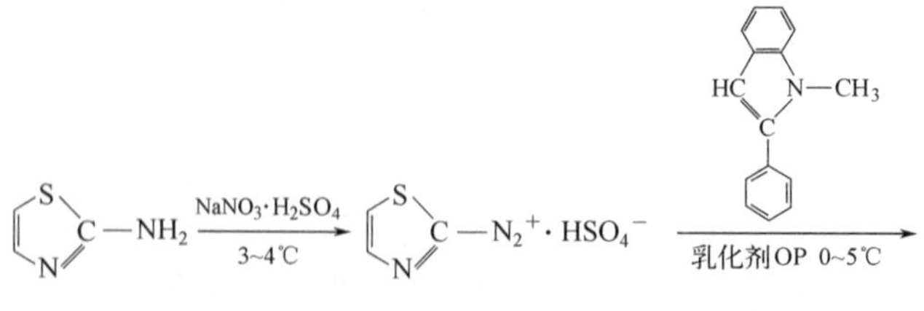

$(CH_3)_2SO_4$-MgO

pH=8~9，25~30℃

$CH_3 \cdot CH_3SO_4^-$

阳离子红 2GL

6.8.3 硫化染料

硫化染料是以芳胺或酚类为原料，用硫或硫化钠进行硫化而制成，分子中含有硫键。在染色时，需使用硫或硫化钠等还原剂将不溶性的硫化染料还原成可溶性的隐色体盐而上染纤维，然后经氧化显色，恢复成不溶性染料而固着在纤维上。主要用于纤维素的染色，并以黑、蓝和草绿色居多。

$$\underset{\text{硫化染料}}{R—S—S—R'} \xrightarrow{2[H]} \underset{\text{隐色体}}{R—SH + R'—SH}$$

$$R—SH + R'—SH + 2NaOH \rightleftharpoons \underset{\text{隐色体盐}}{R—SNa + R'—SNa} + 2H_2O$$

$$R—SH + R'—SH \xrightarrow{[O]} R—S—S—R' + H_2O$$

工业上制备硫化染料的方法有两种：一是烘焙法，二是煮沸法也称溶剂法。

主要的有机制备原料有芳胺、二元胺、酚及一些硝基化合物硫化剂。硫和多硫化钠作用是还原剂、脱氧剂和亲核试剂。

烘焙法是将原料芳烃的胺类、酚类或硝基物与硫黄或多硫化钠在高温下烘焙，该法主要用于难溶于碱液或多硫化钠热溶液中容易分解的甲苯胺、甲苯二胺及其酰化物的硫化，一般生成噻唑环，呈黄色、黄棕色，如硫化黄棕 5G 的合成。

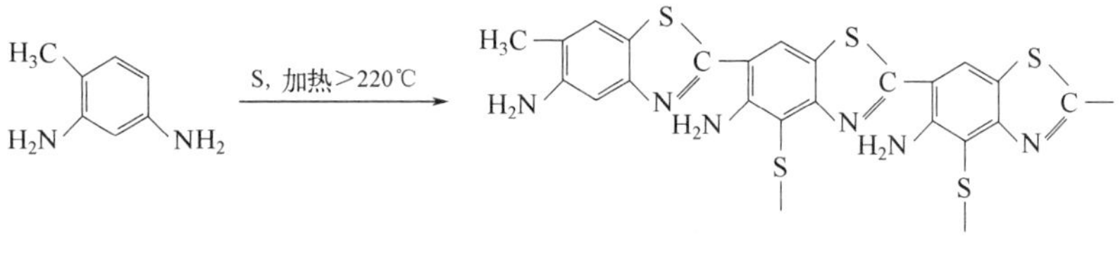

S，加热＞220℃

硫化黄棕 5G

煮沸法也称溶剂法，是将原料芳烃的胺类、酚类或硝基物与多硫化钠在水中或有机溶剂中加热煮沸。该法适用于硝基酚、蓝苯胺和二氮蒽类等的硫化，一般生成黑蓝、绿色硫化染料。

6.9 有机颜料

有机颜料是一类本身具有颜色的不溶性有机物，由于它不溶于介质溶剂也不溶于被染物，所以通常以高度分散状态加入底物使底物着色。这也是染料和颜料的区别，多数有机颜料和染料在活性结构上是一致的，采用不同的使用方法可使它们之间相互转化，如某些硫化还原染料，在其被还原成隐色体之前就可以作为颜料。用于高级油墨。

有机颜料通常具有较高的着色力，颗粒容易研磨和分散、色泽鲜艳、纯度高、耐热性好。

有机颜料广泛应用于油墨、油漆、涂料、合成纤维的原浆着色，橡胶、塑料制品以及织物的涂料印花和皮革着色方面。

6.9.1 有机颜料的分类

根据有机颜料的化学结构分类如下。

（1）偶氮颜料

PV 红 HF_2B

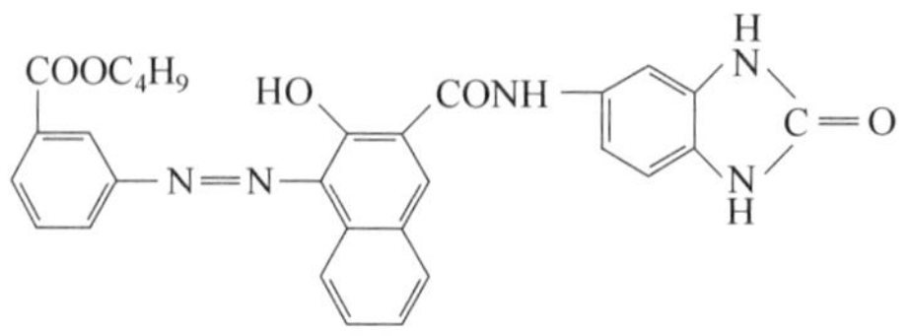

$COOC_4H_9$ HO CONH N N H H C=O N=N

（2）色淀

立索尔大红

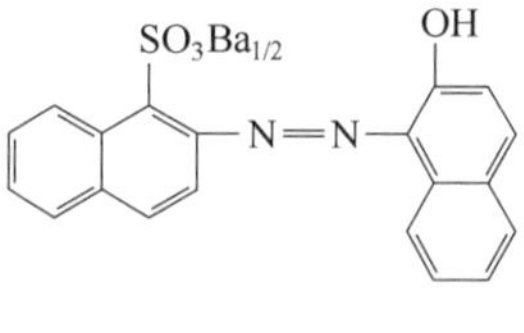

$SO_3Ba_{1/2}$ OH N=N

（3）酞菁

分子结构参见 6.1.2.1 节。

（4）喹吖啶酮

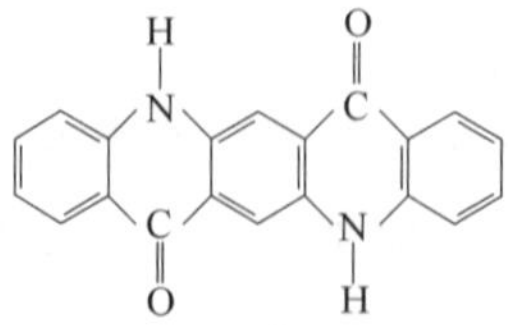

H N C O C O N H

（5）异吲哚啉酮

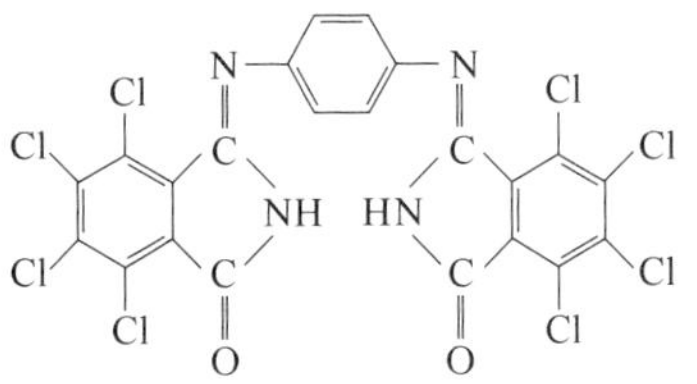

（6）二噁嗪

永固紫 RL

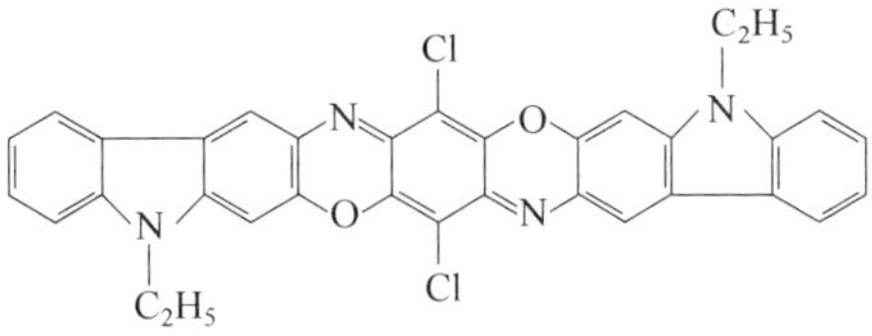

6.9.2 偶氮颜料

偶氮颜料是分子结构中含有偶氮基的不溶性的有机化合物，色泽鲜艳、着色力强，但牢固性往往较差，由于其制造方便、价格低，现仍广泛使用。

这类颜料一般是由芳香胺和杂环芳香胺经重氮化再与乙酰芳胺、2-萘酚生成不溶性沉淀。可分为单偶氮和双偶氮颜料。

偶氮颜料的偶合组分及举例见表 6-1。

表 6-1 偶氮颜料的偶合组分及举例

偶合组分	举例	备注
乙酰芳胺	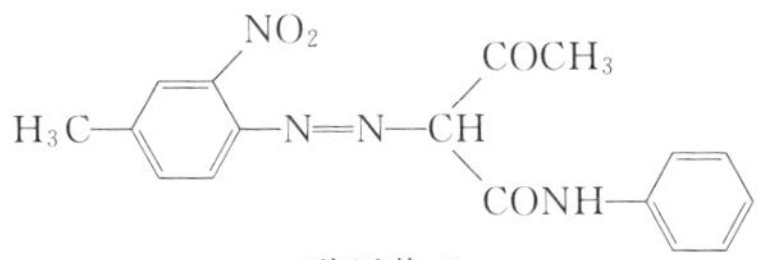 耐晒黄 G 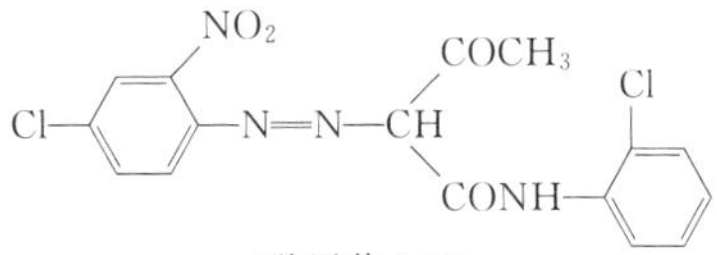 耐晒黄 10G	耐光牢度好，但在有机溶剂中稳定性不好
吡唑啉酮	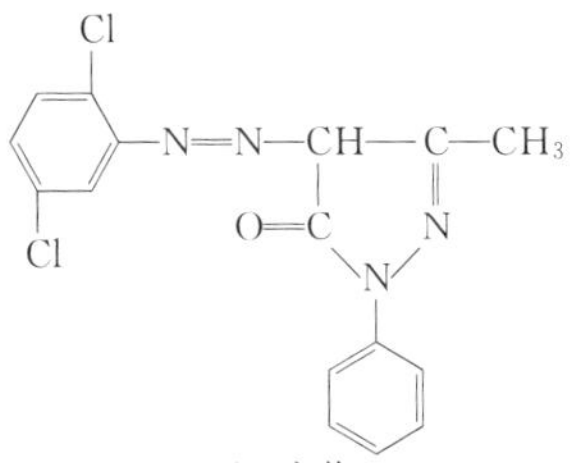 汉沙黄 R	

续表

偶合组分	举例	备注
吡唑啉酮	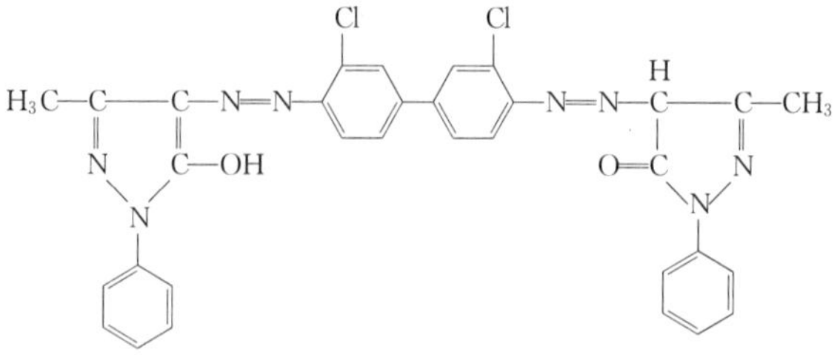 Cl Cl H H_3C—C—C—N=N— —N=N—C—C—CH_3 N C—OH O=C N N N 永固橙 G	
β-萘酚 AS 或色酚 AS	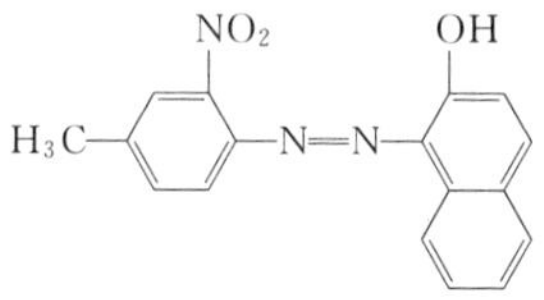 NO_2 OH H_3C— —N=N— 甲苯胺红 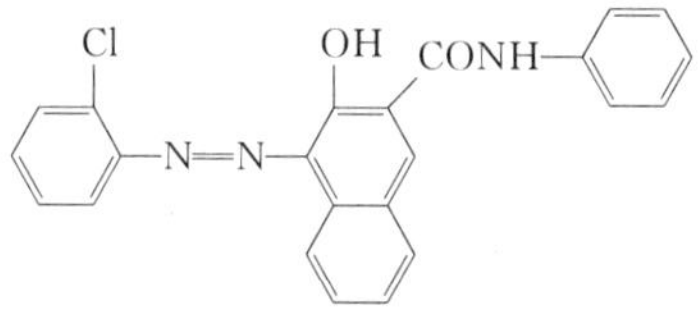 Cl OH CONH— —N=N— 永固红 FR	
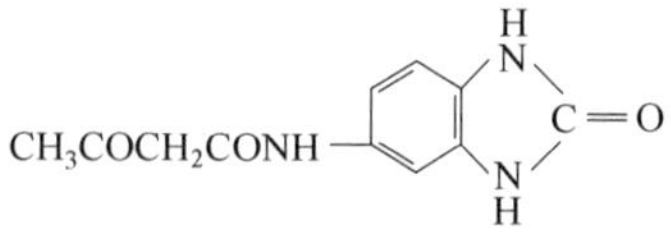 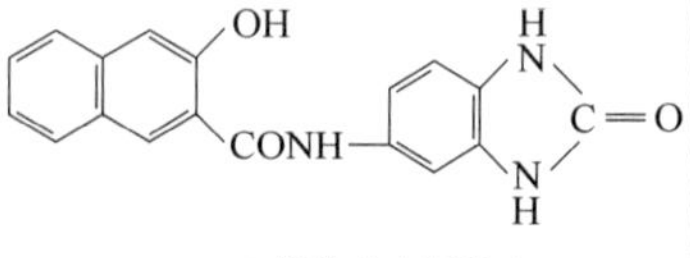 H N CH_3COCH_2CONH— C=O N H OH H N CONH— C=O N H （苯并咪唑酮类）	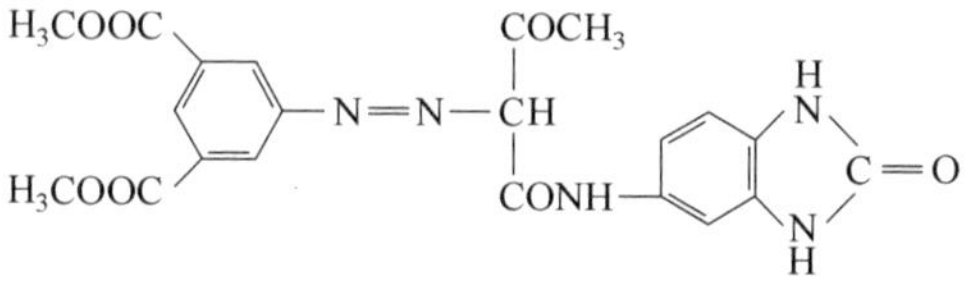 H_3COOC $COCH_3$ H —N=N—CH N C=O H_3COOC CONH— N H PV 坚牢黄 H2G 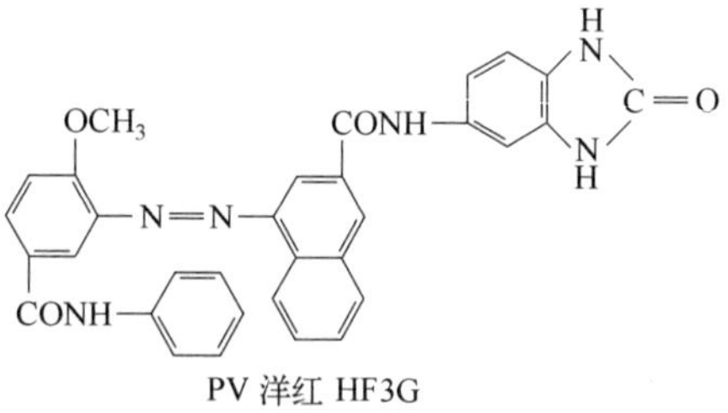 H N OCH_3 CONH— C=O N —N=N— H CONH— PV 洋红 HF3G	多数为黄色颜料 多数为红色颜料

6.9.3 色淀颜料

可溶性染料制成的不溶性有色物质叫作原色体。若可溶性染料制成的不溶性有色物质沉淀在氢氧化铝、硫酸钡等底粉上则叫作色淀。

制备色淀的一般方法是对含有羧基、磺酸基的染料用氯化钡或氯化钙作为沉淀剂，使生成的染料钡盐或钙盐沉淀在硫酸钡或氢氧化铝上而形成色淀。

色淀的色光鲜艳、色谱齐全、成本价格低廉、耐晒牢固性比原水溶性染料高，按其化学结构可分为偶氮色淀、三芳甲烷色淀等。

6.9.3.1 偶氮色淀

（1）立索尔大红的合成

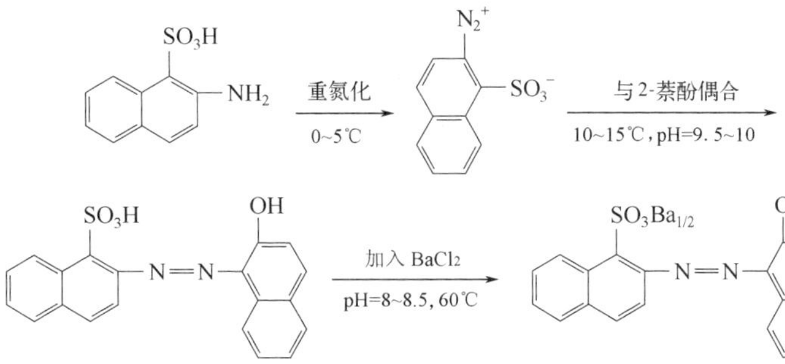

重氮化，0~5℃；与2-萘酚偶合，10~15℃，pH=9.5~10；加入 $BaCl_2$，pH=8~8.5，60℃

主要用于制备油墨、文教工业的水粉、油彩、蜡笔等着色颜料，着色力高、遮盖力差，耐晒、耐酸，但耐热性一般，并微有水渗性。

（2）立索尔宝红的合成

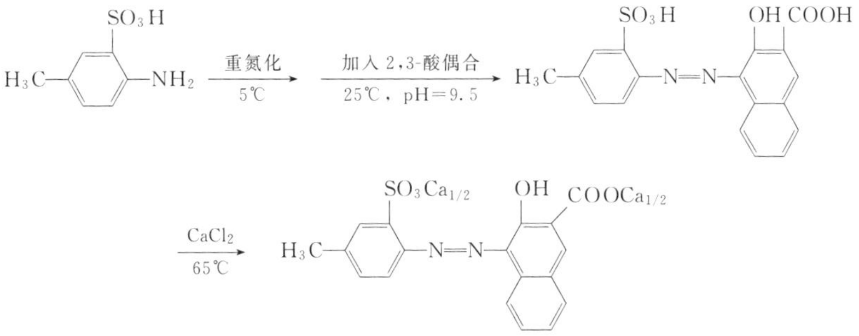

重氮化，5℃；加入2,3-酸偶合，25℃，pH=9.5；$CaCl_2$，65℃

不但可用于文教工业制造油墨、油彩、水彩颜料，还可作为涂料工业中的着色剂，也可作为橡胶、塑料、日用化学制品的着色剂。

6.9.3.2 三芳甲烷色淀

三芳甲烷色淀染料和酸沉淀剂磷酸、钼酸、钨酸、单宁酸等作用生成不溶性色淀。例如孔雀绿耐晒色淀：

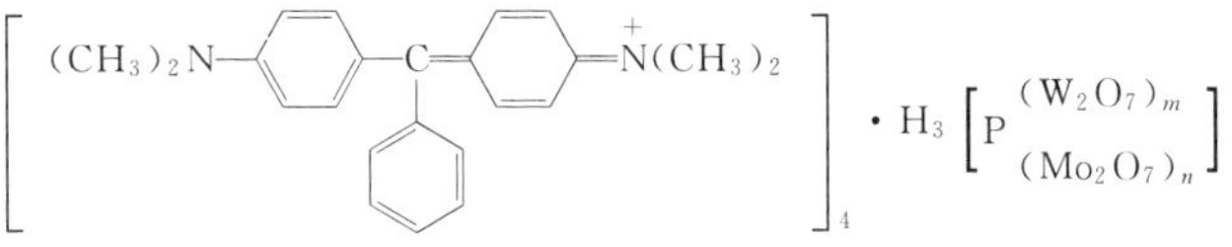

$$[\ldots]_4 \cdot H_3\left[P\begin{matrix}(W_2O_7)_m\\(Mo_2O_7)_n\end{matrix}\right]$$

6.9.3.3 酞菁色淀

酞菁色淀是由酞菁磺酸钡沉淀在硫酸钡或铝钡白等底粉上而成。

底粉制造：

$$2Al_2(SO_4)_3 \cdot 12H_2O + 6Na_2CO_3 \longrightarrow 4Al(OH)_3\downarrow + 6Na_2SO_4 + 6CO_2 + 18H_2O$$

$$BaCl_2 + Na_2SO_4 \longrightarrow BaSO_4\downarrow + 2NaCl$$

色淀制造：

$$CuPC(SO_3Na)_2 \xrightarrow[\text{pH } 8.5\sim9.2]{BaCl_2} CuPC(SO_3Ba_{1/2})_2$$

6.9.4 酞菁颜料

酞菁颜料是分子结构中含有酞菁分子的水不溶性有机化合物。酞菁（铜酞菁）分子结构为：

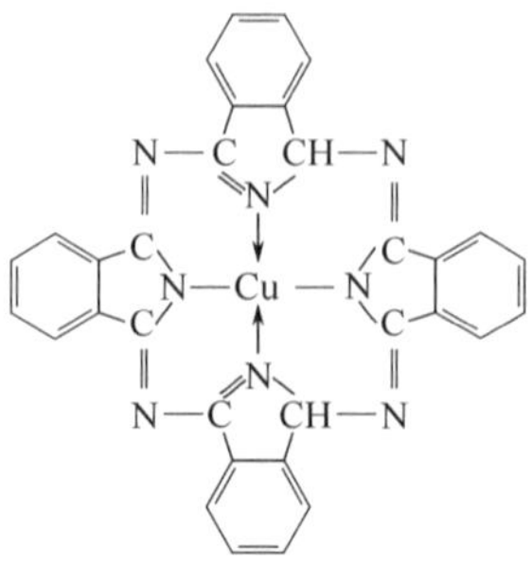

铜酞菁

酞菁作为发色团共轭体系是由四个吲哚结合而成一个多环分子含 18 个 π 电子的环状烯。

酞菁颜料色泽鲜艳、着色力高，具有耐高温和耐晒的优良性能，颗粒细，极易扩散和加工研磨。主要用于油墨、印铁油墨、涂料、绘画水彩、油彩颜料和涂料印花以及橡胶、塑料制品的着色，在染料工业中占有重要地位。

6.9.4.1 酞菁颜料的合成

铜酞菁是国内目前有机颜料总产量最大、应用最多的优秀品种之一，一般为鲜艳的带绿色的蓝色颜料。其制备方法主要有苯二腈法。

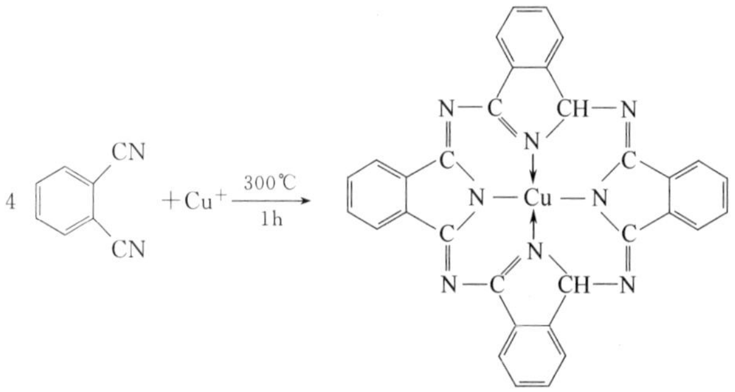

$$4\ C_6H_4(CN)_2 + Cu^{+} \xrightarrow[1h]{300℃} \text{铜酞菁}$$

6.9.4.2 酞菁素

酞菁素是只能在纤维上生成酞菁中间体，进一步反应生成酞菁的颜料，同时它也具有酞菁鲜艳的色泽及优良的牢度。如酞菁素艳蓝 IF3G。

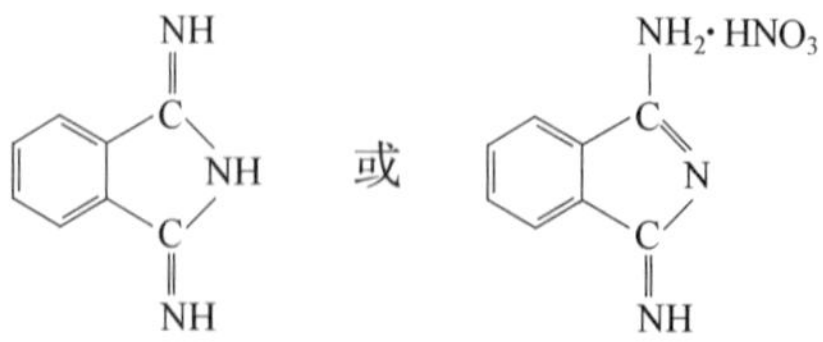

或

印染时在还原剂存在下，二价铜盐和酞菁素艳蓝反应，在纤维上直接生成铜酞菁。

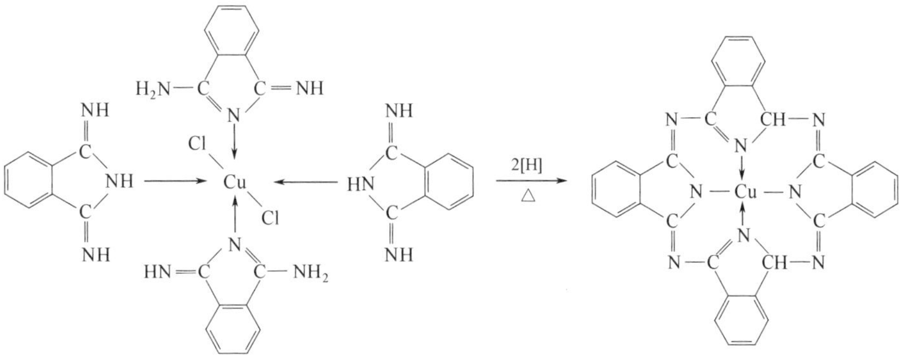

H_2N—C　C═NH　N　NH　Cl　C　NH → Cu ← HN　Cl　C　NH　N　HN═C　C—NH_2　NH　NH　$\xrightarrow[\triangle]{2[H]}$　N—C　CH—N　N　C　N—Cu—N　C　N　N—C　CH—N

6.9.5 二噁嗪颜料

二噁嗪颜料是一类重要的有机颜料，它具有较高的着色力、色泽鲜艳。一般通式为：

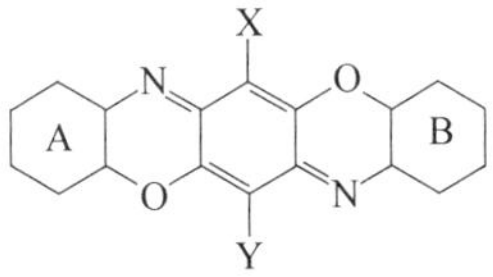

X　N　O　A　B　O　N　Y

它的合成方法一般为：四氯苯醌与芳胺反应，然后在苯磺酰氯存在下氧化闭环而成，也可用四氯苯醌与邻氨基苯甲酚醚反应，脱氯化氢缩合，然后再脱醇缩合而成。

例：永固紫 RL 的合成

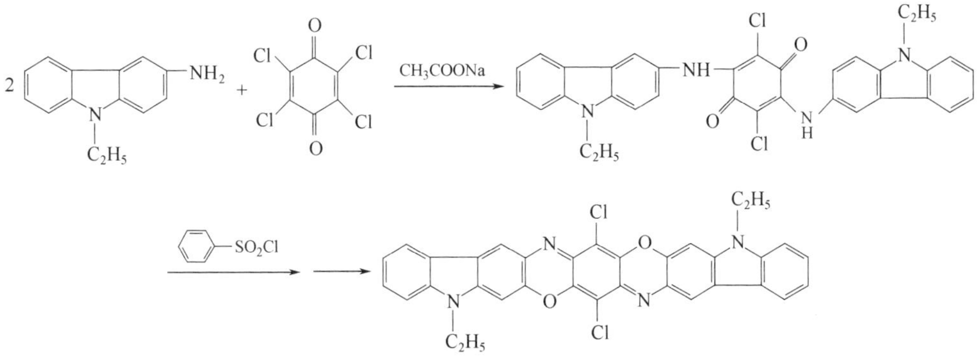

2　NH_2　N　C_2H_5　+　Cl　O　Cl　Cl　O　Cl　$\xrightarrow{CH_3COONa}$　NH　Cl　O　C_2H_5　N　N　C_2H_5　O　Cl　N　H

$\xrightarrow{C_6H_5SO_2Cl}$ ⟶　Cl　C_2H_5　N　O　N　N　O　N　C_2H_5　Cl

它具有高的着色强度和鲜艳度，优异的耐热性和抗渗化性能，以及良好的耐晒牢度。主要用于涂料、橡胶、塑料和合成纤维的原浆着色。

如果两侧苯核上引入不同的取代基，可得不同色光的紫色颜料。例如：

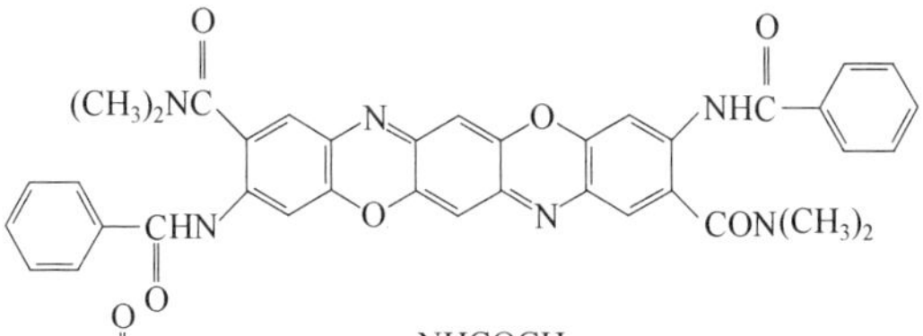

O　O　$(CH_3)_2NC$　N　O　NHC　CHN　O　N　$CON(CH_3)_2$　O

红光紫

O　$NHCOCH_3$　CHN　N　O　OC_2H_5　C_2H_5O　O　N　NHC　$NHCOCH_3$　O

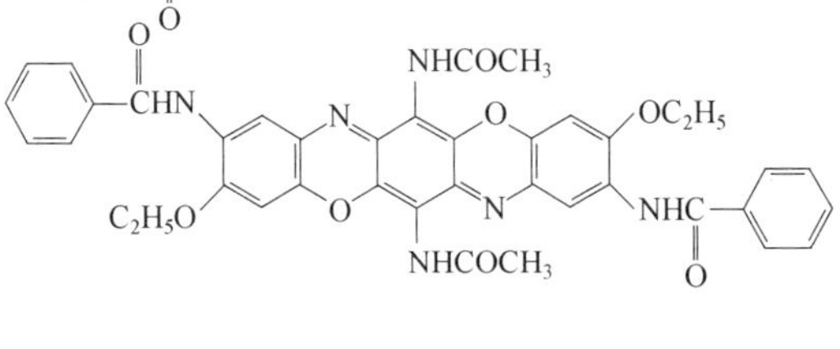

蓝光紫

6.9.6 喹吖啶酮颜料

这类染料是分子结构中含有喹吖啶酮的有机颜料。

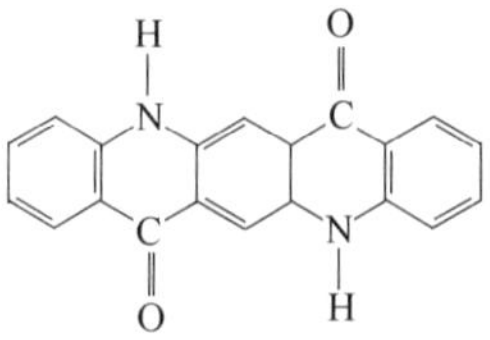

这类颜料由于其耐热、耐晒、鲜艳度等性能与酞菁系颜料相当，故商品称为酞菁红，其实二者分子结构完全不同。广泛应用于高级油墨、油漆、喷漆等合成纤维的原浆着色以及塑料的着色。

喹吖啶酮的合成方法有两种。

第一种方法以丁二酸二乙酯为原料自身缩合成二酮，再与苯胺缩合生成酯，最后经闭环氧化。

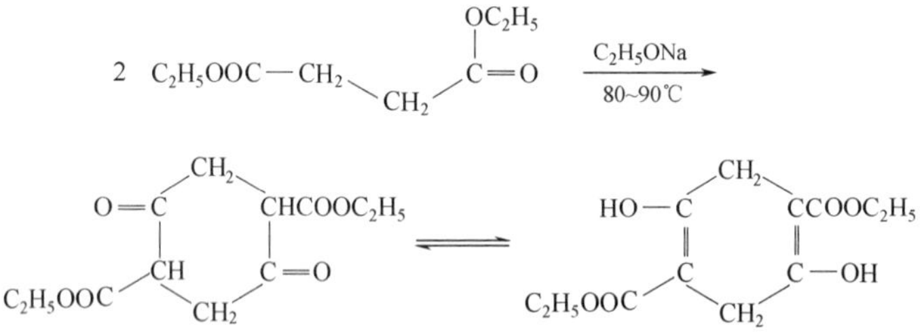

C_2H_5ONa，80~90℃

2,5-双(乙氧基羰基)环己-1,4-二酮

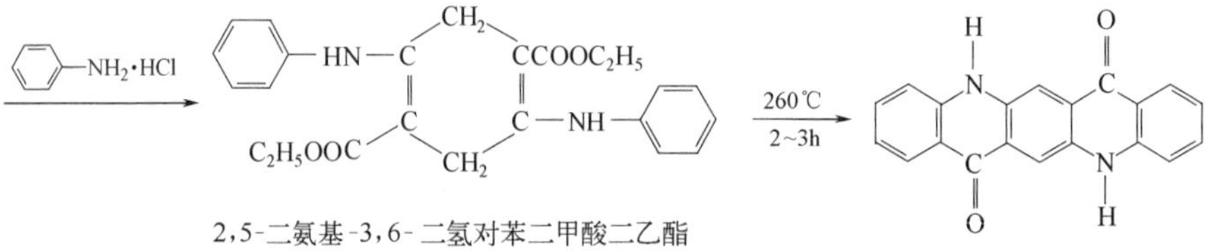

$NH_2 \cdot HCl$

260℃，2~3h

2,5-二氨基-3,6-二氢对苯二甲酸二乙酯

第二种方法以苯醌与邻氨基苯甲酸在氯酸钾存在下作用生成双苯醌，然后在浓硫酸中加热环构，还原而成。

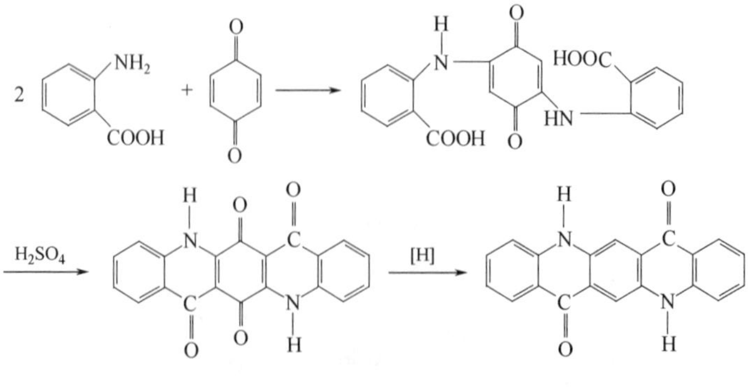

H_2SO_4

[H]

如果用不同的苯胺衍生物，可得各种不同的喹吖啶酮取代物，其色光也各不相同。

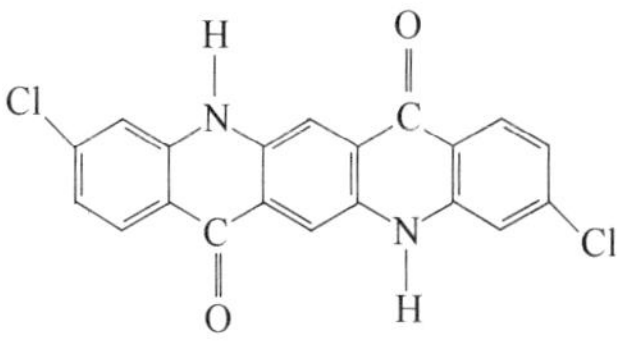

黄光红 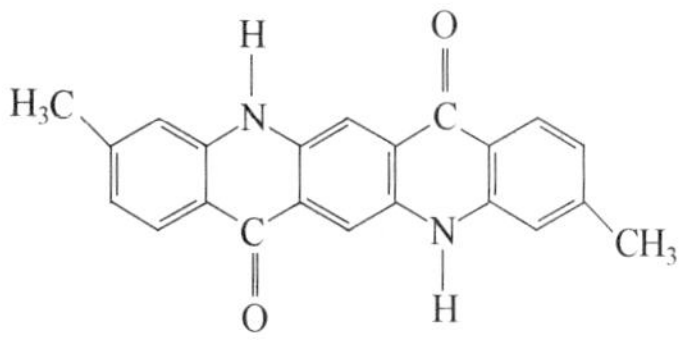　蓝光红

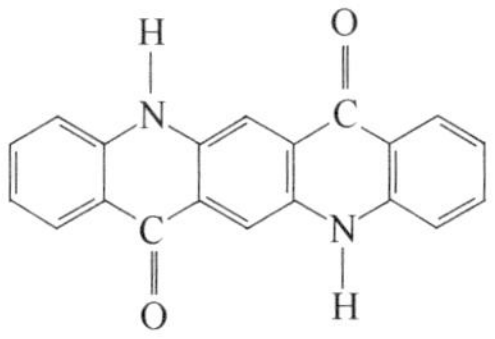

及 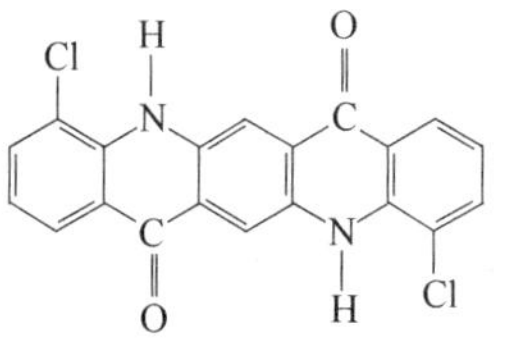　大红

6.9.7 吲哚啉酮颜料

它是一类具有优良耐光、抗迁移性能和耐热性的有机颜料，但其着色力比酞菁稍差，主要应用于塑料着色，也应用于高级油墨、油漆中。

其通式为：

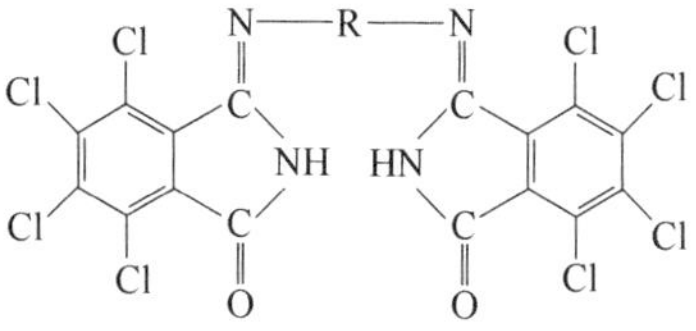

这类颜料一般由 3,3,4,5,6,7-六氯异吲哚啉酮和二元胺缩合而成。

伊佳净黄 2RLT　伊佳净黄 2GLT

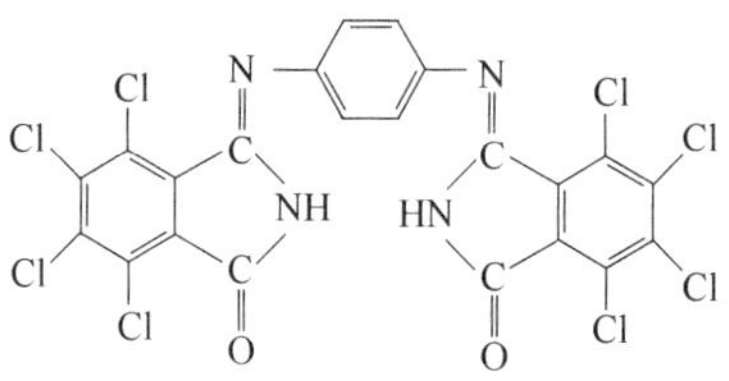

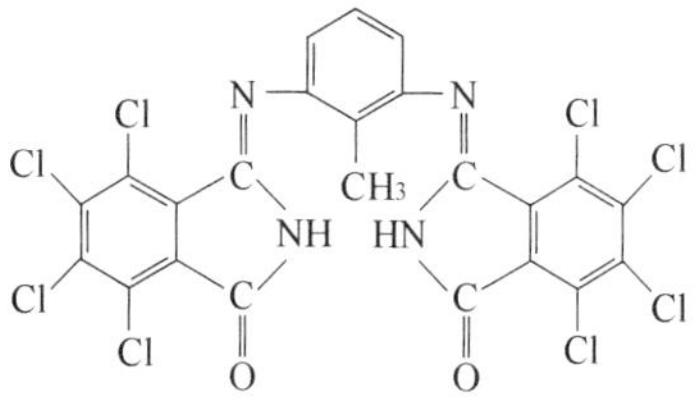

伊佳净黄 RLT

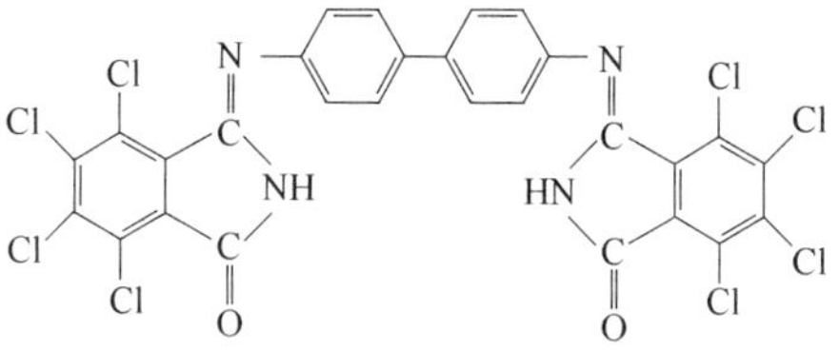

6.9.8 还原颜料

这类颜料具有较好的耐热、耐晒、耐溶剂、抗迁移等性能，主要应用于塑料、涂料等的

着色，主要品种有：

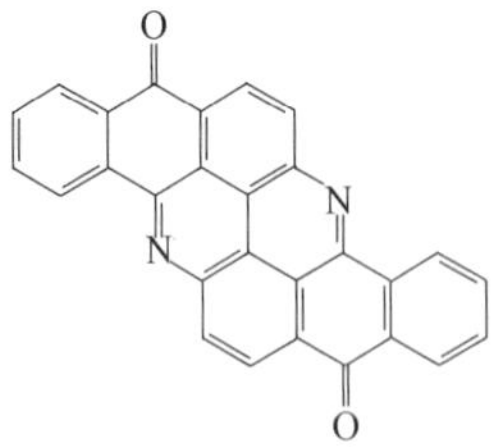

还原黄 G

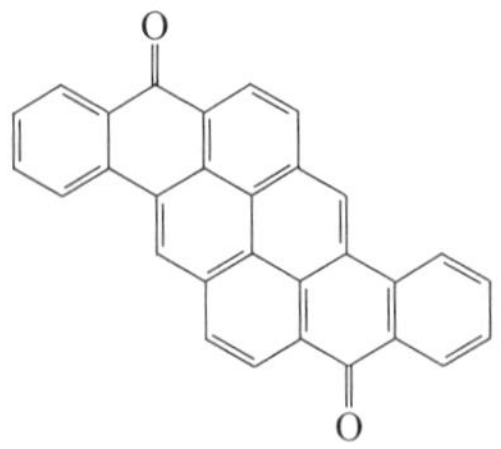

还原金橙 G

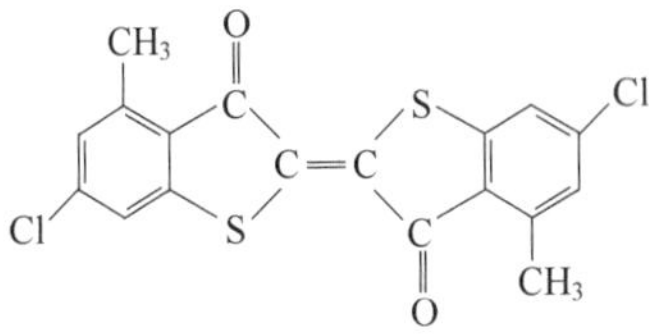

还原桃红 R

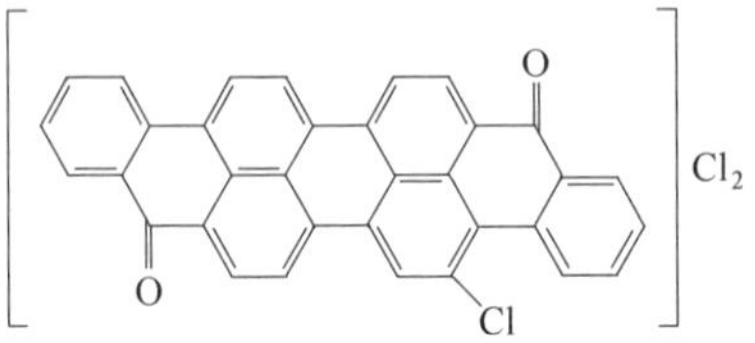

还原艳紫 RR

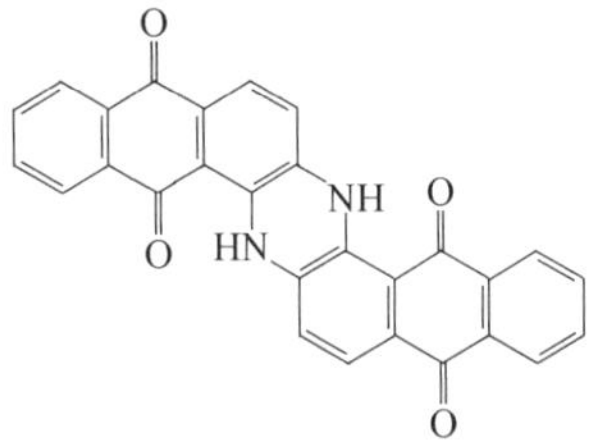

还原蓝 RSN

6.10 染料分析

6.10.1 染料中水分的测定

6.10.1.1 测定原理

真空干燥法是利用在真空条件下，试样干燥前后的质量差与试样质量的百分比测定水分含量。

6.10.1.2 试剂

① 浓硫酸。

② 灼烧过的氯化钙。

6.10.1.3 仪器

① 天平　感量 0.001g。

② 真空干燥器。

③ 称量瓶。

6.10.1.4 测定步骤

用质量恒定的扁形称量瓶称取磨细的试样 5～10g(称准至 0.0001g)，置于放硫酸（或灼烧过的氯化钙）的真空干燥器中，以真空度为 93.10～94.43kPa 抽真空干燥至质量恒定。

6.10.1.5 测定结果

以试样中水分的质量分数（%）表示的水分含量 ω 按下式计算：

$$\omega=\frac{m_2-m_1}{m}\times 100\%$$

式中 m_2——干燥前称量瓶和试样的质量，g；

m_1——干燥后称量瓶和试样的质量，g；

m——试样质量，g。

6.10.2 水溶性染料溶解度的测定

6.10.2.1 测定原理

在指定温度下，制备一组包括溶解度极限在内的已知浓度的待测染料溶液，然后在该温度下，采用可加热的布氏漏斗，用滤纸对溶液进行抽滤，并通过目测滤纸的残渣和测量过滤时间来确定溶解度的极限。

染料的溶解度一般在90℃测定，对某种类别的染料在较低的温度下测定，一般参照生产厂家的建议来选择测试温度。温度必须在测试报告中予以表明。染料溶液稳定性的测定是把溶液存放2h，按需要在过滤前将上述溶液冷却并做评价，溶解温度和存放温度必须在报告中表明。

6.10.2.2 试剂

水符合三级水的标准。一般用200mL水溶解试样。若溶液中加入了更多的水，则该添加量必须与染料的冷水溶解度一起在报告中注明。

6.10.2.3 仪器

① 加热浴　带电磁搅拌器的恒温控制的加热浴：搅拌棒长40mm、直径6mm，搅拌速度为500～600r/min。

② 布氏漏斗　玻璃、不锈钢或瓷制的布氏漏斗，内径为72mm，容积不小于200mL，孔的数目大于100孔，均匀分布，孔的总面积不小于200mm^2。

③ 水浴　能调节温度至存放温度，如60℃、30℃。

④ 恒温控制装置　包括抽滤瓶，容积为1～2L；可产生高真空度的活塞泵或薄膜泵，真空度至少可达50kPa，用于调节和维持规定真空度的压力调节装置，最好连有真空表。

⑤ 锥形瓶　广口锥形瓶，容量为500mL。

⑥ 秒表。

⑦ 快速定性滤纸　直径为(70±2)mm，滤纸应符合以下要求：在3kPa真空度下，用200mL 85～95℃的水通过双层滤纸的时间应为5～7s。在测试报告中注明所用滤纸的类型和生产厂名。

6.10.2.4 测定步骤

（1）溶解度的测定

① 90℃溶解度的测定　准备60℃左右不超过溶解温度的水200mL。先用少量水将一份已知量的待测染料调浆，并移入广口锥形瓶中，待完全润湿后，把余下的水全部注入广口锥形瓶。

将装有该染料溶液的广口锥形瓶放入调整至95℃的加热浴中，启动电磁搅拌器，当该染料溶液达到（95±2)℃的温度时，在该温度继续搅拌5min(总的搅拌时间大约为10min)，把该染料溶液用已预热到试验温度的布氏漏斗过滤，调整真空度至3～4kPa(注意：在过滤前摇动广口锥形瓶使溶液混合均匀。用至少50mL已达试验温度的水润湿布氏漏斗中的双层纸，并在整个过滤过程中保持试验温度)。用秒表测量过滤时间，目测放置染料溶液的广口锥形瓶中是否有残余物存在。在规定的真空度下，如果染料溶液不能在2min内滤下，可在开足真空度下过滤，但此时间不得超过2min。在染料溶液过滤完以后，开足真空度，把滤纸脱水1min，并使滤纸在室温下完全干燥，然后进行评级。

对待测染料的每一个浓度重复该操作过程。

② 低于90℃的溶解度的测定　准备一份200mL要求的溶解温度的水，把一份已知量的待测染料调浆，并移入广口锥形瓶中，待完全润湿后，把余下的水完全注入锥形瓶。

把装有该染料溶液的广口锥形瓶放入调整至所需的溶解温度的加热浴中，搅拌10min，然后过滤。对待测染料的每一个浓度重复该操作过程。

（2）在所需温度（例如60℃、30℃或25℃）溶液定性的测定

将装有按上述方法制备的染料溶液的广口锥形瓶置于调至所需温度的水浴中，放置2h后过滤，过滤前摇动广口锥形瓶使溶液混合均匀。

6.10.2.5　测定结果

目测评定过滤过各种已知浓度染料溶液的干燥滤纸，当滤纸上能看到残渣时的浓度就作为溶解度极限，有时可以通过用手指尖轻轻摩擦滤纸以发现不易看到的残渣。过滤时间也可以作为进一步评级的依据，当过滤时间随染料溶液浓度的增加而产生突跃时就表示已超过了溶解度极限。

6.10.3　染料中不溶物含量的测定

6.10.3.1　测定原理

使染料充分溶解在适宜溶剂中，然后用过滤器过滤，充分洗涤后，用称量法测定不溶物含量。

6.10.3.2　试剂

① 分析纯乙酸、乙醇和盐酸。

② 硫化钠溶液　50g/L。

③ 氢氧化钠溶液　200g/L。

6.10.3.3　仪器

① 天平　准确至0.0001g。

② 耐酸过滤漏斗　G3。

③ 烘箱、干燥器、烧杯　1000mL。

6.10.3.4　测定步骤

（1）染料溶解

称取试样1g(准确至0.0001g）放于1000mL烧杯中，不同类型的试样分别按下述方法溶解。

水溶性染料：加入600mL热蒸馏水溶解（若系碱性染料，则先加入少许乙酸）并加热

至沸（不适宜煮沸的染料则在产品标准中另行规定）。

色酸：用少许乙醇将其润湿，加入 35mL 氢氧化钠溶液，搅拌均匀，再加入 400mL 蒸馏水加热至沸，保持 5min，使其充分溶解。

色基：加盐酸 20mL，搅拌均匀后再加入 500mL 沸蒸馏水，使色基充分溶解。

（2）过滤

将染料溶液在质量恒定的 G3，过滤漏斗上趁热过滤。必要时可真空吸滤。

（3）洗涤

不同类型的试样分别按下述方法洗涤。

水溶性染料：用热蒸馏水（80～90℃）洗涤至洗液无色为止。

色酸：用热蒸馏水（80～90℃）洗涤至洗液中滴入酚酞指示液无色为止。

色基：用 80～90℃热蒸馏水洗涤至洗液中无氯离子为止（滴加硝酸银溶液不发生沉淀）。

（4）干燥与称量

将过滤漏斗卸下，放入 100～105℃烘箱中烘至质量恒定，在干燥器中冷却至室温，称量（准确至 0.0001g）。

6.10.3.5 测定结果

染料不溶物的质量分数 ω 按下式计算：

$$\omega=\frac{m_2-m_1}{m}\times 100\%$$

式中 m_2——过滤漏斗及不溶物的质量，g；

m_1——过滤漏斗的质量，g；

m——试样质量，g。

拓展学习 4

练习思考题

第 6 章练习思考题参考答案

1. 染料与颜料染色过程有何区别？
2. 染料中最重要的两类结构是什么？
3. 冰染染料是如何染色的？
4. 偶氮染料生产工业中最基本的两个反应是什么？

参考文献

[1] 钱国坻．染料化学．上海：上海交通大学出版社，1988.

[2] 周春隆．有机颜料化学及工艺学．3 版．北京：化学工业出版社，2014.

[3] 沈永嘉．有机颜料品种与应用．北京：化学工业出版社，2001.

[4] 程侣柏．精细化工产品的合成及应用．3版．大连：大连理工大学出版社，2014.
[5] 侯毓汾，朱正华．染料化学．北京：化学工业出版社，1994.
[6] 杨新玮．化工产品手册——染料及有机颜料．4版．北京：化学工业出版社，2005.
[7] 郑光洪，冯西宁．染料化学．北京：中国纺织出版社，2001.
[8] 宋小平，韩长日，彭明生．颜料制造与色料应用技术．北京：科学技术文献出版社，2001.
[9] 路艳华，张峰．染料化学．北京：中国纺织出版社，2009.
[10] 程万里．染料化学．北京：中国纺织出版社，2010.
[11] 赵雅琴，魏玉娟．染料化学基础．北京：中国纺织出版社，2006.
[12] 何瑾馨．染料化学．2版．北京：中国纺织出版社，2016.
[13] 周春隆，穆振义．有机颜料品种及应用手册．北京：中国石化出版社有限公司，2011.
[14] 刘东志，张天永，王世荣．颜料（精细化工产品手册）．北京：化学工业出版社，2002.
[15] 贾长英，张晓娟，李辉，李泓睿等．精细化学品分析与检验．北京：中国石化出版社，2015.
[16] 王英健，牛桂玲．精细化学品分析．2版．北京：高等教育出版社，2015.

7 香料

本章学习目标

1. 了解香料的定义、分类；
2. 了解香精的定义、组成、类别和配制过程；
3. 掌握一些代表性香料的实验室制备方法。

7.1 概述

香料（Perfume）亦称香原料，是一种能被嗅感嗅出气味或味感品出香味的物质，是用以调制香精的原料。除了个别品种外，大部分香料不能单独使用。香料分为天然香料和人造香料两种，其中天然香料包括动物性天然香料和植物性天然香料；人造香料包括单离香料及合成香料。

天然香料（Natural Perfume）是在历史上最早应用的香料，所谓天然香料是指原始而未加工过的直接应用的动植物发香部位；或通过物理方法进行提取或精炼加工而未改变其原来成分的香料。天然香料包括动物性和植物性天然香料两大类。动物性天然香料最常用的商品化品种有麝香、灵猫香、海狸香和龙涎香四种。植物性天然香料是以植物的花、果、叶、皮、根、茎、草和种子等为原料提取出来的多种化学成分的混合物。

单离香料是使用物理或化学方法从天然香料中分离出的单体香料化合物。例如用冷冻和重结晶的方法从薄荷油（含70%～80%的薄荷醇）中分离出来的薄荷醇。

合成香料（Synthetic Perfume）是采用天然原料或化工原料，通过化学合成的方法得到的香料化合物。目前世界上合成香料已经发展到6000多种，属于常用的产品约有500种。合成香料工业已成为精细化工的重要组成部分。世界合成香料的年产量已达到10万吨以上，而且还以年增长率5%～7%的速度递增。

合成香料工业投资少，收效快，积累多，是换汇高的行业。我国的香料工业是新中国成立以后才发展起来的，得到了长足发展。

调和香料（Compound Perfume）亦称为香精，通常由数种乃至数十种的天然香料和人造香料，按照指定香型调和而成。香料很少单独使用，一般都是调配成香精以后，再用到各种加香产品中。

从8世纪用蒸馏法分离香料，到19世纪新兴的合成香料工业的发展，各种加香产品已成为人们日常生活中不可缺少的必需品。香料应用的历史颇久，我国不但使用香料历史悠久，也是进行香料贸易最早的国家之一。随着气相色谱（GC）、高效液相色谱（HPLC）、质谱（MS）、核磁共振（NMR）、红外光谱（IR）和紫外可见光谱（UV）等光谱技术在有机物分子结构分析中的广泛应用，人们加速了对天然香料和食品成分的研究，并发现了一批很有价值的新型香料化合物。

香料工业是国民经济中不可缺少的配套性行业。香料、香精与人们日常生活密切相关，是食品、烟酒、日用化学、医药卫生工业以及其他工业不可缺少的重要原料。

7.2 天然香料

7.2.1 动物性天然香料

动物性天然香料（Fauna Natural Perfume）是动物的分泌物和排泄物，最常用的有四种：麝香、灵猫香、海狸香和龙涎香，作为定香剂广泛地应用于香水和高级化妆品中。

（1）麝香（Musk）

主要来源于我国西南、西北部高原和北印度、尼泊尔、西伯利亚寒冷地带的雄麝鹿的生殖腺分泌物。麝香为暗褐色粒状物，固态时具有强烈的恶臭，用水和酒精稀释后有独特的动物香气。麝香成分大部分属于动物性树脂类和色素等，其中主要香成分为饱和大环酮——麝香酮，仅占2%左右，其化学结构为3-甲基环十五酮，分子式为$C_{16}H_{30}O$，结构式为：

O

传统的麝香提取方法是杀麝取香，现在我国四川、陕西用饲养的活麝刮香的方法已取得成功，对保护野生动物资源具有重大的意义。

（2）灵猫香（Civet）

灵猫香来源于中国长江中下游和印度、菲律宾、缅甸、马来西亚、非洲的埃塞俄比亚等地的灵猫。新鲜的灵猫香为淡黄色流动物体，长时间则凝成褐色膏状物。浓时具有恶臭味，稀释后才散发出令人愉快的香气。灵猫香成分大部分为动物性黏液质、动物性树脂及色素。其主要芳香成分为不饱和大环酮——灵猫酮，为9-环十七烯酮，仅占3%左右。分子式为$C_{17}H_{30}O$。结构式为：

O

现代的取香方法亦是活猫定期刮香。灵猫香气比麝香更为优雅，常用作高级香水的定香剂，作为名贵中药材它具有清脑的功效。

（3）海狸香（Castoreum）

海狸香来自海狸的香囊，产于苏联、加拿大等国。新鲜的海狸香为乳白色黏稠物，干燥后呈褐色树脂状。经稀释后则有温和的动物性香韵，其中大部分为动物性树脂。除含有微量的水杨苷（$C_{13}H_{18}O_7$）、苯甲酸、苯甲醇、对乙基苯酚外，主要芳香成分为海狸香素，含量为4%～5%，结构尚不明确。

（4）龙涎香（Ambergris）

龙涎香产自抹香鲸的肠内，由鲸鱼体内排出。漂浮于海面上，小者数公斤，大的可达数百公斤，新排出的龙涎香香气很弱，长期漂浮或经长期贮存自然氧化后香气逐渐加强。主要产地为中国南部、印度、东南亚地区、南美洲和非洲等热带海岸。龙涎香为灰色或褐色的蜡样块状物质。60℃左右开始软化，70～75℃熔融。

龙涎香中含有少量苯甲酸、琥珀酸、磷酸钙、碳酸钙及有机氧化物（$C_{13}H_{22}O$）、酮（$C_{13}H_{20}O$）、羟醛（$C_{17}H_{30}O$）和胆固醇（$C_{27}H_{46}OH$）等。据称，龙涎香醇是龙涎香气的主要成分，其分子式为$C_{30}H_{52}O$，结构式为：

HO

龙涎香具有微弱的温和的乳香动物香气。香的品质最为高尚，是配制高级香水、香精的佳品，是优良的定香剂。

7.2.2 植物性天然香料

植物性天然香料（Flora Natural Perfume）是从芳香植物的花、草、叶、茎、果、根、皮等组织中提取出来的有机混合物。大多数呈油状或膏状，少数呈树脂状或半固态。根据产品的形态和制法，通常称为精油、浸膏、净油、香脂和香树脂、酊剂。

植物性天然香料的主要芳香精华是具有挥发性和芳香气味的油状物，所以可以把用水蒸气蒸馏法和压榨法制取的植物性天然香料统称为精油（Essential Oil）。精油的成分十分复杂，均是由数十种至数百种有机物混合而成，主要为萜类化合物、芳香族化合物、脂肪族化合物和含氮含硫化合物四大类型。

用挥发性溶剂浸提植物所得产品经回收溶剂后，因含有植物蜡、色素、叶绿素、糖类等杂质，通常是半固态膏状，称浸膏（Concrete）。

以溶剂吸收法制取的产品一般混溶于脂类非挥发性溶剂中，称为香脂（Pomade）。

浸膏或香脂用高纯度的乙醇溶解，滤去植物蜡质等杂质后，蒸除乙醇后的浓缩产品称为净油（Extrait Absolute）。

酊剂（Tincture）是指用一定浓度的乙醇在室温时浸提天然香料，经澄清过滤后所得到的制品。

7.2.3 植物性天然香料的提取方法

植物性天然香料的提取方法，主要有水蒸气蒸馏法、浸提法、压榨法、吸收法和超临界萃取法五种，前三种为国内天然香料工业经常采用的方法。

（1）水蒸气蒸馏法

利用水蒸气使香料植物体内的油腺细胞里的精油通过扩散作用，从薄膜组织渗透到植物表面，被水蒸气带出。经冷凝后，成为油和水的混合液。再利用精油与水相对密度不同以及不溶性分离出精油。

该法特点是设备简单、容易操作、成本低、产量大。除了在沸水中主香成分容易溶解、水解和分解的植物原料，如茉莉、金合欢、紫罗兰、风信子等一些鲜花叶外，绝大多数芳香植物均可采用蒸馏法生产精油，如玫瑰油、留兰香油、桂油、桉叶油等。

在水蒸气蒸馏中，水主要起到三种作用，即水散作用、水解作用和热力作用。其作用过程如下：原料表面润湿→水分子向细胞组织中渗透→水置换精油或微量溶解→精油向水中扩散→形成精油与水的共沸物→精油与水蒸气同时蒸出→冷凝→油水分离→精油。

（2）浸提法

浸提法亦称液固萃取法，主要是利用有机溶剂将鲜花或植物原料中的芳香成分等浸提出来，使之溶解在有机溶剂中，然后回收溶剂，得到含有植物蜡的浸膏。再将浸膏溶于乙醇，冷却到相应的温度，除去不溶物，经减压蒸馏回收乙醇后得到净油。

浸提法多用于鲜花类芳香成分的提取，有固定式萃取法，即物料静止不动，浸泡的有机溶剂可静止，也可以回流循环。还有转动式萃取法，即采用转鼓式浸提机，使原料和溶剂在转鼓旋转时做相对运动，浸提效率和处理能力较固定浸提和搅拌浸提均高。

浸提溶剂的选用原则：a. 无毒或低毒、对人体危害性小，且尽可能无色无味；b. 不易燃易爆、沸点低，易于蒸馏回收；c. 化学性质稳定，不与芳香成分及设备材料发生化学反应；d. 不溶于水，避免浸提过程中被鲜花中的水分稀释而降低浸提能力；e. 溶解芳香成分的能力要强，对植物蜡、色素、脂肪、纤维、淀粉、糖类等杂质溶解能力要小。

目前我国常用的有机溶剂有石油醚、乙醇、苯、二氯乙烷等。

浸提法一般在常温下进行，能较好地保留植物芳香成分的固有香韵，是生产天然香料的重要方法。浸膏、净油、酊剂等产品在食品、化妆品香料中具有广泛应用，如桂花浸膏、晚香玉净油、枣酊等。

由于超低温临界萃取具有独特的优点，采用液态二氧化碳、丙烷、丁烷进行低温临界萃取是今后的发展方向。

（3）压榨法

压榨法主要用于红橘、甜橙、柠檬、柚子、佛手等柑橘类精油的生产，该类精油中萜和萜烯衍生物的含量高达90%以上。主要有冷磨法和冷榨法两种方法。

冷磨法多采用平板磨橘机和激振磨橘机整果加工。整果装入磨橘机，而实际磨破的是果皮。精油从油胞渗出，被水喷淋下来，经油水分离得到精油。

冷榨法的主要设备是螺旋压榨机。它既可压榨果皮生产精油，也能压榨果肉生产果汁。

为了避免果胶大量析出，使油水分离困难，可预先用过饱和石灰水浸泡果皮，使果胶转变为不溶于水的果胶酸钙。

压榨法的生产特点是室温下进行，确保柑橘中的萜类化合物不发生反应，精油质量高，香气逼真。

（4）吸收法

吸收法主要分为非挥发性溶剂吸收法和固体吸附剂吸收法。其优点为吸收过程温度低、芳香成分不易被破坏，产品香气质量好。不足之处是生产周期长、生产效率低。

a. 非挥发性溶剂吸收法　该方法根据温度不同又可分为温浸法和冷吸收法。

ⓐ温浸法　操作过程类似于搅拌浸提法，温度为50～70℃，以精制的动物油脂、麻

油或橄榄油为溶剂。吸收油脂与鲜花接触、反复多次使用，直至被芳香成分饱和得到产品香脂。

ⓑ冷吸收法　将精制的猪油和牛油（2∶1）混合溶剂温热，搅拌使其互溶，冷却至室温制备脂肪基。将该脂肪基涂在一定尺寸的木制框中的多层玻璃板的上下两面，再在玻璃板上铺满鲜花，使鲜花释放出的气体芳香成分被脂肪基吸收。铺花、摘花反复多次，待脂肪基被芳香成分饱和后，刮下即得到香脂产品。

b. 固体吸附剂吸收法　使用活性炭、硅胶等多孔性物质为吸附剂，用石油醚洗脱吸附剂中的芳香成分，将石油醚蒸除，即得精油产品。其吸附过程是让空气通过花室内的花层，再与吸附器内的吸附剂接触进行气相吸附，空气进入花室之前要先经过过滤和增湿处理，以避免吸附剂污染，提高吸附效果。

吸附法一般只适用于芳香成分易于释放的花种，如兰花、茉莉花、晚香玉、橙花、水仙花等。吸附法制得的产品，香气保真效果极佳，多为天然香料中的上品。

植物性天然香料由于原料丰富，生产方法比较简单，香气柔和纯正，安全性高，因而在香料工业中占有重要地位。我国是生产和应用天然香料最早的国家之一，芳香植物品种多，资源丰富，目前生产的植物性天然香料除了满足国内市场需求外，尚有部分产品出口，在国际市场上享有盛誉。

7.2.4 单离香料

单离香料就是从天然香料（以植物性天然香料为主）中分离出比较纯净的某种特定的香成分。如从薄荷油中分离出的薄荷脑（薄荷醇），广泛用于日化、医药、食品、烟酒等香精的调配。单离香料的生产方法主要有蒸馏法、冻析法、重结晶法和化学处理法。

7.2.4.1 蒸馏法

单离香料要求纯净度较高。因为很多植物性天然香料的芳香成分具有热敏性，高温下易分解、聚合而影响产品质量，所以一般采用减压蒸馏。又由于待分离组分间的相对挥发度较小，大多采用高效填料进行精密精馏。如在香叶油、玫瑰油等天然精油中同时存在的香茅醇和玫瑰醇是一对旋光异构体，由于沸点相差较小，只有采用精密精馏才能有效分离开。

7.2.4.2 冻析法

冻析法是根据香料混合物中不同组分间凝固点的差异，通过降温使高熔点物质凝固析出，与其他液态成分分离的一种方法。与结晶分离原理相似，但析出的固体物不一定是晶体。如上述提到的薄荷醇就是从薄荷油中通过冻析法单离出来的。

7.2.4.3 重结晶法

重结晶法用于一些在常温下呈固态的香料的精制。如樟脑、柏木醇等单离香料，都是先通过水蒸气蒸馏、减压蒸馏等过程初步分离，然后再用重结晶法进行精制得到符合要求的产品。有些在常温下呈液态的香料，如桉叶油素等，也可以采用在低温下重结晶的方法进行精制。

7.2.4.4 化学处理法

化学处理法的原理是利用可逆化学反应将天然精油中带有特定官能团的化合物转化为某种易于分离的中间产物，分离提纯后再使中间产物复原为原来的香料。

（1）亚硫酸氢钠加成法

醛及酮类化合物可与亚硫酸氢钠发生加成反应，生成不溶于有机溶剂的磺酸盐固体加成物。由于反应是可逆的，用碳酸钠或盐酸处理磺酸盐加成物，便可生成对应的醛或酮。采用亚硫酸氢钠加成法生成的比较重要的单离香料有：柠檬醛、香草醛、肉桂醛、羟基香茅醛、枯茗醛和胡薄荷酮等。反应原理如下：

$$R-\overset{\overset{\displaystyle O}{\|}}{C}-H+Na_2SO_3+H_2SO_4\longrightarrow R-\underset{\underset{\displaystyle OSO_2Na}{|}}{\overset{\overset{\displaystyle OH}{|}}{C}H}$$

$$R-\underset{\underset{\displaystyle OSO_2Na}{|}}{\overset{\overset{\displaystyle OH}{|}}{C}H}+HCl\longrightarrow R-\overset{\overset{\displaystyle O}{\|}}{C}-H+SO_3+NaCl+H_2O$$

（2）酚钠盐法

酚类化合物与碱作用生成溶于水的酚钠盐。利用这一反应，使含酚类香料的水相与天然精油中其他化合物组成的有机相分离，再用无机酸处理水相使酚类还原。在香精中广泛应用的丁香酚、异丁香酚和百里香酚都是用酚钠盐法制得的。以丁香酚为例，其反应原理如下：

$$\text{丁香酚 (OH, }OCH_3\text{, }CH_2CH{=}CH_2\text{)}+NaOH\longrightarrow \text{(ONa, }OCH_3\text{, }CH_2CH{=}CH_2\text{)}\xrightarrow{HCl}\text{(OH, }OCH_3\text{, }CH_2CH{=}CH_2\text{)}+NaCl$$

（3）硼酸酯法

硼酸酯法用于生产玫瑰醇、香茅醇、芳樟醇、岩兰草醇和檀香醇等香料产品。其反应原理为：

$$3R-OH+B(OH)_3\longrightarrow B(OR)_3+3H_2O$$

$$B(OR)_3+3NaOH\longrightarrow 3R-OH+Na_3BO_3$$

即硼酸与香精中的醇反应生成高沸点的硼酸酯，经减压精馏与香精中的低沸点组分分离后，再经皂化反应使醇游离出来。

7.3 半合成香料和合成香料

7.3.1 半合成香料

以植物性天然香料为原料，经化学反应进行结构改造或修饰制得的香料产品称为半合成香料。半合成香料品种或品质独特，工艺过程比较经济，是以煤焦油或基本石油化工产品为原料的全合成香料所无法完全替代的。下面是几种比较重要的半合成香料的生产原理及合成路线。

（1）以山苍子油为原料合成紫罗兰酮

山苍子产于我国东南部及东南亚地带。山苍子的主要成分为柠檬醛，含量达 66%～80%。以柠檬醛和丙酮为原料，首先在碱作用下进行缩合反应生成假性紫罗兰酮，再用不同浓度的硫酸进行酸化，可分别得到 α-紫罗兰酮和 β-紫罗兰酮，反应式如下：

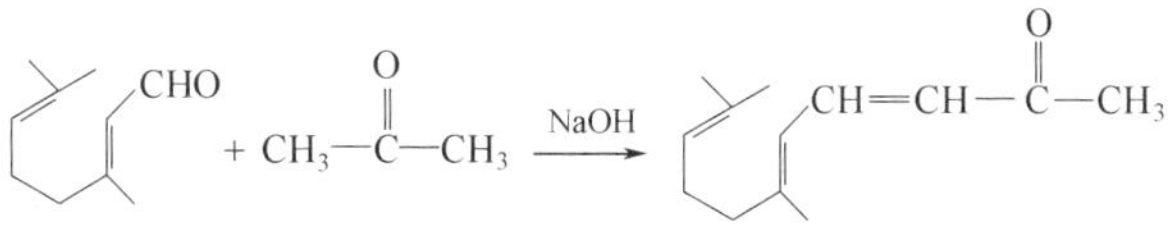

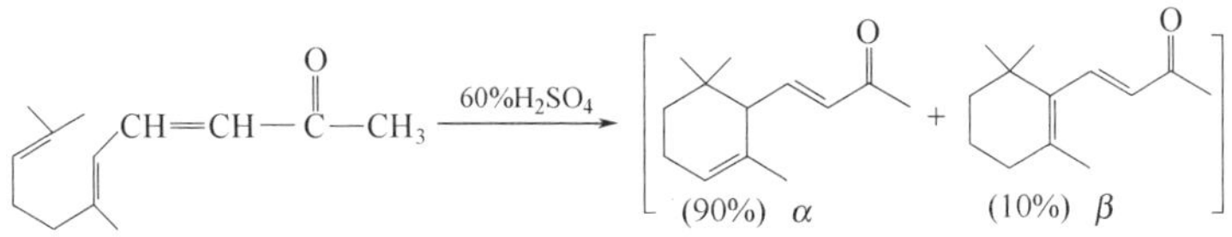

α-紫罗兰酮和β-紫罗兰酮均是无色至浅黄色液体，具有优雅的紫罗兰香气。可用于各种香型的香精中，是配制各种化妆品、香水、香皂、香精的佳品。

(2) 以丁香油为原料合成香兰素

我国丁香油主要产于两广地区，主要成分为丁香酚，含量最高达95%，其余主要成分为石竹烯。由丁香酚合成香兰素分为以下两个步骤。

a. 用浓碱高温法或羰基铁催化异构法将丁香酚异构化为异丁香酚。

浓碱高温法是将1份40%～45%的氢氧化钾溶液加入1份丁香油中，先加热至130℃，再快速加热至220℃进行反应。通过分析丁香酚残留量决定终点。然后采用水蒸气蒸馏法除去非酚成分，再酸解、水洗至中性，蒸馏分离得到异丁香酚。

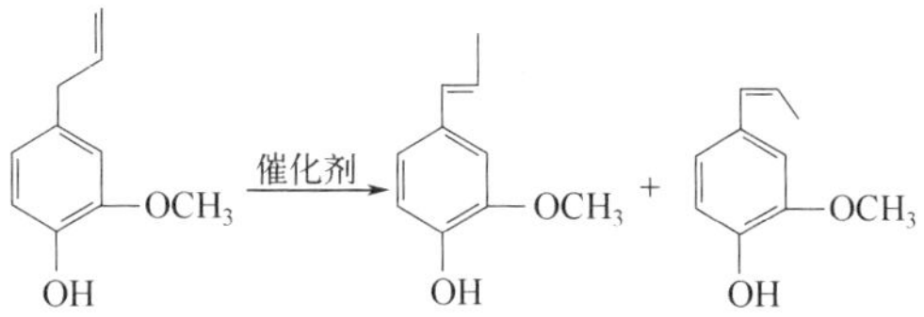

羰基铁催化异构法是将含质量组成为0.15%的九羰基二铁的丁香酚在80℃下光照5h，然后在800℃下加热5h，丁香酚转化率可达90%以上。

b. 先以酸酐保护羟基，再将异丁香酚丙烯基的双键氧化，最后通过水解使羟基复原制得香兰素。

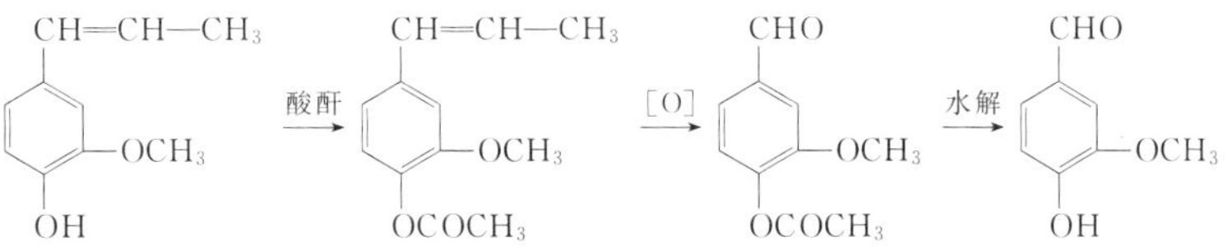

7.3.2 合成香料

合成香料是以石油化工和煤化工的基本原料出发，按照一定的合成路线，通过多步化学反应得到的香料化合物。其在品种、产量和质量等方面发展迅速，已在香精、香料领域内占主导地位。本书按照官能团并结合碳原子骨架的分类方法介绍一些有代表性的合成香料化合物合成方法。

7.3.2.1 烃类化合物

烃类化合物中的萜烯及其衍生物广泛用于仿制天然精油及调配香精，是构成天然香料的主要香成分。

（1）月桂烯（Myrcene）

亦称香叶烯，α-月桂烯在自然界中的存在较少，在香料工业中经常用的是β-月桂烯。β-月桂烯为无色或淡黄色液体，具有清淡的香脂香气。不溶于水，溶于乙醇等有机溶剂中。在肉桂油、枫茅油、柏木油、云杉油、松节油、柠檬草油、柠檬油等中均有存在。可用减压分馏的方法分离出月桂烯。

由β-蒎烯热裂解得到：

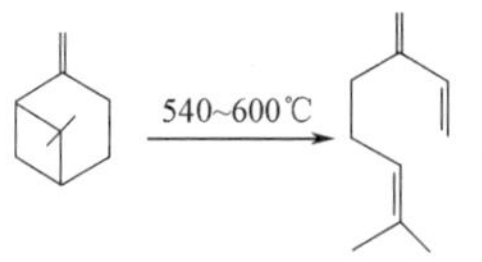

540~600℃

（2）柠檬烯（Limonene）

又名：柠烯；1-甲基-4-异丙烯基-1-环己烯。为无色至淡黄色液体，具有令人愉快的柠檬样香气。不溶于水，溶于乙醇等有机溶剂中。在柑橘类精油中含量高达90%左右，可用真空分馏的方法从中单离出来；也可用松油醇脱水的方法制取。

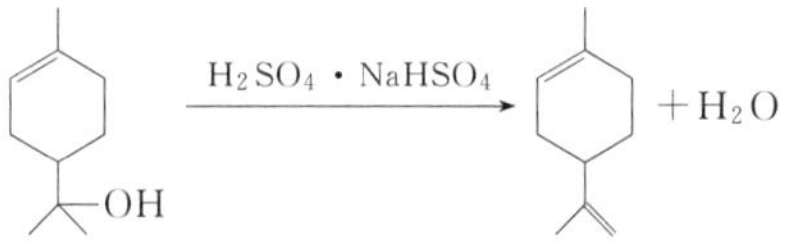

$H_2SO_4 \cdot NaHSO_4$ ； —OH ； $+H_2O$

（3）二苯甲烷（Biphenyl Methane）

又名：1,1-二苯基甲烷。

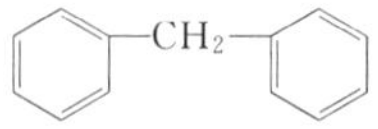

$C_6H_5—CH_2—C_6H_5$

白色针状晶体，具有香叶-甜橙香气，不溶于水，溶于乙醇等有机溶剂中。由苄基氯和苯，在无水氯化铝存在下经缩合反应制取。

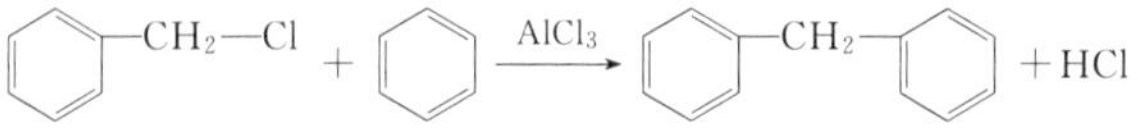

$$C_6H_5—CH_2—Cl + C_6H_6 \xrightarrow{AlCl_3} C_6H_5—CH_2—C_6H_5 + HCl$$

7.3.2.2 醇类香料

天然芳香成分中大都含有醇类化合物，醇类香料种类约占香料总数的20%左右。醇类化合物广泛存在于自然界中，如乙醇、丙醇、丁醇在各种酒类、酱油、食醋、面包中均有存在；苯乙醇是玫瑰、橙花、依兰的主要芳香成分之一；萜醇在自然界存在更加广泛，如在玫瑰油中，香叶醇含量为14%，橙花醇含量为7%，芳樟醇含量为1.4%，金合欢醇含量为1.2%。在花香型日用香精中，只加微量即可增加香精的天然感，在食品中也可少量使用。

目前调香中使用的醇类大部分由化学方法合成，而且醇类又可作为合成其他香料单体的中间体。

（1）叶醇（Leaf Alchol）

又名：顺-3-己烯醇。

$$CH_3CH_2CH{=}CHCH_2CH_2—OH$$

无色油状液体，具有强烈的青叶香气。微溶于水，溶于乙醇等有机溶剂中。

a. 以乙烯基乙炔为原料制取

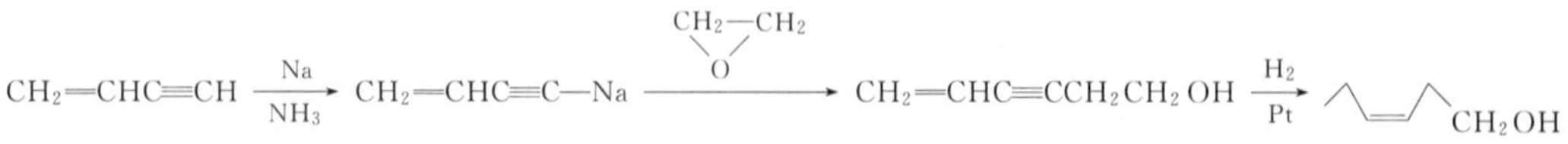

$$CH_2{=}CHC{\equiv}CH \xrightarrow[NH_3]{Na} CH_2{=}CHC{\equiv}C—Na \xrightarrow{CH_2—CH_2 \text{ (O)}} CH_2{=}CHC{\equiv}CCH_2CH_2OH \xrightarrow[Pt]{H_2} \text{/\\=/\\} CH_2OH$$

b. 以二烯酸酯为原料制取

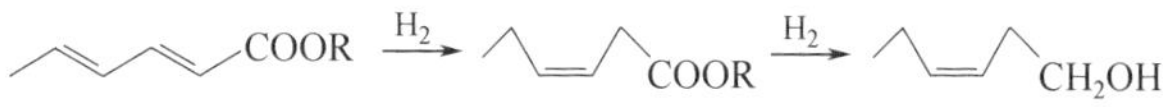

COOR $\xrightarrow{H_2}$ COOR $\xrightarrow{H_2}$ CH_2OH

(2) 苯乙醇（Phenylethyl alcohol）

又名：2-苯基乙醇。

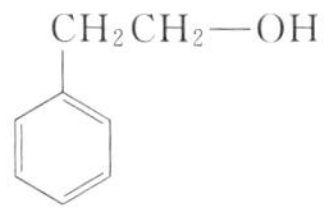

$CH_2CH_2—OH$

无色液体，具有类似玫瑰花香。微溶于水，溶于乙醇等有机溶剂中。

a. 以苯乙烯为原料制取

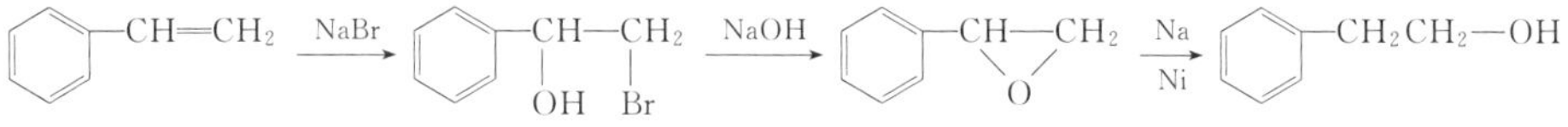

$—CH═CH_2$ $\xrightarrow{NaBr}$ $—CH—CH_2$（OH，Br） $\xrightarrow{NaOH}$ $—CH—CH_2$（O） $\xrightarrow[Ni]{Na}$ $—CH_2CH_2—OH$

b. 苯与环氧乙烷进行 Friedel-Crafts 反应

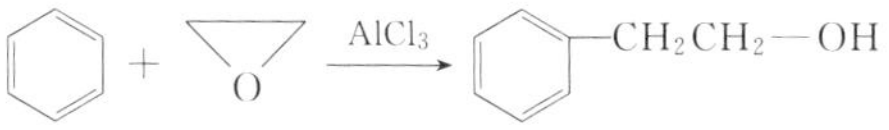

+ O $\xrightarrow{AlCl_3}$ $—CH_2CH_2—OH$

(3) 香叶醇（Geraniol）

又名：反-3,7-二甲基-2,6-辛二烯-1-醇。

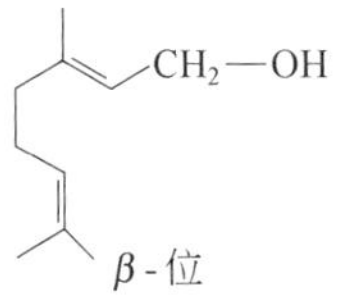

$CH_2—OH$

β-位

无色液体，具有类似玫瑰花香。几乎不溶于水，溶于乙醇等有机溶剂中。存在于玫瑰草油（含量80%左右）、玫瑰油、香叶油、茉莉油、柠檬油等250多种天然植物中。可由天然精油中单离出香叶醇，亦可由月桂烯制取。

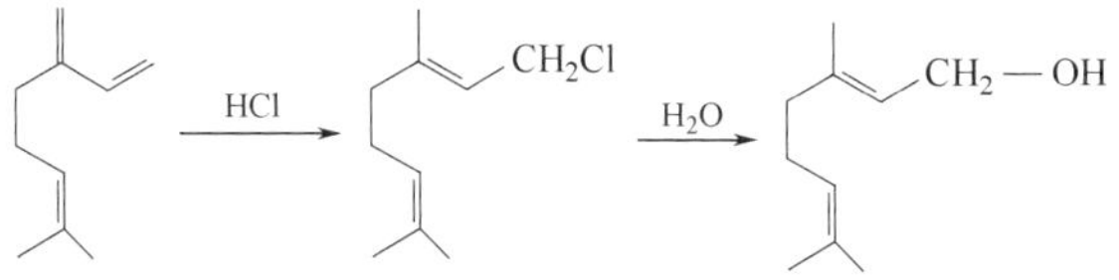

$\xrightarrow{HCl}$ CH_2Cl $\xrightarrow{H_2O}$ $CH_2—OH$

(4) 冰片醇（Borneol）

又名：2-莰醇；龙脑。

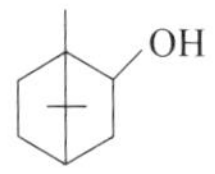

OH

无色片状晶体，具有清凉樟脑气味。不溶于水，溶于乙醇等有机溶剂中。存在于250多种植物中，左旋体存在于松科、菊科、禾本科植物中；右旋体存在于柏科、姜科及薰衣草等植物中。

由樟脑经还原反应制取：

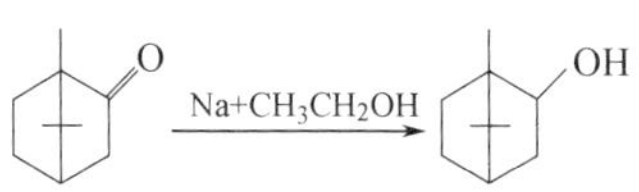

O $\xrightarrow{Na+CH_3CH_2OH}$ OH

7.3.2.3 酚及醚类香料

酚类化合物广泛存在于自然界中，如丁香酚存在于丁香油（含80%左右）、月桂叶油（含80%左右）中，百里香酚存在于百里香油（含50%左右）中等，都是常用的香料。

醚类化合物大都具有香气，其品种约占香料总数的5%左右。如二苯醚、茴香醚、玫瑰醚等，均是常用的香料化合物。

（1）麦芽酚（Maltol）

又名：3-羟基-2-甲基-4*H*-吡喃酮。

O, OH, CH_3, O

白色晶体，具有甜焦糖香。微溶于水、丙二醇和丙三醇中，溶于乙醇。93℃升华，宜密闭贮存。主要用在巧克力、糖果、糕点、烟酒香精中，起香味增效剂和甜味剂作用，微量用于牙膏、化妆品香精中。

以曲酸和氯化苄为原料，经醚化、氧化、脱苄基、脱羧、甲基化等反应制得。

HO, O, CH_2OH + CH_2Cl $\xrightarrow[CH_3OH]{NaOH}$ $C_6H_5-CH_2-O$, O, CH_2OH $\xrightarrow[HCl]{MnO_2}$

$C_6H_5CH_2O$, O, COOH $\xrightarrow{HCl}$ HO, O, COOH + $C_6H_5-CH_2Cl$

HO, O, COOH $\xrightarrow{-CO_2}$ O, OH $\xrightarrow[NaOH]{HCHO}$ O, OH, CH_2OH $\xrightarrow[Zn+HCl]{H_2}$ O, OH, CH_3

（2）茴香醚（Anisole）

又名：苯甲醚。

$C_6H_5-O-CH_3$

无色液体，具有茴香香气。不溶于水，溶于乙醇等有机溶剂中。沸点154～155℃，相对密度0.998～1.001，折射率1.516～1.518。主要用于皂类、洗涤剂香精中。

以苯酚和氯甲烷为原料，通过甲基化制取。

$$C_6H_5OH + CH_3Cl \xrightarrow{NaOH} C_6H_5-O-CH_3 + NaCl$$

7.3.2.4 醛类香料

醛类香料约占香料化合物总数的10%，占有重要的地位。C_6～C_{12}饱和脂肪族醛在稀释条件下具有令人愉快的香气，在香精配方中往往起头香剂的作用。某些不饱和脂肪族醛，如2,6-壬二烯醛具有紫罗兰叶的清香，在香精配方中可以起修饰剂作用。芳香族醛如洋茉莉醛、仙客来醛、肉桂醛、铃兰醛、香兰素等都是经常用的香原料。柠檬醛、香茅醛、甜橙醛等萜醛均是调制香精的佳品。

（1）黄瓜醛（Cucumber Aldehyde）

又名：2,6-壬二烯醛；紫罗兰叶醛。

$$CH_3CH_2CH=CHCH_2CH_2CH=CH-CHO$$

无色至浅黄色液体，具有黄瓜、紫罗兰叶的清香。几乎不溶于水，溶于乙醇等有机溶剂中。

由2,6-壬二烯醇经三氧化铬氧化制取：

$$CH_3CH_2CH{=}CHCH_2CH_2CH{=}CHCH_2OH \xrightarrow{CrO_3} CH_3CH_2CH{=}CHCH_2CH_2CH{=}CH{-}CHO$$

（2）苯乙醛（Phenyl Acetaldehyde）

$$C_6H_5{-}CH_2CHO$$

无色至浅黄色油状液体，具有类似风信子的粗糙而有刺激性的气息。不溶于水，溶于乙醇等有机溶剂中。

苯乙醇氧化法制备：

$$C_6H_5{-}CH_2CH_2{-}OH + 1/2O_2 \xrightarrow[\triangle]{Ag} C_6H_5{-}CH_2CHO + H_2O$$

（3）柠檬醛（Citral）

又名：3,7-二甲基-2,6-辛二烯醛。

CHO 顺式　　CHO 反式

柠檬醛主要有两种异构体，顺式体称为橙花醛，反式体称为香叶醛，市售商品为两个异构体的混合物，统称为柠檬醛。为黄色液体，具有类似柠檬的香气。几乎不溶于水，溶于乙醇等有机溶剂中。

a. 从天然精油中单离，这是中国生产柠檬醛的主要方法。

山苍子油→减压分馏→粗醛→亚硫酸氢钠加成法醇化→分离→酸化→分离（→废水）→减压蒸馏→柠檬醛

b. 以甲基庚烯酮为原料合成。甲基庚烯酮与乙氧基乙炔溴化镁缩合生成炔醇，经还原反应生成烯醇醚，后者用磷酸水解和脱水而生成柠檬醛。

$$\text{甲基庚烯酮} + C_2H_5O{-}C{\equiv}C{-}MgBr \longrightarrow \text{(OH)}C{\equiv}C{-}OC_2H_5 \xrightarrow{H_2} \text{(OH)}CH{=}CH{-}OC_2H_5 \xrightarrow{H^+} \text{CHO}$$

柠檬醛用途非常广泛，在橙花、丁香、玉兰、柠檬、薰衣草、古龙等日用香精中均大量使用；在柠檬、甜橙、苹果、草莓、葡萄等食用香精中也常使用，同时也是合成紫罗兰酮、甲基紫罗兰酮的原料。

7.3.2.5 酮类香料

酮类化合物在香料工业中占有重要地位，约占香料总数的15%左右。低碳脂肪族酮由于香气较弱、品质欠佳，很少作为香料直接使用；7～12个碳原子的不对称酮类，如甲基壬基酮、甲基庚烯酮，由于具有比较强烈的令人愉快的香气，可以直接作为香料使用；在芳香族酮当中，苯乙酮、对甲基苯乙酮都是常用的香料；萜酮和脂环酮在香料中占有重要地位，它们当中很多都是天然香料的主要香成分，含量虽少，但对香气起着重要作用，如樟脑、薄荷酮、香芹酮、茉莉酮、鸢尾酮、紫罗兰酮等，都是名贵的香料。大环酮，如麝香酮、灵猫酮、环十四酮、环十五酮等，都是动物性天然香料的香成分，在配制高级香水、化妆品香精中起定香剂的作用。

酮类香料的分类可以简单表述如下。

脂肪族酮类香料：饱和脂肪酮香料，不饱和脂肪酮香料，二酮类香料。

芳香族酮类香料：苯酮类香料，萘酮类香料。

萜酮类香料：单环萜酮香料，双环萜酮香料。

其他酮类香料：脂环酮类香料，紫罗兰酮系列香料。

对甲基苯乙酮（*p*-Methyl Acetophenone）

又名：对乙酰基甲苯。

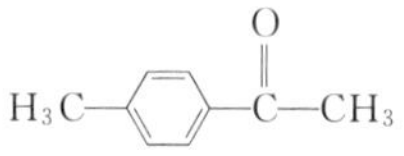

$$H_3C-C_6H_4-\overset{O}{\overset{\|}{C}}-CH_3$$

无色至浅黄色液体，室温较低时为针状晶体。具有苦杏仁和茴香香气。不溶于水和甘油，溶于乙醇等有机溶剂。

a. 以甲苯和乙酰氯为原料，在无水三氯化铝存在下，经付-克反应制取：

$$H_3C-C_6H_5 + H_3C-\overset{O}{\overset{\|}{C}}-Cl \xrightarrow{AlCl_3} H_3C-C_6H_4-\overset{O}{\overset{\|}{C}}-CH_3 + HCl$$

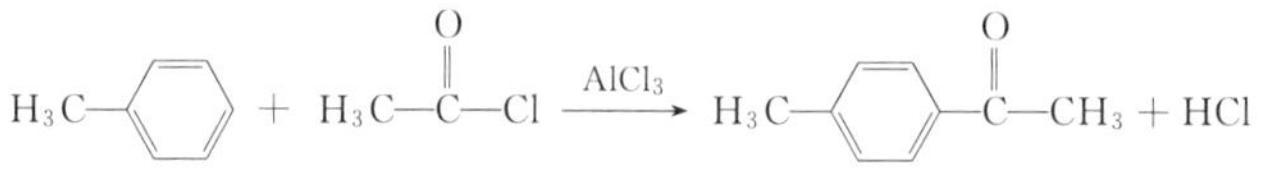

b. 以甲苯和乙酸酐为原料，在无水三氯化铝存在下，经付-克反应制取：

$$H_3C-C_6H_5 + (CH_3CO)_2O \xrightarrow{AlCl_3} H_3C-C_6H_4-\overset{O}{\overset{\|}{C}}-CH_3 + CH_3COOH$$

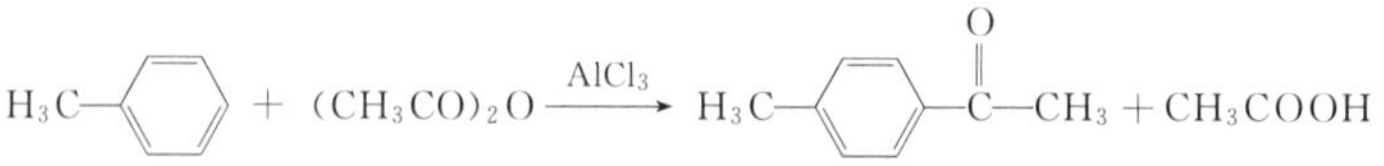

7.3.2.6 缩醛、缩酮类香料

缩醛和缩酮类香料是较新型的香料化合物，化学稳定性好、香气温和，大多具有花香、木香、薄荷香或杏仁香，可以增加香精的天然感。中国1984年已批准乙醛二乙缩醛、柠檬二乙缩醛、肉桂醛乙二缩醛、苯甲醛丙三醇缩醛可以作为食用香料使用。缩酮类香料的特点是化学性质比较稳定，生产工艺比较简单，容易形成工业化生产。大多数具有优美的果香，具有开发应用价值。缩酮类香料化合物一般分为两类：开链缩酮类和环缩酮类。

（1）肉桂醛乙二缩醛（Cinnamalde Hydeethylene Glycolacetal）

又名：2-苯乙烯基-1,3-二氧杂环戊烷。

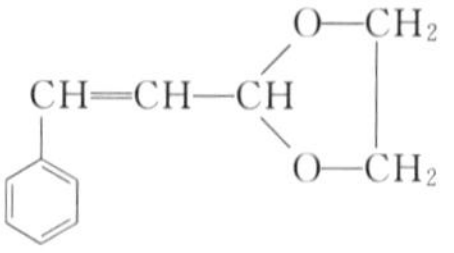

$$C_6H_5-CH=CH-CH\begin{matrix}O-CH_2\\ |\\ O-CH_2\end{matrix}$$

无色油状液体，具有肉桂的辛香。不溶于水，溶于乙醇等有机溶剂中。沸点265℃。以肉桂醛和乙二醇为原料，以柠檬酸为催化剂，经缩合反应制得：

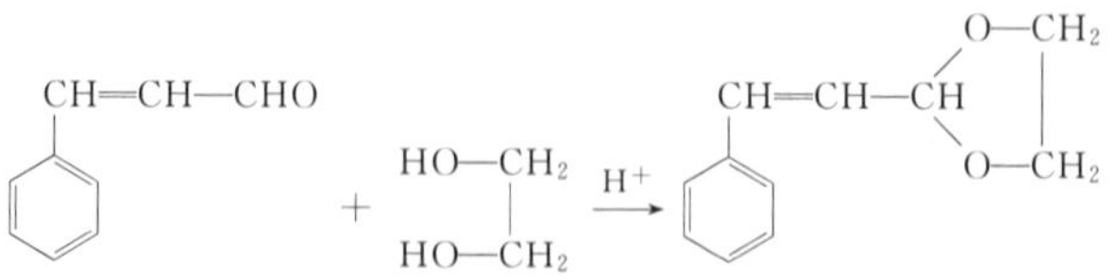

$$C_6H_5-CH=CH-CHO + \begin{matrix}HO-CH_2\\ |\\ HO-CH_2\end{matrix} \xrightarrow{H^+} C_6H_5-CH=CH-CH\begin{matrix}O-CH_2\\ |\\ O-CH_2\end{matrix}$$

(2) 乙酰乙酸乙酯环乙二缩酮 (Acetoacetic Ester Cyclic Ethylene Ketal)

又名：苹果酯 A；2-甲基-2-乙酸乙酯基-1,3-二氧杂环戊烷。

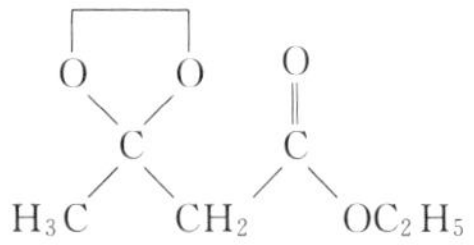

无色液体，具有令人愉快的苹果香气。不溶于水，溶于乙醇等有机溶剂中。以乙酰乙酸乙酯和乙二醇为原料，在柠檬酸存在下，以苯为溶剂进行缩合反应制取：

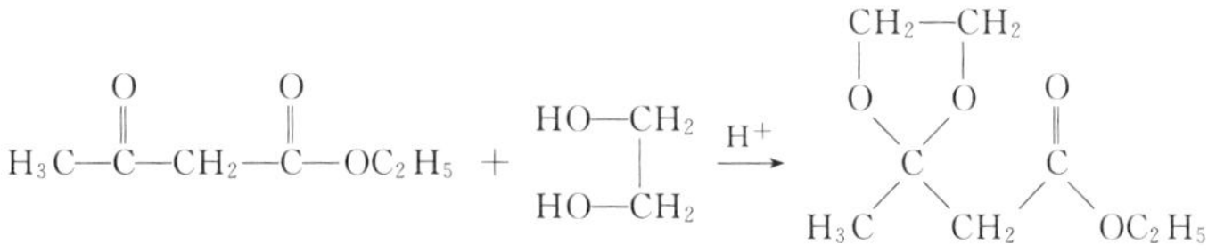

$$H_3C-\overset{O}{\overset{\|}{C}}-CH_2-\overset{O}{\overset{\|}{C}}-OC_2H_5 + \begin{matrix} HO-CH_2 \\ | \\ HO-CH_2 \end{matrix} \xrightarrow{H^+}$$

7.3.2.7 酯及内酯类香料

酯类化合物在香料中占有特别重要的地位，大多具有花香、果香、酒香或蜜香香气，广泛存在于自然界中，在调配各种香型的香精时，不能赋予决定性的香气，但可以起增强与润和作用。另有部分酯类能起到定香剂的作用，所以各类香型的香精中都含有酯类化合物，其产量也名列前茅。

(1) 甲酸芳樟酯 (Linalyl Formata)

又名：3,7-二甲基-1,6-辛二烯-3-醇甲酸酯。

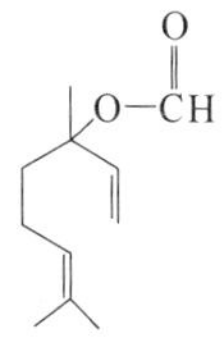

无色至浅黄色液体，具有类似玫瑰-香柠檬香气。不溶于水，溶于乙醇等有机溶剂中。由甲酸与芳樟醇直接酯化制取：

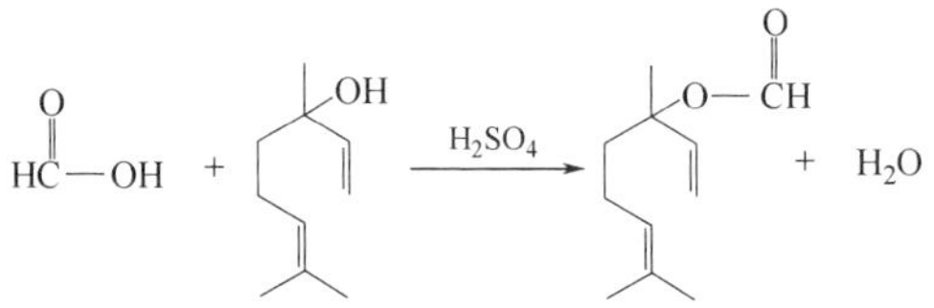

$$HC\overset{O}{\overset{\|}{}}-OH + \text{芳樟醇} \xrightarrow{H_2SO_4} \text{甲酸芳樟酯} + H_2O$$

(2) 乙酸龙脑酯 (Bornyl Acetate)

又名：乙酸冰片酯。

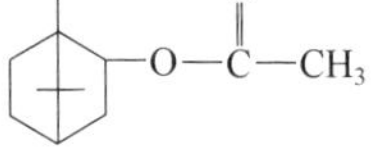

无色液体或固体，具有强烈的松针油气味。微溶于水，溶于乙醇等有机溶剂中。可从天然精油中经减压分馏、重结晶等步骤分离出乙酸龙脑酯；还可由龙脑与乙酸酐乙酰化制取：

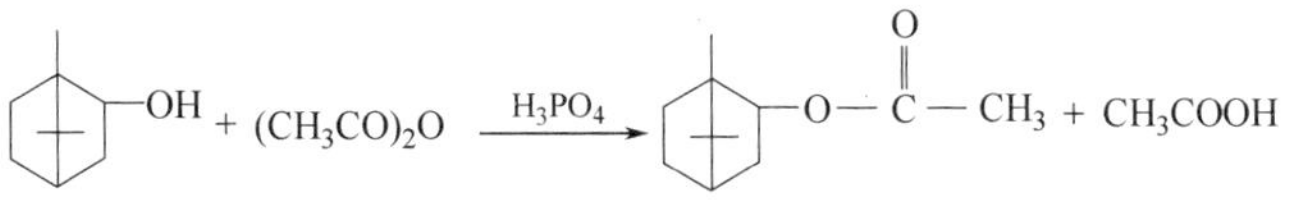

$$\text{龙脑}-OH + (CH_3CO)_2O \xrightarrow{H_3PO_4} \text{龙脑}-O-\overset{O}{\overset{\|}{C}}-CH_3 + CH_3COOH$$

(3) 肉桂酸苄酯(Benzyl Cinnamate)

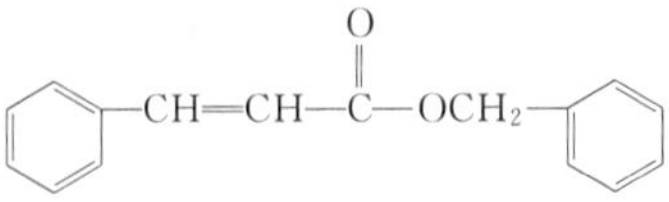

$$C_6H_5-CH=CH-\overset{O}{\overset{\|}{C}}-OCH_2-C_6H_5$$

白色至浅黄色结晶，具有类似苏合香膏的香气。不溶于水、丙二醇、丙三醇，溶于乙醇等有机溶剂中。天然存在于秘鲁香脂、吐鲁香脂、安息香脂等中。

a. 用肉桂酸钠与氯化苄反应制取：

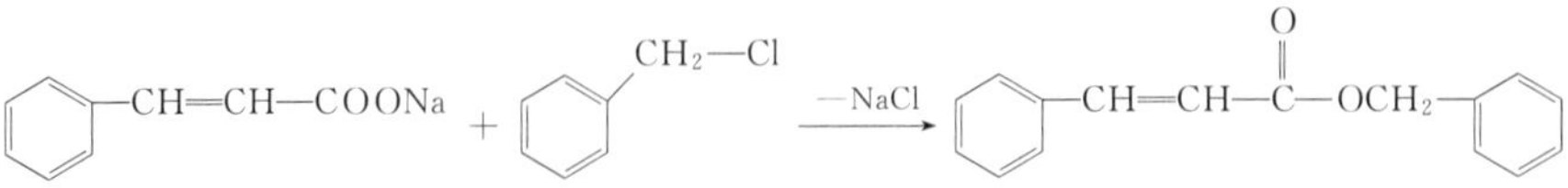

$$C_6H_5-CH=CH-COONa + C_6H_5-CH_2-Cl \xrightarrow{-NaCl} C_6H_5-CH=CH-\overset{O}{\overset{\|}{C}}-OCH_2-C_6H_5$$

b. 肉桂酸和苄醇直接酯化方法制取：

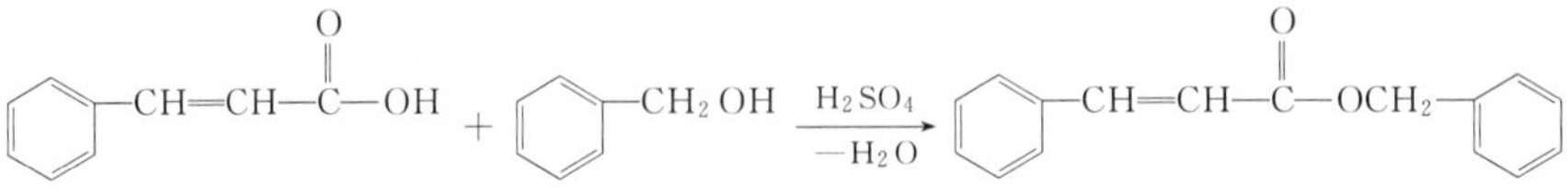

$$C_6H_5-CH=CH-\overset{O}{\overset{\|}{C}}-OH + C_6H_5-CH_2OH \xrightarrow[-H_2O]{H_2SO_4} C_6H_5-CH=CH-\overset{O}{\overset{\|}{C}}-OCH_2-C_6H_5$$

(4) 二氢茉莉酮酸甲酯(Methyl Dihydrojasmonate)

又名：2-戊基环戊酮-3-乙酸甲酯。

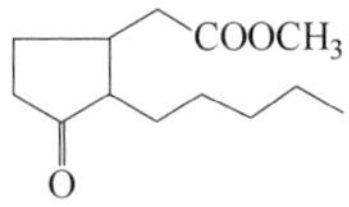

$COOCH_3$, O

二氢茉莉酮酸甲酯是一种新型香料，可以作茉莉系列香精的主香剂以及其他花香型香精的协调剂。浅黄色的油状液体，具有茉莉-水果香。几乎不溶于水，溶于乙醇等有机溶剂中。

a. 以环戊二烯为原料制取：

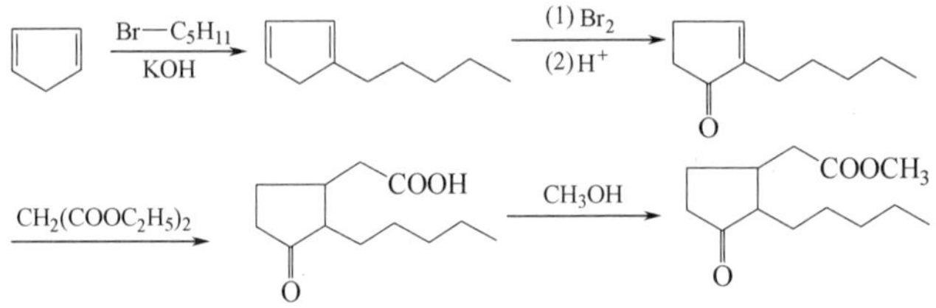

$$\text{环戊二烯} \xrightarrow[KOH]{Br-C_5H_{11}} \text{戊基环戊二烯} \xrightarrow[(2)H^+]{(1)Br_2} \text{2-戊基-2-环戊烯酮} \xrightarrow{CH_2(COOC_2H_5)_2} \text{(COOH)} \xrightarrow{CH_3OH} \text{(COOCH}_3\text{)}$$

b. 以环戊酮为原料制取：

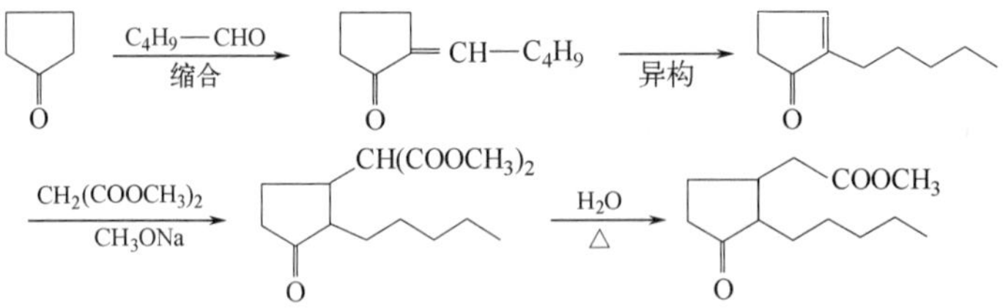

$$\text{环戊酮} \xrightarrow[\text{缩合}]{C_4H_9-CHO} \text{(=CH}-C_4H_9\text{)} \xrightarrow{\text{异构}} \text{2-戊基-2-环戊烯酮} \xrightarrow[CH_3ONa]{CH_2(COOCH_3)_2} \text{(CH(COOCH}_3)_2\text{)} \xrightarrow[\triangle]{H_2O} \text{(COOCH}_3\text{)}$$

(5) γ-辛内酯(γ-Octalactone)

又名：γ-正丁基-γ-丁内酯。

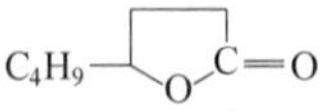

C_4H_9-(五元环内酯, O, C=O)

黄色液体，具有强烈的椰子水果香气。微溶于水，稍溶于丙二醇，溶于乙醇等有机溶剂中。

a. 以丙醛和乙酰丙酸乙酯为原料，经缩合、氢化、环化反应制取：

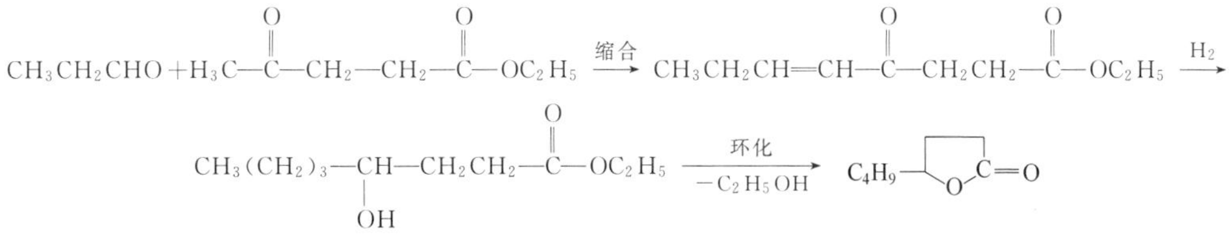

$$CH_3CH_2CHO + H_3C-\overset{O}{\overset{\|}{C}}-CH_2-CH_2-\overset{O}{\overset{\|}{C}}-OC_2H_5 \xrightarrow{缩合} CH_3CH_2CH=CH-\overset{O}{\overset{\|}{C}}-CH_2CH_2-\overset{O}{\overset{\|}{C}}-OC_2H_5 \xrightarrow{H_2}$$

$$CH_3(CH_2)_3-\underset{OH}{\underset{|}{CH}}-CH_2CH_2-\overset{O}{\overset{\|}{C}}-OC_2H_5 \xrightarrow[-C_2H_5OH]{环化} C_4H_9-\text{(γ-丁内酯环)}C=O$$

b. 2%辛烯酸与85%硫酸共热，加水后蒸馏制取：

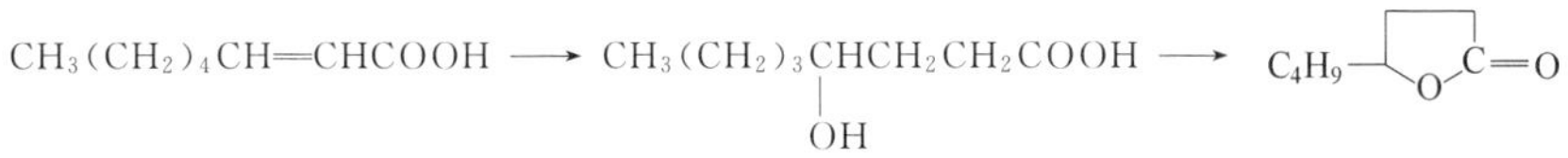

$$CH_3(CH_2)_4CH=CHCOOH \longrightarrow CH_3(CH_2)_3\underset{OH}{\underset{|}{C}}HCH_2CH_2COOH \longrightarrow C_4H_9-\text{(γ-丁内酯环)}C=O$$

(6) 香豆素（Coumarin）

又名：1,2-苯并吡喃酮。

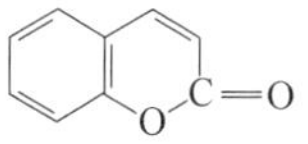

是主要的豆香型香料之一，在黑香豆、香荚兰豆、薰衣草油、肉桂油、香茅油、秘鲁香脂中均有存在。白色结晶，具有类似黑香豆的干草香气。微溶于水，溶于乙醇等有机溶剂中。

a. 以苯酚为原料合成：

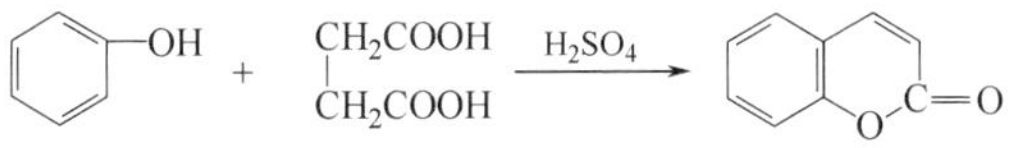

$$C_6H_5OH + \begin{matrix} CH_2COOH \\ | \\ CH_2COOH \end{matrix} \xrightarrow{H_2SO_4} \text{香豆素}$$

b. 以水杨醛为原料制取：

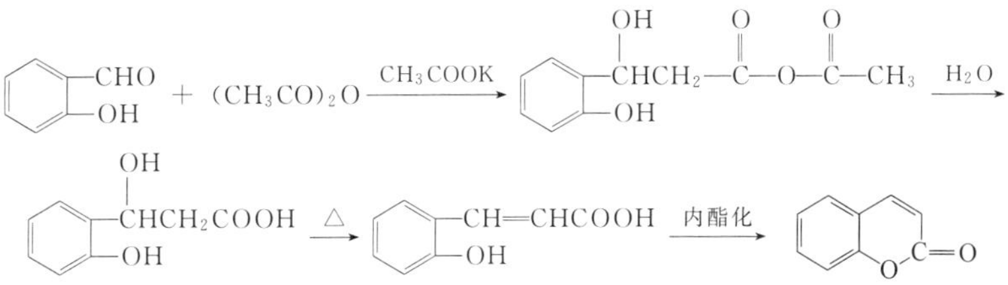

$$o\text{-}HOC_6H_4CHO + (CH_3CO)_2O \xrightarrow{CH_3COOK} o\text{-}HOC_6H_4-\underset{}{\overset{OH}{\overset{|}{C}}}HCH_2-\overset{O}{\overset{\|}{C}}-O-\overset{O}{\overset{\|}{C}}-CH_3 \xrightarrow{H_2O}$$

$$o\text{-}HOC_6H_4-\overset{OH}{\overset{|}{C}}HCH_2COOH \xrightarrow{\triangle} o\text{-}HOC_6H_4-CH=CHCOOH \xrightarrow{内酯化} \text{香豆素}$$

7.3.2.8 麝香化合物

麝香是调配高级香精不可缺少的昂贵的香料。由于来源稀少，不易获得，加之在研究合成有效发香成分的过程中，又发现了天然麝香中并不存在却具有麝香香气的化合物，所以近年来均采用合成法制备具有麝香香气的香料，主要有硝基类合成麝香、大环酮及内酯麝香、多环麝香等三类。

(1) 硝基类合成麝香

硝基麝香是德国化学家保尔（Baur）最早发现的一些硝基苯的衍生物，具有类似天然麝香的香气。如2,4,6-三硝基-5-叔丁基甲苯、二甲苯麝香、葵子麝香及酮麝香等。该类化合物的共同结构特点是苯环上连有叔丁基、甲基和硝基。

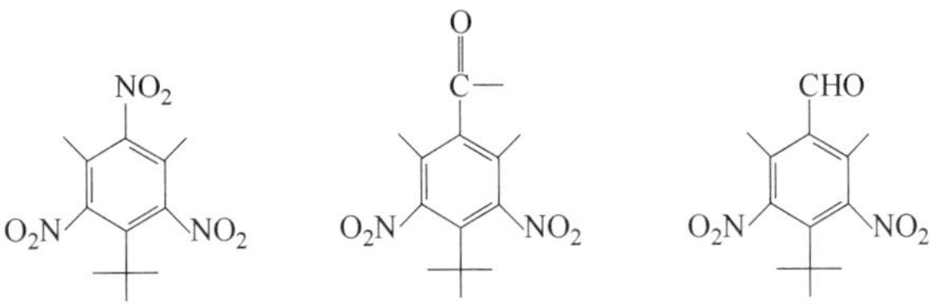

NO_2 / O_2N / NO_2

二甲苯麝香

O / C— / O_2N / NO_2

酮麝香

CHO / O_2N / NO_2

醛麝香

葵子麝香（Musk Ambrette）

又名：2,6-二硝基-3-甲氧基-4-叔丁基甲苯。

浅黄色结晶，具有强烈的麝香和葵子油的气息。香气质量比二甲苯麝香和酮麝香好。不溶于水，微溶于乙醇、乙二醇、大多数油质香料中。葵子麝香作为定香剂、调和剂广泛应用在日用香精中，特别适于配制香皂、洗涤剂、香粉和香水香精中。其合成是以间甲苯酚为原料，经甲基化、叔丁基化、硝化等步骤完成的。

a. 甲基化　间甲苯酚与氢氧化钠反应生成间甲苯酚钠，然后与甲基硫酸钠或硫酸二甲酯发生甲基化反应生成间位甲氧基甲苯。

$$\xrightarrow{NaOH} \quad + \ (H_3C)_2SO_4 \longrightarrow \ -O-CH_3 + Na_2SO_4$$

b. 叔丁基化　间甲氧基甲苯在三氯化铝存在下与异丁烯反应或在硫酸存在下与叔丁醇反应，生成4-叔丁基-3-甲氧基甲苯。

$$-O-CH_3 + CH_2=C(CH_3)-CH_3 \longrightarrow$$

c. 硝化　在乙酸酐存在下将4-叔丁基-3-甲氧基甲苯用浓硝酸进行硝化，即得葵子麝香。

$$\xrightarrow[(CH_3CO)_2O]{HNO_3}$$

（2）大环酮及内酯麝香

从天然动物香料麝香、灵猫香中分离出的麝香酮、灵猫酮等均属于饱和大环酮和不饱和大环酮类化合物，是最好的定香剂，用于高档加香产品中。

大多数大环内酯类化合物如大环单内酯、大环双内酯和氧杂大环内酯等具有珍贵的麝香香气，香气较硝基麝香温和而持久。但因生产工艺复杂、原料成本高而不能得到普遍应用。

① 麝香酮（Muskone）　又名：3-甲基环十五酮。

其为无色黏稠液体，具有甜而柔和的麝香香气，香气持久而有力。几乎不溶于水，溶于乙醇等有机溶剂中。存在于天然麝香中，含量2%左右。单离品为L-体，合成品为消旋体。合成方法较多，其中工艺路线短、收率较高的为Hunsdiecker合成法。

Hunsdiecker合成法　在碳酸钠存在下，16-溴-5-甲基-3-氧代十六酸甲酯在2-丁酮的溶液中发生环化反应，产率60%。

$$H_3C-CH(CH_2)_{10}CH_2Br \;/\; CH_2-C(=O)-CH_2COOCH_3 \xrightarrow[2\text{-丁酮}]{Na_2CO_3} H_3C-CH(CH_2)_{10}-CH_2 \;/\; CH_2-C(=O)-CH_2$$

② 灵猫酮（Civetone） 又名：9-环十七烯酮。

其为无色结晶，具有温甜的灵猫香和麝香香气。几乎不溶于水，溶于乙醇等有机溶剂中。

洪斯地格合成法 以α-18-碘-3-氧代-11-十八烯酸甲酯为原料，经两步反应制得，产率为75%。

$$\begin{matrix} CH-(CH_2)_5-CH_2-I \\ \| \\ CH-(CH_2)_7-\overset{\overset{\displaystyle O}{\|}}{C}-CH_2COOCH_3 \end{matrix} \xrightarrow{\text{环合}} \begin{matrix} CH-(CH_2)_5-CH_2 \\ \| \qquad\qquad \backslash \\ CH-(CH_2)_7-\overset{\overset{\displaystyle O}{\|}}{C}-CHCOOCH_3 \end{matrix} \longrightarrow \begin{matrix} CH-(CH_2)_5-CH_2 \\ \| \qquad\qquad \backslash \\ CH-(CH_2)_7-\overset{\overset{\displaystyle O}{\|}}{C}-CH_2 \end{matrix}$$

③ 昆仑麝香（Conron Musk） 又名：十三烷二酸环亚乙基酯；MUSk-T；MUSk-BRB；Mc-5。

$$\begin{matrix} O=C-(CH_2)_{11}-C=O \\ | \qquad\qquad\qquad | \\ O-CH_2-CH_2-O \end{matrix}$$

无色至浅黄色黏稠液体，具有甜而强烈的麝香香气。不溶于水，溶于乙醇等有机溶剂中，是优良的定香剂和花香增强剂，广泛应用于花香型日用香精中。

a. 以十一烯酸为原料，经加成、水解、酸化、脱羧、缩聚和解聚等反应制得：

$$CH_2=CH(CH_2)_8COOH + CH_2(COOC_2H_5)_2 \longrightarrow HOOC(CH_2)_{10}CH(COOC_2H_5)_2 \xrightarrow{NaOH}$$

$$NaOOC(CH_2)_{10}CH(COONa)_2 \xrightarrow{HCl} HOOC(CH_2)_{10}CH(COOH)_2 \xrightarrow[\triangle]{-CO_2} HOOC(CH_2)_{11}COOH$$

$$\xrightarrow[-H_2O]{HOCH_2CH_2OH} \left[O-(CH_2)_2-O-\overset{\overset{\displaystyle O}{\|}}{C}-(CH_2)_{11}-\overset{\overset{\displaystyle O}{\|}}{C}\right]_n \xrightarrow{\text{解聚}} \begin{matrix} \overset{\overset{\displaystyle O}{\|}}{C}O-CH_2 \\ (CH_2)_{11} \quad | \\ \underset{\underset{\displaystyle O}{\|}}{C}O-CH_2 \end{matrix}$$

b. 以芥酸为原料，经氧化成α,ω-十三碳二酸，然后与乙二醇聚合和解聚制取：

$$\underset{\text{芥酸}}{CH_3(CH_2)_7CH=CH(CH_2)_{11}COOH} \longrightarrow \underset{\text{氧化芸苔酸}}{HOOC(CH_2)_{11}COOH}$$

$$\xrightarrow{HOCH_2CH_2OH} \left[O-(CH_2)_2-O-\overset{\overset{\displaystyle O}{\|}}{C}-(CH_2)_{11}-\overset{\overset{\displaystyle O}{\|}}{C}\right]_n \xrightarrow{\text{解聚}} \begin{matrix} \overset{\overset{\displaystyle O}{\|}}{C}O-CH_2 \\ (CH_2)_{11} \quad | \\ \underset{\underset{\displaystyle O}{\|}}{C}O-CH_2 \end{matrix}$$

（3）多环麝香

多环麝香大多是苯稠环化合物，有二环类的茚满型化合物粉檀麝香（Phantolide）、萨利麝香（Celestolide）、伞花麝香（Musk Moskene）等和萘满型化合物万山麝香（Versalide）、吐纳麝香（Tonalide）等；还有三环类的苯并茚异色满型化合物佳乐麝香（Galaxolide）、氢化苊型的三环苊型麝香（Acenaphthene Musk）等。

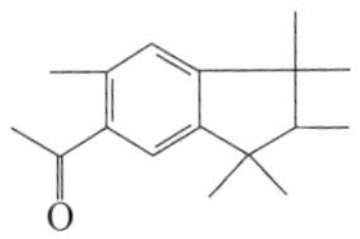

粉檀麝香 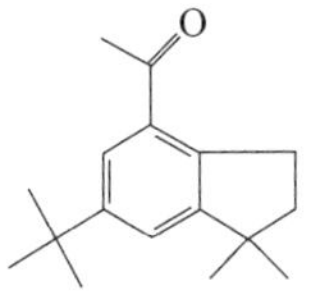　萨利麝香 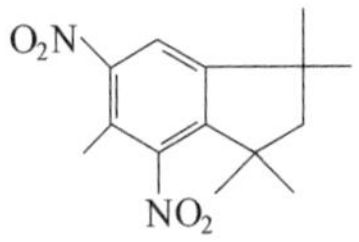　伞花麝香

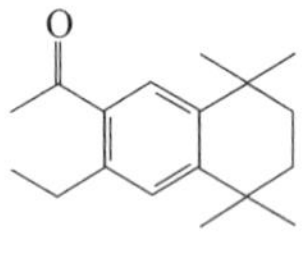

万山麝香 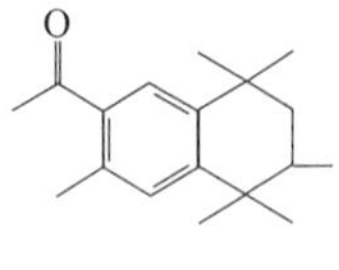　吐纳麝香 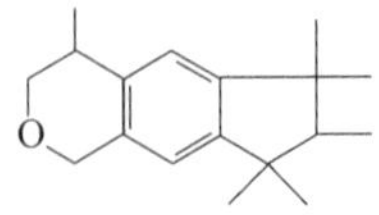　佳乐麝香 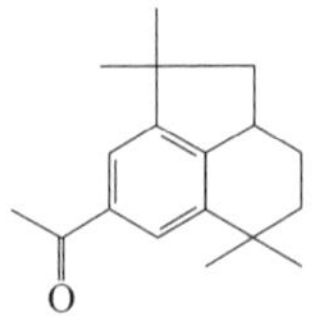　三环萜型麝香

萨利麝香　又名：4-乙酰基-6-叔丁基-1,1-二甲基茚满；Musk-DTI。

本品为白色结晶，具有温和的麝香和木香香气。不溶于水，溶于乙醇等有机溶剂中。香气柔和，在日用香精中能产生稳定而持久的麝香香气。

a. 用苯与叔丁醇反应得叔丁基苯，然后与异戊二烯反应生成1,1-二甲基-6-叔丁基茚满。再经乙酰化反应制得：

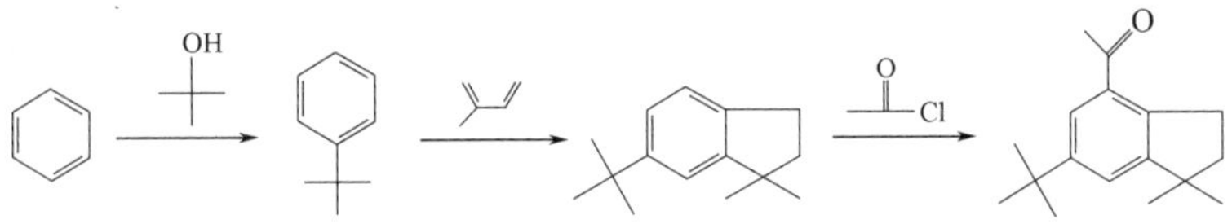

b. 从对叔丁基甲苯出发，经缩合、闭环、乙酰化等反应制得：

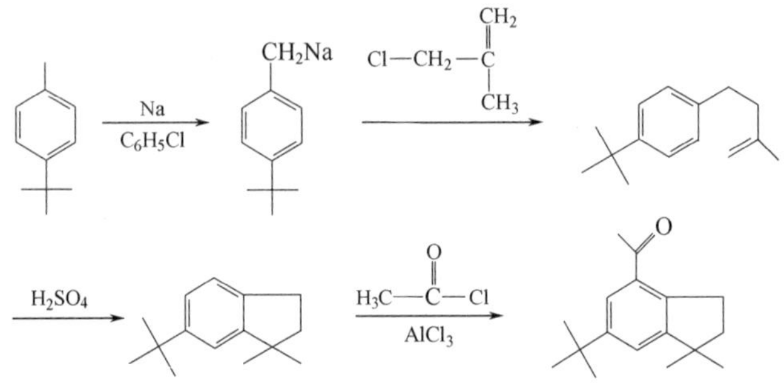

7.4 香精

7.4.1 香精及其分类

7.4.1.1 香精的定义

亦称调和香料，是由人工调配出来的多种香料的混合体，具有一定的香型，可以直接用于产品加香。调和所用的各类香料常用质量百分比或千分比表示。

7.4.1.2 香精的分类

香精的种类较多，分类方法因为出发点不同有不同的分类方法，归纳起来可以根据香精的形态、香精的香型和香精的用途分类。

（1）根据香精的形态分类

a. 水溶性香精　所用的天然香料和合成香料必须能溶于醇类溶剂中，常用的溶剂为40％～60％的乙醇水溶液，也可以为丙醇、丙二醇、丙三醇等溶剂。水溶性香精广泛应用于果汁、果冻、果酱、冰激凌、烟草、酒类、香水、花露水等中。

b. 油溶性香精　油溶性香精是由所选用的天然香料和合成香料溶解在油性溶剂中配制而成的。油性溶剂分为两类，一类是天然油脂，如花生油、菜籽油、芝麻油、橄榄油等；另一类是有机溶剂，如苯甲醇、甘油三乙酸酯等。有些油溶性香精可不外加油性溶剂，由香料本身的互溶性配制而成。

以植物油为溶剂配制的油溶性香精主要用于食品工业中，以有机溶剂或香料间互溶配制成的油溶性香精多用于膏霜、唇膏、发脂、发油等化妆品中。

c. 乳化香精　乳化香精中除含少量的香料、表面活性剂和稳定剂外，其主要组分是蒸馏水。通过乳化可以抑制香料的挥发。大量用水不用乙醇，可以降低成本。

乳化香精中起乳化作用的表面活性剂有单硬脂酸甘油酯、大豆磷脂、山梨糖醇酐脂肪酸酯、聚氧乙烯木糖醇酐硬脂酸酯等。果胶、明胶、阿拉伯胶、琼脂、淀粉、羧甲基纤维素钠等起稳定剂和增稠剂的作用。

乳化香精主要应用于果汁、奶糖、巧克力、糕点、冰激凌、奶制品、发乳、发膏、粉蜜等日用品中。

d. 粉末香精　可分为固体香料磨碎混合制成的粉末香精、粉末状担体吸收调和香料制成的粉末香精和由赋形剂包覆香料而形成的微胶囊粉末香精三种类型，广泛应用于香粉、固体饮料、固体糖料、工艺品、毛纺品中。

（2）根据香精的香型分类

香精按香型可分为花香型和非花香型两大类。

花香型香精又可分为玫瑰、茉莉、晚香玉、铃兰、玉兰、丁香、水仙、葵花、橙花、栀子、风信子、金合欢、薰衣草、刺槐花、香竹石、桂花、紫罗兰、菊花、依兰等香型，这类香精多是模仿天然花香调配而成的；非花香型香精包括檀香、木香、粉香、麝香、幻想型各种香型，各种酒香型及咖啡、奶油、香草、薄荷、杏仁等食品香型。

（3）根据香精的用途分类

a. 食用香精　包括食品香精、烟用香精、酒用香精 、药用香精。

b. 日用香精　包括化妆品、洗涤用品香精，香皂、洁齿用香精，薰香、空气清新剂香精。

c. 其他香精　包括塑料、橡胶、人造革用香精，纸张、油墨工艺品用香精，涂料、饲料、引诱剂等用香精。

7.4.2 香料在香精中的基本应用

香精是香料工业的重要组成部分，调配香精的过程称为调香。国内的大多数的调香师认为香精应由主香剂、和香剂、修饰剂、定香剂等四种类型的香料组成；国外某些调香师认为香精应由头香、体香、基香等三种类型的香料组成。

a. 主香剂（Base）　是形成香精主体香韵的基础，构成香精香型的基本原料。起主香剂作用的香料香型必须与所配制的香精香型相一致。有的香精中只用一种香料作主香剂，多数香精中用多种甚至数十种香料作主香剂，如调和玫瑰香精中主香剂可为香叶醇、香茅醇、苯乙醇、香叶油等。

b. 和香剂（Blender） 亦称辅助剂、协调剂。其香型应与主香剂相似，其作用是调和各种成分的香气，使主香剂的香气更加突出。玫瑰香型中常用的和香剂为芳樟醇、桂醇、（异）丁香酚、丁香酚甲醚、α-紫罗兰酮、丙酸香叶酯、丙酸玫瑰酯、玫瑰木油、玫瑰草油等。

c. 修饰剂（Modifier） 亦称头香剂、变调剂。其香型与主香剂不属于同一类型，是一种使用少量即可奏效的暗香成分，其作用是使香精变化格调，使其别具风韵。如玫瑰香精中常用的苯乙醛、C_8～C_{12}醇、丁酸香茅酯、檀香油等。

d. 定香剂（Fixative） 也称保香剂。可使香料成分挥发均匀，防止快速蒸发，使香精香气更加持久。可以用作定香剂的香料很多，如动物性天然香料定香剂麝香、灵猫香等；植物性天然香料秘鲁香脂、安息香脂、岩兰香油等；沸点较高的液体或固体合成香料合成麝香、结晶玫瑰、香兰素、香豆素、乙酰丁香酚、苯甲酸苄酯、苯乙酸芳樟酯等。

7.4.3 香精的配制

香精配方拟定，一般由调香师按以下几个步骤完成。

a. 明确所配制香精的香型和香韵，以此作为调香的目标。

b. 按照香精的应用要求，选择质量等级相应的头香、体香、基香香料。

c. 用主香剂香料配制香精的主体香基。

d. 如果主体部分香气基本符合要求，便可加入使香气浓郁的和香剂、使香气美妙的修饰剂、使香气持久的定香剂。

e. 经过反复拟配后，先配制 5～10g 香精小样进行香气质量评估。

f. 小样评估认可后，再配制 500～1000g 香精大样在加香产品中作应用考查，考查通过以后香精配方拟定才算完成。

7.5 香料分析

7.5.1 香料的感官检验法

香料的感官检验包括香料试样的香气质量、香势、留香时间等感官指标的检验。为尽量避免不同人感官检验的差异对检验结果带来的误差，通常采用统计感官检验法。常用的统计感官检验法有一点鉴定法、两点嗜好鉴定法、两点识别鉴定法、三点识别鉴定法、一对二点鉴定法、顺序法、极限法、三点嗜好鉴定法、二对二点鉴定法等。

7.5.1.1 香气的评定

香气是香料产品最重要的指标。香料香气的评定，是由评香师在评香室内利用嗅觉对试样和标准试样的香气进行对比，从而评定试样与标准试样香气是否相符。标准试样由国家主管部门授权审发，定期审换，代表了香料产品的当前生产质量水平。取等量的试样和标准试样，置于相同的容器内进行评香。然后再用辨香纸分别蘸取接近等量的试样和标准试样 1～

2cm，用夹子夹在测试架上。每隔一定时间，用嗅觉进行对比，鉴别其头香、体香和尾香，全面评定香气质量。

香势较强、不易直接辨别香气的液体香料，可以将试样和标准试样用溶剂稀释至相同浓度，再用辨香纸蘸取，待溶剂挥发后进行评香。常用的溶剂有乙醇、邻苯二甲酸二乙酯、十四酸异丙酯、水等。固体香料可以直接进行香气评定，香势较强者可以稀释后进行评定。

香气评定的结果可以用分数（满分 40 分）表示，或用纯正（39.1～40.0 分）、较纯正（36.0～39.0 分）、可以（32.0～35.9 分）、尚可（28.0～31.9 分）、及格（24.0～27.9 分）和不及格（低于 24.0 分）6 个等级表示。

7.5.1.2 香味的评定

对食用香料，除进行香气质量的评定外，还需要进行香味评定。方法是取试样的 1%乙醇溶液 1mL，加入 250mL 糖浆中，用味觉进行评定。

7.5.2 香料的化学性质测定

7.5.2.1 微量氯的测定

除了溴代苏合香烯、结晶玫瑰等少数含卤素化合物可作为日用香料安全外用外，含卤素的有机化合物因为具有潜在的致癌性，一般不用作香料。因此，精油、单离或合成香料产品中应不含氯化物。

（1）测定原理

香料试样中微量氯可以用铜片（或铜网）法，利用生成的氯化铜的特殊焰色反应进行测定。

（2）仪器

① 铜片长 50mm，宽 40mm，厚 0.1mm；或铜网长 50mm，宽 15mm，筛孔约为 20 孔。

② 滴管 1mL 试样约 20 滴。

③ 本生灯。

④ 坩埚钳。

⑤ 玻璃棒 ϕ7mm。

（3）测定步骤

① 将本生灯置于光线较暗处，用坩埚钳取洁净的铜片，在本生灯火焰上灼烧至铜片表面生成褐色的氧化铜薄膜。

② 待铜片稍冷后，用滴管滴加 2 滴试样于铜片上，在本生灯火焰上点燃后，迅速移至空气中燃烧。共用 6 滴试样滴加、燃烧，反复 3 次。

③ 竖起铜片，在本生灯火焰的氧化焰（火焰高度约 50mm）上迅速烧过，仔细观察火焰是否带有瞬间的绿色。

（4）测定结果

重复上述操作 3 次，若 3 次均无绿色火焰，即认为试样中不含微量氯；若有 1 次出现极微弱的绿色火焰，则应重复试验 3 次，若其中再有至少 1 次出现明显绿色火焰，则认为试样中含有微量氯。

采用铜网法测定时，先将铜网在玻璃棒上绕成两圈，取下后用坩埚钳夹住少许进行微量氯测定。测定方法与步骤和铜片法相同，但铜网法灵敏度低于铜片法。

7.5.2.2 酸值和酯值的测定

酸值和酯值是精油产品质量检验中的两个重要的化学参数。通过酸值和酯值的测定，可以辨别精油的质量。

（1）测定原理

精油的酸值是指中和1g精油中所含的游离酸所需氢氧化钾的质量（mg）。一般，精油中游离酸很少，但若加工不当或贮存过久，由于精油成分的分解、水解或氧化，都会使其酸值变大，产品品质下降。

精油的酯值是指中和1g精油中的酯在水解时放出的酸所需氢氧化钾的质量（mg）。精油中的酯类化合物，是构成精油香气的重要成分，通过酯值的测定，可以确定精油的含酯量，进而判断精油的香气品质。

酸值（AV）的测定是用标准的碱滴定液中和精油中的游离酸，反应方程式为：

$$RCOOH + KOH \longrightarrow RCOOK + H_2O$$

酯值（EV）是在中和完精油中的游离酸后，用过量的KOH-乙醇标准溶液使精油中的酯类化合物水解，然后用HCl标准溶液滴定过量的碱。反应方程式为：

$$RCOOR + KOH \longrightarrow RCOOK + ROH$$

$$HCl + KOH \longrightarrow KCl + H_2O$$

（2）试剂

① 中性乙醇　用酚酞或酚红作指示剂，用0.1mol/L的KOH-95%乙醇溶液中和95%乙醇，使之呈中性。

② KOH-乙醇标准溶液　0.1mol/L，在测定酸值之前24h内进行标定。

③ HCl标准溶液　0.5mol/L。

④ 酚酞指示液　质量浓度为2g/L的95%(体积分数）乙醇溶液。

⑤ 酚红指示液　质量浓度为0.4g/L的20%(体积分数）乙醇溶液。

（3）仪器

① 皂化瓶　耐碱玻璃制，容量100～200mL，配有长1m、内径10mm的带磨砂口空气冷凝管（或用回流冷凝管代替）。

② 量筒　5mL。

③ 滴定管　容量25mL或50mL，分度值0.1mL。

④ 分析天平或电子天平。

⑤ 沸水浴。

（4）测定步骤

① 精油酸值的测定　用分析天平或电子天平准确称取（2±0.05)g精油试样（精确到0.2mg）于皂化瓶中，加入5mL 95%的中性乙醇。加5滴酚酞指示液，用滴定管中的0.1mol/L的KOH-乙醇标准溶液进行滴定，碱液滴加速度约为30滴/min，不断振荡皂化瓶使滴定液混合均匀。当第一次出现10s内不消失的红色时即为滴定终点，记录所用KOH-乙醇标准溶液的体积V。

该方法不适合含内酯的精油。

② 精油酯值的测定　用滴定管向皂化瓶中测定完酸值留下的溶液中加入25mL KOH-乙醇标准溶液，加入沸石后装上空气冷凝管，在沸水浴上回流规定的时间。冷却后取下空气冷

凝管，向皂化瓶中加入5滴酚酞指示液（如果所测定的精油中含有酚类化合物，应采用酚红指示液），用另一滴定管中的0.5mol/L HCl标准溶液滴定皂化瓶中过量的KOH，不断摇动皂化瓶使滴定液混合均匀。当试样溶液红色刚好消失时即为滴定终点，记录所用HCl标准溶液的体积V_1。

用5mL乙醇代替皂化瓶中的试样溶液，在同样条件下重复测定一次，记录所用HCl标准溶液的体积V_0。

该方法不适合含内酯或较多醛类化合物的精油。测定含有难以皂化酯的精油的酯值时，用25mL c(KOH)＝0.5mol/L的KOH-二甲基亚砜标准溶液代替KOH-乙醇标准溶液，加入皂化瓶内，在沸水浴上预热5min，反应1h。冷却后加入25mL蒸馏水，用HCl标准溶液滴定。

KOH-二甲基亚砜标准溶液的配制方法是在1L容量瓶中依次加入117mL蒸馏水、35g KOH颗粒、353mL 95%乙醇混合均匀，用二甲基亚砜稀释至刻度。使用前用0.5mol/L HCl标准溶液标定精确浓度。浓度低于0.45mol/L时不能使用。

（5）结果的计算

酸值（AV）和酯值（EV）分别按下式计算：

$$AV=\frac{56.1\times Vc_1}{m}$$

$$EV=\frac{56.1\times c_2(V_0-V_1)}{m}$$

式中 V——测定酸值时滴定试样所消耗的KOH-乙醇标准溶液的体积，mL；

V_0——测定酯值时空白试验所消耗的HCl标准溶液的体积，mL；

V_1——测定酯值时滴定试样所消耗的HCl标准溶液的体积，mL；

c_1——KOH-乙醇标准溶液的浓度，0.1mol/L；

c_2——HCl标准溶液的浓度，0.5mol/L；

m——试样的质量，g；

56.1——KOH的摩尔质量，g/mol。

平行试验允许误差为0.2(酸值或酯值小于10)、0.5(酸值或酯值为10～100）或1.0(酸值或酯值大于100)。

7.5.2.3 醇含量的测定

在天然香料中含有很多醇类化合物，醇含量也是决定天然香料质量的主要指标之一。醇含量的测定一般采用乙酰化法，先用乙酸酐或乙酰氯对精油试样进行乙酰化，然后测定乙酰化后的精油试样中的酯含量，再根据精油试样乙酰化前和乙酰化后的酯值计算醇含量。

$$R-OH+(CH_3CO)_2O \longrightarrow R-OOCCH_3+CH_3COOH$$

$$R-OH+CH_3COCl \longrightarrow R-OOCCH_3+HCl$$

$$R-OOCCH_3+NaOH \longrightarrow R-OH+CH_3COONa$$

对含有伯醇和仲醇类组分的精油，可采用乙酸酐在乙酸钠催化下进行乙酰化；对含有芳樟醇、松油醇等叔醇类组分的精油，为使其完全乙酰化，须使用乙酰氯和乙酸酐在二甲基苯胺存在下对精油进行乙酰化。乙酰化后的精油经分离、干燥后测定酯值。乙酰化法测定醇含量不适合含有酚类、内酯类、醛类或易烯醇化的酮类等组分的精油，因为该类组分将和游离醇一起被乙酰化。

对于醇类组分尚属未知的精油，其醇含量用“乙酰化后的酯值”表示为宜。乙酰化后的酯值是指中和 1g 乙酰化精油中所含的酯在水解后释放出的酸所需的氢氧化钾的质量（mg）。

7.6 日用香精的分析

由于香精是若干种香料及其他添加剂的混合物，同一香型的香精，可以有数十种不同的配方，因此很难制定香精检验的统一标准。香精的质量标准一般都是生产厂家自行拟定的企业标准。在拟定企业标准时应遵循以下几点原则：

① 调配日用香精时所使用的香料必须符合质量标准。

② 日用香精质量检验内容一般包括试样色泽、香气、折射率、相对密度、pH、在乙醇水溶液中的溶混度等指标的测定，以及重金属（以 Pb 计）限量试验、砷（As）的限量试验等。检验标准及检验方法一般引用香料的检验方法。对于化妆品香精，还需要按照化妆品卫生标准进行化妆品组分中禁用物质和限用物质的检验。

香精的各项技术指标如下：色泽、香气应与同型号的标样一致；25℃下的相对密度与标样相对密度之差应$\leqslant|\pm0.008|$；折射率与标样折射率之差应$\leqslant|\pm0.005|$；pH<8；化妆品香精和内用香精的重金属（以 Pb 计）含量$\leqslant$10mg/kg；含量：化妆品香精$\leqslant$8mg/kg，内用香精$\leqslant$3mg/kg。

③ 香精质量检验由生产厂家检验部门进行，其中重金属（以 Pb 计）含量、砷含量两个指标为形式检验，每季度检验一次，其他指标均为出厂检验。生产厂家应保证出厂产品符合质量标准要求。每批出厂产品都应附质量保证书，内容包括：生产厂家、产品名称、商标、生产日期、批号、净重和标准编号。

日用香精的色泽、香气、相对密度、在乙醇水溶液中的溶混度等指标的测定参照香料的检验方法进行。以下介绍日用香精的 pH 测定和重金属（以 Pb 计）限量试验方法。

7.6.1 日用香精 pH 的测定

（1）测定原理

香精的 pH 测定首先是用已知 pH 的标准缓冲溶液校正 pH 计，再用该 pH 计测定香精试样的 pH。

（2）试剂

① 苯二甲酸氢钾（$KHC_8H_4O_4$）标准缓冲溶液 0.05mol/L　分析纯苯二甲酸氢钾在烘箱中于（115±5）℃烘干 2～3h 后，称取 10.21g 加入 1L 容量瓶中，用脱 CO_2 的新鲜蒸馏水溶解并稀释至刻度，摇匀，备用。该标准缓冲溶液在 25℃时 pH 为 4.01。

② KH_2PO_4/Na_2HPO_4 标准缓冲溶液　pH 为 6.86，$c(KH_2PO_4)=c(Na_2HPO_4)=$ 0.025mol/L，分析纯 KH_2PO_4 和 Na_2HPO_4 在烘箱中于 110℃烘干 2h 后，称取 3.40g KH_2PO_4 和 3.55g Na_2HPO_4 加入 1L 容量瓶中，用脱 CO_2 的新鲜蒸馏水溶解并稀释至刻度，摇匀，备用。

③ 将新鲜蒸馏水在耐化学腐蚀玻璃烧瓶中煮沸 5～10min，立即用装有碱石棉管的胶塞塞紧，放置冷却，使用前存放时间不宜超过 30min。

（3）仪器

① pH 计　具有 0.02pH 分刻度，配置玻璃电极作指示电极、饱和甘汞电极作参比电极或复合电极。玻璃电极使用前需在蒸馏水中浸泡 24h 以上，用后立即清洗干净，浸于水中保存。饱和甘汞电极使用时电极上端小孔的橡皮塞必须拔出，以防止产生扩散电位。

② 温度计　分刻度 0.1℃。

③ 恒温水浴　(25±0.1)℃。

④ 烧杯　50mL，耐化学腐蚀玻璃制成，第一次使用前用废稀盐酸浸泡后再用蒸馏水充分淋洗。

（4）测定步骤

① pH 计校正　将盛有标准缓冲溶液的烧杯置于恒温水浴内，控制标准缓冲溶液温度为 (25±0.1)℃。将 pH 计用温度调节器调节至 25℃，pH 计指示电极头部用蒸馏水清洗，再用滤纸吸干后移入装有标准缓冲溶液的烧杯内，调节 pH 计定位调节器，使其指示值与标准缓冲溶液的 pH 相等。从标准缓冲溶液中取出电极。标准缓冲溶液用毕后弃去，不得倒回原瓶内。

② 测定　pH 计指示电极头部用蒸馏水清洗，再用滤纸吸干后移入装有试样的烧杯内，控制试样温度为 (25±0.1)℃，记录 pH 读数，精确至 0.02pH；同时记录测量温度，精确至 0.1℃。

7.6.2 日用香精重金属（以 Pb 计）限量试验

（1）测定原理

在微酸性环境中，铜、铅、汞等重金属的离子与饱和硫化氢（H_2S）水溶液反应，生成相应的硫化物，目视法比较该溶液和标准色溶液的颜色。

（2）试剂

① 氨水　1∶3。

② 乙酸水溶液 30%　量取 298mL 乙酸，在 1L 容量瓶中用蒸馏水稀释至刻度。

③ 酚酞指示液　10%乙醇溶液。

④ 饱和 H_2S 水溶液　将 H_2S 通入脱 CO_2 的新鲜蒸馏水中至饱和为止，该溶液需使用前配制。

⑤ Pb 标准使用溶液 0.01mg/mL　准确称取 0.160g 分析纯 $Pb(NO_3)_2$ 溶于蒸馏水中，加入 1mL HNO_3，移入 1L 容量瓶，加蒸馏水稀释至刻度，即得到 Pb 标准贮液，该溶液 c(Pb)=0.1mg/mL，有效期 2 个月。使用前用移液管准确量取 10.0mL 上述溶液加入 100mL 容量瓶中，用蒸馏水稀释至刻度后摇匀，即得到 Pb 标准使用溶液，c(Pb)=0.01mg/mL，该溶液需使用前配制。

（3）仪器

① 天平　精确至 0.1g。

② 分析天平　精确至 0.0002g。

③ 蒸发皿　50mL，瓷质。

④ 沸水浴。

⑤ 电炉。

⑥ 马弗炉　能控制炉温 (550±25)℃。

⑦ 干燥器　内装变色硅胶或无水氯化钙。

⑧ 纳氏比色管　50mL，配套的 2 支。

⑨ 量筒　5mL，10mL，分刻度 0.1mL。

⑩ 移液管　2mL。

(4) 测定步骤

① 标准色溶液的配制　用移液管移取 2mL Pb 标准使用溶液加入 50mL 纳氏比色管中，再用量筒加入 0.5mL 乙酸水溶液，加水稀释至 25mL，加入 10mL 饱和 H_2S 水溶液后摇匀，于暗处放置 10min。

② 试样的处理　用天平称取 2g 香精（精确至 0.1g）试样加入蒸发皿于沸水浴上加热蒸干，将蒸发皿移至电炉上加热至试样炭化，再将蒸发皿移入马弗炉内，于 (550±25)℃灰化适当时间，取出蒸发皿，在空气中冷却 1～3min 后移入干燥器中冷却至室温，用分析天平称量（精确至 0.0002g），反复灰化冷却，称量至恒重。

加入 0.5mL 乙酸水溶液溶解灰分，移入 50mL 纳氏比色管中，加入 1 滴酚酞指示液，滴加氨水至溶液呈淡红色，再加入 0.5mL 乙酸水溶液，用蒸馏水稀释至 25mL，加入 10mL 饱和 H_2S 水溶液后摇匀，于暗处放置 10min。

③ 比色　用目视法比较处理后的试样溶液和标准色溶液的颜色。

(5) 测定结果

记录试样溶液颜色深于、等于或浅于标准色溶液。若 10min 内试样溶液颜色不深于标准色溶液的颜色，则试样中重金属含量（以 Pb 计）为合格。

7.7 我国香料工业的发展

香料与人们的生活水平和生活质量紧密相关。从世界范围来看，人们对香料的需求不断增加，香料的发展前景看好，近年来香料工业的增长速度一直高于其他工业的平均增长速度。

随着世界各国尤其是发展中国家经济的快速增长以及消费水平的不断提高，对食品和各式各样日用品的品质的要求逐渐提升，并因此带动并加速了世界香精工业的发展。我国近几十年香精香料的发展从产品数量、生产规模、管理体制和技术创新等方面都取得了突破性的进展。我国是植物性香料的主要供应国，全国 20 多个省、区、市尤其是云南、广西等是植物性天然香料的重要生产地，现已工业化生产的种类就达 100 多种，年出口量达 8 万吨以上，但提取技术相对美国等发达国家还存在一定差距，如我国目前还是以水蒸气蒸馏等常规方法进行提取，上文中介绍的许多方法如微波辅助萃取、超声波辅助萃取等还未实现工业化，生物工程领域仍然处于实验室阶段。因此，加强对新的提取技术的研究，进一步开发我国规模宏大的芳香植物资源，提高天然香料产品的国际竞争力，是我国香料工业的努力方向。

拓展学习 5

练习思考题

第 7 章练习思考题参考答案

1. 香精和香料是同一个概念吗？它们是什么关系？
2. 常用的天然动物性香料有哪些？
3. 天然植物性香料主要有哪些提取方法？
4. 简述香精的配制步骤。

参考文献

[1] 王箴．化工辞典. 4 版．北京：化学工业出版社，2000.

[2] 李德生，龚隽方．实用合成香料．上海：上海科学技术出版社，1991.

[3] 何坚，孙宝国．香料化学与工艺学．2 版．北京：化学工业出版社，2004.

[4] 范成有．香料及其应用．北京：化学工业出版社，1990.

[5] 钮竹安．香料手册．北京：轻工业出版社，1958.

[6] 唐薰．香料香精及其应用．长沙：湖南大学出版社，1987.

[7] 程侣柏．精细化工产品的合成及应用．3 版．大连：大连理工大学出版社，2014.

[8] 宋启煌．精细化工工艺学．4 版．北京：化学工业出版社，2018.

[9] 李和平，葛虹．精细化工工艺学．北京：科学出版社，2006.

[10] 黄致喜，王燕辰．现代合成香料．北京：中国轻工业出版社，2009.

[11] 刘树文．合成香料技术手册．2 版．北京：中国轻工业出版社，2009.

[12] 孙宝国等．香精配方手册——精细化工配方工艺系列．北京：化学工业出版社，2005.

[13] 贾长英，张晓娟，李辉，李泓睿等．精细化学品分析与检验，北京：中国石化出版社，2015.

[14] 王英健，牛桂玲．精细化学品分析．2 版．北京：高等教育出版社，2015.

8 食品添加剂

本章学习目标

1. 了解食品添加剂的定义、分类、使用标准及毒性学评价；
2. 了解评价食品添加剂的毒性的标准；
3. 熟悉食品添加剂常用原料及相关性能。

8.1 概述

8.1.1 食品添加剂的定义和分类

（1）食品添加剂的定义

食品添加剂是指为改善食品品质和色、香、味，以及为防腐、保鲜和加工工艺的需要而加入食品中的人工合成或者天然物质。

世界各国对食品添加剂的定义不尽相同，因此所规定的添加剂种类也不尽相同。如某些国家，包括欧盟各国和联合国食品添加剂法典委员会（CCFA）在内，在食品添加剂的定义中明确规定："不包括为改进营养价值而加入的物质"，而美国联邦法规（CFR）中则不但包括营养物质，还包括各种间接使用的添加剂（如包装材料、包装容器及放射线等）。

食品添加剂可以是一种或多种物质的混合物，它们中大多数并不是食品原料固有的物质，而是在生产、贮存、包装、使用等过程中在食品中为达到某一目的而有意添加的物质。食品添加剂一般都不能单独作为食品来食用，它的添加量有严格的控制，而且为取得所需效果的添加剂量也很小。

（2）食品添加剂的分类

目前，国际上对食品添加剂的分类尚未有统一的标准。我国依据功能和用途将食品添加剂分为23类：酸度调节剂、抗结剂、消泡剂、抗氧化剂、漂白剂、膨松剂、胶基糖果中基础剂物质、着色剂、护色剂、乳化剂、酶制剂、增味剂、面粉处理剂、被膜剂、水分保持剂、防腐剂、稳定剂和凝固剂、甜味剂、增稠剂、食品用香料、食品工业用加工助剂、其他。按其来源可分为天然物质、化学物质和半天然物质等。天然食品添加剂是利用动植物或微生物的代谢产物等为原料，经提取制得的。化学合成的食品添加剂是通过化学反应等制成的。

8.1.2 食品添加剂的使用要求和管理

(1) 食品添加剂的使用要求

作为食品添加剂使用的物质，其最重要的是使用的安全性，其次是其工艺功效。食品添加剂必须满足以下要求。

a. 食品添加剂应有规定的名称，须经过严格的毒理学鉴定程序，保证在规定使用限量范围内对人体无害。

b. 严格的质量标准，有害杂质不得检出或不能超过允许限量。

c. 进入人体后，能参与人体正常的物质代谢，或能经过正常解毒过程排出体外，或不被吸收而全部排出体外，不能在机体内形成对人体有害的物质。

d. 对食品的营养成分不能有破坏作用，也不应影响食品的质量及品质。

e. 应具有用量小、功效明显的特点。能真正提高食品的内在质量和感官性质。

f. 使用安全、方便。

g. 添加于食品后能分析鉴定出来。

(2) 食品添加剂的使用标准

评价食品添加剂的毒性，首要标准是每日允许摄入量（Acceptable Daily Intake，ADI），ADI值是指人一生连续摄入某种物质而不致影响健康的每日最大允许摄入量，以每日每千克体重摄入的质量（mg）表示，单位为mg/kg。ADI是由动物长期毒性试验所取得的最大无作用量（MNL）数据与安全系数外推得出的。安全系数通常为1/500～1/100。

判断食品添加剂的第二常用指标是半数致死剂量（50% Lethal Does，LD_{50}），也称致死中量。通常是指能使一群被试验动物中毒死亡一半所需的最低剂量，其单位是mg/kg(体重)。对食品添加剂，主要指经口的半数致死剂量。

(3) 食品添加剂的毒理学评价

对食品添加剂进行毒理学评价的目的是鉴定其安全性或毒性。通过毒理学评价，可确定允许使用的食品添加剂在食品中无害的最大限量，提出对有害物质禁用或放弃的理由，为制定食品添加剂使用的卫生标准及有关法规提供依据。

食品添加剂毒理学评价的主要内容如下。

a. 食品添加剂的化学结构、理化性质、纯度、在食品中的存在形式及其降解过程和降解产物。

b. 食品添加剂随同食品进入机体后，在组织器官内的贮留分布、代谢转变及排泄情况。

c. 食品添加剂及其代谢产物在机体内引起的生物学变化，即对机体可能造成的毒害及其机理。包括急性毒性、慢性毒性、对生育繁殖的影响、胚胎毒性、致畸性、致突变性、致癌性、致敏性等。

(4) 食品添加剂的管理

国际上食品添加剂的研究、开发、应用由联合国粮农组织（FAO）和世界卫生组织（WHO）加以管理，其中设有联合国食品标准委员会（CAC），标准委员会下还设有各种食品标准委员会，其中负责世界通用食品添加剂标准的是食品添加剂标准委员会（CCFA），同时还设立了联合食品添加剂专家委员会（JECFA）、联合食品标准委员会及联合食品添加剂标准委员会等重要的咨询机构。国际上对食品添加剂有一套比较严密的评价程序，先由各国政府或生产部门将有关食品添加剂的信息传递给有关食品添加剂的国际组织，然后国际组织将毒理学结论、允许使用量、质量标准等再反馈给各国政府以征求意见，进而成为国家的统一意见。

8.2 乳化剂、增稠剂、膨松剂

8.2.1 乳化剂

食品乳化剂是一类多功能的高效的食品添加剂，在食品工业中把使用的表面活性剂统称为乳化剂，在食品加工过程中除发挥表面活性剂的乳化、分散、悬浮、起泡、润湿、增溶、助溶、破乳等作用外，在食品中还发挥增稠、润滑、保护、抑泡、消泡等作用，还能与食品中的类脂、蛋白质、碳水化合物相互作用，对改进和提高食品质量起着重要作用。

食品乳化剂分为天然和合成两大类。天然食品添加剂主要是由蛋黄制取的卵磷脂和由大豆制取的磷脂。目前，使用的合成食品添加剂主要是脂肪酸多元醇及其衍生物。

（1）大豆磷脂和改性大豆磷脂

大豆磷脂是一种最主要的食品乳化剂，是卵磷脂、脑磷脂、磷脂肌醇、游离脂肪酸等成分组成的复杂混合物，其化学组成是由甘油分别与脂肪酸、磷酸以及取代磷酸组成的酯。大豆磷脂可以用不同的方法提取，例如水化脱胶法和有机溶剂提取法。

a. 水化脱胶法：大豆毛油经过滤后，在搅拌条件下均匀加 80℃热水，大豆磷脂胶粒从油中析出沉淀，分离底部沉淀物，即为粗大豆磷脂。水化脱胶法又分为连续式水化脱胶法和间歇式水化脱胶法。间歇式水化脱胶法分直接蒸汽法、低温水化法和高温水化法等几种不同脱胶方法。在美国和日本绝大多数大豆磷脂生产公司采用连续式水化脱胶法，在欧洲和我国多采用间歇式水化脱胶法。

b. 有机溶剂提取法有乙醇提取纯化法和乙烷提取法。乙醇提取纯化法是在 30～50℃条件下，用 2～3 倍 95％乙醇与粗大豆磷脂混合，提取 3～4 次后，进行过滤，在滤液中加 10％～20％的水分离中性油，将水、乙醇混合液通过三氯化铝色谱柱，用乙醇洗脱大豆磷脂，并回收溶剂，可得高纯度的大豆磷脂，大豆磷脂含量可达 85％～90％。乙烷提取法是取大豆油脚，在室温下，加入 1.4～1.5 倍乙烷，搅拌均匀，在转速 200r/min 下离心 5min，回收溶剂，可得到大豆磷脂。

改性卵磷脂是被酶如磷脂酶，也可被酸或碱作用形成脱（脂）酸卵磷脂。这些产物比原来卵磷脂化合物具有更强的 O/W 型乳化性质和较弱的钙离子、镁离子敏感性。因此，被作为卵磷脂取代物。

（2）蔗糖脂肪酸酯

这是蔗糖与脂肪酸反应生成的一大类多元醇型非离子乳化剂的总称，简称蔗糖酯。包括 HLB 值 1～16 的多种产品。单酯的水溶性很大。由于具有无毒、易生物降解及良好表面活性而被广泛用于食品、医药、化妆品等行业。多用作 O/W 型乳化剂使用。

工业上用酯交换法、酰氯酯化法、直接脱水法以及微生物法制备蔗糖脂肪酸酯。

蔗糖脂肪酸酯可与甘油单、二脂肪酸酯组成蔗糖甘油脂肪酸酯这种复杂的混合物。其制法为将天然油脂、蔗糖、催化剂、乳化剂混合加热发生酯交换反应，得到蔗糖酯和甘油酯的混合物，因此具有这两类乳化剂的性质。

（3）山梨醇脂肪酸酯

这是山梨醇与其脱水形成的单环、二环化合物与脂肪酸反应的产物，如 Span-80 是以山梨醇、油酸为原料，在一定温度，于氢氧化钠催化剂的作用下经酯化反应得到的产物，其制备反应为：

$$\begin{array}{c} CH_2OH \\ | \\ CHOH \\ | \\ HO-CH \\ | \\ CHOH \\ | \\ CHOH \\ | \\ CH_2OH \end{array} \xrightarrow[\text{环化}]{\text{脱水}} \text{HO—(环)(—}CH_2OH\text{)(—OH)(—OH)} \xrightarrow[\text{酯化，碱，高温}]{C_{17}H_{33}COOH} \text{HO—(环)(—}CH_2OOCC_{17}H_{33}\text{)(—OH)(—OH)}$$

由于山梨醇脱水反应实际上是很复杂的，生成多种化合物的混合物，其酯化反应产物也是多种多样的，酯化产物主要是单酯，也含有双、三酯。Span-80 是一种典型的多元醇型非离子表面活性剂，具有较好的乳化、分散、渗透、增溶特性，在食品、纺织、医药、金属切削加工等行业得到广泛应用。

根据所用脂肪酸不同可有多种不同产物，最著名的是美国 ICI 公司的 Span 系列，是山梨醇与脂肪酸在碱催化下经高温反应，脱水而得，有关商品名称及化学组成见表 8-1。

表 8-1 Span 的商品名称及化学组成

商品名称	化学组成	HLB 值
Span-85	失水山梨醇三油酸酯	1.8
Span-65	失水山梨醇三硬脂酸酯	2.1
Span-80	失水山梨醇单油酸酯	4.3
Span-60	失水山梨醇单硬脂酸酯	4.7
Span-40	失水山梨醇单棕榈酸酯	4.7
Span-20	失水山梨醇单月桂酸酯	8.6

失水山梨醇与甘油脂肪酸酯相似，可为液体或蜡状固体。随着脂肪酸疏水基团数量的增加，其亲油性增加，如失水山梨醇三硬脂酸酯适合作 W/O 型乳化剂，而短链的脂肪酸单酯，如失水山梨醇单月桂酸酯的亲水性较好，可作 O/W 型乳化剂。

作为食品乳化剂的品种还有甘油单、二酸酯，乙酸甘油单、二酸酯，乳化甘油单、二酸酯，柠檬酸甘油单、二酸酯，脂肪酸钠、钾盐，它们的 ADI 值都无限制。此外，还有琥珀酸单甘油酯、聚甘油酯、丙二醇脂肪酸酯、硬脂酰乳酸钠等。

8.2.2 增稠剂

增稠剂俗称糊料、增黏剂、胶凝剂、乳化稳定剂等，是一种改善食品的物理性质，增加食品黏稠性或形成凝胶，给食品润湿、适口舌感的食品添加剂，并兼有乳化、稳定或使呈悬浮状态的作用。

增稠剂的作用原理是其分子结构中含有许多亲水性基团，如羟基、羧基和羧酸根等，能与水分子发生水化作用。增稠剂经水化作用后，以分子状态分散于水中，形成高黏度的分散体系——大分子溶液。所以食品增稠剂为亲水性高分子物质，也称水溶胶。

增稠剂按其来源可分为天然和化学合成（包括半合成）两大类。天然来源的增稠剂大多数是从植物、海藻或微生物中提取的多糖物质，如阿拉伯胶、卡拉胶、果胶、琼胶、海藻酸类、罗望子胶、甲壳素、黄蜀葵胶、亚麻籽胶、田菁胶、瓜尔胶、槐豆胶和黄原胶等。

合成或半合成增稠剂有羧甲基纤维素钠、海藻酸丙二醇酯，以及近年来发展较快、种类繁多的变性淀粉，如羧甲基淀粉钠、羟丙基淀粉醚、淀粉磷酸酯钠、乙酰基二淀粉磷酸酯、磷酸化二淀粉磷酸酯、羟丙基二淀粉磷酸酯等。

（1）琼胶（Agar）

琼胶，又名琼脂，为聚半乳糖苷（90%为 β-D-吡喃半乳糖，10%为 3,6-α-L-吡喃半乳糖）。条状琼胶呈无色半透明或类白色至淡黄色，表面皱缩，微有光泽，质轻软而韧，不易折。完全干燥后，则脆而易碎。粉状琼胶为白色或淡黄色鳞片状粉末，琼胶无臭，味单。琼胶不参与人体代谢，无营养价值。

琼胶一般从石花菜、江蓠藻、丝藻、小石花菜等红藻类植物中浸提而得。

琼胶具有较强的胶凝能力，与糊精或蔗糖共用时其胶凝强度升高。作为增稠剂，我国规定可用于各类食品，按生产需要适量使用。琼胶在我国传统膳食中作为凉拌菜，此外还可作为乳化稳定剂。

（2）明胶（Gelatin）

明胶是由动物胶原蛋白水解衍生的多肽混合物，为半透明、微带光泽的薄片或白色至淡黄色粉末，无臭，稍带肉汁味。通常以动物的骨头和皮为原料，采用石灰乳法（碱法）、盐碱法、酶法和酸法制得。

石灰乳法从原料开始，经预处理、灰浸、水洗、中和、水洗、抽提、过滤、浓缩、干燥等工序制得。国内约 80%的明胶用该法生产，国外也普遍采用此法，但周期较长。

（3）羧甲基纤维素钠（Sodium Carboxymethyl Cellulose，CMC-Na）

羧甲基纤维素钠，又称羧甲基纤维素（CMC），是一种高分子阴离子型的纤维素醚，其分子量为 21000～50000。

CMC 可与大多数水溶性非离子型胶和许多阴离子型胶相溶。但与黄原胶配合使用时，必须注意将黄原胶中的纤维素酶失活，否则会导致酶促降解。与瓜尔胶和羧乙基纤维素配合时，有增效作用。CMC 对热较稳定，但在 80℃以上长时间加热会使胶体变性而导致黏度下降。在酸性条件下会形成游离酸而沉淀，失去黏性。CMC 通常以精制棉为原料，与氢氧化钠反应生成碱纤维素，再用氯乙酸进行羧甲基化制得：

$$(C_6H_9O_4OH)_n + n\,NaOH \longrightarrow (C_6H_9O_4ONa)_n \xrightarrow{ClCH_2COOH} (C_6H_9O_4OCH_2COONa)_n$$

食用 CMC 具有增稠、悬浮、稳定、赋形、成膜、膨化和保鲜多种功能，可代替明胶、琼胶、海藻酸钠的作用。

（4）变性淀粉

变性淀粉又称淀粉衍生物，是指在淀粉固有特性的基础上，利用物理或化学方法，改善天然淀粉的性质，增加某些性能或引进新的特性而制备的一类淀粉衍生物。制备淀粉衍生物的方法包括用热、酸、碱、氧化剂、酶制剂以及具有各种官能团的有机反应试剂与淀粉发生化学反应而制得。

变性淀粉在国外有1000种以上的品种牌号，广泛应用于造纸、纺织、医药、石油、建材和日化等众多领域。目前，我国投入工业生产的仅有几十种。变性淀粉可根据其性质用于各类食品，可代替部分食用明胶，且应用效果良好，有利于扩大品种选择和降低成本。因此，变性淀粉在我国有较大的发展前途。

8.2.3 膨松剂

膨松剂（Bulking Agents）是在以小麦粉为主的焙烤食品中添加，并在加工过程中受热分解产生气体，使面坯起发，形成致密多孔组织，从而使制品具有膨松、柔软或酥脆感的一类物质。膨松剂的分类如下：

膨松剂
- 碱性膨松剂　(K)$NaHCO_3$、NH_4HCO_3、轻质 $CaCO_3$
- 酸性膨松剂　$KAl(SO_4)_2$、$NH_4Al(SO_4)_2$、$CaHPO_4$ 和酒石酸钾等
- 复合膨松剂　有碳酸盐、酸性盐或有机酸和助剂(淀粉、脂肪酸等)
- 生物膨松剂　指酵母

其中酸性膨松剂主要用作复合膨松剂的酸性成分，不能单独使用。近年来的研究表明，膨松剂中的铝的吸收对人体不利，因而人们正在研究减少硫酸铝钾和硫酸铝铵等在食品中的应用。

8.3 食用色素、护色剂和漂白剂

8.3.1 食用色素

食用色素，有时又称为食用染料或着色剂，是指以食品着色为目的的食品添加剂，它可使食品有悦目的色泽，增进人们的食欲。食用色素按其来源和性质可分为食用合成色素和食用天然色素两大类。

食用合成色素主要是指采用人工合成方法所制得的有机色素，按其化学结构可分为偶氮类和非偶氮类。偶氮类色素按其溶解性不同又分为油溶性和水溶性两大类。油溶性偶氮类色素不溶于水，进入人体不易排出体外，毒性较大，现在在世界各国使用的合成色素有相当一部分是水溶性偶氮类色素。在美国允许使用的合成色素有7种，而且均是水溶性的。目前，我国允许使用的主要有6种，分别为苋菜红、胭脂红、柠檬黄、日落黄、靛蓝和亮蓝（见表8-2）。前四种为偶氮型色素，后两种为非偶氮型色素。偶氮型色素毒性较强，因为其偶氮键会在体内断裂，有时会形成一些油溶性片段而不易排出体外。合成色素有很多属于煤焦油染料，其本身不仅没有营养价值而且对人体有害。合成色素的毒性主要由于其化学性质能直接危害人体健康，或因为在代谢过程中产生有害物质。另外在合成过程中还有可能被砷、铅等重金属污染。但是，因为合成色素价格低廉，色泽稳定，对光、热、酸等非常不敏感，所以在食品中的使用仍然非常广泛。

表 8-2 我国允许使用的合成色素

色素名称	化学结构	合成工艺	用途	最大使用量/(g/kg)
苋菜红	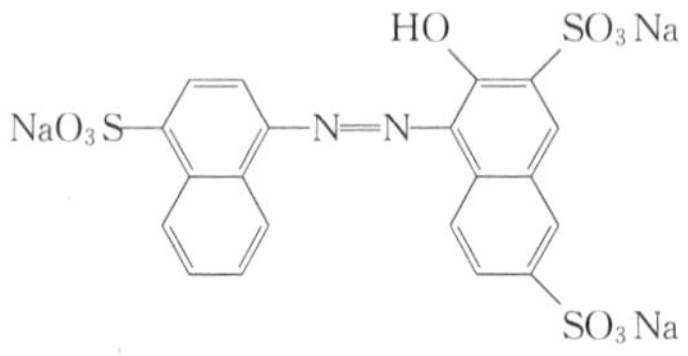 HO, SO_3Na, NaO_3S—N═N—, SO_3Na	氨基萘磺酸钠经溶解与盐酸作用成盐，亚硝酸钠重氮化，再在碱性条件下与2-萘酚-3,6-二磺酸钠偶合而成	糕点、饮料、酒类、医药、化妆品	0.05
胭脂红	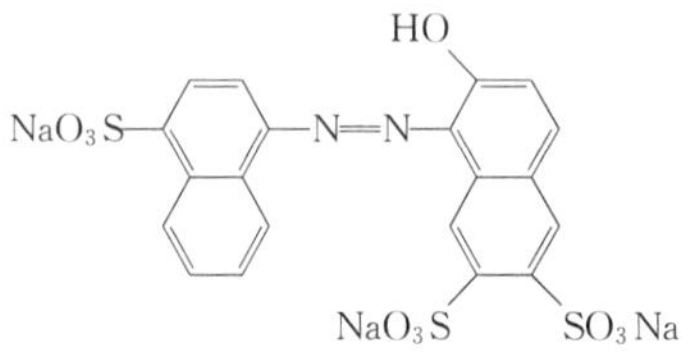 HO, NaO_3S—N═N—, NaO_3S, SO_3Na	1-萘胺-4-磺酸重氮化后，与2-萘酚-6,8-二磺酸钠在碱性介质中偶合，加食盐盐析，精制而成	糕点、饮料、农畜牧加工产品，用于红肠肠衣、豆奶	0.05
柠檬黄	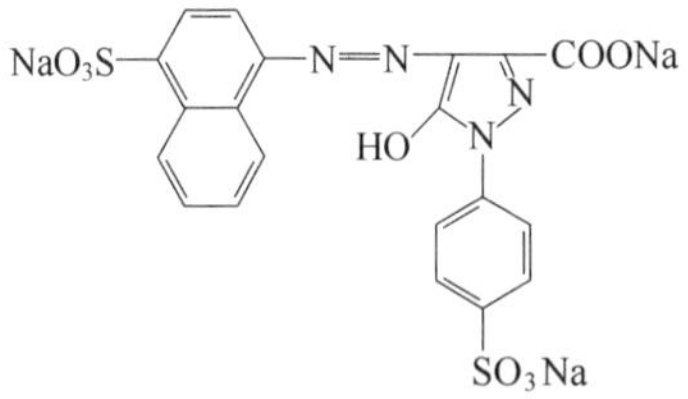 NaO_3S—N═N—, COONa, N, HO, N, SO_3Na	对羟基酒石酸钠与苯肼对磺酸缩合，碱化后将生成的色素，加食盐盐析，精制而成	糕点、饮料、农产品、医药、化妆品、豆奶	0.10
日落黄	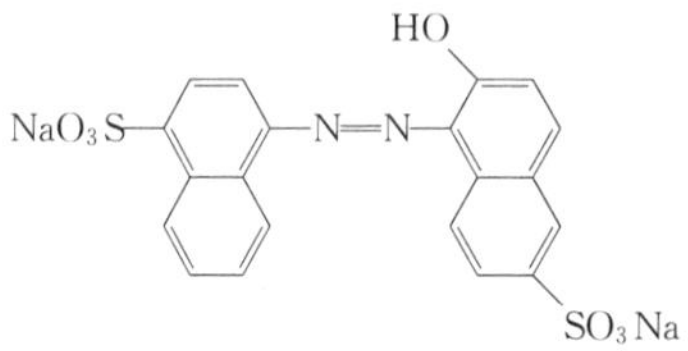 HO, NaO_3S—N═N—, SO_3Na	对氨基苯磺酸重氮化后，在碱性条件下与2-萘酚-6-磺酸偶合，食盐盐析，过滤，精制而成	糕点、饮料、农产品、医药、化妆品	0.10
靛蓝	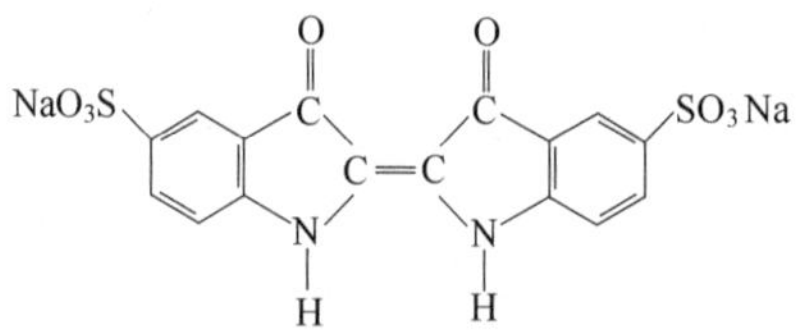 O, O, NaO_3S, C, C═C, C, SO_3Na, N, H, N, H （靛蓝二磺酸钠）	靛蓝经浓硫酸或发烟硫酸磺化后，用纯碱中和，食盐盐析，精制而成	糕点、饮料、农产品、医药、化妆品	0.10
亮蓝	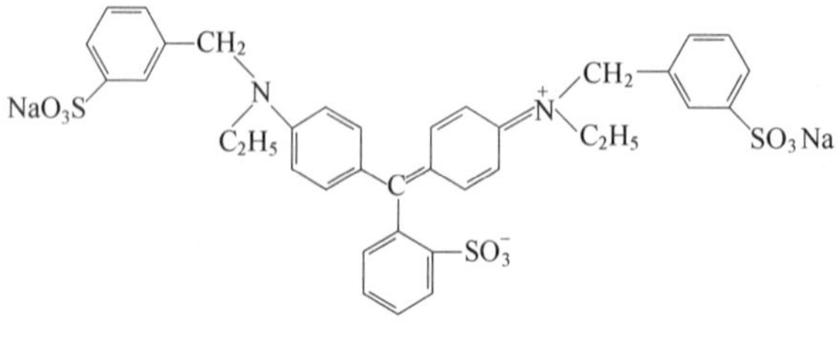 CH_2, NaO_3S, N, C_2H_5, $\overset{+}{N}$, CH_2, C_2H_5, SO_3Na, C, SO_3^-	将α-(N-乙基苯氨基)-间甲苯磺酸和邻磺酸苯甲醛的缩合物，用重铬酸钠氧化，中和后用硫酸钠盐析，精制而成	糕点、饮料、农产品、医药、化妆品	0.025

食用天然色素，主要是从动植物组织和微生物（培养）中提取的色素，以植物性食用色素占多数。按其化学结构可分为吡咯类、多烯类、酮类和多酚类。食用色素中有些长期以来就是可食成分或从可食用的有色植物、药物中提取。在正常使用时对人体无害，如叶绿素、胡萝卜素、姜黄素等。还有一些具有重要的生理功能，在防癌、降血压、降血脂等方面有重要的作用。

食用天然色素的种类和特性：

① 以农产品为原料提取的天然食用色素　如从高粱壳中提取的红色素，天然的高粱红色素的主要成分是异黄酮半乳糖苷，热稳定、耐光性较好，耐氧化性差。开发应用于饮料、保健品除起着色作用外，还具有生津止渴，消炎解热，扩张血管，降低血糖、血压等作用。以谷类农作物为原料提取的天然色素还有荞麦皮红色素、玉米黄色素、红米色素、黑豆皮色素等。

② 以水果类农副产品为原料提取的天然食用色素　如橘黄素是从橘皮中提取的一种天然植物色素。主要成分是类胡萝卜素和核黄素。类胡萝卜素具有明显的预防老年性黄斑变性、保护视力的作用。核黄素又称维生素 B_2，具有促进动物生长，预防和治疗舌炎、口角龟裂、口角糜烂等效果。从山楂果实中提取的山楂色素也具有很多药理功能，特别是花色素苷对心脏起动阶段具有强壮的作用。类似的还有葡萄皮色素、黑加仑果渣红色素、桑葚色素等。

③ 以植物果实为原料提取的天然食用色素　如从沙棘果皮中提取的沙棘黄色素，主要成分为类胡萝卜素物质，具有较高的营养价值。该色素溶液不耐酸，对光不稳定，但在面、肉食品中应用效果很好。从火棘果中提取的火棘红色素，兼具有营养和药理作用，耐光性很强，适用于弱酸性条件下使用，可用于饮料、软糖、色酒、果冻、蛋糕等食品的着色。此外，还有从栀子果实中提取的栀子黄色素，从枸杞子中提取的枸杞子色素，从野生灰白毛莓的成熟果实中提取的灰白果莓红色素，从黄刺玫成熟果实中提取的黄刺玫色素等。

④ 以蔬菜为原料提取的天然食用色素　如从胡萝卜、甘薯、南瓜中提取的 β-胡萝卜素。β-胡萝卜素具有重要的营养价值和生理功能，除了被广泛用于食品着色外，还成为各种功能食品的新素材。但该色素耐热、耐光、耐氧化性均较差，对弱碱性较稳定。从辣椒中提取的辣椒红色素，主要成分为辣椒红素和辣椒玉红素，它们的耐酸、耐热性都好，对可见光也较稳定，但在紫外线下易褪色。适用于糕点、饮料、罐头、人造奶油、奶油制品等食品的着色。

⑤ 以花为原料提取的天然食用色素　如从月季花中提取的月季花红色素，是花色素苷类物质。该色素在酸性条件下较稳定，色素鲜艳，耐糖性好，对氧化剂敏感。适用于酸甜味产品的着色。

已报道的从鲜花中提取的还有一串红花色素、密蒙花色素、鸡冠花色素、杜鹃花色素、向日葵花色素、玫瑰花色素、栀子花黄色素、山兰红色素等。此外，还有从姜黄植物根中提取的姜黄色素，从红曲属种微生物中提取的红曲色素等。许多学者建议应将花色素作为天然色素源。

（1）姜黄素

姜黄素是从姜黄的根部提取的。姜黄素因具有抗炎和抗癌性能而广泛用于医药中，同时它又是一种香料。姜黄素是一种有效的抗氧化剂，可以保护细胞的组分不被破坏，对癌症的引发、恶化有抑制作用，提高特定的反应活性，并作为抗菌剂增强肝的解毒功能，增加胆汁的分泌并促进胆囊的收缩，另外有可抑制血小板聚集和增强纤溶活性的作用。

（2）类胡萝卜素

类胡萝卜素在自然界中分布非常广泛，有600多种可被确认。类胡萝卜素的生理功能主要表现在两个方面。

① 保护细胞免受氧化剂破坏的抗氧化作用。细胞氧化可导致退化性疾病，例如动脉粥样硬化、癌症、关节炎等。

② 它是维生素A的前体。它是α-胡萝卜素、β-胡萝卜素的活性前体物质，在小肠黏膜内部转化成维生素A。对类胡萝卜素的生理功能已经做了大量的研究，大多数集中在β-胡萝卜素上，但最近研究表明类胡萝卜素具有协同作用，因此，食用类胡萝卜素的混合物对身体更加有益。

（3）番茄红素

它是存在于番茄中的一种色素，可降低癌症，如乳腺癌及宫颈癌等的患病可能性。研究还表明，存在于番茄制品如番茄酱等中的番茄红素比生番茄中的更有利于人体有效吸收。直到1989年Mascio等首先提出番茄红素的作用，即猝灭单线态氧的效率在各种类胡萝卜素中是最高的，作为一种强氧化剂，众多学者发现其在抗癌方面有特殊功效。如结肠癌、直肠癌、食管癌等。在其他方面如防止心脏病、抗衰老等方面都有作用。番茄红素的抗癌机理就是其较强的抗氧化性及自由基清除作用，同时它能防止DNA和脂蛋白的氧化。

（4）叶黄素

叶黄素也是一种抗氧化剂。它是在眼睛的斑点区发现的两种类胡萝卜素中的一种，有证据表明它可以保护与年老有关的斑点退化，这种退化可以导致65岁以上的老年人失明。而且越来越多的研究发现其还有抗癌功能。叶黄素水平的提高可降低与年老有关的分子老化的发生，可以过滤蓝色光而保护视网膜。食用含叶黄素丰富的蔬果，可以使叶黄素在视网膜附近聚集，对视力有很好的作用。用含叶黄素0.1%～0.4%的饲料饲喂小鼠，发现肿瘤细胞的生长受到抑制，并提高了淋巴细胞的增长，提高机体免疫力。

8.3.2 护色剂

护色剂又称发色剂、呈色剂，是指在肉制品加工过程中，适当添加的使其呈现良好色泽的非色素物质。在使用护色剂的同时，还经常加入一些能促进护色的还原性物质，这些物质称为护色助剂。常用的护色剂有硝酸钠（钾）、亚硝酸钠（钾），L-抗坏血酸及其钠盐、异抗坏血酸及其钠盐、烟酰胺等是常用的护色助剂。

我国允许使用的护色剂见表8-3。

亚硝酸钠的外观和滋味类似食盐，ADI值为0～0.06mg/kg。LD_{50}为220mg/kg（小鼠经口），剧毒，人中毒量为0.3～0.5g，致死量为3g。近年来，人们发现亚硝酸盐能与多种氨基酸化合物（主要来自蛋白质分解产物）反应，可产生致癌的N-亚硝基化合物，如亚硝胺等。亚硝胺是目前国际上公认的一种强致癌物。因此，国际上各方面都在要求把硝酸盐的加入量限制在保证护色的最低水平，有的国家禁止使用。但至今大多数国家仍在继续使用，原因是（亚）硝酸盐类对肉制品的色相有特殊的作用，除了护色作用外，还具有增强肉制品特殊风味的作用，尤其是对肉毒梭状芽孢杆菌、金黄色葡萄球菌及绿色乳杆菌等有抑制其增殖和抑制其产毒的作用。国外曾发生过几起由于不使用亚硝酸盐而发生肉类食品中毒的事故。

表 8-3 我国允许使用的护色剂

名称	性　状	允许使用情况	ADI 值/(g/kg)
亚硝酸钠	白色或微黄色结晶或颗粒状粉末，无臭，味微咸，易吸潮，易溶于水，微溶于乙醇	肉类罐头和肉制品最大使用量为 0.15g/kg，残留量肉类罐头≤0.05g/kg、肉制品≤0.03g/kg。CCFA 建议应用于午餐肉、碎猪肉、猪脊肉和火腿时，最大用量为 0.125g/kg，咸牛肉罐头为 0.05g/kg	0～0.06
硝酸钠	无色，无臭，结晶或结晶状粉末，味咸并稍带苦味，有吸湿性，溶于水，微溶于乙醇	肉制品最大使用量 0.5g/kg，残留量同亚硝酸钠，CCFA 建议用于火腿、里脊肉最大用量为 0.5g/kg，此外，用于多种干酪防腐，最大用量为 0.50g/kg	0～5
亚硝酸钾	白色或微黄色晶体或棒状体，微溶于乙醇，有吸湿性	CCFA 建议本品用于午餐肉、碎猪肉、猪脊肉火腿和咸肉，同亚硝酸钠最大用量	0～0.06
硝酸钾	无色透明棱状晶体、白色颗粒或白色结晶性粉末。无臭无味，口感清凉，在空气中具有吸湿性，易溶于水，微溶于乙醇	可代替亚硝酸钠，用于肉类腌制，也可用于多种干酪的防腐	0～5

亚硝酸盐的护色机理是其所产生的一氧化氮与肉类的肌红蛋白和血红蛋白结合，生成一种具有鲜艳红色的亚硝基肌红蛋白所致。硝酸盐则需在食品加工中被细菌还原成亚硝酸盐再起作用。其作用机理如下：

$$NaNO_3 \xrightarrow{\text{细菌还原}} NaNO_2 \xrightarrow{\text{乳酸}} HNO_2 \xrightarrow{\text{分解}} NO$$

$$NO + Mb(\text{肌红蛋白}) \longrightarrow MbNO(\text{亚硝基肌红蛋白})$$

用亚硝酸盐作肉类护色剂时，同时加入适量的 L-抗坏血酸及其钠盐和（或）烟酰胺作为护色剂使用。抗坏血酸的使用量一般为原料的 0.02%～0.05%，在腌制或斩拌时添加，也可把原料肉浸渍在这些物质的 0.02%的水溶液中。

由于亚硝酸盐安全性问题，全世界都在寻求其理想的代替品。目前，人们寻求使用的亚硝酸钠较好的代替品为抗坏血酸盐（抗坏血酸）、α-生育酚（维生素 E）和亚硝酸盐的混合物。此外，也有应用山梨酸钾和低浓度的亚硝酸盐、次磷酸作为代替品。其中除抗坏血酸盐和 α-生育酚可阻断亚硝胺的形成外，其他品种可部分代替亚硝酸盐的作用。尽管有种种亚硝酸盐的替代品，但迄今尚未发现有能完全取代亚硝酸盐的理想物质。

8.3.3 漂白剂

能破坏或抑制食品的发色因素，使色素褪色或使食品免于褐变的食品添加剂称漂白剂。

漂白剂是通过氧化、还原等化学作用同色素物质发生化合，使其发色基团变化或抑制某些褐变因素来达到目的的。一般分为氧化、还原两个类型。

氧化型作用较强，会破坏食品的营养成分，残留量也较大。其中包括漂白粉、过氧化氢、高锰酸钾、次氯酸钠、过氧化丙酮、二氧化氯、过氧化苯甲酰。

还原型作用比较缓和，但是被它漂白的色素物质一旦再被氧化，可能重新显色。我国一般使用的这类漂白剂都是亚硫酸及其盐类，如亚硫酸钠、二氧化硫等。

（1）亚硫酸盐类漂白剂

主要用于蜜饯、干果、干菜、果汁、竹笋、蘑菇、果酒、啤酒、糖品、粉丝的漂白。常用的漂白方法有气（SO_2）熏法、直接加入法、浸渍法。

亚硫酸盐使用时应注意以下事项：

a. 金属离子能使还原的色素氧化变色而降低漂白剂的功效，故使用中不可混入 Fe、Cu 等金属离子，可同时使用金属离子螯合剂，以保证漂白效果；

b. 亚硫酸盐能破坏硫胺素，故不宜用于鱼类食品；

c. 采用现用现配的方法，以防止亚硫酸盐类溶液不稳定而挥发；

d. 亚硫酸盐易与醛、酮、蛋白质等反应；

e. 食品中残留的 SO_2 量不得超过标准，高残留的食品有 SO_2 臭味，影响口感和产品性状，对后添加的香料、着色剂等也有影响；

f. 用亚硫酸盐处理的食品若条件许可，应采用加热、通风等方法将残留的亚硫酸盐除去；

g. 亚硫酸对果胶的凝胶特性有损害，用亚硫酸处理过的水果，只限于制作果酱、果干、果脯、果汁饮料、果酒等，不能作为整形罐头原料。

（2）过氧化苯甲酰漂白剂

常用于对小麦、玉米、豆类等的胚乳中的胡萝卜素等不饱和脂溶性天然色素进行漂白。以面粉为例：过氧化苯甲酰在空气和酶的催化下，与面粉中的水分作用，释放出初生态氧。反应式为：

$$(C_6H_5CO)_2O_2 + H_2O \longrightarrow 2C_6H_5COOH + [O]$$

初生态氧可以氧化面粉中的不饱和脂溶性色素和其他有色成分而使面粉变白。

过氧化苯甲酰已在国内批准使用，面粉的最大添加量为 0.03g/kg。由于过氧化苯甲酰活性强，在商品中还用碳酸钙、硫酸钙等物质作为稀释剂，通常使用的商品中含量在 27% 左右。

过氧化苯甲酰在使用中一定要混合均匀，否则在加热工艺条件下产生的苯基易与氢氧根、酸根、金属离子结合，可能生成苯酚等物质，使制品带有褐斑，影响质量。

8.4 调味品

8.4.1 增味剂

增味剂也称风味增强剂，我国习惯上称为鲜味剂，是指能增强食品风味（鲜味）的添加剂。增味剂有氨基酸系、核苷酸系和有机酸系三类。在氨基酸系增味剂中有 L-谷氨酸钠（味精）、L-谷氨酸、L-谷氨酸铵、L-谷氨酸钙、L-谷氨酸钾、L-天冬氨酸钠；在核苷酸系增味剂中主要有 5′-肌苷酸二钠和 5′-鸟苷酸二钠；有机酸系有琥珀酸钠。但应用最广、用量最大的还是 L-谷氨酸钠。

5′-肌苷酸二钠和 5′-鸟苷酸二钠的鲜味比味精更强，它们与味精混合使用，有显著的协同作用。在味精中加入少量（不超过 10%）的 5′-肌苷酸二钠和 5′-鸟苷酸二钠，鲜味可增强 10～20 倍，市场上有各种强力味精和超鲜味味精。另外，酵母提取物、水解动植物蛋白等，也正受到越来越多的重视。

我国允许使用的鲜味剂有：L-谷氨酸钠、5′-肌苷酸二钠、5′-鸟苷酸二钠、5′-呈味核苷酸二钠、琥珀酸二钠、L-丙氨酸共 6 种。

（1）L-谷氨酸钠　又名味精或味素，其结构式为：

$$HOOC—\underset{}{\overset{NH_2}{\overset{|}{C}}}H—CH_2CH_2—COONa \cdot H_2O$$

它是无色至白色柱状结晶或结晶粉末。无臭，微有甜味或咸味，有特殊的鲜味，易溶于水，微溶于乙醇，不溶于乙醚和丙酮等有机溶剂。谷氨酸钠有强烈的肉鲜味，特别是在微溶性溶液中味道更佳。谷氨酸钠还有缓和咸味、苦味的作用，并能引起食品中具有的自然风味。

谷氨酸钠的生产方法曾经有小麦面筋水解法、化学合成法等，但目前国内外均采用以大米、淀粉或糖蜜为原料经糖化、发酵、提取和精制等工序制得：

$$(C_6H_{10}O_5)_n \xrightarrow{H_2O} C_6H_{12}O_6 \xrightarrow{NH_3, O_2} C_5H_9NO_4 \xrightarrow{Na_2CO_3} C_5H_8NNaO_4$$

（2）5′-鸟苷酸二钠　又名鸟苷酸二钠、鸟苷酸钠，其结构式为：

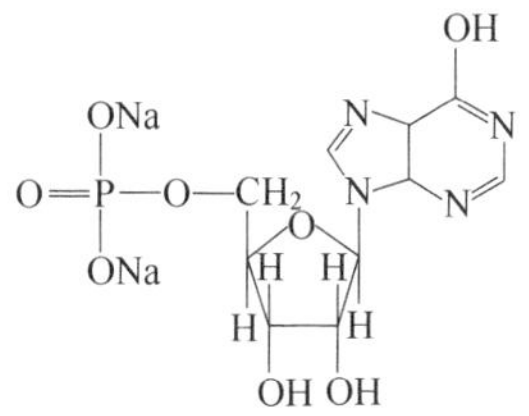

（结构式：磷酸二钠基 O=P(ONa)₂—O—CH₂ 连接核糖，核糖连接嘌呤环，环上有 OH、N；核糖 2′、3′位为 OH OH）

5′-鸟苷酸二钠为无色至白色结晶性粉末，通常含有 7 个分子结晶水，对酸、碱、盐、热均稳定，有较强的吸潮性，微溶于乙醇、丙酮和乙醚，易溶于水。无臭，有特有的类似香菇的鲜味。

5′-鸟苷酸二钠是国内外允许使用的呈味剂，很少单独使用，常与味精和肌苷酸钠一起使用，混合时可提高鲜味。

8.4.2 酸味剂

酸味剂也称酸化剂，是赋予食品酸味的添加剂。主要作用是调节食品的 pH 值，改善其风味，给人以清凉的和爽快的感觉，有增进食欲、促进消化吸收的作用。此外，能抑制微生物的生长，具有防腐的作用；能与金属离子螯合，作为抗氧化助剂和护色剂，有能阻止氧化和稳定颜色的作用。

酸味剂有有机酸和无机酸两大类，目前使用的酸味剂主要为有机酸，如柠檬酸、乳酸、苹果酸、酒石酸等，这些酸天然存在于食品中，安全性较高；使用较多的无机酸酸味剂为磷酸。

（1）柠檬酸

柠檬酸是动植物体内的一种天然成分和生理代谢的中间产物，也是在食品、医药、化妆品等工业领域应用最广泛的有机酸之一。它是无色透明或半透明晶体，或粒状、微粒状粉末，无臭，微有吸潮性，其结构式为：

$$HO—\underset{CH_2COOH}{\underset{|}{\overset{CH_2COOH}{\overset{|}{C}}}}—COOH$$

柠檬酸的制备有从柠檬、橙等水果提取法，也有以草酰乙酸与乙烯酮为原料的合成法。

目前，国内外的工业化生产方法均为发酵法，发酵法中多采用黑霉深层发酵。

（2）乳酸

乳酸为无色或黄色透明糖浆状液体，分子中有一个不对称的碳原子，具有旋光性。无臭或有轻微的酸臭，与水、乙醇、甘油任意比混合，不溶于氯仿和二硫化碳。有强烈的吸潮性，能通过热水蒸气挥发，常压蒸馏则分解，其结构式为 $CH_3CH(OH)—COOH$。乳酸，特别是L-乳酸，对人和家畜无害，而且有很强的杀菌作用，其杀菌能力是柠檬酸、酒石酸、琥珀酸的几倍。

乳酸的生产方法有发酵法和化学合成法，其中发酵法占40%、化学合成法占60%。

我国采用德氏杆菌厌氧发酵生产的乳酸中，D-乳酸占96%以上，L-乳酸不足4%。20世纪90年代，我国建成投产了几家千吨以上L-乳酸生产厂，但是普遍存在着因纯度而影响销售的问题。

由于人体只有代谢L-乳酸的酶，D-乳酸不能被人体吸收，D-型和DL-乳酸若使用过量会引起人体代谢的紊乱。因此，世界卫生组织建议用L-乳酸取代D-型和DL-乳酸，限制D-型的日摄入量不得超过100mg/kg(体重)。对于三个月以下的婴儿食品，不允许添加D-型和DL-乳酸。当前，美国和西欧在软饮料生产中酸味剂的使用方面，有L-乳酸取代柠檬酸的趋势，啤酒生产中已禁止用磷酸调节麦芽汁（pH）而改用L-乳酸。但L-乳酸未来的最大市场，将是聚乳酸（PLA）塑料（能100%为生物所降解）制品的开发。

L-乳酸经过聚合可生成直链的或环状的聚乳酸。聚L-乳酸是无毒的高分子化合物，具有生物相容性（Biocompatibility），在人体内能被分解成L-乳酸被人体代谢，不引起变态反应。因此，可用于如下产品。

a. 缓释胶囊制剂，可使血液中药物的浓度相对降低，提高疗效，降低副作用。

b. 制成生物降解纤维，可用来制成手术缝合线，随伤口愈合而被机体分解吸收，不需拆线。

c. 聚L-乳酸与其他材料共聚制成的生物降解塑料，可用作生产缓释农药，延长农药的使用时间，对农作物和土壤无毒害作用，提高农药的使用效率。

d. 制成生物制片，以修复骨折或其他机体损伤。

（3）苹果酸

苹果酸有L-苹果酸和DL-苹果酸两种。L-苹果酸为无色晶体，易溶于水，几乎不溶于苯，具有适宜的酸味。DL-苹果酸为白色结晶或结晶粉末，无臭或稍有特异臭味，有特殊愉快的酸味，易溶于水和乙醇，难溶于乙醚、苯，易潮解。

L-苹果酸有重要的生理功能：抗疲劳、对心脏有治疗作用、对肝脏有保护作用、降低药物对肾脏和骨髓细胞的毒害作用。

合成苹果酸的方法较多，但工业上采用以顺丁烯二酸（酐）为原料的技术路线：

$$\text{(顺丁烯二酸酐)} \xrightarrow[180^\circ C,1.0MPa]{H_2O} HOOCCH(OH)CH_2COOH$$

L-苹果酸可由DL-苹果酸拆分而得（国外采用）；也可由发酵法和酶或微生物转变制得。苹果酸是国际上公认的一种安全的食品添加剂，作调酸和保鲜用，其酸味柔和且持久性长，酸味比柠檬酸强 20%。苹果酸可作为保健品，并在医疗方面有应用。

8.4.3 甜味剂

甜味剂是指使食品呈现甜味的食品添加剂。甜味剂按其营养价值一般分为营养型和非营养型。营养型甜味剂是指与蔗糖甜度相等的含量，其热值相当于蔗糖热值的 2%以上者，主要包括各类糖类（如葡萄糖、果糖、麦芽糖等）和糖醇类（如山梨糖醇、果糖醇等）。非营养型甜味剂是指与蔗糖甜度相等的含量，其热值低于蔗糖热值的 2%者，包括糖精钠、甘草等，按其来源可分为天然甜味剂和人工合成甜味剂。

人工合成甜味剂

尽管近年来人们的消费习惯是回归大自然，返璞归真趋于天然化，但是人工合成甜味剂还是占据了庞大的市场。

(1) 糖精

化学名称是邻磺苯甲酰亚胺，其结构式为：

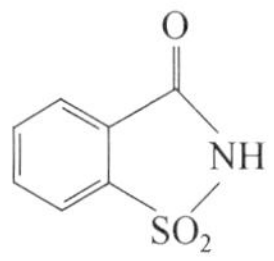

O
NH
SO_2

为无色或白色的结晶或粉末，市售糖精是糖精钠。糖精作为甜味剂有 100 多年的历史了，人类并没有因之而带来不良影响。但是，20 世纪 70 年代经两代白鼠实验发现膀胱癌以来，糖精的安全性一直没有得到很好的解决，美国甚至一度准备取消其使用，直到 1993 年 JECFA 再次进行评价时，认为对人体无生理危险。尽管有争议，但目前美国、欧盟成员国等 80 多个国家仍继续使用。丹麦、荷兰等国严格限制使用，我国也在婴儿食品中禁用。糖精的最大缺点是其水溶液带有明显的苦后味与金属味，其与甜蜜素混合使用后甜味质量好，可应用于软饮料中，效果与蔗糖无异。

(2) 甜蜜素

甜蜜素是指环己基氨基磺酸的钠盐或钙盐，其结构式为：

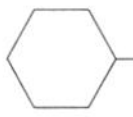

—$NHSO_3H$（Na 或 $Ca_{1/2}$）

甜蜜素是白色结晶体或白色结晶粉末。对热、光、空气以及较宽的 pH 均很稳定，不易受微生物污染，无吸湿性，易溶于水，但在油和非极性溶液溶剂中的溶解度甚微，几乎不溶。

甜蜜素的生产方法是通过环己胺磺化成环己基氨基磺酸，后经 $Ca(OH)_2$ 或 NaOH 置换而成。

甜蜜素，1958 年曾被列入 GRAS 被广泛使用。1969 年因有报告甜蜜素有致癌作用，认为其在体内产生有致癌作用的环己胺，被取消 GRAS，1970 年 10 月被 FAO 禁用，随后英国、日本也作出相同的决定，但有些国家继续使用，我国也允许使用。

(3) 安赛蜜

安赛蜜，又名乙酰磺胺酸钾、A-K 糖，化学名称为 6-甲基-3,4-二氢-1,2,3-噁噻嗪-4-酮-2,2-二氧化物钾盐，其结构式为：

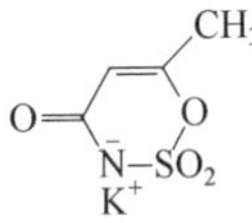

安赛蜜是白色无味结晶状粉末，结晶为斜晶型。室温下安赛蜜很稳定，易溶于水，微溶于酒精。安赛蜜是继糖精、甜蜜素和天冬甜素发展起来的第四代甜味剂。1982 年食品添加剂和污染委员会（Food Additives and Contaminants Committee）指定该产品为 A 级食品添加剂。安赛蜜与甜味素、甜蜜素共用时会发生明显的协同增效作用，安赛蜜与山梨醇混用时其甜味特性甚佳，特别适合应用在无能量糖果和要求有填充剂的食品上。属于非热量型、保健型甜味剂；安全性高，在国际上使用近 10 年，从未发现任何不良反应。

安赛蜜具有甜度大、性质稳定、口感爽口、风味良好、不带不良后味等特点，并经毒理分析在人体内经代谢直接排出体外，没有任何能量作用。可用安赛蜜作甜味剂的食品范围很广，特别适合糖尿病和肥胖患者使用。

(4) 阿斯巴甜

学名天冬氨酰苯丙氨酸甲酯，又名甜味素、天冬甜母、天冬甜精，为无味的白色结晶状粉末，具有清爽的甜味，它可溶于水，难溶于乙醇，不溶于油脂。甜味素是一种二肽化合物，结构式为：

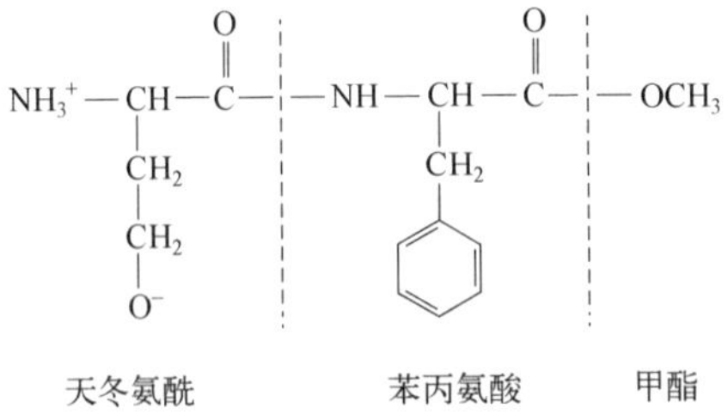

天冬氨酰　　苯丙氨酸　　甲酯

甜味素是一种 *O*-甲基酯，在溶液中于一定温度和 pH 条件下，其酯键能被水解生成天冬氨酰苯丙氨酸和甲酯，或经闭环化作用消去甲醇形成二酮基哌嗪。最终，天冬氨酰苯丙氨酸还会继续水解生成两个单独的氨基酸——天冬氨酸和苯丙氨酸。

甜味素在潮湿条件下会发生水解作用，高温下会发生水解和环化作用，所以甜味素常使用在粉末饮料和什锦之类干燥产品中。不能用在焙烤、油炸及需经高温、短时杀菌的食品中。针对甜味素的热、酸不稳定性，美国的 Pfizer 公司中央研究所合成出了天冬氨酰丙氨酰胺（阿力甜），用酰胺键替代了甜味素中不稳定的酯键，使得化学稳定性显著提高，其甜度也比甜味素高 10 倍。

(5) 三氯蔗糖

三氯蔗糖，是由美国 Johnson（强生）公司于 1976 年以蔗糖卤化而制成的一种蔗糖氯化衍生物。它是将蔗糖分子中位于 4，1′和 6′三个位置上的羟基用氯原子取代而成，化学名称为 4，1′，6′-三氯-4，1′，6′-三脱氧半乳蔗糖，其化学结构为：

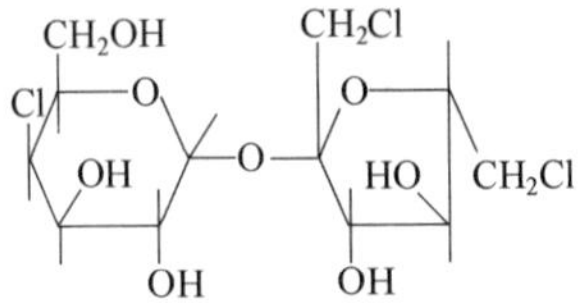

它是目前包括我国在内的世界许多国家承认的高甜度甜味剂。

三氯蔗糖是一种白色粉末状产品，具有无臭、无吸湿性、低热值，极易溶于水、乙醇和甲醇，微溶于乙酸乙酯，对光、热和 pH 值的变化均很稳定的特点。

三氯蔗糖作为一种非营养型、高甜度低热值甜味剂具有以下优点：①无副作用；②甜味纯正，与蔗糖一样，无苦味和其他怪味；③对牙齿无害，能预防龋齿；④不被人体吸收，不产生热能，而且代谢不和胰岛素发生作用，适合糖尿病人；⑤它是所有甜味剂中性质最稳定的一种，储存一年以上不发生变化，广泛应用于焙烤食品、饮料、果冻、布丁、冰激凌、咖啡、果汁等的加工制作中。由于具有上述品质，三氯蔗糖等非营养型甜味剂将会作为食品专用甜味剂在食品加工业中占据主导地位，市场前景广阔。

（6）甜菊糖苷

甜菊糖苷是从甜叶菊的叶子中提取出来的一种糖苷，其结构式为：

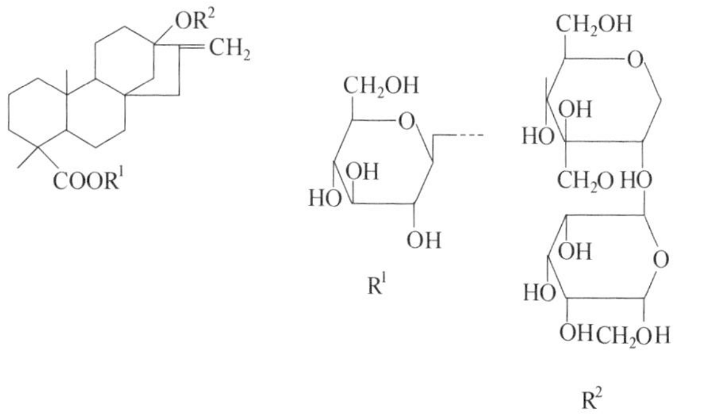

OR^2 $=CH_2$ $COOR^1$ CH_2OH O OH HO OH R^1 CH_2OH O OH HO CH_2O HO OH O HO OHCH_2OH R^2

甜菊糖苷为无色晶体或白色粉末，无臭，在空气中易吸湿，可溶于水或乙醇。有强甜味，甜味纯正，浓度高时微带苦味。有较好的耐热和耐酸碱性。商业化生产的甜菊糖苷多采用水或乙醇从甜叶菊提取。

甜菊糖苷是国内外普遍允许使用的天然低热量甜味剂，摄入体内后不被吸收，不产生热量，是糖尿病人和肥胖患者适用的甜味剂。此外，甜菊糖苷还具有降低血压、促进代谢、防止胃酸过多等疗效，且不致龋。

（7）甘草甜素

甘草甜素是一种具有多功能性质的天然甜味剂。甘草甜素包括甘草酸及其盐类，是由甘草根、茎中提取精制而得到。产品有甘草酸、甘草酸铵、甘草酸钠和甘草酸钾。甘草酸的结构为三萜皂苷，其结构式为：

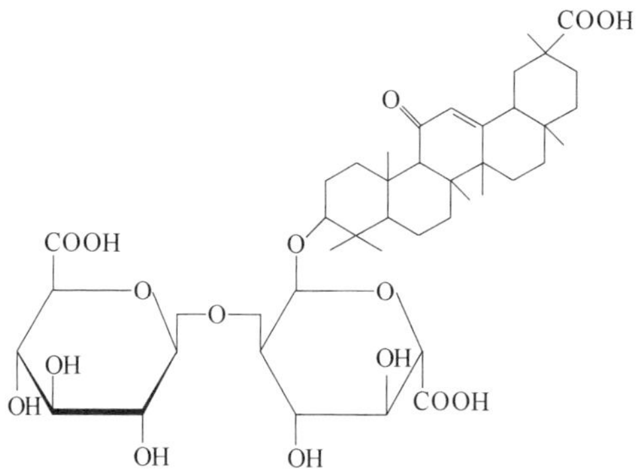

COOH O COOH O O O O OH HO OH OH OH COOH OH

其分子中有三个羧基，可呈单盐、二盐、三盐三种形式。甘草酸为白色或淡黄色结晶型粉末，加热至220℃分解，具有良好的热稳定性。易溶于热水，可溶于热稀乙醇，难溶于无水乙醇或乙醚。甘草酸遇酸则沉淀，常利用此性质进行提取和精制。

甘草甜素具有高甜度、低热能、安全无毒、起泡性和溶血作用很低的特点，广泛应用于医药、食品、化妆品等行业。甘草甜素作为甜味剂广泛用于软饮料、罐头、糖果、面制品、酱油、腌制品等方面，并且糖尿病、肥胖症、高血压、心脏病等患者可食用。在饮料中加入甘草甜素，可以克服多用糖而引起的发酵、酸败等缺点；在口香糖、巧克力等糖果中加入甘草甜素，有杀菌、洁齿、消炎、润喉等功效；在酱油中加入甘草甜素，作矫味剂，可抑制盐味和其苦味，增加酱油的风味；在蛋糕、面包、饼干等面制品中加入甘草甜素，起到增甜、疏松气泡、软化的效果；在腌制品中加入甘草甜素，可克服因多加糖而出现的发酵腐败、变色、硬化等弊端，起到抑腥臭、增香甜的作用。

8.5 食品保存剂

8.5.1 防腐剂

防腐剂是指能抑制微生物生长，防止食品腐败变质，延长保存期的一类食品添加剂。引起食品腐败的因素有物理、化学和有害微生物等。食品尤其是果蔬含有丰富的营养成分和大量水分，很适合微生物生长，而微生物的作用是导致食品腐烂的主要因素。要防止微生物对食品的危害主要有三种方法：①防止微生物污染食品；②灭活有害微生物；③降低或抑制受污染食品中微生物的生长，使之失活。食品防腐剂主要是通过第三种方法，即抑制微生物生长起到防腐的作用。

目前使用的食品防腐剂主要是化学合成的物质，它们对微生物的细胞膜有破坏作用，从而抑制了微生物的发育和繁殖，但对人体细胞同样有一定的损害作用。

防腐剂按其来源可分为有机防腐剂、无机防腐剂、生物防腐剂及其他类。

有机防腐剂主要包括苯甲酸及其盐类、山梨酸及其盐类、对羟基苯甲酸酯类、丙酸及其盐类、单辛酸甘油酯、双乙酸钠及脱氢乙酸等。其中苯甲酸及其盐类、山梨酸及其盐类、丙酸及其盐类只能通过未解离的分子即盐类转变为相应的酸后，才能起抗菌作用，因此主要在酸性条件下才有效，所以称这一类为酸型防腐剂，是目前最常用的防腐剂。

无机防腐剂主要包括：亚硫酸及其盐类、亚硝酸及其盐类、各种来源的二氧化碳等。

生物防腐剂是指由微生物产生的具有防腐作用的物质，主要包括乳酸链球菌素和纳他霉素，它们安全性高。其他类的防腐剂是用于水果及蔬菜贮藏时的杀菌剂等。

全世界使用的防腐剂约有60种，美国约有50种，日本约有40多种。我国目前使用的防腐剂为32种。

（1）苯甲酸及其盐类

苯甲酸又称安息香酸，纯品为白色，具有光泽的鳞片状或针状结晶，无臭或略带安息香或苯甲醛的气味。微溶于水，易溶于乙醇、乙醚、苯、氯仿等。

苯甲酸的杀菌能力与pH有关。分子态的苯甲酸的抑菌活性高，在pH低于4时抑菌活性高；当pH高于6时，抑菌活性显著降低，对多种霉菌及酵母菌均无抑制作用。但是酸性溶液中苯甲酸溶解度降低，故不能单靠提高溶液酸性来提高抑菌活性。苯甲酸抑菌最适 pH 值为 2.5～4.0。

苯甲酸作为食品防腐剂，按 GB 2760—2014 规定：苯甲酸用于酱油、醋、果蔬汁（浆）类饮料、果酱（罐头除外）最大使用量为 1.0g/kg，用于浓缩果蔬汁（浆）（仅限食品工业用）不得超过 2.0g/kg，用于配制酒、果酒最大使用量分别为 0.4g/kg 和 0.8g/kg。

由于苯甲酸在水中溶解度低，故使用中都是在苯甲酸中加适量碳酸钠、碳酸氢钠，用 90℃以上的热水溶解，使其转化为苯甲酸钠后再添加到食品中。

苯甲酸钠纯品为白色颗粒或结晶性粉末，无臭或略带安息香的气味，在空气中稳定，易溶于水，溶于乙醇。

苯甲酸钠水溶液显碱性，在酸性条件下可水解生成苯甲酸。在使用中苯甲酸钠可单独使用，也可与苯甲酸混合使用。按 GB 2760—2014 规定，使用苯甲酸钠也以苯甲酸计（1g 苯甲酸钠相当于 0.847g 苯甲酸），不得超过允许用量标准。

（2）山梨酸及其盐类

山梨酸又称花椒酸，其化学结构为：

$$CH_3CH=CH-CH=CHCOOH$$

纯品为无色单斜晶或结晶性粉末，具有特殊气味和酸味；对光、热均稳定，但长期置于空气中易被氧化而着色；在 20℃水中溶解度为 0.16%，100℃为 3.8%，易溶于乙醇；水溶液加热时，与水蒸气一起挥发；有钾盐、钠盐、钙盐。

山梨酸钾为白色鳞片状结晶，稍有臭味，在空气中放置会吸湿，也会氧化着色；易溶于水。山梨酸钾为白色粉末，不易保持特性，一般不用；山梨酸钙为粉末状，像滑石粉，难溶于水。

山梨酸及其盐类是优良的食品、药物和化妆品的防腐剂，是国际上公认的高效低毒保存剂，它的毒性是苯甲酸的 1/4、食盐的 1/2。山梨酸作为食品防腐剂，其用量少、成本低。山梨酸的防腐效果随 pH 值升高而降低，一般 pH 值在 5～6 以下使用较为适宜。

我国食品添加剂卫生使用标准规定，山梨酸与山梨酸钾可用于酱油、醋、果酱类，最大用量为 1.0g/kg；对低盐酱菜、面酱类、蜜饯类、山楂糕、果味露、罐头，最大用量为 0.5g/kg；果汁类、果酒，最大用量为 0.6g/kg；汽酒、汽水，最大用量为 0.2g/kg；浓缩果汁不得超过 2.0g/kg；对鱼干制品、豆奶乳饮料、豆制素食品、糕点食品等，最大用量为 1.0g/kg。山梨酸与山梨酸钾同时使用，以山梨酸计，不得超过最大用量。

（3）丙酸及其盐

丙酸，其结构式为 CH_3CH_2COOH。

丙酸为稍带辛辣味的无色液体，易溶于水，可溶于乙醇、乙醚和氯仿等；丙酸钙为白色结晶粉末，无臭，易溶于水，10%水溶液 pH 为 7.4，不溶于乙醇；丙酸钠为白色结晶性粉末，无臭，有吸湿性，易溶于水，10%水溶液 pH 为 8.49，在 95%乙醇中的溶解度为 4.4g（15℃）和 8.4g（100℃）。

由于丙酸及其钙、钠盐安全低毒，也是机体正常代谢的中间产物，而且对引起面包黏丝状物质的好气性芽孢杆菌有抑制作用，对酵母菌几乎无效，因此在世界上绝大多数国家作为面包、糕点等食品的防腐剂。

我国食品添加剂使用卫生标准规定丙酸钙用于面包、醋、酱油、糕点、豆制素食品，最大用量为 2.5g/kg；丙酸钠用于糕点，最大用量为 2.5g/kg；用于浸泡杨梅，最大用量为

50g/kg。

(4) 对羟基苯甲酸酯

对羟基苯甲酸酯，又名尼泊金酯，其杀菌作用随着醇烃基碳原子数的增加而增加，如尼泊金辛酯对酵母菌发育的抑制作用是其丁酯的50倍，比其乙酯强200倍左右；而在水中的溶解性则随着烃基的碳原子数增加而降低；另外，碳链愈长，毒性愈小。通常的做法是将几种产品混合使用，以提高溶解度，并通过增效作用提高其防腐能力。国内厂家的产品都是低碳醇酯，如尼泊金甲酯、乙酯、丙酯、丁酯等，对一些长链酯，如庚酯、辛酯、壬酯等，国内厂家尚未生产。

近年来，由苯甲酸与碳酸钠在甲酸和一氧化碳存在下直接制取的新工艺已取得成功。

尼泊金酯是国际上采用的安全有效的防腐剂，其防腐效果优于苯甲酸类，使用量约为苯甲酸类的十分之一，且毒性比苯甲酸类低，广泛地应用于食品、化妆品及医药等行业。与传统的苯甲酸、山梨酸防腐剂相比，尼泊金酯的防腐效果不易随pH的变化而变化，在pH 4～8的范围内都有良好的效果，同时还具有低毒、高效、用量少等特点。此外，尼泊金酯还是新型酯类有机液晶的中间体和热记录材料里的染料中间体。

我国已将对羟基苯甲酸乙酯和丙酯列入食品添加剂使用卫生标准，规定对羟基苯甲酸乙酯用于酱油和醋为0.25g/kg；对羟基苯甲酸丙酯用于清凉饮料为0.10g/kg；用于水果、蔬菜表皮为0.012g/kg；用于果汁、果酱为0.20g/kg。

8.5.2 抗氧化剂

能够阻止或延缓食品氧化，以提高食品的稳定性和延长贮存期的食品添加剂称为抗氧化剂。食品变质除了微生物引起之外，还有一个重要的原因就是氧化。氧化可导致食品中的油脂酸败，还会导致食品褪色、褐变、维生素受破坏等，从而降低食品质量和营养价值，误食这类食品有时甚至发生食品中毒现象。为防止这种食品变质的产生，可在食品中使用抗氧化剂。

8.5.2.1 抗氧化剂的作用机理

抗氧化剂的作用机理比较复杂，国内外现已研究发现有以下几种：

a. 抗氧化剂发生化学反应，降低体系的含氧量；

b. 阻止、减弱氧化酶的活力；

c. 使氧化过程中的链式反应中断，破坏氧化过程；

d. 将能催化、引起氧化反应的物质封闭。

8.5.2.2 抗氧化剂的分类

目前，对食品抗氧化剂的分类还没有统一的标准。按其来源可分为油溶性、水溶性和兼容性三类。油溶性抗氧化剂有BHA、BHT等；水溶性抗氧化剂有维生素C、茶多酚等；兼容性抗氧化剂有抗坏血酸棕榈酸酯等。

抗氧化剂按照作用方式可分为自由基吸附剂、金属离子螯合剂、氧清除剂、过氧化物分解剂、酶抗氧化剂、紫外线吸收剂或单线态猝灭剂等。

自由基吸附剂主要是指在油脂氧化中能阻断自由基连锁反应的物质，它们一般为酚类化合物，具有电子给予体的作用，如丁基羟基茴香醚、叔丁基对苯二酚、维生素E等。

酶抗氧化剂有葡萄糖氧化酶、超氧化物歧化酶（SOD)、过氧化氢酶、谷胱甘肽过氧化物酶等酶制剂，它们的作用是可以除去氧（如葡萄糖氧化酶）或消除来自食物的过氧化物（如 SOD 等）。目前我国未将这类酶制剂列入食品抗氧化剂范围内，而是编入酶制剂部分。

（1）丁基羟基茴香醚（BHA）

丁基羟基茴香醚（叔丁基茴香醚）是广泛使用的食品添加剂之一。商品 BHA 是由 2-叔丁基对羟基茴香醚（2-BHA）和 3-叔丁基对羟基茴香醚（3-BHA）组成，3-BHA 的含量占 90%，其结构式分别为

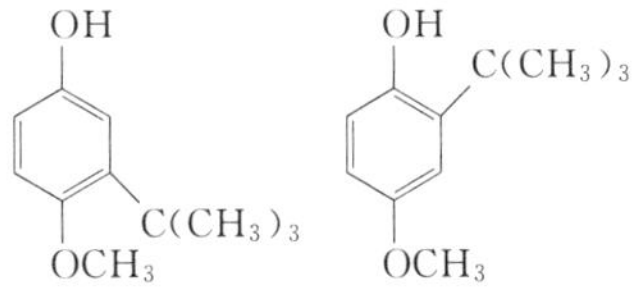

OH　　OH

$C(CH_3)_3$

$C(CH_3)_3$

OCH_3　　OCH_3

两种异构体均有酚类物质的气味，BHA 为白色或浅黄色蜡状固体，熔点低，不溶于水，易溶于乙醇、丙二醇及各类油脂。对热稳定，在弱碱条件下也不易被破坏。3-BHA 的抗氧化效果比 2-BHA 高 1.5～2 倍。BHA 对动物脂肪的抗氧化性强，对不饱和油脂抗氧化性较弱。在食品中有碱金属存在时，BHA 可能是深红色，在油炸温度时挥发。

我国规定 BHA 可用于食用油脂、油炸食品、干鱼制品、饼干、方便面、速煮米、果仁、罐头、腌制肉制品及早餐谷类食品，最大使用量为 0.2g/kg，BHA 与 BHT、PG 混合使用时，其中 BHA、BHT（二丁基羟基甲苯）总量不超过 0.1g/kg，PG 不得超过 0.05g/kg。BHA 与 BHT 混合使用时，总量不得超过 0.2g/kg，使用量均以脂肪计。

BHA 还具有相当强的抗菌作用，对多数细菌和霉菌都有效。

（2）没食子酸丙酯（PG）

用作食品添加剂的没食子酸酯包括：没食子酸丙酯、辛酯、十二酯。没食子酸是3,4,5-三羟基苯甲酸，没食子酸丙酯是应用最广泛的食品抗氧化剂之一，它是许多商品混合抗氧化剂的组成成分，其结构式为：

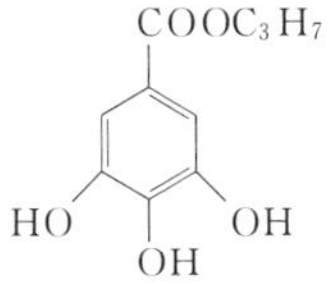

$COOC_3H_7$

HO　OH

OH

没食子酸丙酯为白色至淡褐色的结晶粉末，或乳白色针状结晶，无臭，稍有苦味，水溶液无味，有吸湿性，溶于乙醇、丙酮及乙醚，难溶于氯仿、脂肪与水，对热较敏感，在熔点（150℃）即分解，因此应用于高温食品中稳定性较差。易与铜、铁等金属离子反应呈紫色或暗紫色，光照可促进其分解。

没食子酸丙酯对植物油、猪油等油脂的抗氧化性比 BHA 强，但对含油的面制品如奶油饼干等的抗氧化性作用不如 BHA 或 BHT，PG 加增效剂柠檬酸时其抗氧作用增强，但 PG 与 BHA、BHT 混合后再加增效剂柠檬酸，抗氧效果最好。我国规定，PG 的使用范围同 BHA，最大使用量为 0.1g/kg，与 BHA、BHT 混合使用时，BHA、BHT 总量不得超过 0.1g/kg，PG 不得超过 0.05g/kg，最大使用量以脂肪计。

（3）茶多酚

茶多酚是茶叶中所含的一类多羟基酚类化合物，简称 TP，主要化学成分为儿茶素类（黄烷醇类）。黄酮及黄酮醇类、花青素类、酚酸及缩酚酸类、聚合酚类等化合物的复合体。其中儿茶素类化合物为茶多酚的主体成分，约占茶多酚总量的 65%～80%。儿茶素类化合

物主要包括儿茶素（EC）、没食子儿茶素（EGC）、儿茶素没食子酸酯（ECG）和没食子儿茶素酸酯（EGCG）4 种物质。其结构式为：

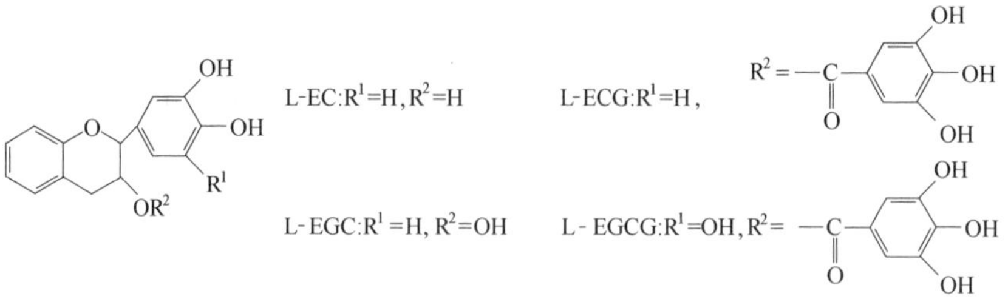

L-EC:R^1=H, R^2=H　　L-ECG:R^1=H, R^2=—C(=O)—$C_6H_2(OH)_3$

L-EGC:R^1=H, R^2=OH　　L-EGCG:R^1=OH, R^2=—C(=O)—$C_6H_2(OH)_3$

茶多酚为淡黄色至茶褐色的水溶液、粉末固体或晶体，纯品为白色无定形粉末，易溶于温水、乙醇、乙酸乙酯，微溶于油脂，不溶于氯仿、苯等有机溶剂，有吸湿性，对热、酸较稳定，遇铁离子生成绿黑色络合物。

茶多酚具有抗氧化作用和抗衰老、降血脂等一系列很好的药理功能。抗氧化作用比 BHA 和维生素 B_2 强，与维生素 B_2 和抗坏血酸并用效果更好。我国规定，可用于油脂、火腿、糕点馅，最大使用量为 0.4g/kg；含油脂酱料中，最大使用量为 0.1g/kg；肉制品和鱼制品，最大使用量为 0.3g/kg；油炸食品和方便面，最大使用量为 0.2g/kg，以油脂中的儿茶素计。

（4）植酸

植酸即 B 族维生素的一种肌醇六磷酸酯。主要用于食品工业中的抗氧化剂、防腐剂、发酵促进剂和螯合剂等，是一种性能优越的绿色食品添加剂。它在发达国家已成应用新宠，涉及工、农、医、食品等诸多领域，但在我国处于研究、应用的初级阶段。

植酸为淡黄色或淡褐色黏稠液体。呈强酸性，易溶于水、含水乙醇、丙酮，难溶于无水乙醇、甲醇；不溶于无水醚类、苯、己烷、氯苯等。植酸遇高温分解，有较强的螯合能力。是以米糠、玉米等为原料，用现代科技手段提纯、浓缩而成。

植酸原料来源充足、价格低廉、性能优越、用途广泛、生产过程较简单。随着我国人民生活品质的提高以及绿色消费观念的加强，植酸将备受各行各业的青睐并会得到迅猛发展。

植酸具有抗氧化和螯合作用，我国规定可用于食用油脂、果蔬制品、果蔬汁饮料类及肉制品的抗氧化，最大使用量为 0.2g/kg，也可用于对虾的保鲜，残留量 20mg/kg。

8.6 其他食品添加剂分析

8.6.1 食品中合成着色剂的分析

8.6.1.1 测定原理

食品中的合成着色剂用聚酰胺吸附法或液-液分配法提取，制成水溶液，注入高效液相色谱仪，经反相色谱分离，根据保留时间定性和与峰面积比较进行定量。

8.6.1.2 试剂

① 正己烷。

② 盐酸。

③ 乙酸。

④ 甲醇　经 0.45μm 滤膜过滤。

⑤ 聚酰胺粉（尼龙-6）　过 200 目筛。

⑥ 乙酸铵溶液（0.02mol/L）　称取 1.54g 乙酸铵，加水至 1000mL，溶解，经 0.45μm 滤膜过滤。

⑦ 氨水　量取氨水 2mL，加水至 100mL，混匀。

⑧ 氨水-乙酸铵溶液（0.02mol/L）　量取氨水 0.5mL，加乙酸铵溶液（0.02mol/L）至 1000mL，混匀。

⑨ 甲醇-甲酸（6∶4）混合溶液　量取甲醇 60mL、甲酸 40mL，混匀。

⑩ 柠檬酸溶液　称取 20g 柠檬酸（$C_6H_8O_7 \cdot H_2O$），加水至 100mL，溶解混匀。

⑪ 无水乙醇-氨水-水（7∶2∶1）混合溶液　量取无水乙醇 70mL、氨水 20mL、水 10mL，混匀。

⑫ 三正辛胺正丁醇溶液（5%）　量取三正辛胺 5mL，加正丁醇至 100mL，混匀。

⑬ 饱和硫酸钠溶液。

⑭ 硫酸钠溶液（2g/L）。

⑮ pH 6 的水　水加柠檬酸溶液，调 pH 到 6。

⑯ 合成着色剂标准溶液　准确称取按其纯度折算为 100%质量的柠檬黄、日落黄、苋菜红、胭脂红、新红、赤藓红、亮蓝、靛蓝各 0.100g，置于 100mL 容量瓶中，加 pH 6 的水到刻度配成标准溶液（1.00mg/mL）。

⑰ 合成着色剂标准使用溶液　临用时取上述标准溶液加水稀释 20 倍，经 0.45μm 滤膜过滤，配成每毫升相当于 50.0μg 的合成着色剂。

8.6.1.3　仪器

高效液相色谱仪：带紫外检测器，254nm 波长。

8.6.1.4　测定条件

① 色谱柱　YWG-C_{18}，10μm，4.6mm×250mm 不锈钢柱。

② 流动相　甲醇-乙酸铵溶液（pH=4，0.02mol/L）。

③ 梯度洗脱　甲醇：20%～35%，3%/min；35%～98%，9%/min；98%，继续 6min。

④ 流量　1mL/min。

⑤ 紫外检测器　254nm 波长。

8.6.1.5　测定步骤

（1）试样处理

① 橘子汁、果味水、果子露、汽水等　称取 20.0～40.0g，放入 100mL 烧杯中，含二氧化碳的试样加热驱除二氧化碳。

② 配制酒类　称取 20.0～40.0g，放入 100mL 烧杯中，加小碎瓷片数片，加热驱除乙醇。

③ 硬糖、蜜饯类、淀粉软糖等　称取 5.00～10.00g 粉碎试样，放入 100mL 小烧杯中，

加水 30mL，温热溶解，若试样溶液 pH 较高，用柠檬酸溶液调 pH 到 6 左右。

④ 巧克力豆及着色糖衣制品　称取 5.00～10.00g，放入 100mL 小烧杯中，用水反复洗涤色素，到试样无色素为止，合并色素漂洗液为试样溶液。

（2）色素提取

① 聚酰胺吸附法　试样溶液加柠檬酸溶液调 pH 到 6，加热至 60℃，将 1g 聚酰胺粉加少许水调成粥状，注入试样溶液中，搅拌片刻，以 G_3 垂熔漏斗抽滤，用 60℃ pH 4 的水洗涤 3～5 次，然后用甲醇-甲酸混合溶液洗涤 3～5 次（含赤藓红的试样用以下②法处理），再用水洗至中性，用乙醇-氨水-水混合溶液解吸 3～5 次，每次 5mL，收集解吸液，加乙酸中和，蒸发至近干，加水溶解，定容至 5mL。经 0.45μm 滤膜过滤，取 10μL 注入高效液相色谱仪。

② 液-液分配法（适用于含赤藓红的试样）　将制备好的试样溶液放入分液漏斗中，加 2mL 盐酸、10～20mL 三正辛胺正丁醇溶液（5%），振摇提取，分取有机相，重复提取至有机相无色，合并有机相，用饱和硫酸钠溶液洗 2 次，每次 10mL，分取有机相，放入蒸发皿中，水浴加热浓缩至 10mL，转移至分液漏斗中，加 60mL 正己烷，混匀，加氨水提取 2～3 次，每次 5mL，合并氨水溶液层（含水溶性酸性色素），用正己烷洗 2 次，氨水层加乙酸调成中性，水浴加热蒸发至近干，加水定容至 5mL。经 0.45μm 滤膜过滤，取 10μL 注入高效液相色谱仪。

（3）测定

取相同体积经色素提取的试样溶液和合成着色剂标准使用溶液分别注入高效液相色谱仪，根据保留时间定性，外标峰面积法定量。

8.6.1.6　测定结果

试样中合成着色剂的含量按下式进行计算：

$$X=\frac{m_1}{m\times\frac{V_2}{V_1}}$$

式中　X——试样中合成着色剂的含量，g/kg；

m_1——进样中合成着色剂的质量，μg；

V_2——进样体积，mL；

V_1——经色素提取的试样溶液总体积，mL；

m——试样质量，g。

计算结果保留两位有效数字。在重复性条件下获得的两次独立测定结果的绝对差值不得超过算术平均值的 10%。

8.6.2　抗氧化剂的分析

抗氧化剂主要用于含油脂的食品，可阻止和延迟食品氧化过程，提高食品的稳定性和延长贮存期。但抗氧化剂不能改变已经酸败的食品，应在食品尚未发生氧化之前加入。抗氧化剂包括油溶性抗氧化剂和水溶性抗氧化剂，我国允许使用的抗氧化剂共有 14 种，包括油溶性的叔丁基羟基茴香醚（BHA）、2,6-二叔丁基对甲酚（BHT）、没食子酸丙酯（PG），以及水溶性的D-异抗坏血酸及其盐等。

GB/T 5009.30—2003中规定了糕点和植物油等食品中BHA、BHT的测定方法。其中气相色谱法检出量为2.0μg，油脂取样量为0.50g时，检出含量为4.0mg/kg。

8.6.2.1 测定原理

将试样中的BHA和BHT用石油醚提取，通过色谱柱使BHA与BHT净化，浓缩后，经气相色谱分离后用氢火焰离子化检测器检测，根据试样峰高与标准峰高比较定量。

8.6.2.2 试剂

① 石油醚 沸程30～60℃。

② 二氯甲烷。

③ 二硫化碳。

④ 无水硫酸钠。

⑤ 硅胶G 60～80目，于120℃活化4h放干燥器备用。

⑥ 弗罗里硅土（Florisil） 60～80目，于120℃活化4h放干燥器中备用。

⑦ BHA、BHT混合标准贮备液 准确称取BHA、BHT(纯度为99.0%）各0.1g，混合后用二硫化碳溶解，定容至100mL容量瓶中。此溶液分别为每毫升含1.0mg BHA、1.0mg BHT。置冰箱保存。

⑧ BHA、BHT混合标准使用液 吸取标准贮备液4.0mL于100mL容量瓶中，用二硫化碳定容至100mL容量瓶中。此溶液分别为每毫升含0.040mg BHA、0.040mg BHT。置冰箱中保存。

8.6.2.3 仪器

① 气相色谱仪 附FID检测器。

② 蒸发器 容积200mL。

③ 振荡器。

④ 色谱柱 1cm×30cm玻璃柱，带活塞。

8.6.2.4 测定条件

① 色谱柱 柱长1.5m，内径3mm的玻璃柱，内装涂有质量分数为10%的QF-1 Gas Chrom Q(80～100目)。

② 温度 检测室200℃，进样口200℃，柱温140℃。

③ 气体流量 氮气70mL/min，氢气50mL/min，空气500mL/min。

8.6.2.5 测定步骤

（1）试样处理

① 试样的制备 称取500g含油脂较多的试样，含油脂少的试样取1000g，然后用对角线法取四分之二或六分之二，或根据试样情况取有代表性的试样，在玻璃乳钵中研碎，混合均匀后放置广口瓶内保存于冰箱中。

② 脂肪的提取

a. 含油脂高的试样（如桃酥等） 称取50g，混合均匀，置于250mL具塞锥形瓶中，加50mL石油醚（沸程为30～60℃），放置过夜，用快速滤纸过滤后，减压回收溶剂，残留脂肪备用。

b. 含油脂中等的试样（如蛋糕、江米条等） 称取100g左右，混合均匀，置于500mL具塞锥形瓶中，加100～200mL石油醚（沸程为30～60℃），放置过夜，用快速滤纸过滤后，减压回收溶剂，残留脂肪备用。

c. 含油脂少的试样（如面包、饼干等） 称取250～300g，混合均匀，置于500mL具塞锥形瓶中，加入适量石油醚浸泡试样，放置过夜，用快速滤纸过滤后，减压回收溶剂，残留脂肪备用。

（2）测定

① 试样的制备

a. 色谱柱的制备 于色谱柱底部加入少量玻璃棉、少量无水硫酸钠，将硅胶G和弗罗里硅土（6：4）共10g，用石油醚湿法混合装柱，柱顶部再加入少量无水硫酸钠。

b. 试样的制备 称取试样处理时提取的脂肪0.50～1.00g，用25mL石油醚溶解并移入色谱柱上，再以100mL二氯甲烷分5次淋洗，合并淋洗液，减压浓缩近干时，用二硫化碳定容至2.0mL，该溶液为待测溶液。

c. 植物油试样的制备 称取混合均匀的试样2.00g，放入50mL烧杯中，加30mL石油醚溶解，转移到色谱柱上，再用10mL石油醚分数次洗涤烧杯，并转移到色谱柱上，用100mL二氯甲烷分5次淋洗，合并淋洗液，减压浓缩近干，用二硫化碳定容至2.0mL，该溶液为待测溶液。

② 测定 将3.0μL BHA、BHT混合标准使用液注入气相色谱仪，绘制色谱图，分别量取各组分峰高或峰面积。注入3.0μL试样待测溶液（应视试样含量而定），绘制色谱图，分别量取峰高或峰面积，与标准峰高或峰面积比较计算含量。

8.6.2.6 测定结果

待测溶液中BHA(或BHT）的质量按下式进行计算：

$$m_1=\frac{h_i}{h_s}\times\frac{V_m}{V_i}\times V_s\times c_s$$

式中 m_1——待测溶液中BHA(或BHT）的质量，mg；

h_i——注入色谱仪的试样溶液中BHA(或BHT）的峰高或峰面积；

h_s——标准使用液中BHA(或BHT）的峰高或峰面积；

V_i——注入色谱仪的试样溶液的体积，mL；

V_m——待测试样定容的体积，mL；

V_s——注入色谱仪的标准使用液的体积，mL；

c_s——标准使用液的质量浓度，mg/mL。

食品中以脂肪计BHA（或BHT）的含量按下式进行计算：

$$X=\frac{m_1\times1000}{m_2\times1000}$$

式中 X——食品中以脂肪计BHA(或BHT）的含量，g/kg；

m_1——待测溶液中BHA(或BHT）的质量，mg；

m_2——油脂（或食品中脂肪）的质量，g。

计算结果保留三位有效数字。在重复性条件下获得的两次独立测定结果的绝对差值不得超过算术平均值的15%。

8.7 食品添加剂的发展前景

在国家大力扶持营养产业以及我国居民健康观念不断加强的基础上，相较于普通食品添加剂，功能性食品添加剂（配料）或营养强化剂在未来发展中拥有广阔市场，消费者对营养均衡、有助于免疫力提升的功能性食品的认可度逐渐提高，且随着科技人才、生产设备等的投入的不断加大，相应地使得营养强化剂及功能性食品添加剂的发展空间加大，如类胡萝卜系列产品等的市场需求稳定上升。

人们对饮食质量要求越来越高，天然绿色食品添加剂将是主要发展方向之一，茶多酚、甜菊糖等天然食品添加剂广受青睐。我国资源丰富，对天然添加剂的生产具有很大优势。但天然食品添加剂存在着提取成本高、产量低、市场占有率低等问题，这对其发展造成了阻碍，因此需要政府发挥引导作用，加大科技投入，支持天然食品添加剂的开发和研究，带动产业整体提升。

拓展学习6

练习思考题

第8章练习思考题参考答案

1. 味精的化学成分是什么？有毒吗？
2. 经常食用腌制咸菜与肉类食品为何不好？
3. 取一种食品包装，读其上面的配料表，指出各组分的作用或类别。
4. 食品添加剂有什么作用？

参考文献

[1] 凌关庭，唐述潮．食品添加剂手册．北京：化学工业出版社，2008.
[2] 刘仲栋．食品添加剂原理与应用．北京：中国轻工业出版社，2000.
[3] 万素英，李琳，王慧君．食品防腐与食品防腐剂．北京：中国轻工业出版社，2008.
[4] 刘志皋，高彦祥等．食品添加剂基础．北京：中国轻工业出版社，2003.
[5] 李树兴，李宏梁，黄峻榕．食品添加剂．北京：中国石化出版社，2001.
[6] [日] 钧司笃孝．食品添加剂手册．刘纯洁，张娟亭编译．北京：中国展望出版社，1988.
[7] 胡国华．复合食品添加剂．2版．北京：化学工业出版社，2023.
[8] 孙平，张津凤．食品添加剂应用手册．北京：化学工业出版社，2017.

[9] 孙平．食品添加剂．2版．北京：中国轻工业出版社，2020.
[10] 郝利平．食品添加剂．4版．北京：中国农业大学出版社，2021.
[11] 高彦祥．食品添加剂基础．2版．北京：中国轻工业出版社，2012.
[12] 胡德亮，陈丽花，黄恺．食品乳化剂——食品添加剂丛书．北京：中国轻工业出版社，2011.
[13] 凌关庭．天然食品添加剂手册．2版．北京：化学工业出版社，2009.
[14] 雷阳，汪琳．食品添加剂基础．北京：化学工业出版社，2022.
[15] 贾长英，张晓娟，李辉，李泓睿等．精细化学品分析与检验．北京：中国石化出版社，2015.
[16] 王英健，牛桂玲．精细化学品分析．2版．北京：高等教育出版社，2015.

9 化妆品

本章学习目标

1. 了解化妆品的定义和分类；
2. 了解一些常见化妆品的典型配方；
3. 通过观察，熟悉化妆品常用原料及相关性能。

9.1 概述

9.1.1 化妆品的分类

化妆品是对人体面部、皮肤表面、毛发和口腔起清洁保护和美化作用的日常生活用品。它的品种多种多样，分类方式也各不相同。按使用部位可分为：皮肤用化妆品、毛发用化妆品、指甲用化妆品、口腔用化妆品。按使用目的可分为：洁净用化妆品、基础保护化妆品、美容化妆品和芳香制品。按化妆品本身的剂型也可以将化妆品分为以下类型。

a. 膏霜类　如雪花膏、润肤霜、粉底蜜、雀斑霜、奶液、发乳等。

b. 粉类　如干粉、湿粉、爽身粉、痱子粉等。

c. 水类　如香水、花露水、古龙水、发油、紧肤水、香体液等。

d. 香波类　如润发香波、调理香波、儿童香波等。

e. 其他剂型　面膜、指甲油、唇线笔、口红、胭脂等。

9.1.2 化妆品的原料

制造化妆品所需的原料多种多样，据统计有3000多种，根据它们在化妆品中所含比例的大小，可分为基质原料和配合原料。基质原料是调配各种化妆品的主体，也称为基础原料。膏霜类中的油脂、香粉类中的滑石粉等，均属基质原料。配合原料是用来改善化妆品的某些性质和赋予色、香等的辅助原料，如膏霜中的乳化剂、抗氧剂、防腐剂等均属配合原料。它们在化妆品中的比例虽小，但对化妆品的质量影响却很大。它们之间没有绝对的界限，如某一原料在化妆品中起着基质原料的作用，而在另一化妆品中可能仅起着辅助原料的作用。

9.1.2.1 基质原料

（1）油脂类

油脂类是组成膏霜类化妆品的基本原料，主要起着护肤、柔滑、滋润等作用。甘油脂肪酸是组成动植物油脂的主要成分。在常温时呈液态的称为油，呈固态的称为脂。根据来源可分为植物性油脂，如椰子油、蓖麻油、橄榄油、杏仁油、花生油、大豆油、棕榈油等；动物油脂有牛脂、猪油、貂油、海龟油等。这些动植物油脂加氢后的产物称为硬化油。在化妆品中常用的硬化油有：硬化椰子油、硬化牛脂、硬化蓖麻油、硬化大豆油等，下面介绍几种较重要也是最常用的品种。

a. 椰子油　自椰子果内提取而得，常温下为淡紫色的半固体，具有特制的椰子香味。凝固点 20～28℃，相对密度为 0.914～0.938（15℃），皂化值为 245～271，碘值为 7～16。主要成分是脂肪酸的甘油酯，其脂肪酸的组成为：月桂酸 47%～50%，肉豆蔻酸 15%～18%，辛酸 7%～10%，癸酸 5%～7%。椰子油和牛脂都是香皂的重要基质油料，椰子油和棉籽油混合，半硬化后可用于乳膏类化妆品。

b. 蓖麻油　由蓖麻种子（含油 45%～60%）制得，淡黄色稠状液体，凝固点－18～－10℃，密度 0.945～0.965g/cm^3，皂化值为 176～187，碘值为 81～91。在蓖麻油的分子中含有羟基和双键两个官能团，使它易溶于低碳醇而难溶于石油醚，黏度受温度的影响较小，凝固点低，常作为整发化妆油和演员用化妆品的主要原料，特别适合制作口红，还可制作化妆皂，膏霜和润发油等。

c. 橄榄油　来源于橄榄核仁，无色或淡黄色的油状液体，有轻微的香味，相对密度为 0.910～0.918(15℃)，凝固点 17～26℃，皂化值 188～196，碘值 80～88，其甘油酯中脂肪酸的组成为棕榈酸 9.0%、油酸 82.5%、亚油酸 6.0%、硬脂酸 2.3%、花生酸 0.2%和微量的肉豆蔻酸。主要用于制造化妆皂、膏霜类和香油类化妆品的原料。

d. 水貂油　从水貂皮下脂肪中提取制得的油脂，经加工精制而得水貂油为无色或淡黄色油状液体，不饱和脂肪酸的含量高达 70%左右，具有特殊作用的脂肪酸，如亚油酸、亚麻酸、花生酸的含量在 99%以上，具有良好的乳化性能和较好的紫外线吸收性能，有优良的抗氧化性能，对热和氧都很稳定，是较理想的防晒剂原料。另外，水貂油含有多种营养成分，其理化性质与人体的脂肪较为相似，可用于膏霜、乳液等一切护肤品种，对干燥皮肤尤为适宜，对黄褐斑、单纯皮疹、痤疮、干性脂溢性皮炎、手足皲裂等均有一定疗效，它还能调节头发生长，使头发柔软而有光泽和弹性。因而水貂油广泛地用于发油、唇膏、指甲油、护发剂、香皂以及爽身用品等化妆品中。

（2）蜡类

蜡是由高碳脂肪酸和高碳脂肪醇所组成的酯。在化妆品中主要作为固定剂，增加化妆品的稳定性，调节其黏稠度，提高液体油的熔点，使用时对皮肤产生柔软的效果。依据来源的不同，蜡类也可分为植物性蜡类和动物性蜡类。植物性蜡类有巴西棕榈蜡、霍霍巴蜡、小烛树蜡等，动物性蜡类有蜂蜡、羊毛脂、鲸油、虫蜡等。下面重点介绍以下三种。

a. 巴西棕榈蜡　由巴西棕榈树叶中取得，熔点为 66～82℃，相对密度为 0.996～0.998（25℃），皂化值为 78～88，碘值为 7～14，是淡黄色固体。巴西棕榈蜡与蓖麻油的互溶性很好，它主要由蜡酯、高碳醇、烃类和树脂状物质组成。可作为锭状化妆品的固化剂，如用于唇膏，能提高唇膏的熔点，使唇膏结构细腻而有光度。

b. 霍霍巴蜡　由霍霍巴种子中取得。霍霍巴蜡是一种透明、无臭的浅黄色液体。它是由脂肪酸和脂肪醇构成的酯，不是甘油酯，这一点上与其他动植物油脂不同。它最突出的优点是不易氧化和酸败，无毒，无刺激，很容易为皮肤吸收，有良好的保湿性，是鲸油的理想替代品，在化妆品生产中的地位逐渐升高，应用也非常广泛。目前，霍霍巴蜡已广泛用于润肤霜、面霜、香波、头发调理剂、口红、指甲油、婴儿护肤品、清洁剂等制品中。

c. 蜂蜡　由蜜蜂的蜂房精制而成。为嫩黄色无定形固体，有特殊的蜂蜜香气。主要成分是蜡酯（由棕榈酸或8-十六烯酸、羟基棕榈酸与三十烷醇所构成的酯）70%、游离脂肪酸13%～15%、烃10%～14%，并含有一种营养性有色物质虫蜡素约4%。蜂蜡中含有大量的游离脂肪酸，经皂化可作为乳化剂用。它是制造香脂的主要原料，广泛应用于膏、霜、乳液、口红、眼影等各类化妆品中。另外，蜂蜡还具有抗细菌、真菌以及愈合创伤的功能，因而也用来配制香波、高效去头屑洗发剂等。

（3）高碳烃类

用于化妆品原料中的高碳烃类主要包括烷烃和烯烃。它们在化妆品中的主要作用是其溶解作用，净化皮肤表面，还能在皮肤表面形成憎水性油膜，来抑制皮肤表面水分的蒸发，提高化妆品的功效。它们与动植物油脂相比，无论是从化学上还是从微生物学上来讲，稳定性都很好，不易氧化变质，而且价格低廉，所以目前广泛用作化妆品的油性原料。

a. 角鲨烷　无色、无臭的油状透明液体，是从鲨鱼肝中提取的角鲨烯烃加氢后制成。主要成分是六甲基二十四烷（异三十烷）。皂化值<0.5，碘值<3.5。能润滑皮肤，价格较高，用作各种高级润肤乳剂。

b. 液体石蜡　又称白油、石蜡油。由石油中高沸点的成分经过精制而得，为无色、无臭的透明液体。主要成分是十六烷以上的饱和烃。它的化学性质稳定，可作为浴油、洗脸膏、雪花膏、冷霜、发乳等几乎所有化妆品的油性原料，是烃类油性原料中用量最大的一种。

c. 凡士林　是多种石蜡的混合饱和烃，由于常含有微量不饱和烃，需要加氢制成化学稳定的烃，与液体石蜡一起成为重要的油性原料，在香脂、乳液等基础化妆品中广泛应用。

d. 固体石蜡　由石油中提炼出来的无色、无臭的结晶型固体，化学稳定性好，主要成分是含十六个碳以上的直链不饱和烃，价格低廉，与其他蜡类或合成脂类一起用于香脂、口红、发蜡等化妆品。

（4）粉质类

粉质类是组成香粉、爽身粉、胭脂和牙膏、牙粉等粉类化妆品的基质原料。一般是不溶于水的固体，经研磨制成的细粉状，主要起遮盖、滑爽、吸收、吸附及摩擦等作用。

在化妆品中常用的粉质类原料主要有：滑石粉（主要成分为$3MgO \cdot 4SiO_2 \cdot H_2O$）、高岭土（主要成分为$2SiO_2 \cdot Al_2O_3 \cdot 2H_2O$）、钛白粉（$TiO_2$）、$ZnO$、$Zn(C_{18}H_{35}O_2)_2$、$Mg(C_{18}H_{35}O_2)_2$、$CaCO_3$、$MgCO_3$、$CaHPO_4$、$Ca_3(PO_4)_2$等。

（5）溶剂类

溶剂是膏、浆、液状化妆品如香脂、雪花膏、牙膏、发乳、发水、香水、花露水、指甲油等配方中不可缺少的成分。其在配方上与其他成分互相配合，使制品具有一定的物理化学性质，便于使用。固体化妆品在生产过程中也通常需要一些溶剂配合，如粉饼成块时，就需要溶剂帮助胶黏；一些香料和颜料的加入，需要借助溶剂来溶解以达到分布均匀。在化妆品中，除了利用溶剂的溶解性外，还运用它的挥发、润湿、润滑、增塑、保香、防冻及收敛等性能。

水是良好的溶剂，也是一些化妆品的基质原料，如清洁剂、化妆水、霜膏、乳液、水粉等都含有大量的水，现在广泛使用在化妆品的是去离子水和纯净水。

乙醇主要利用其溶解、挥发、防冻、杀菌、收敛等特性，应用在制造香水、花露水及洗发水等产品上。

丁醇、戊醇、异丙醇等也是化妆品中常用的溶剂。醇类是香料、油脂类的溶剂，也是化妆品的主要原料。醇分低碳醇、高碳醇、多元醇。低碳醇是香料、油脂的溶剂，能使化妆品具有清凉感，并且有杀菌作用。高碳醇除在化妆品中直接使用外，还可作为表面活性剂亲油基的原料，常用的醇还有月桂醇、十五醇、十八醇、油醇等。常用的多元醇还有乙二醇、聚乙二醇、丙二醇、甘油等。它们是化妆品的主要原料，可作为香料的溶剂、定香剂、黏度调节剂、凝固点降低剂、保湿剂等。

9.1.2.2 配合原料

(1) 香料

化妆品中香料是关键性原料之一，在化妆品中所用的香料除了必须选择适宜的香型外，还要考虑所用香料对产品质量及使用效果有无影响，如对白色膏霜、奶液等必须注意色泽的影响；唇膏、牙膏等产品应考虑有无毒性；直接在皮肤上涂敷的产品应注意对皮肤的刺激性。

化妆品的香料是由多种天然香料和合成香料调配而成，以下为玫瑰香型香料的配方：

玫瑰香型

组　分	质量分数/%	组　分	质量分数/%
苯乙醇	29.6	丁酸苯乙酯	0.2
香叶醇	38.3	香叶油	11.5
玫瑰精油	15.5	丁香酚	0.1
α-紫罗兰酮	1.5	壬醛	0.1
芳樟醇	2.1	辛醛	0.2
乙酸香叶酯	0.8	苯乙酸乙酯	0.1

(2) 抗氧剂

含有油脂成分的化妆品，特别是含有不饱和键的化妆品很易氧化而引起变质，所以须加入抗氧剂，以防止原料的氧化。

抗氧剂根据结构大致可分为五类：a. 酚类，包括没食子酸戊酯、没食子酸丙酯、二叔丁基对甲酚、二羟基酚等；b. 醌类，包括生育酚等；c. 胺类，包括乙二胺、谷氨酸、尿酸、动植物磷脂等；d. 有机酸、醇及酯类，包括维生素 C、柠檬酸、草酸、苹果酸、甘露醇、山梨醇、硫代二丙酸二月桂酯等；e. 无机酸及其盐类，包括磷酸及其盐类、亚磷酸及其盐类等。酚类和醌类是主要的，胺类、有机酸、醇及酯类和无机酸及其盐类与酚类和醌类合用能产生较好的功效。

(3) 防腐剂

化妆品里含有水分、胶质、脂肪酸、类脂物、蛋白质、激素与维生素等均易引起微生物繁殖变质，为使化妆品质量得到保证必须加入防腐剂。

常用的防腐剂有以下几种。

a. 对羟基苯甲酸酯类　具有中性、无毒性 、不挥发、稳定性好等特点，在酸性、碱性介质中均有效，而色、味对化妆品无影响，其用量为产品总量的 0.2% 左右，因此是应用最广泛的化妆品防腐剂。

b. 醇类　乙醇是醇类防腐剂中应用最广泛的一种，在 pH 4～6 的酸性溶液中其浓度为 15%以下的有抑菌作用；在 pH 8～10 的碱性溶液中其浓度为 17.5%以上才有抑菌作用。异丙醇的抑菌效果与乙醇相当，二元醇或三元醇抑菌效果较差，一般浓度在 40%以上，所以不常用。

c. 香料类　如丁香酚、香兰素、柠檬醛、橙叶醇、香叶醇和玫瑰醇等。

d. 酚类　氯化酚是较多采用的化妆品防腐剂。如 3-甲基-4-氯代酚、3,5-二甲基-4-氯代酚、二氯间二甲酚、甲基氯代麝香草酚、六氯二烃基二苯甲烷等。

（4）色素

化妆品使用的色素有有机合成色素、无机色素、天然色素。

a. 有机合成色素　常用的有机合成色素有偶氮染料、蒽醌染料等。

ⓐ葡萄酒红　代号 SX，D&C，4 号红（SX 为染料颜色，D 为医用，C 为化妆品用）。偶氮染料，黄猩红色，用于乳液、液体香波和化妆水调色。

ⓑ专利蓝　代号 EXt，D&C，3 号蓝（EXt 为外用）。三苯甲烷染料，亮蓝绿，用于化妆水、香波等的调色。

ⓒ四溴荧光黄　代号 D&C，橙色，用不褪色唇膏等调色，属蒽醌染料。

b. 无机色素

ⓐ白色染料　ZnO、ZnS 和锌钡白等；

ⓑ红色染料　Fe_2O_3；

ⓒ蓝色染料　$Na[(NaS_3Al)Al_2(SiO_4)_3]$；

ⓓ绿色染料　Cr_2O_3、$Cr(OH)_3$ 等；

ⓔ黑色染料　炭黑。

c. 天然色素　取自动植物的天然色素，由于着色力、耐光、色泽鲜艳度和供应数量等问题，已经大部分被有机合成色素所取代，但是某些优良而稳定的天然色素仍被用于食品、医药和化妆品中，如胭脂虫红、胭脂花红作为唇膏的原料，β-叶红素用于基础化妆品，叶绿素用于牙膏。由于天然色素的稳定性较差，所以用途不广。

9.1.3 化妆品生产的主要工艺及设备

化妆品的生产工艺是比较简单的，其生产过程主要是各组分的混配。很少有化学反应发生，并且多采用间歇式批量化生产。所使用的设备也比较简单，包括混合设备、分离设备、干燥设备、成型设备、装填及清洁设备等。

9.1.3.1 乳化技术

乳化技术是化妆品生产中最重要的技术，在化妆品的剂型中，以乳化型居多，如润肤露、营养霜、洗发香波、发乳等。在这些化妆品的原料中，既有亲水性组分，如水、酒精，也有亲油性组分，如油脂、高碳脂肪酸、醇、酯、香料、有机溶剂及其他油溶性成分，还有钛白粉、滑石粉这样的粉体组合，欲使它们混合为一体，必须采用良好的乳化技术。

（1）乳化液的生产

a. 选择合适的乳化剂　表面活性剂具有乳化作用。一般地说，HLB 值在 3～6 的表面活性剂主要用于油包水（W/O）型乳化剂；在 8～18 时主要用于水包油（O/W）型乳化剂。

在选择乳化剂时还要考虑经济性，即在保证乳化剂数量的前提下，尽量少用或选择价格便宜的乳化剂。另外，还要注意乳化剂与产品中其他原料的配伍性，不影响产品的色泽、气味、稳定性等。当然，比较重要的是乳化剂与乳化工艺设备的适应性。选用的乳化工艺设备可以保证产品的优越性能，甚至可使用较少或效率较低的乳化剂就可以达到满意效果。

b. 采用合适的乳化方法　乳化剂选定后，需要用一定的方法将所设计的产品生产出来。常用的乳化方法有以下几种。

ⓐ转相乳化法　在制备 O/W 型乳化液时，先将加有乳化剂的油相加热成液状，在搅拌下徐徐加入热水，先形成 W/O 型，以后可快速加水，并充分搅拌。此法关键在转相，转相结束后，分散相粒子将不会再变小。

ⓑ自然乳化法　将乳化剂加入油相中，混合均匀后加入水相，配以良好的搅拌，可得很好的乳化液。如矿物油常采用此法，但多元醇酯类乳化剂不易形成自然乳化。

ⓒ机械强制乳化法　均化器和胶体磨是用于强制乳化的机械，它们用很大的剪切力将被乳化物撕成很细小的粒子，形成稳定的乳化体，用前面两种方法无法制备的乳化体可用此法制得。

(2) 乳化设备

在乳化体的生产中，常用的乳化设备是简单搅拌器、胶体磨、高压阀门均质器等。另外还有一些较新的专用设备，如刮板式搅拌机、分散搅拌机、管道式搅拌器等。在化妆品的生产中，可针对不同物料的不同要求加以选用。

9.1.3.2 其他工艺

对于液态化妆品的生产，主要工艺是乳化。但对于固态化妆品涉及的单元操作主要有干燥、分离等。

(1) 分离

分离操作包括过滤和筛分。过滤是滤去液态原料的固体杂质。应用于化妆品生产的过滤设备主要有批式重力过滤机和连续真空过滤机等。筛分是舍去粗的杂质，得到符合粒度要求的均细物料，常用设备有振动筛、旋转筛等。

(2) 干燥

干燥的目的是除去固态粉料、胶体中的水分或其他液体成分。化妆品中的粉末制品及肥皂需要干燥过程。有些原料和清洁后的瓶子也需要干燥。常用的设备有厢式干燥器、轮机式干燥器等。

在化妆品制作的最后阶段还需要进行成型处理、装填等过程，它们的关键在于设备的设计和应用。

9.2 皮肤用化妆品

皮肤是人体表面组织，它担负着调节体温、节制水分过量的蒸发和防止过量的水分进入体内，抵御外来的一切刺激和细菌的感染，排泄体内由新陈代谢所产生的某些废物的重任。正确合理地保护皮肤直接关系到人们的身体健康。皮肤用化妆品能够起到清洁、保护、美容和营养、治疗皮肤的作用。

9.2.1 清洁皮肤用化妆品

由于生理作用常分泌皮脂，使皮肤表面光滑。但皮脂易为空气中的氧所氧化，产生有害于皮肤的物质，汗液中水分蒸发后的盐和尿素残留在皮肤的表面，也会刺激皮肤或为各种皮肤病的原因；从人体脱落的细胞和分泌的皮脂以及外来的灰尘混杂在一起附着在皮肤上构成的污垢，一方面会影响汗液和皮脂的分泌，同时又可能是细菌繁殖的温床，成为许多皮肤病的根源。因此，保持皮肤清洁是十分必要的。

皮肤的清洁不同于衣物，因为皮肤是有活力的机体。所以，皮肤用清洁剂除要求具有去除污垢的能力外，还要求性能温和，不刺激皮肤。基于上述目的，人们已研制出各种各样的皮肤清洁用化妆品，如香皂、清洁霜、洗面奶、浴液等。

9.2.1.1 香皂

香皂的制作比一般肥皂讲究，所用的油脂原料要经过碱炼、脱色、脱臭的精制处理，并加入一定量的香精，一般为1%～1.5%，在一些高档香皂中，香精的用量还要多一些。用香皂洗涤皮肤刺激性较小，且洗后留有一定香气。

配方（普通香皂）

组　分	质量分数/%	组　分	质量分数/%
牛脂-椰子油(50∶50)钠皂	75.23	椰油酸	6.73
失水山梨醇单硬脂酸酯	4.0	氯化钠	1.06
香精	1.54	去离子水	11.44

制法：将上述成分除香精外，混合均匀后加热至140℃，喷雾干燥制成皂粉，然后以此皂粉为100(质量)，添加香精和二氧化钛0.3，色素0.5，混匀后，压模成型。

9.2.1.2 清洁霜

清洁霜是用于移除面部化妆品、表面尘垢和油污，兼有护肤的作用。清洁霜的去污作用除了利用表面活性剂的润湿、渗透、乳化作用进行去污外，还同时利用产品中的油性成分（白油、凡士林等）作为溶剂，对皮肤上的污垢、油彩、色素等进行浸透和溶解，利于渗透清除藏于毛孔深处的油污。清洁霜的洁净作用多是综合去污作用，故其洁肤效果优于香皂，适宜于化妆卸妆。

配方（卸装膏）

组　分	质量分数/%	组　分	质量分数/%
蜂蜡	10.0	硼砂	0.7
白油	53.0	羊毛脂	2.0
凡士林	10.0	防腐剂	适量
石蜡	5.0	香精	适量
去离子水	加至100.0		

制法：将配方中的蜂蜡、凡士林及油等组分混合（除香精外），加热（约90℃）熔解，在搅拌下冷却，至45℃时加入香精，混合均匀后即可灌装。

9.2.1.3 洗面奶

洗面奶（Facial Washing Milk）的去污原理与清洁霜类相同，其一是以所含的表面活性剂的润湿、渗透、乳化作用而除去皮肤上的污垢，这种去污方式类似于香皂的去污作用，但洗面奶中的表面活性剂含量比香皂中的要低得多，而且一般都选用低刺激性的表面活性剂；其二是洗面奶中所含的油性成分作为溶剂溶解皮肤中的油污及化妆品残迹等，但洗面奶中油性组分含量要比清洁霜中的少得多，洗面奶中油性组分一般占10%～35%。20世纪80年代，洗面奶一般是乳化型乳液，无油腻感，洗面后感觉光滑、滋润、无紧绷感觉。20世纪90年代以来，泡沫型洗面奶问世，洗涤感觉更为清爽、舒适。

（1）洗面奶的原料

a. 油性组分　在洗面奶配方中是作为溶剂和润肤剂。

白矿油是常用的溶剂，有很好的除去油污和化妆品残迹的作用。另外，肉豆蔻酸异丙酯、棕榈酸异丙酯、辛酸/癸醇甘油酯、羊毛脂、十六醇、十八醇等主要作为溶剂或润肤剂用。

b. 表面活性剂　洗面奶中所用的表面活性剂为具有良好洗净作用的温和型表面活性剂，有阴离子、两性和非离子表面活性剂，如十二烷基硫酸三乙醇胺、月桂醇醚琥珀酸酯磺酸二钠、椰油酰胺丙基甜菜碱、椰油单乙醇酰胺、Geropon AS-200、Jordapon CI-75、Hostapon SCI-65及Medialan LD(月桂酰肌氨酸酐钠盐）等。它们的CTFA名称是椰油酰基羟乙基磺酸钠/混合脂肪酸等的复合物。

c. 乳化剂　常用的有乳化型单硬脂酸甘油酯、Tween-20、Tween-80、Arlace-p135(聚氧乙烯二聚羟基硬脂酸酯）等，近年来Sepigel 501等也常用作洗面奶中的乳化剂。

（2）典型配方

配方（洗面奶）

组　分	质量分数/%	组　分	质量分数/%
白油	6.0	Sepigel 501	2.8
聚山梨糖油醇酯	0.3	防腐剂	适量
聚山梨酸酯	1.7	香精	适量
肉豆蔻酸肉豆蔻酯	2.0	乳酸	适量
异壬基异壬醇酯	4.0	去离子水	83.2

Sepigel 501的CTFA名称是丙烯酰胺共聚物/石蜡油/异链烷烃/聚山梨醇复合物，既是乳化剂又是增稠剂、稳定剂，它具有很强的乳化油相的能力，而不需其他辅助乳化剂。

制法：先将白油等油、酯加热至70℃，使其混溶，另将水加热到75℃，将油相组分加入水中，至60℃时加入Sepigel 501进行乳化，将其冷却至30℃加入防腐剂和香精，最后用乳酸调节pH值至7左右即得。

9.2.1.4　浴液

浴液也称沐浴露，是由各种表面活性剂为主要活性物质配制而成的液状洁身、护肤浴用品。浴液在欧美国家使用很普遍，用量很大。近年来，在我国尤其在城市，浴液已逐渐广为使用，浴液的量和品种增长迅速，它是一种很有发展潜力的清洁日用产品。

（1）浴液的原料

a. 表面活性剂　它是浴液的主要成分，基本性能是产生泡沫、润湿皮肤、对污垢和油污的乳化去污作用，要求其具有良好的生物降解性能。

浴液常用的表面活性剂如下。

阴离子表面活性剂：单十二烷基（醚）磷酸酯盐，它有良好的发泡性、去污力及与皮肤较好的相容性，性质较温和，对皮肤刺激性较小；烷基醇醚磺基琥珀酸单酯二钠以及聚乙二醇（5）柠檬酸十二醇酯磺基琥珀二钠、*N*-月桂酰肌氨酸盐等性质更为温和。近些年来，脂肪酸皂盐也应用较多，以改善洗涤时不易冲洗、滑黏的感觉。

两性和非离子表面活性剂。有烷基酰胺丙基甜菜碱、磺基甜菜碱、咪唑啉、椰油两性醋酸钠、氧化胺及烷醇酰胺等；非离子表面活性剂近年来常用的有葡萄糖苷衍生物如甲基聚葡糖苷、癸基聚葡糖苷也常用于沐浴用品中，它们有良好的发泡性、性质温和、低刺激性(比甜菜碱、咪唑啉的刺激性还低)、良好的保温性能、极好的配伍性和溶解性(完全溶解于水)。

b. 润肤剂（脂剂） 在使用浴液去污的过程中都会同时产生皮肤的脱脂作用，因此产品中必须添加能减少表面活性剂脱脂作用的并赋予皮肤脂质，使皮肤润滑、光泽的润肤剂或赋脂剂，常用的润肤剂有植物油脂（鳄梨油、霍霍巴油等）、羊毛脂类、聚烷基硅氧烷类及脂肪酸酯类，如甘油月桂酸酯、多元醇脂肪酸酯及乙氧基化单（双）甘油酯（如聚乙二醇-80-椰油基甘油酯等），它们具有良好的润肤作用，改善与皮肤的相容性，可降低产品的刺激性，还具有增稠、增溶作用。

c. 保湿剂 常用的有甘油、丙二醇、烷基糖苷等。

d. 调理剂 多为阳离子聚合物，它们对蛋白质基层具有附着性，使皮肤表面有一种如丝一般平滑的舒适感，常用的有聚季铵盐类等。

e. 活性物质 在浴液中还可添加具有护肤、养肤作用的多种活性物质，如芦荟、沙棘、海藻、薄荷脑、乳酸薄荷基酯等天然植物提取物和中草药制剂等。

f. 其他添加剂 浴液中还常添加珠光剂、防腐剂、香精及色素等添加剂。

（2）典型配方

配方（养肤浴液）

组　分	质量分数/%	组　分	质量分数/%
L,D-月桂酰肌氨酸酐钠盐	9.0	甘油	4.0
AES(30%)	7.0	防腐剂	适量
BS-12(30%)	4.0	EDTA-Na_2	适量
烷醇酰胺	2.0	柠檬酸	适量
Mirasheen CP-620 珠光浆	3.0	香精	适量
芦荟液	20.0	去离子水	51.0

此配方为芦荟浴液，天然植物芦荟提取物中含有多种维生素、氨基酸和人体所需的多种微量元素，对皮肤具有消炎、止痛、止痒、促进皮肤再生及防晒、抗过敏等作用，还可以防止皮肤粗糙，对皮肤（毛发）具有极好的护理作用，因此，芦荟浴液是一种极好的洁肤护肤制品。配方中的 L,D-月桂酰肌氨酸酐钠盐性质温和，与 AES 混用时有良好的泡沫增效性和稳定性。

9.2.2 护肤化妆品

护肤化妆品顾名思义就是保护皮肤的化妆品，特别是指能抵御环境（风沙、寒冷、潮湿、干燥等）对皮肤侵袭的一类化妆品。

健康的皮肤应是润湿、柔软、富有弹性，角质层水分的主要来源是汗腺分泌的汗液。当由于年龄和外界环境如寒冷和干燥等的影响，使得皮肤保湿机构受到损伤，使得角质层中水分的含量降低到 10%以下时，皮肤就会显得干燥，失去弹性、起皱、加速皮肤老化。因此，通过使用护肤化妆品可以给皮肤补充水分、保湿剂和脂质，以保持皮肤中水分的含量和皮肤保湿机构的正常运行，从而恢复和保持皮肤的润湿性，使皮肤显得健康，延缓皮肤老化。所以也可以说护肤化妆品是一类对皮肤能以大幅度的比例补充水分和脂质的肤用化妆品。

9.2.2.1 化妆水

化妆水是一种低黏度、流动性好的液体状护肤化妆品，具有润肤、收敛、柔软皮肤的作用，大都在洁肤洗面之后、化妆之前使用。它的主要成分是保湿剂、收敛剂、水和乙醇，有的也添加些表面活性剂，以起增溶作用，来降低乙醇用量或制备出无醇化妆水，制造时一般不需经过乳化。随着化妆品工业的发展，化妆水的品种和功能也不断地扩展，现也常在化妆水中添加滋润剂和各种营养成分，使其具有良好的润肤和养肤作用。

我国在20世纪80年代之前，市场上很少见到化妆水这类产品，由于其不油腻、不黏稠、滑爽、使用感觉舒适，到了20世纪90年代，逐渐为消费者所接受和喜爱。因这类产品不含和少含表面活性剂成分，对皮肤刺激小，很适合过敏性皮肤的人使用。目前，化妆水在市场上有较好的占有率，是一类很有发展前景的化妆品。

（1）润肤水

润肤水是一类可使皮肤柔软，保持皮肤滋润、光滑的液状化妆品，它又可称为柔软水。它的主要原料是滋润剂如沙棘油、角鲨烷、霍霍巴油、羊毛脂等，还有加入适量的保湿成分如甘油、丙二醇、丁二醇、山梨醇等，也可加入少量的表面活性剂、天然胶质以及水溶性高分子化合物等，表面活性剂是作为增溶剂，而天然胶质及各种水溶性高分子化合物则是起到增稠作用。润肤水是一种适合于干性皮肤使用的化妆品，配方举例如下。

配方（润肤水）

组　　分	质量分数/%	组　　分	质量分数/%
沙棘油	2.0	防腐剂	适量
Cremophor Np-14	0.8	香精	适量
丙二醇	2.0	色素	适量
黄原胶	0.3	去离子水	94.9

（2）平衡水

又称为平衡液，是调节皮肤的水分及平衡皮肤的pH值，美容化妆中常使用的一种液状化妆品。其主要成分是保湿剂如甘油、聚乙二醇、透明质酸、乳酸钠等，还有对皮肤的酸碱性起到调节作用的缓冲剂如乳酸盐类等。

配方（平衡水）

组　　分	质量分数/%	组　　分	质量分数/%
丙二醇	5.0	乳酸(调节pH值)	适量
聚乙二醇-600	5.0	香精	适量
水溶性硅油	4.0	防腐剂	适量
乳酸钠(60%)	5.0	色素	适量
聚乙烯吡咯烷酮	2.0	去离子水	79.0

（3）收缩水

亦可称为紧肤水、收敛水，它的主要作用是收缩皮肤的毛孔，使皮肤显得细腻，起到绷紧皮肤、减少皮肤油腻的作用。适宜油性皮肤和皮肤毛孔粗糙的人使用。其主要成分是收敛剂，常使用的有苯酚磺酸锌、硼酸、氯化铝、硫酸铝等，配方中还有保湿剂、水和乙醇等，现还常添加具有收敛、紧肤和灭菌作用的各种天然植物提取物。

配方（收缩水）

组　分	质量分数/%	组　分	质量分数/%
苯酚磺酸锌	1.0	乙醇	10.0
单宁酸	0.1	防腐剂	适量
聚乙二醇	5.0	香精	适量
甘油	3.0	去离子水	78.9
聚氯乙烯油醇醚	2.0		

（4）化妆水制法

化妆水的制法较简单，一般过程如下。

a. 将水溶性的物质如保湿剂及收敛剂、增稠剂等溶于水中。

b. 将滋润剂（油、酯等）、香精、防腐剂等油溶性成分和增溶剂一起溶于乙醇中。若配方中无乙醇，可将非水相成分（滋润剂、香精等）适当加热溶解，加水混合增溶。

c. 将上述 b 加入 a 中，在室温下混合、增溶。

d. 加入色素，调色，经过滤后得到清澈透明的化妆水。

在化妆水的制备中，因配制多是在常温下进行，所以要注意避免微生物的污染，另外还要注重防腐剂的选取。

9.2.2.2 润肤油及润肤脂

（1）润肤油

在化妆品回归大自然的潮流中，尤其近年来随着现代萃取、提纯科学技术的发展，发现很多从天然动植物精制提取的油类如橄榄油、小麦胚芽油、霍霍巴油、沙棘油、角鲨烷、羊毛油（绵羊油）、水貂油等对皮肤有极佳的保护作用，而被广泛用于化妆品中。由于利用这些优质油脂为主要原料所配制成的润肤油，有着良好的润肤作用，且制备又简单，故在众多的护肤化妆品中它仍占有一定的位置。

在设计润肤油的配方时，应依据“相似相溶”的原理，注意各类油脂的相容性，也可用矿物性的优质白油部分代替植物油脂，以增加润滑性和降低产品的成本。此外，由于动植物提取物较易酸败，故需添加少量的抗氧剂。

配方（润肤油）

组　分	质量分数/%	组　分	质量分数/%
橄榄油	30.0	棕榈酸异丙酯	15.0
小麦胚芽油	15.0	抗氧剂	适量
沙棘油	10.0	香精	适量
白油	30.0		

（2）润肤脂

润肤脂是由凡士林、白油、石蜡、地蜡等混合而配制成的一种护肤化妆品，对皮肤具有良好的滋润和保护作用。

配方（润肤脂）

组　分	质量分数/%	组　分	质量分数/%
白油	40.0	石蜡	30.0
氢化羊毛醇	2.0	微晶蜡	14.5
硅脂	12.0	防腐剂	适量
单硬脂酸甘油酯	1.5	香精	适量

9.2.2.3 护肤膏霜

从广义上讲，这是一类具有护肤作用的乳化型产品，按外观状态区分，可有霜（质地软）、膏（质地硬）；按含油量区分，可有雪花膏、中性膏霜（润肤霜）和香脂；按乳化剂型区分可有水包油（O/W）型及复合乳化(W/O/W 或 O/W/O)型，对于护肤霜依据我国化妆品行业标准划分，现分别介绍雪花膏和润肤霜。

（1）雪花膏（Vanishing Cream）

雪花膏为水包油（O/W）型的乳化膏体，其成分中绝大部分是水，油相一般占 10%～30%，涂抹于皮肤后，可在皮肤表面生成一层薄膜，能抑制表皮水分的过量蒸发，减少外界对皮肤的影响，加入的香精使雪花膏具有宜人的香气，其使用感觉不油腻、滑爽、舒适，在秋冬季节使用雪花膏可防止皮肤干燥、干裂或粗糙，可保持皮肤柔软。雪花膏还可以在涂抹香粉美容化妆前作底霜使用，以增加香粉的黏附力，还可阻止香粉进入皮肤毛孔，因此，雪花膏又常称作打底霜（不含粉剂的底霜）。

a. 混用乳化式雪花膏　由于各种表面活性剂广泛应用于化妆品，为了提高雪花膏产品的质量，雪花膏的配制也逐渐改变了传统的反应式皂基乳化，在配方中加入非离子表面活性剂，由皂和非离子表面活性剂配合完成乳化，即采用混用（复配）乳化剂，这可减少碱的用量，它只需中和硬脂酸的 5%～10%即可，从而可降低雪花膏的碱性，减少对皮肤的刺激性，同时，改善了膏体的观感，增进了膏体的稳定性。配方中加入的非离子表面活性剂常选用单硬脂酸甘油酯、聚氧乙烯失水山梨醇脂肪酸酯（Tween）、脂肪醇聚氧乙烯醚等，这种混用乳化方式生产的雪花膏已成为现今雪花膏的主体。

配方 1(雪花膏)

组　分	质量分数/%	组　分	质量分数/%
硬脂酸	10.0	氢氧化钾	0.2
十八醇	4.0	防腐剂	适量
硬脂酸丁醇酯	8.0	香精	适量
单硬脂酸甘油酯	2.0	去离子水	65.8
丙二醇	10.0		

制法：将油相硬脂酸等加热至 85℃，同时将氢氧化钾、丙二醇、水放入容器中溶解加热至 85℃，将水相徐徐加入油相中，搅拌进行乳化，约 10～15min，乳化完成后降温至 45℃时加入香精等，搅拌降温至 30℃出料。

b. 非反应式乳化雪花膏　近来雪花膏的配制中可完全不使用碱，全部利用各种表面活性剂复配进行非反应式乳化，这样配制出的雪花膏质地细腻、稳定性好，不受电解质及气温变化的影响，雪花膏的 pH 值呈中性至微酸性，接近于正常皮肤的酸值，无刺激，还对细菌的生长有抑制作用，产品适于婴幼儿及皮肤易过敏者使用。目前由非反应式乳化生产雪花膏的研究已有很大进展。

在非反应式乳化雪花膏的配方设计中，表面活性剂的选配具有重要地位。下面举例介绍如何利用 HLB 值的计算来确定配方中非离子表面活性剂的用量。

在设计雪花膏的配方中，首先要确定油性组分的品种及含量，由于是非反应式乳化，故可减少硬脂酸含量，确定硬脂酸含量为 8%、白油为 4%、羊毛脂为 4%；油性组分确定之后就要选定乳化剂，现选择常用的乳化剂 Span-60 和 Tween-60 作复合乳化剂，乳化剂总含量的确定原则是：

$$乳化剂质量/(油相质量+乳化剂质量)=10\%\sim20\%$$

现乳化剂总含量确定为 3.5%，因为 3.5/(3.5+16)=0.18，而 Span-60 和 Tween-60 各

自的用量，可利用 HLB 值计算的方法来确定。

新配方中油相所需的 HLB 值，可按下述计算：经查油相需要 HLB 值表，硬脂酸需要的 HLB 值为 17，白油为 10，羊毛脂为 12，它们的含量又分别为 8、4、4，所以有：

$$油相所需的 HLB 值=(8\times17+4\times10+4\times12)/(8+4+4)=14$$

依据乳化理论，选用的乳化剂，它的 HLB 值接近于油相所需的 HLB 值时，乳化效果好。

现设 Span-60 在复合乳化剂中所占的比例为 x，则 Tween-60 所占比例为（$1-x$），又经查 HLB 值表，知 Span-60 的 HLB 值为 4.7，Tween-60 为 14.9，据上述乳化原则，故有：

$$4.7x+14.9(1-x)=14$$

解得：$x\approx0.1$。

于是乳化剂 Span-60 的含量为：$3.5\times0.1\approx0.4$

Tween-60 的含量为：$3.5\times0.9\approx3.1$

这样乳化剂的品种及含量就确定了；最后确定水相组分中甘油的含量为 8%，于是新配方就确定为：

配方 2(雪花膏)

组分	质量分数/%	组分	质量分数/%
硬脂酸	8.0	甘油	8.0
白油	4.0	防腐剂	适量
羊毛脂	4.0	香精	适量
Span-60	0.4	去离子水	72.5
Tween-60	3.1		

雪花膏的制备是一乳化过程，在雪花膏的制备中需注意两点：首先，将油相原料与水相原料分开予以油熔与水溶，油熔时需加热，加热温度依油相原料中的最高熔点而定，熔化后维持 20～30min 灭菌，水相也需高温灭菌；其次，油相加入水相中，或两相交替相互加入至乳化罐中进行乳化。应特别注意，切不可先将油相与水相混合后再加热进行搅拌乳化，因这样制得的产品其膏体粗糙、结块，最易分层、沉淀，膏体稳定性差。在进行乳化时，乳化机的质量（有无均质搅拌、是否可抽真空等）、搅拌、冷却的方式、时间等都对膏体的质量有影响。需要根据实际，进行筛选得到最佳生产工艺。

(2) 润肤霜（Emollient Cream）

润肤霜是一类保护皮肤免受外界环境的刺激，防止过分失去水分，经皮肤表面补充适宜的水分和脂质，以保持皮肤的滋润、柔软和富有弹性的护肤化妆品。

润肤霜是一种乳化型膏霜，有 O/W 型、W/O 型和 W/O/W 型，现仍以 O/W 型乳化膏体占主要地位。润肤霜所含的油性成分介于雪花膏和香脂之间，油性成分含量一般为 10%～70%，从而可在油相与水相各自的范围内配制成各种油相-水相比例的适合于各种类型皮肤的制品。润肤霜所采用的原料相当广泛，因此润肤霜产品多种多样，目前绝大多数护肤膏霜都属于此类产品。润肤霜一年四季都可使用；对于 W/O 型膏体，它含油、脂、蜡类成分较多，对皮肤有更好的滋润作用，宜于干性皮肤使用，而 O/W 型膏体，清爽不油腻，不刺激皮肤，宜于油性皮肤使用。润肤霜中还可加入各种营养物质、生物活性成分等配制成具有营养皮肤作用的产品。下面就介绍润肤霜的主要组分：滋润剂、保湿剂和乳化剂。

a. 滋润剂　滋润剂是一类温和的能使皮肤变得更软韧的亲油性物质，它除了有润滑皮肤作用外，还可覆盖皮肤、减少皮肤表面水蒸发，使水分从基底组织弥散到角质层，诱导角质层进一步水化，保存皮肤自身的水分，而完成润肤作用。滋润剂的范围很广，包括各种各样的油、脂和蜡、烷烃、脂肪酸、脂肪醇及其酯类，天然动、植物油，脂肪酸甘油酯等。但它们多含不饱和脂肪酸甘油酯，容易引起酸败，使用时需加入抗氧剂；另外动植物油脂一般色泽较深，稳定性差，应慎用。如橄榄润肤霜的原料：矿物油如白油和凡士林，主要用作油溶性润肤物的载体，在皮肤表面可以形成一层封闭的薄膜，可阻滞皮肤上水分的蒸发，但矿物油不易渗透被皮肤吸收，它的使用感觉油腻，且不易清洗，故在高级润肤霜中较少应用；羊毛脂含有 8 种高级脂肪酸及约 36 种高级脂肪酸酯，其成分与皮脂组分相近，与皮肤有很好的亲和性，还有强的吸水性，是润肤霜的一种理想原料，但它的黏度较高，使用时有不适的感觉，故现都选用经过改性的羊毛脂衍生物如乙酰化羊毛脂、聚氧乙烯羊毛脂、羊毛醇等；常用的酯类油性化合物有三辛酸/癸酸甘油酯、硬脂酸异十六酯、肉豆蔻酸异丙酯、棕榈酸异丙酯等，而且新的酯类化合物不断涌现，是新的滋润剂原料的重要来源。

b. 保湿剂　保湿剂是一类亲水性的润肤物质，在较低湿度范围内具有结合水的能力，给皮肤补充水分，它们可以通过控制产品与周围空气之间水分的交换使皮肤维持在高于正常水含量的平衡状态，起到减轻皮肤干燥的作用。多元醇类的甘油、丙二醇、山梨醇等都被认为是理想的保湿剂，其中甘油是最常用的保湿剂，然而甘油在高湿条件下，能从空气中吸收水分，在相对湿度低时，则不从空气而是从皮肤深层吸收水分，从而引起皮肤干燥的感觉。另外，高浓度的甘油对干裂的皮肤有刺激性。现今高级润肤霜大都选用透明质酸或吡咯烷酮羧酸钠、神经酰胺等作为保湿成分。

c. 乳化剂　一般都选用非离子表面活性剂组成乳化剂，其用量可利用 HLB 值计算方法予以确定，常选用的乳化剂有单硬脂酸甘油酯、Span 和 Tween 系列等，随着表面活性剂工业和化妆品工业的发展，新的乳化剂不断出现，如葡萄糖苷衍生物、自乳化型乳化剂、Arlacel 165 和 Arlatone 983，自乳化型硬脂酸甘油酯类非离子乳化剂，它们可以单独使用，无须配对制备 O/W 型膏霜，并可采用“直接乳化法”，而简化了乳化过程。

典型配方如下。

配方 1(润肤霜)

组　分	质量分数/%	组　分	质量分数/%
白油	10.0	鲸蜡醇	2.0
肉豆蔻酸肉豆蔻酯	4.0	PEG-200 甘油牛油酸酯(70%)	2.0
甘油	3.0	防腐剂	适量
去离子水	79.0		

配方 2(润肤霜)

组　分	质量分数/%	组　分	质量分数/%
白油	18.0	棕榈酸异丙酯	5.0
十六醇	2.0	硬脂酸	2.0
单硬脂酸甘油酯	5.0	Tween-20	0.8
丙二醇	4.0	Carbopol 934	0.2
三乙醇胺	1.8	防腐剂	适量
香精	适量	去离子水	61.2

配方 3(润肤霜)

组　分	质量分数/%	组　分	质量分数/%
十六醇	1.0	羊毛油	2.5
羊毛醇	2.0	白油	10.0
橄榄油	20.0	辛酸/癸酸甘油酯	4.5
Span-60	3.8	Tween-60	1.0
透明质酸	0.03	防腐剂	适量
香精	适量	去离子水	55.17

配方 1 是 O/W 型膏体，配方中的乳化剂是 PEG-200 甘油牛油酸酯，它是一种性质温和的非离子表面活性剂，有良好的乳化、增稠作用，可以改善产品与皮肤的相容性和手感。该产品为白色柔滑之膏霜，对皮肤作用温和并具有良好的渗透性。

配方 2 是 O/W 型润肤霜，配方设计中使用 Carbopol 934 树脂稳定膏体，配制时需先将 Carbopol 934 分散于水中，再加入丙二醇，后加热至 60℃，另将油相原料混合并加热至 70℃，并将油相加至水相中，搅拌乳化，再加入三乙醇胺进行搅拌中和，降温后加入香精等即得。

配方 3 是非反应式乳化润肤霜，采用常用的 Span 和 Tween 乳化剂对，配方中加入了优良的保湿剂透明质酸，因此该润肤霜具有良好的保湿作用。

9.2.3 养肤化妆品

养肤化妆品是一类含有营养活性成分的化妆品，即在化妆品的基质中添加各种营养活性物质而制得的对皮肤具有某种功效的化妆品。养肤化妆品多以其剂型和添加的营养活性物质的名称而命名，如丝素膏、SOD 蜜、芦荟化妆水等；按其对皮肤的功效作用可分为：高保湿化妆品、抗衰老化妆品、美白化妆品等。

值得注意的是养肤化妆品的稳定性问题，因其组成中营养活性物质的成分很复杂，又有很易失去活性的生化物质，另外许多成分还会破坏乳化体的稳定性，因此必须注重营养活性物质与基质组分的配伍性，以保证制品的稳定性。

9.2.3.1 高保湿化妆品

在皮肤组织中，表皮内含有 15%～25%的水分。保持皮肤中的水分极为重要，若表皮中水分降至 10%以下，皮肤就会干燥、发皱、失去弹性、出现裂纹，严重时发生龟裂。因此护肤化妆品的一个基本作用就是保持皮肤中的水分，即称为“保湿”作用。

(1) 保湿机理

传统的“保湿”机理认为：①皮肤中的皮脂腺所分泌的皮脂在皮肤表面形成一层封闭的皮脂膜，该皮脂膜可抑制皮肤中水分的蒸发，从而可保持皮肤中的水分；②皮肤的角质细胞内存在一种水溶性吸湿成分［即天然保湿因子（NMF)］，它是角质层中起保持水分作用的物质，对水分的挥发起着适当的控制平衡作用，从而使角质层保持一定的含水量。

现代皮肤生理学对皮肤细胞的基本组成及新陈代谢过程进行了分子水平的研究，提出细胞膜是多层类脂质双分子层的结构模型，在类脂质（主要为磷脂及脂肪酰基鞘氨醇、神经酰胺等组分）构成的双分子层中间镶嵌进了细胞蛋白（球蛋白、糖原蛋白等），这种镶嵌结构并不是固定不变的，而是处于动态的，在双分子层的表面外部（有外表面和内表面）为亲水部分，即在两分子层之间包含了水分。角蛋白细胞膜的类脂起着黏结角质细胞的作用，这些细胞间脂质构成了具有一定渗透性的屏障，阻挡皮肤中水分的损失，并对透过皮肤的水分损失有不均衡的影响，从而具有保持细胞所含水分的作用。

（2）保湿活性物质

依据上述保湿机理，要保持皮肤水分可通过在角质层中进行下述一些调节来实现：表面的油脂膜，细胞间的基质黏合物及吸湿成分组成的NMF。现介绍几种具有高保湿特性的活性物质。

a. 神经酰胺（Ceramide） 它是以神经酰胺为骨架的一类磷脂，主要有神经酰胺磷酸胆碱和神经酰胺磷酸乙醇胺，磷脂是细胞膜的主要成分，角质层中40%～50%的皮脂由神经酰胺构成，神经酰胺是细胞间基质的主要部分，在保持角质层水分的平衡中起着重要作用。

b. 脂质体（Liposomes） 由卵磷脂和神经酰胺等制得的脂质体（空心），具有的双分子层结构与皮肤细胞膜结构相同，对皮肤有优良的保湿作用，尤其是包敷了保湿物质如透明质酸、聚葡糖苷等的脂质体是更优秀的保湿性物质。

c. 透明质酸（HA）和吡咯烷酮羧酸钠（PCA-Na） 透明质酸存在于生物体内，广泛分布于细胞间基质中，具有很强的保水作用，其理论保水值高达500mL/g，可以吸收和保持其自身重量上千倍的水分，在化妆品中是目前广为应用的一种优质保湿剂。

PCA-Na保湿性能与HA相当，刺激性极低，现已可合成制得，也是一种优质保湿剂。

d. 葡聚糖、聚氨基葡萄糖和海藻多糖类等 葡聚糖、聚氨基葡萄糖和海藻多糖等可以渗入皮肤与皮肤蛋白质中的氨基酸结合，起到持久、高效的皮肤保湿作用。

典型配方如下。

配方（保湿霜）

组分	质量分数/%	组分	质量分数/%
磷脂S-10	2.0	甘油三(2-乙基己酸酯)	6.0
聚甘油(10)单肉豆蔻酸酯	1.0	二甲硅油	0.2
		尼泊金丙酯	0.1
硬脂酸	4.0	尼泊金甲酯	0.2
山梨醇	2.0	L-精氨酸	0.3
棕榈酸十六烷基酯	2.0	汉生胶(2%水溶液)	5.0
角鲨烷	6.0	透明质酸钠(2%水溶液)	1.0
去离子水	加至100.0		

9.2.3.2 抗衰老化妆品

（1）抗衰老机理

人体衰老表现在皮肤上最为明显，衰老和老化是生物生命过程中的必然规律。现代皮肤生物学的进展，逐步揭示了皮肤老化现象的生化过程中，对细胞的生长、代谢等起决定作用的是蛋白质、特殊的酶和起调节作用的细胞因子。因此，可以利用仿生的方法，设计和制造一些生化活性物质，参与细胞的组成与代谢，替代受损或衰老的细胞，使细胞处于最佳健康状态，以达到抑制、延缓皮肤的衰老。在利用生物工程技术抗皮肤衰老的进程中，重组蛋白质、各种酶和细胞生长因子在化妆品中的应用，将是抗衰老化妆品的发展方向。目前，天然动、植物提取物中的许多活性物质，在安全性保证的前提下，对防皱、防止皮肤老化等也具有良好的作用。

（2）抗衰老活性物质

主要的抗衰老活性物质见表 9-1。

表 9-1 抗衰老活性物质

种　类	举　例
细胞生长因子	表皮生长因子(EGF)、碱性成纤维细胞生长因子(BFGF)、上皮细胞修复因子(ERF)
酶	重组脂肪酶、DNA 重组第二代蛋白酶、超氧化物歧化酶(SOD)
胶原蛋白、弹力蛋白	胶原蛋白氨基酸、水解胶原蛋白、水解乳蛋白、水解蛋白
天然动植物提取物	人参、灵芝、沙棘、月见草等提取物

（3）典型配方

配方

组　分	质量分数/%	组　分	质量分数/%
十六烷基糖苷	6.0	棕榈酰羟化小麦蛋白	2.5
异壬基异壬醇酯	25.0	白油	5.0
聚二甲基硅烷醇	5.0	山梨醇(70%)	5.0
防腐剂	适量	香精	适量
去离子水	加至 100		

配方中添加了一种小麦蛋白生物媒介物——棕榈酰羟化小麦蛋白（Lipscide PVB），是一新的抗衰老活性成分，通过皮肤细胞培养技术试验证明，在 0.1%的低浓度下它对表皮结构具有“刺激”和“促进生长”的作用，且对人的真皮胶原纤维有“重建作用”，即有使纤维伸长的趋势，这种作用在 pH 为 6.6 时更为明显。

9.3 毛发用化妆品

毛发是人体的重要组成部分，它在调节体温、参与皮肤的新陈代谢中发挥重要的作用，因此保持毛发的清洁、健康对机体非常必要。毛发用化妆品包括清洁毛发用化妆品、保护毛发用化妆品和美化毛发用化妆品。

9.3.1 清洁毛发用化妆品

9.3.1.1 香波（Shampoo）

洗发化妆品包括清洗和调理头发的化妆品，由于英文 Shampoo(洗发）的谐音为香波，体现了这类商品的特点，所以香波就成为洗发化妆品的同义词了。

各种香波在其品质上应具有以下特点。

① 适度洗净力，既能洗去灰尘、污垢、多余的油腻和脱离的头皮屑，又不会脱尽油脂而使头发干燥。

② 泡沫丰富，稳泡性强。

③ 对眼睛、头发、头皮无刺激，无毒性，安全性好，pH 值保持在 6～8.5 之间。

④ 洗发后，头发不发黏，能使头发光亮、柔软。

⑤ 具有芬芳的香气和悦人的色泽。

香波的剂型有多种：洗发粉、洗发液、洗发膏、洗发凝胶和洗发饼等，其中最常见的是洗发液。

洗发液又称液体香波（Liquid Shampoo）、洗发水、洗发露，由于它的性能好、使用方便、制造简单，因此已成为香波中的主体，其品牌及产量发展极为迅速，液体的香波在化妆品中的消费量最高，其生产厂家也最多，是最大众和最有影响的一类洗发化妆品。

洗发液的原料：早期的洗发液是由简单的脂肪酸钾皂组成，而现代香波则是以各类合成表面活性剂为主体，另再加入各种添加剂复配而成。由于香波产品的多样性，其原料品种有数百至上千种，而且正逐步改进、更新和多样化。现仅介绍一些基本原料。

a. 洗涤剂（去污、发泡剂） 在香波的原料中作为洗涤成分的有阴离子、非离子和两性离子表面活性剂，一些阳离子表面活性剂也可作为洗涤的原料，但去污发泡仍以阴离子型为主，利用它们的渗透、乳化和分散作用将污垢从头发、头皮中除去。

b. 稳泡剂 稳泡剂是指具有延长和稳定泡沫保持长久性能的表面活性剂。用在液体香波中的稳泡剂主要有：烷基醇酰胺、氧化胺等。

c. 增稠剂 增稠剂的作用是用来提高香波的黏稠度，常用的增稠剂有：无机盐类、聚乙二醇脂肪酸酯（也称为脂肪酸聚氧乙烯酯）、氧化胺、水溶性胶质原料等。

d. 澄清剂 它是用来保持或提高透明香波的透明度。常用的有乙醇、丙二醇，新型的如脂肪醇柠檬酸等。

e. 赋脂剂 赋脂剂主要是用来护理头发，使头发光滑、流畅。赋脂剂多为油、脂、醇、酯类原料，常用的有橄榄油、高级脂肪酸酯、羊毛脂及其衍生物和硅油等。

f. 螯合剂 螯合剂是用以防止或减少硬水中钙、镁等离子沉积在头发表面的一种添加剂。常用的螯合剂有乙二胺四乙酸（EDTA）或乙二胺四乙酸二钠（EDTA-Na_2）、乙二胺四乙酸四钠（EDTA-Na_4）等。

g. 防腐剂及抗氧剂 防腐剂是用来防止香波受霉菌或细菌等微生物的污染以致腐败变质，常加入的防腐剂有尼泊金甲酯和尼泊金丙酯或其混合物、布罗波尔、凯松、杰马等。

抗氧剂是用来防止香波中某些成分因受环境的影响进行氧化反应使产品酸败的一类原料，常用的抗氧剂有二叔丁基对甲酚（BHT）、叔丁基羟基苯甲醚（BHA），维生素 E 也是一种优良的天然抗氧剂。

h. 珠光剂 常用的珠光剂有乙二醇硬脂酸酯（一般单酯形成波纹状珠光，而双酯形成乳白状珠光）、聚乙二醇硬脂酸酯，十六醇、十八醇也可配制珠光香波。珠光香波一般比透明香波的黏度高，呈乳浊状，带有珠光色泽，给人以高档的感觉，其配方中均加入了固体油（脂）类等水不溶性物质，使其均匀悬浮于香波中，经反射而得到珍珠般光泽，得到消费者的喜爱。

i. 香精和色素 液体香波的品种及配制：

液体香波的品种很多，现依其外观介绍其主要的品种——透明香波（Clear Shampoo）。透明香波是香波中最为大众化的一种，外观为清澈透明的液体，具有一定的黏度，常带有各种悦目的浅淡色泽，而受到消费者喜爱。其典型配方如下所示。

配方

组　　分	质量分数/%	组　　分	质量分数/%
十二烷基硫酸钠(K_{12})(30%)	20.0	氯化钠	1.0
月桂基醚硫酸钠(70%)	10.0	防腐剂	适量
月桂酸二乙醇酰胺	4.0	香精	适量
柠檬酸	0.1	去离子水	64.8
EDTA-Na_2	0.1		

配方中表面活性剂为 K_{12}，使该配方去污力强、泡沫丰富，是一种成本较低廉的香波配方，但该香波对眼睛和皮肤的刺激性较强。

9.3.1.2 润丝（Rinse）

洗发时在使用香波之后，将它均匀涂抹在头发上，轻揉片刻后，再用水冲洗干净头发，故它属洗发化妆品，它与香波是洗发的两“姊妹”用品，成对使用，原文为 After Shampoo Rinse（香波后润丝）。润丝作用是使洗发后头发恢复柔软性和光泽，具有防止头发干燥、消除静电、使头发易梳理，减少洗发及机械损伤、化学、电烫和染发等带给头发的伤害，并得到一定程度的修复，它对头发具有极好的调理和保护作用。

(1) 润丝的护发机理

一般认为，头发带有负电荷，而用香波（主要是以阴离子表面活性剂为活性物质）洗发后，会使头发带有更多的负电荷，产生了静电，使头发难以梳理，由于香波的脱脂，使头发也少光泽。当以阳离子表面活性剂为主要原料配制的润丝在头发上漂洗后，具有正电荷的阳离子表面活性剂吸附在具有负电荷的头发上，这时带正电荷极性部分吸附在头发上，而非极性部分即亲油基部分向外侧排列（定向吸附），如同头发上涂上油性物质，在头发表面形成一层油膜，因此，头发被阳离子表面活性剂的亲油基分开，头发变得滑润起来，降低了头发的运动摩擦系数，从而使头发易梳理、抗静电、光滑、柔软等。

(2) 润丝的主要原料

a. 阳离子型调理剂　阳离子型调理剂主要是季铵盐型阳离子表面活性剂，包括十八烷基三甲基氯化铵、十二烷基三甲基氯化铵、十二烷基二甲基苄基氯化铵、十八烷基二甲基苄基氯化铵、双十二烷基二甲基氯化铵、聚季铵盐（Polyquaternium）、阳离子瓜尔胶（Guaternization）、天然动植物衍生物调理剂。

b. 增脂剂　增脂剂在润丝中起着护理头发、改善头发脂分和营养状况，使头发光亮、易梳理，还有增稠的作用。

在润丝中作增脂剂的主要有白油、植物油（如橄榄油）、酯类、高碳醇（如十六醇、十八醇、二十二醇）、羊毛脂及其衍生物和硅氧烷等。

润丝的原料还可有保湿剂如甘油、丙二醇等；乳化剂（一般都使用脂肪类聚氧乙烯醚和 Tween 系列等）；还有其他添加剂如防腐剂、香精、色素等。

9.3.1.3 专用香波（Special Shampoo）

(1) 婴幼儿香波（Baby Shampoo）

婴幼儿香波是专门为婴幼儿洗发设计的一类低刺激、温和的香波产品，其外观应柔和、纯净、清澈，因此在一般成人香波中常用的原料在婴幼儿香波中就受到限制，其有效活性物含量也要比成人香波低。

a. 婴幼儿香波的原料　婴幼儿香波的原料应选用低刺激的非离子和两性离子表面活

性剂以及刺激小但泡沫丰富的部分阴离子表面活性剂等，且原料的口毒性要越低越好，以免婴幼儿不慎偶然吞咽而产生意外。这类原料可在成人香波原料中精心选择，如以下几种。

ⓐ磺基琥珀酸酯　磺基琥珀酸单酯或二酯的金属盐（主要是钠盐）及它的乙氧基化产物如醇醚磺基琥珀酸单酯二钠盐等是一类对皮肤和眼睛的刺激性很小或者几乎为零的阴离子表面活性剂。

ⓑ氨基酸类表面活性剂　这是一类以氨基酸、多肽（水解蛋白）所制得的阴离子表面活性剂。由于氨基酸、多肽都可从天然动植物（如谷物、骨胶）中得到，因而这类表面活性剂极为安全，性质温和，无刺激性。

ⓒ甲基葡萄糖苷　甲基葡萄糖苷衍生物是一类非离子表面活性剂。甲基葡萄糖苷乙氧基化衍生物如甲基葡萄糖苷聚乙二醇（120）油酸二酯（商品名为 Glucamate DOE-120）是一种高效的增稠剂且它性质温和、对眼睛无刺激，在与其他表面活性剂（如月桂醇硫酸钠等）配伍时，可以明显降低对眼睛的刺激性；它与其他原料有良好的协同性。这类葡萄糖苷衍生物来源于天然植物（玉米等），因此极为安全，很适宜作为婴幼儿香波的原料。

ⓓ聚氧乙烯脂肪酸单（双）甘油酯　这是一类非离子表面活性剂，如有聚乙二醇-30-牛油基甘油酯、聚乙二醇-80-牛油基甘油酯、聚乙二醇-200-牛油基甘油酯等。

b. 婴幼儿香波的配制　婴幼儿香波的配制与成人香波基本相同，但婴幼儿香波的配方更应精心设计，选用温和、少刺激的表面活性剂，配方中少加入或不加入香精与色素，以减少刺激性，最好不用无机盐增稠，以减少香波对婴幼儿眼部造成刺激。

（2）去屑止痒香波

a. 头皮屑生成机理　头皮屑是人体头部表皮细胞新陈代谢的产物，头部表皮的生理过程称为角质化过程，表皮从基底层形成细胞，并增殖、分裂，向上层逐渐推移，细胞也逐渐形成角蛋白，成为无核、无生命的角质层，干燥的死亡细胞呈鳞状或薄片状而自动脱落，这些死亡脱落的表皮细胞，俗称为头皮屑。

在正常情况下，头皮屑是不易见到的微小粉末，不为人们所觉察。但当人体生理发生异常变化，脱落的皮屑成大块，且有厚度，大量的皮屑落在头发和肩上，影响头发的美观。过量的头皮屑产生的原因现还没有肯定的结论，一般认为主要有以下三个因素。

ⓐ外部（化学和机械）因素的影响　如使用劣质的洗发水、药物和不合适的美发化妆品等对头皮的刺激作用，以及由于戴帽子、头箍等的机械性影响。

ⓑ微生物作用　在一般正常情况下，头皮上也存有大量细菌（$1cm^2$ 上有 100 万个细菌），当头皮不洁时使细菌增多，超出正常 20%时，就会产生大量头皮屑，细菌中有一种卵状糠疹癣菌被认为是产生头皮屑的一个重要因素，这种皮屑芽孢菌的生化过程是：卵状糠疹癣菌→皮脂溶解→游离脂肪酸→头皮刺激→加速有丝分裂→增加角质化细胞形成→增加头皮脱落，因此，一般去头屑香波是针对杀伤、抑制此类真菌而设计的。

ⓒ内在因素　人体的体质、健康状况、内分泌系统及各种疾病等都会影响到头皮屑的生成；另外饮食、睡眠、精神情绪、气候等也都可能影响头皮屑的产生。

b. 去屑止痒香波的原料　去屑止痒香波的原料由香波基质的原料和去屑止痒剂构成，去屑止痒剂有甘宝素、水杨酸、二硫化硒、吡啶硫酮锌和 Octopirox 等。

9.3.2 护发化妆品

护发化妆品是指具有滋润头发，使头发亮泽的日用化学制品。主要品种有：发油、发蜡、护发水、发乳、亮发素等。由于发油、发蜡为重油型护发品，使用时有油腻的感觉，所以使用者日益减少。

9.3.2.1 护发水

护发水是保护头发用的化妆水。它的功效是对头发起调理作用，使头发具有天然健康的外表，并可以防止脱发，减轻头屑，促进头发生长。护发水是由发红剂、刺激剂、营养剂、长发剂、抗炎杀菌剂、保湿剂以及增稠剂等组成。发红剂包括斑蝥酊、金鸡纳皮酊、生姜酊、蚁酸酊、水合氯醛和烟酸等；刺激剂包括奎宁及其盐类、毛果（芸香）碱及其盐酸盐和毛果叶、新药九二〇（植物生长刺激素）；营养剂包括激素、维生素、氨基酸、水解蛋白、尿囊素、胆固醇、卵磷脂、泛酸钙等；长发剂包括首乌、侧柏叶、白藓皮、大蒜提取物和茜草科生物碱等；抗炎杀菌剂包括水杨酸、苯酚衍生物、甲醛、季铵化合物等；保湿剂包括甘油、丙二醇、山梨醇等；稀释剂包括水分、酒精、异丙醇等。

典型配方：

组　分	质量分数/%	组　分	质量分数/%
胆固醇	1.0	蓖麻油	30.0
磷脂	0.5	乙醇	62.5
丙酮	5.0	香精	适量
烟酸	1.0		

制备方法：将各组分混合均匀，过滤后加入香精即可。

9.3.2.2 发乳

发乳（Hair Cream）为油-水体系的乳化制品，是属于轻油型类护发化妆品，因其既含有油分又含有水分，故它既具有油性成分能赋予头发光泽、滋润的作用，又具有水分所赋予的使头发柔软、防止断裂的结果。发乳不仅可以使头发润湿和柔软，而且还有定发型作用。在使用感觉上，发乳没有发油和发蜡的油腻感，虽有油而不腻，且容易清洗。发乳配方中，约有30%～70%的水分替代了油分，使得发乳在经济成本上较低廉，而且携带和使用方便，成为消费者所喜爱的护发、定发化妆品，已取代了发油、发蜡大部分市场。

（1）O/W 型发乳

这是一种水包油型发乳，它的外相是水分，首先使头发润湿，破乳后析出的油分，在头发上形成一层油性薄膜，起到保持头发水分的作用，使得头发柔软和滑润、光泽自然、易梳理成型。

发乳的原料有油相原料、水相原料、乳化剂和其他添加剂。油相原料主要有蜂蜡、凡士林、白油、橄榄油、蓖麻油、羊毛脂及其衍生物、角鲨烷、硅油、高级脂肪酸及其酯（如硬脂酸、肉豆蔻酸、肉豆蔻酸异丙酯等）、高级醇（十六醇、十八醇）等；水相原料除了去离子水外还有保湿剂甘油、丙二醇等；乳化剂有阴离子表面活性剂如传统的钾皂、三乙醇胺皂及脂肪醇硫酸盐等和非离子表面活性剂如自乳化单硬脂酸甘油酯、Span 及 Tween 系列及聚氧乙烯（n）脂肪醇醚等，发乳的其他添加剂还有赋形剂、防腐剂、螯合剂及香精等。

O/W 型发乳配方：

组　　分	质量分数/%	组　　分	质量分数/%
蜂蜡	4.0	硼砂	0.3
凡士林	10.0	丙二醇	3.0
羊毛脂	4.0	去离子水	51.7
白油	20.0	防腐剂	适量
Tween-60	2.8	香精	适量
Span-60	4.2		

(2) W/O 型发乳

这是一种油包水型发乳，其外相是油，故涂抹在头发上能使头发光亮持久，对头发的滋润性强于 O/W 型发乳，但略有油腻感觉，而对头发梳理成型的效果不及 O/W 型发乳。

W/O 型发乳的原料与 O/W 型的基本相同，但配方中组分的组合和用量不同，一般来说 W/O 型的稳定性较 O/W 型差，但近年来，非离子型乳化剂的原料开发有很大的进展，使得 W/O 型发乳的稳定性有很大的提高。

9.3.2.3 亮发素

这是一种新型毛发护理制品，亦可称为头发角质层覆盖剂或毛鳞片修护液，这是因为头发的最外层称为毛小皮，为毛角质膜，是由透明而无核角化细胞聚集而成，呈鱼鳞状，故头发是外层又称为毛鳞片。亮发素的主要成分挥发后头发即时有明显的改变，显得亮泽、柔软，改善了梳理性而易梳通，还可修复分叉的发尾，使头发飘逸、亮丽。亮发素现大都采用胶囊式的包装，胶囊囊皮柔软有弹性且华丽多彩，胶囊形状各异、晶莹悦目，令人喜爱，囊内可包含多种油性成分，携带、使用方便，每次用一粒即可，不会出现二次污染，这种新型产品上市后就受到了消费者的欢迎。

典型配方：

组　　分	质量分数/%	组　　分	质量分数/%
单甲基硅油与二甲硅油混合物	65.0	尼泊金丙酯(防腐剂)	适量
异十六烷	33.0	香精	适量
甲氧基月桂酸辛酯	2.0	色素	适量

9.3.3 美发用化妆品

美发用化妆品是改进头发颜色和修饰美化发型的用品。采用天然或人造的物质使毛发的色彩改变的化妆品为染发化妆品；采用一定方法将毛发中角质素的化学结构改变，而使头发卷曲后能保持很长时间的化妆品为卷发化妆品。

(1) 染发剂

目前销量较大的染发剂为合成染发剂，按其染发功能可分为暂时性染发剂、半持久性染发剂和持久性染发剂。染发剂包括漂白剂、天然有机染料、合成有机染料和卷发染发剂等。

(2) 烫发剂

目前烫发所用的化学药品主要有两种类型：一种是可使头发变软的软化剂；另一种是可以把变化后的发型固定起来的固定剂。

典型配方：

a. 软化剂

组　分	质量分数/%	组　分	质量分数/%
硫代乙醇酸铵	6.5	乳化剂	1.5
氨水	2.4	蒸馏水	89.6

b. 固定剂

组　分	质量分数/%	组　分	质量分数/%
溴酸钠	7.0	阳离子化纤维素	3.0
氨水	0.5	香精	0.2
柠檬酸	0.5	蒸馏水	87.8
乳化剂	1.0		

制备方法：按上述配方，将软化剂和固定剂的各成分分别溶于水，制成均匀的溶液。

9.4 特殊用途化妆品

9.4.1 防晒化妆品

防晒化妆品是指具有屏蔽或吸收紫外线作用，减轻因日晒引起皮肤损伤功能的化妆品。世界上首次关于防晒制品的报道始于1928年，它介绍了美国的一种含有两种化学物质苯甲醇水杨酸酯和苯甲基肉桂酸辛酯的具有防晒功能的乳液。在20世纪30～40年代，澳大利亚、法国、美国等国陆续有防晒化妆品上市，在这期间，多是以含有对氨基苯甲酸（PABA）的防晒制品。到了20世纪70年代，防晒化妆品已在欧美和日本等国流行，我国是在20世纪80年代中开始有防晒化妆品。

由于地球大气层中臭氧层的变薄，紫外线辐射增强，人类环保意识的薄弱使生存环境遭到破坏，这些都将会导致过量紫外线对人体的伤害。为此，1993年12月世界卫生组织曾发出忠告，指出目前人们尚未对过度接受紫外线辐射的危险性有足够认识。其后澳大利亚举行的第19届世界皮肤学大会宣布，90%的皮肤老化原因是由身体外部环境引起的，65%是由紫外线造成的。所以，近年来防晒化妆品在世界范围内有了迅速的增长，防晒化妆品现正处在发展的有利时期。

9.4.1.1 防晒剂

防晒剂是一类防止紫外线照射的物质。防晒剂的种类很多，大体可分为两类：物理性的紫外线屏蔽剂和化学性的紫外线吸收剂。

（1）紫外线屏蔽剂

紫外线屏蔽剂的作用是当日光照射到含有这类物质的皮肤表面时，它使紫外线散射，从而阻止了紫外线的射入。这类物质包括：白色无机粉末如钛白粉、滑石粉、陶土粉、氧化锌等。粉状散射物质的折射率愈高，散射能力愈强；粉体颗粒愈细，散射能力愈强。现在常应用的超微钛白粉、氧化锌粉有极强的散射力，是优良的紫外线屏蔽剂，用它配制的高级防晒化妆品，有良好的防晒作用。

a. 超微钛白粉　为白色粉末，具有极细微粒，粒径为 10～50nm(10000 目)，具有高的比表面积：30～100m^2/g。现超微钛白粉有多种型号，表面常经过各种处理，使其具有亲水性、疏水性、透明性、光稳定性等多种特性，分散液为中性，安全性高，其重要的特性是对可见光具有极高的穿透性，而对紫外线具有极佳的阻挡作用。

b. 超微氧化锌　又称超微锌白粉，这种氧化锌为白色粉末，具有极小微粒，平均粒径为 30～100nm，具有高的比表面积：30～70m^2/g。氧化锌一直被广泛地用于化妆品和护肤品上，它具有保护、缓和、治疗及抗菌等特性，传统的氧化锌其水分散液呈碱性，现超微氧化锌则呈中性，对紫外线具有良好的屏蔽特性，美国 FDA 于 1993 年将它列为第三级防晒剂活性成分。

(2) 紫外线吸收剂

它是一类对紫外线具有吸收作用的物质，又可分为化学合成紫外线吸收剂和天然紫外线吸收剂。

目前，防晒剂仍是以化学合成的紫外线吸收剂为主，这是因为它的品种多、产量大、易得、价格较低和具有较强的紫外线吸收能力。由于许多紫外线吸收剂本身就是一种光敏物质，使用不当，会引起光敏性皮炎，因此紫外线吸收剂的安全性极为重要，化妆品中应用的紫外线吸收剂应具备以下性质：

a. 对皮肤无刺激、无毒性、无过敏性、无光敏性，即安全性高；

b. 在阳光下不分解，有一定的耐热性，稳定性好；

c. 不与化妆品中其他组分起反应，配伍性好；

d. 不会使各种活性成分失活；

e. 防晒效果好，成本较低。

合成紫外线吸收剂大都是具有共轭体系的化合物，现约有 40 余种产品，其主要属于下面几类：

a. 对氨基苯甲酸（PABA）及其酯类；

b. 水杨酸酯类（Salicylate）；

c. 对甲氧基肉桂酸酯类（*p*-Methoxycinnamate）；

d. 二苯甲酮类（Benzophnone）；

e. 甲烷衍生物。

近年来，发现许多天然动植物（成分）具有吸收紫外线作用，如海藻、甲壳素、沙棘、芦荟、芦丁、黄芩、银杏、鼠李等及人发水解物、维生素 E、维生素 A 都具有较好的紫外线吸收性能，有的天然紫外线吸收剂在相同浓度下其紫外线吸收能力不亚于合成防晒剂，应用前景广阔。

9.4.1.2　防晒指数

对于防晒剂和防晒化妆品的防晒效果的评定，在国际上没有统一标准，我国现也没有制定出标准。现国际上通常采用美国制定的防晒指数（Sun Protection Factor，缩写 SPF）来进行测定，SPF 亦可称为防晒因子或日光保护系数等，它是用来表示防晒剂保护皮肤的相对有效性，是保护皮肤免受日光晒伤程度的定量指标，SPF 的定义是：

SPF＝使用防晒制品时的 MED/未使用防晒制品时的 MED

式中，MED 为在皮肤上产生最小可见红斑所需的能量，简称最小红斑量（Minimal Erythema Dose)。其测量方法是以人体为测试对象，用日光或模拟日光（具有一定波长的紫外线灯）逐步加大光量照射人体皮肤某一部位，当照射部位产生红斑时的最小光量即为 MED。

产生最轻微可见红斑的能量取决于辐射释放的能量（能源）及个体皮肤对辐射的反应。UV-A 及 UV-B 辐射出的能量所产生的红斑反应有很大的不同，产生最轻微可见红斑所需的能量 UV-A 是 UV-B 的 1000 倍。因此 SPF 只是表示防晒剂对保护皮肤免受 UV-B 的伤害的有效数值。SPF 越大，提供的防晒保护作用越强。

9.4.1.3 防晒化妆品的品种与配制

防晒化妆品的内容广泛、品种众多，可以配制成各种剂型。现介绍几种主要的防晒化妆品：防晒露（水）、防晒油、防晒凝胶、防晒乳液、防晒霜（膏）、防晒摩丝等。

（1）防晒露（水）(Sunscreen Lotion)

它是一种醇、水型液体，其中添加水溶性紫外线吸收剂和其他滋润皮肤成分，其使用方便、感觉清爽，但耐水性差。

典型配方：

组　分	质量分数/%	组　分	质量分数/%
水溶性硅油	10.0	Gemall Plus	0.2
Uvinul MS-40	2.0	香精	适量
KSH 天然防晒剂	0.01	去离子水	加至 100
NaOH	适量		

（2）防晒油 (Sunscreen Oil)

它是一种油状液体，其中添加油溶性紫外线吸收剂，对皮肤的黏附性好，故它有较好的防水效果；其防晒效果比乳化型的防晒霜低，且它有油腻的使用感觉，因此，渐渐受到消费者的冷落。

（3）防晒凝胶 (Sunscreen Jelly)

这是一种透明胶冻状的防晒制品，为水（油）溶性凝胶，其黏度较高，但易于涂抹，是一种较受欢迎的防晒品。

（4）防晒乳液

防晒乳液具有良好的流动性使其容易涂抹，它的良好使用感觉使它成为防晒化妆品中的佼佼者。

（5）防晒霜（膏）(Sunscreen Cream)

防晒霜的黏附性较好，是防晒化妆品中常使用的一种主要品种。

典型配方：

组　分	质量分数/%	组　分	质量分数/%
去离子水	58.5	聚氧乙烯异丁烯	5.0
Stabileze 06	0.4	棕榈酸辛酯	7.0
Suttocide A(中和剂)	0.5	角鲨烷	7.0
Escalol 507	5.6	鲸蜡醇	2.0
Escalol 567	3.0	甘油	4.0
Escalol 587	3.0	尿囊素	1.0
Panalene L-14E	3.0		

9.4.2 祛斑化妆品

祛斑化妆品是指用以减退皮肤表面色素沉着的化妆品。色素沉着的表现多为皮肤上的各种色斑（雀斑、黄褐斑、老年斑等），因此这类化妆品称为祛斑化妆品。

9.4.2.1 色斑、色素沉着的类型

色斑是一种皮肤内色素增多而在皮肤上沉着，使皮肤表面呈现黑色、黄褐色等小斑点。常见的色斑有以下几种。

（1）雀斑

雀斑是一种多发于面部的单纯性黑褐色斑点，有粟粒或米粒大，如同雀卵，故称雀斑，通常以对称形式分布于面部双侧面颊和两眼下方，雀斑常在青春期出现，皮肤白皙的人易患此症，故欧美人患雀斑者较多，妇女较男子多。雀斑不痛不痒，不影响健康，可以说它不算是皮肤病，但它影响面部的美观，故可称为是一种美容病。

（2）黄褐斑

黄褐斑是一种发生于面部的色泽呈咖啡色或淡褐色的色素沉着皮肤病，多长于眼窝处、面颊、鼻的两侧等处，其斑的边界清楚，形状大小不一，起始为点状、小片状，后扩大成斑片，形状像蝴蝶，故俗称“蝴蝶斑”。医学认为这种斑常是由慢性肝病等引起的，故称为“肝斑”；另妇女妊娠期间（后），常因内分泌紊乱引起此斑，所以中年妇女患者特别多。

（3）老年斑

这是中老年人常患的色素沉着症，多发生在面部和手背处，起始色泽浅如尘垢，久后黑似煤炭，大小不一，小如雀斑状，中年30余岁就可起始出现，随着年龄的增加而加剧。

9.4.2.2 祛斑化妆品的原料

能消除和减退皮肤的色素沉着和各种色斑的制剂称为祛斑增白剂，它的主要作用就是阻碍黑色素的形成，以达到消退皮肤上的色素沉着。

（1）熊果苷（Arbutin）

化学名称为对羟基苯-β-D-吡喃葡糖苷，是从植物中分离得到的天然活性物质。存在于乌饭树、酸果蔓和梨树叶中，也可以化学合成得到。

熊果苷的作用是能有效地抑制酪氨酸酶，从而抑制了黑色素的生成，可显著减少皮肤的色素沉着，减退色斑，是一种优良的祛斑增白剂。使用浓度一般为3%，熊果苷对黑色素生成具有抑制作用已经在体外和体内试验予以证实，对紫外线引起的色素沉着其抑制有效率可达90%。

（2）曲酸（Kojic Acid）及其衍生物

曲酸又叫曲菌酸，化学名称是：5-羟基-2-羟甲基-1,4-吡喃酮，属吡喃酮系化合物之一，早期用于酱油、酒类的酿造。曲酸可用生物发酵法制得，它无毒、无刺激、弱致敏，有广谱抗菌效果。20世纪80年代发现它具有抑制酪氨酸酶活性的作用，从而可减少和阻止黑色素的形成，这已通过体外和体内试验证实。对紫外线照射所引起的色素沉着的抑制有效率在90%以上，故它具有消除色素沉着、祛斑、增白的功效，还有防晒的作用，化妆品中其使用量为1%～2.5%，1%效果最佳。

（3）抗坏血酸及其衍生物

维生素C在生物体内担负着氧化和还原的作用，可还原黑色素的中间体多巴醌，故有抑制黑色素生成的作用，但维生素C易变色，不稳定，直接应用有困难，而维生素C的衍生物（如维生素C磷酸酯镁等）则很稳定，与维生素C协同使用，具有良好的减少色素沉着、增白、抗衰老作用。

（4）SOD(超氧化物歧化酶)

它能清除超氧自由基，可抑制色素沉着的形成。

典型配方：

组　分	质量分数/%	组　分	质量分数/%
白油	9.0	曲酸	1.0
角鲨烷	5.0	防腐剂	适量
十六醇	1.0	黄原胶	0.25
Arlatone 983	1.5	去离子水	75.75
果酸(葡萄、菠萝、西番莲花等提取物)	6.5	香精	适量

9.4.3 祛臭化妆品

人体分泌的汗液其成分几乎全部是水，但分布于腋窝等特定部位的大汗腺所分泌的汗液，其成分有蛋白质、脂质、脂肪酸等，虽然它们本身不具有很浓的气味，但经皮肤表面细菌的分解可产生臭气，尤其是大汗腺所分泌的汗液，经细菌分解后，可发生特异的臭气，这些臭味是由腋窝散发的，一般称为腋臭或狐臭，当然，腋臭不是人人都有，只有那些大汗腺发达、汗液分泌旺盛的人才可能产生，而这与人种、年龄、饮食等都有关系。

为了祛除或减轻体臭，可有两种途径，一是抑制汗腺的分泌量，祛除汗臭；另一是抑制、杀灭细菌，制止细菌的作用；或两者同时兼用，还有可用芬芳香精进行掩盖。

能具有制止人体汗液过量分泌和排出的主要物质是收敛剂，这类化合物均对蛋白质有凝聚作用，接触皮肤后，能使汗腺口肿胀而堵塞汗液的流通、抑制排汗，从而达到减少汗液分泌量的目的。常用的抑汗剂有羟基氯化铝、苯酚对磺酸等。常用的祛臭杀菌剂有六氯酚、三氯生、氯化苄烷铵、盐酸氯己定等；国内还常使用中草药如广木香、丁香、藿香、荆芥等的制剂作为祛臭剂，在安全性、科学性和有效性的基础上天然植物除臭剂是很有发展前途的。

祛臭化妆品在国外尤其在欧美极为普遍，占有很大的化妆品市场，销售额增长迅速。祛臭化妆品的品种主要有：祛臭露、祛臭霜和气溶胶祛臭粉等。

祛臭化妆品中的主要原料抑汗祛臭剂和杀菌剂等多为化妆品限用物质，因此在设计配方时它们的使用浓度应符合《化妆品卫生标准》的规定。

祛臭露含有大量的乙醇，所以有清凉感，其祛臭抑汗效果较高，其配制方法很简单，将配方中的各组分加入去离子水中溶解，也可再加入少量色素拌匀即可。

9.4.4 抗粉刺化妆品

粉刺又称痤疮，是一种毛囊、皮脂腺组织的慢性炎症性皮肤病。60%～70%青年男女都极易患痤疮，多数是在青春期发生，所以又称“青春痘”，而青春期后大都可自然痊愈。

（1）粉刺的生成机理

粉刺的形成是因为人在青春期皮脂腺特别发达，皮脂分泌旺盛，不能完全排出的皮脂便积聚在毛囊口内；另外毛囊口附近的表皮细胞角质化异常亢进，毛囊壁肥厚的角质细胞剥落增多而积聚在毛囊口，再与积留的皮脂混在一起，形成毛囊口栓塞，而形成淡黄色的粉头，称为白头粉刺，它再经过氧化、污染而变成黑色，就形成了黑头粉刺，这是粉刺的初期阶段。而后经细菌的感染而引起炎症，继续发展引起毛囊炎，出现脓疮，破溃之后形成疤痕。

（2）抗粉刺的活性物质

a. 维生素类　现在常用维生素 B_2、维生素 B_6 和维生素 A、维生素 D 作为治疗粉刺的口服药，它们有减少皮脂分泌的作用。还有异维甲酸，具有抑制皮脂、抗角质化异常和抗菌作用。

b. 生化物质　果酸特别是甘醇酸常作为抗粉刺的活性物质，一直以来被人们沿用，但法国 Sederma 公司开发出很多新的抗粉刺活性物质，如 Sebominne SB_{12}，它是一种抗脂溢杀菌去粉刺活性剂；Sebosoft 是由聚丙烯酸盐、多元醇和水混合而成，它具有较强的渗透能力和抗细菌活性，减少皮脂分泌、可抵抗表皮的过角质化和微生物的大量繁殖，因而可以抗粉刺，而且它本身对皮肤刺激小，还有滋润皮肤的作用。

c. 天然动植物提取物　中草药中许多具有清热、消炎、解毒作用的提取物常作为抗粉刺的成分，如甘菊、春黄菊、蛇含草、黄芩、苦参、紫草等。海洋生物褐藻等的提取物也可作为抗粉刺的活性物质。

（3）典型配方

配方（粉刺霜）

组　成	质量分数/%	组　成	质量分数/%
沉淀硫黄	5.0～5.5	单硬脂酸甘油酯	2.0～3.0
间苯二酚	1.0～2.5	柠檬酸	0.2～0.3
L-抗坏血酸	0.2～0.4	十八醇	3.0～4.0
亚硫酸氢钠	0.3～0.4	香精	适量
丙二醇	8.0	甘油	3.0～4.0
十二醇硫酸钠	2.5	蒸馏水	加至 100

9.5 化妆品分析

9.5.1 油脂类原料分析

化妆品中使用的油脂以动物油脂和植物油脂为主，其组成主要是高级脂肪酸的甘油酯，其次是人工合成的油脂，以及少数的矿物油，如凡士林等。化妆品油脂的分析项目有熔点、折射率、碘值、酸值等。

9.5.1.1 熔点的测定

油脂的熔点是指油脂由固态转为液态时的温度。纯净的油脂有其固定的熔点，但天然油脂的纯度不高，熔点不够明显。油脂的熔点与其组成和组分的分子结构密切相关。一般组成脂肪酸的碳链越长熔点越高；不饱和程度越大，熔点越低；双键位置不同熔点也有差异。固体油脂及硬化油等试样，测定熔点的目的通常是用以检验纯度或硬化度。

测定熔点的方法有毛细管法、广口小管法、膨胀法等。一般常用毛细管法，其装置如图 9-1所示。

熔化无水洁净的油脂试样后，将毛细管一端插入，使试样上升 10～15mm。冷却凝固，封闭毛细管一端，用橡胶圈将毛细管固定在温度计上，试样与温度计水银球平齐。然后插入已盛半杯冷水的烧杯中，置水浴上缓缓加热，并不断用圈式搅拌器搅拌水，使水温每分钟升高 0.5℃，同时注意观察毛细管内的油脂，当油脂在毛细管内刚上升时，表示油脂熔化，此时温度计的读数即是试样油脂的熔点。

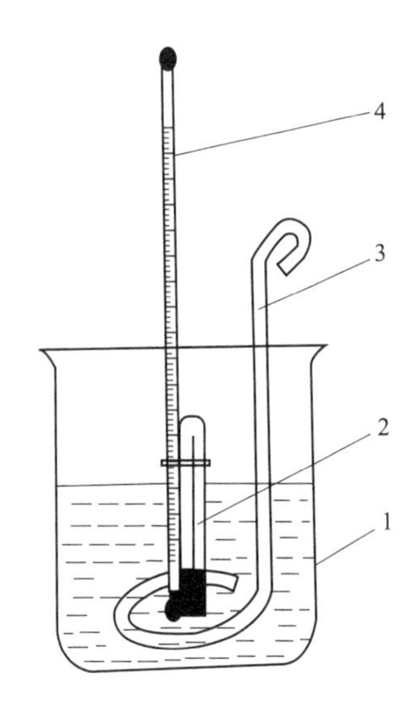

图 9-1 毛细管法熔点测定装置
1—烧杯； 2—毛细管； 3—圈式搅拌器； 4—温度计

毛细管中装入油脂后，应置于低温处静置过夜，甚至要经过 24～48h。因油脂不能在冷后立即结晶，若未充分冷却，一般测定的熔点偏低。有人提出在 4～10℃下过夜，测定结果较准确。温度上升过快，测定熔点一般偏高；熔点高于 100℃的试样应用甘油浴代替水浴，毛细管必须用铬酸洗液洗干净并干燥。油脂熔点两次平行测定结果允许差值不大于 0.5℃。

9.5.1.2 折射率的测定

折射率可以在阿贝折射仪上测量。测定时，需要加热到油脂熔点以上使之完全液化。因折射率与温度有着密切的关系，当温度升高时，物质的折射率降低。以 20℃为标准，温度升高 1℃，折射率随之降低 0.00037，测量后需校正。

一般折射率偏大的油脂，表示油脂中含不饱和脂肪酸较多，这一点与油脂的碘值有相似的规律。

9.5.1.3 碘值测定

碘值是指 100g 油脂所能吸收碘的质量（g）。油脂的碘值是检验油脂或脂肪酸不饱和程度的重要指标，碘值越大，不饱和程度越大。因此，通过碘值可大致判断油脂的性质。

测定碘值的方法很多，如氯化碘-乙酸法、氯化碘-乙醇法、韦氏法、碘酊法、溴化法、溴化碘法等。各个方法的不同点在于加成反应时卤素的结合状态及对卤素采用的溶剂不同。通常为避免加成反应时伴随有取代反应的发生，一般不采用游离卤素反应，而是采用卤素化合物。下面介绍韦氏法。

（1）测定原理

将试样在溶剂中溶解后，加入韦氏试剂。经一特定的反应时间，再加入碘化钾溶液和水，用硫代硫酸钠标准滴定溶液滴定析出的碘。反应方程式如下：

$$I_2+Cl_2 \longrightarrow 2HCl$$

$$RCH{=}CHR'+ICl \longrightarrow RCHClCHIR'$$

$$ICl+KI \longrightarrow KCl+I_2$$

$$I_2+2Na_2S_2O_3 \longrightarrow 2NaI+Na_2S_4O_6$$

该方法适用于具有不饱和度的脂肪酸、醇、胺、动植物油脂及由它们制成的表面活性剂的碘值的测定。

（2）试剂

① 实验室用蒸馏水　三级水。

② 三氯甲烷。

③ 四氯化碳。

④ 碘。

⑤ 碘化钾溶液　150g/L。

⑥ 盐酸　1∶1。

⑦ 碘酸钾溶液　0.04mol/L，将碘酸钾在105～110℃下干燥1h，然后称取2.140g碘酸钾，精确至0.0002g，并溶解于水中，稀释至1L。

⑧ 硫代硫酸钠标准滴定溶液　0.1mol/L。

⑨ 淀粉指示液　称0.5g淀粉和1g碘化汞，用少量水混合后加到100mL沸水中，煮沸3min。

⑩ 氯化碘。

（3）仪器

① 碘量瓶　250mL，500mL。

② 移液管　10mL，25mL。

③ 滴定管　50mL。

（4）测定步骤

① 韦氏试剂的制备　将19g氯化碘溶解在1L冰醋酸中，搅均匀后置于棕色小口玻璃瓶内，25℃以下保存。

② 韦氏试剂中碘-氯比率的测定　取50mL盐酸溶液和50mL四氯化碳，放入500mL碘量瓶中，用干燥的移液管吸取25mL韦氏试剂，加到碘量瓶中，摇匀。用碘酸钾溶液滴定紫色四氯化碳层中的游离碘，到无色为终点。

另取一500mL碘量瓶，吸取25mL韦氏试剂放入其中并立即加入150mL水和15mL碘化钾溶液。用硫代硫酸钠标准滴定溶液滴定，用淀粉溶液作指示液。

碘-氯比率按下式计算：

$$\frac{n(\mathrm{I})}{n(\mathrm{Cl})}=\frac{V_1c_1+V_2c_2}{V_1c_1-V_2c_2}$$

式中　V_1——测定氯化碘中碘量时所用硫代硫酸钠标准滴定溶液的体积，mL；

c_1——硫代硫酸钠标准滴定溶液的实际浓度，mol/L；

V_2——测定游离碘时所用碘酸钾溶液的体积，mL；

c_2——碘酸钾溶液的实际浓度，mol/L。

碘-氯比率应大于1，否则要加一定量的纯的升华碘于韦氏试剂中，重测碘-氯比率。

③ 试样的称量　根据预计碘值的不同称取的试样质量。

④ 试样的测定　将称取的试样（精确至0.0002g）放入干燥的250mL碘量瓶中，加入30mL三氯甲烷，使试样完全溶解。精确吸取10mL韦氏试剂加入瓶中，瓶塞用碘化钾溶液润湿后，立即将瓶塞塞紧，摇动碘量瓶，使瓶中溶液充分混合，并置于25℃以下暗处。对于碘值低于150的试样，放置1h；对于碘值高于150的试样，以及聚合物和已经氧化的物

质，放置 2h。

将碘量瓶从暗处取出，加 15mL 碘化钾溶液和 50mL 水。用硫代硫酸钠标准滴定溶液滴定，直到碘的黄色几乎消失时，加 2mL 淀粉指示液，继续滴定，并剧烈摇动，直到蓝色刚好消失。

对同一试样进行两次平行测定，同时做空白试验。

(5) 测定结果

碘值以 X(g/100g) 表示，按照下式计算：

$$X=\frac{c(V_0-V)\times 0.1269\times 100}{m}$$

式中 c——所用硫代硫酸钠标准滴定溶液的实际浓度，mol/L；

V_0——用于空白实验所消耗的硫代硫酸钠标准滴定溶液的体积，mL；

V——用于测定试样所消耗的硫代硫酸钠标准滴定溶液的体积，mL；

0.1269——与 1.00mL 硫代硫酸钠标准溶液 [$c(Na_2S_2O_3)=1.000$mol/L] 相当的以克 (g) 表示的碘的质量，g/mmol；

m——试样的质量，g。

取两次平行测定结果的算术平均值为测定结果。氯化碘具有腐蚀性，会灼伤皮肤和眼睛，万一接触，应立即用冷水冲洗至少 15min；三氯甲烷为有害液体，能被皮肤吸收，吸入其蒸气也是有害的，需要在通风橱使用。

9.5.1.4 酸值的测定

油脂的酸值是指中和 1g 油脂中的游离脂肪酸所需要氢氧化钾的质量 (mg)。酸值是油脂品质的重要指标之一，是油脂中游离脂肪酸多少的度量。游离脂肪酸含量的多少和油源的品质、提炼方法、水分及杂质含量、贮存的条件和时间等因素有关。水分、杂质含量高，贮存和提炼温度高或时间长，都能导致游离脂肪酸含量增高，促进油脂的水解和氧化等化学反应的发生。

(1) 测定原理

油脂的酸值是在中性乙醇中用氢氧化钾标准滴定溶液中和的方法测定的。本方法适用于油脂、蜡、羊毛醇、脂肪酸、脂肪醇、香料等试样。

(2) 试剂

① 中性乙醇 于 500mL 95%乙醇中，加 6～8 滴酚酞指示液，用 0.5mol/L KOH 溶液滴定至刚显红色，再以 0.1mol/L HCl 溶液滴至红色刚褪为止。

② KOH 标准滴定溶液 0.2mol/L。

③ 酚酞指示液 1%的乙醇溶液。

(3) 仪器

① 锥形瓶 150mL。

② 滴定管 50mL。

(4) 测定步骤

称取试样 1g 左右（称准至 0.001g），置于锥形瓶中。加入 95%中性乙醇约 70mL，加热使其溶解。然后加入酚酞指示液 6～10 滴，立即以氢氧化钾标准滴定溶液滴定至呈微红色，并能维持 30s 不褪色即为终点。

（5）测定结果

酸值的测定结果可按照下式计算：

$$\mathrm{AV}=\frac{Vc\times 56.1}{m}$$

式中　AV——酸值，mg/g；

V——滴定时耗用氢氧化钾标准滴定溶液的体积，mL；

c——氢氧化钾标准滴定溶液的浓度，mol/L；

m——试样的质量，g；

56.1——氢氧化钾的摩尔质量，mg/mol。

9.5.2 粉体原料分析

粉体原料分为无机粉体和有机粉体两种。无机粉体原料起填充作用，主要用于爽身粉、痱子粉、唇膏、粉饼、眼影、面膜等产品。其在产品中起骨架作用，可使制品具备滑润感。常用的有高岭土、滑石粉、二氧化硅、云母等。有机粉体原料主要有聚乙烯粉和尼龙粉，粗粒的用于磨砂膏，微米级的可用于各类含粉化妆品。

粉体原料的质量指标及原料检测的重要项目包括组成、外观、细度及颗粒大小、pH、水溶物含量、酸溶物含量、含水量、密度、金属含量（包括铁、砷、铅）等。

9.5.2.1 细度

粉体的细度，是把粉体以一定规格的筛子过筛，以筛过率评价。筛子目数越大，粉体越细。测定时，称取适量（100g）粉体，用标准筛筛分。精确称量各级筛内残留物的质量，计算出筛过率。

9.5.2.2 含水量

含水量的测定，可参照产品说明书上给定的温度，用烘箱法恒重测量，按照下式计算：

$$含水量=\frac{减少的质量}{试样总质量}\times 100\%$$

9.5.2.3 水溶物含量

粉末类原料一般是不溶于水的，若粉体中含有水可溶物，则将其视为杂质。因此粉末类原料需做水溶物分析。

准确称取试样 5g，加入 70mL 水，加热煮沸 5min，冷却后加水至 100mL，搅拌均匀后过滤，弃去最初的 10mL 滤液，然后准确量取 40mL 滤液放入已恒重并称量过质量的蒸发皿中，在水浴上蒸发至干。再在 105～110℃的烘箱中干燥 1h，准确称量其质量后按照下式计算：

$$水溶物含量=\frac{试样残渣质量}{试样质量}\times 100\%$$

9.5.2.4 酸溶物含量

酸溶物试验为测定试样中可溶于稀盐酸（10%）的物质的含量。

除另有规定外，精确称取试样 1g，加 10%盐酸 20mL，在不断搅拌下于 50℃加热 15min，加水至 50mL，过滤，弃去最初的 15mL 滤液，然后准确量取滤液 25mL，置水浴上蒸干，灼烧至恒重，放入干燥器中冷却后，精确称量其质量，计算出酸溶物含量。

9.5.2.5 pH

精确称量试样 5g，加水至 50mL，搅拌使悬浮均匀。30min 后过滤，滤液用 pH 计测定。

9.6 我国化妆品的发展趋势

随着《化妆品监督管理条例》对化妆品的高要求和消费者的需求变化，化妆品的研发也迎来了发展的黄金时机。未来几年，化妆品的研发将会在以下几个方面得到加强：

a. 保证原料的安全性和产品的质量控制

化妆品是多个成分或原料组成的配方体系，原料是化妆品的基础，也是化妆品安全性和功效性的保障。化妆品中的所有成分必须是安全的、有规格和验收标准的，安全的化妆品原料和高质量的产品应始终是化妆品研发的两个关键词。

b. 明确功效和作用机理

化妆品的功效宣称需要按国家标准和要求进行。产品的功效验证需要依照相应的国标、行标或团标等进行，需要以科学研究和试验数据为支撑依据。活性成分的研究需要采用科学的方法并阐明其作用机理，其中化妆品功效检测体外实验方法包括物理化学法、生物化学法、细胞生物法、皮肤模型替代法等将会得到大力发展。

c. 开发简洁和具中医药特色的天然功能性化妆品

消费者崇尚自然、追求安全的天然原料或产品所以开发、打造简洁和具有中医药特色的天然功能性化妆品已成为化妆品行业发展的趋势。基于中医药的理论和发酵等生物技术，对中药和复方进行研究，寻找其中有效成分，使之在化妆品中得到正确应用，是消费者和化妆品市场的需要。

d. 应用新原料和新技术

发酵技术和合成生物学技术对活性成分的发现和降低原料成本具有重大意义，与之相关的皮肤生理研究、纳米技术和透皮吸收等的研究也将继续成为化妆品科技创新、建立自己特色原料和产品的重要手段。

拓展学习 7

练习思考题

第 9 章练习思考题参考答案

1. 化妆品生产中常见的原料有哪些？
2. 举例一些常见的化妆品品牌。

3. 举例一些著名的化妆品生产公司。

4. 举例一些常见的洗发水品牌。

5. 简述防晒剂的种类及其是如何进行防晒的。

6. 简答润丝的护发机理。

参考文献

[1] 阎世翔．化妆品科学．北京：科学技术文献出版社，1998.

[2] 何坚，李秀媛．实用日用化学品配方集．北京：化学工业出版社，1998.

[3] 林森．精细化工产品生产配方与应用手册．南昌：江西科学技术出版社，1999.

[4] 王慎敏．日用化学品化学——日用化学品配方设计及生产工艺．哈尔滨：哈尔滨工业大学出版社，2005.

[5] 张光华．精细化学品配方技术．北京：中国石化出版社，1999.

[6] 钱旭红．精细化工概论．2 版．北京：化学工业出版社，2000.

[7] 邝生鲁．现代精细化工高新技术与产品合成工艺．北京：科学技术文献出版社，1997.

[8] 宋小平．精细化工品实用生产技术手册：日用化工品制造技术．北京：科学技术文献出版社，1998.

[9] 徐宝财．日用化学品——性能制备配方．北京：化学工业出版社，2002.

[10] 冯胜．精细化工手册：上册．广州：广东科技出版社，1993.

[11] [美] A. J. Semzel. 化妆品分析．曾仲韬译．北京：轻工业出版社，1987.

[12] 高国强，秦钰慧．化妆品卫生与管理．北京：人民卫生出版社，1994.

[13] 龚盛昭．天然活性化妆品的概况和发展前景．香料香精化妆品，2002 (2)：16.

[14] 黄云，龚天铧．化妆品用纳米二氧化钛的研究进展．浙江化工，2002 (2)：13.

[15] 徐维正．化妆品原料开发动向．精细专用化学品，2002 (18)：15.

[16] 肖子英，萧明．我国防晒化妆品生产状况与防晒剂吸收特性的研究．日用化学品科学，2002 (2)：8.

[17] 李明阳．化妆品化学．北京：科学出版社，2023.

[18] 贾长英，张晓娟，李辉，李泓睿等．精细化学品分析与检验．北京：中国石化出版社，2015.

[19] 王英健，牛桂玲．精细化学品分析．2 版．北京：高等教育出版社，2015.

10

含稀土的精细化学品

本章学习目标

1. 了解稀土的概念及基本性质；
2. 掌握稀土特性镧系收缩；
3. 掌握稀土发光的原理。

10.1 概述

10.1.1 稀土简介

稀土（Rare Earth），是化学周期表中镧系元素和钪、钇共十七种金属元素的总称。自然界中有 250 种稀土矿。

最早发现稀土的是芬兰化学家加多林（John Gadolin）。于 1794 年从一块形似沥青的重质矿石中分离出第一种稀土“元素”（钇土，即 Y_2O_3），因为 18 世纪发现的稀土矿物较少，当时只能用化学法制得少量不溶于水的氧化物，历史上习惯地把这种氧化物称为“土”，因而得名稀土。表 10-1 中列出了稀土家族的全部成员

表 10-1　稀土元素

原子序数	元素名称	符号	英文名称	外层电子结构	离子半径(Ln^{3+})/pm
57	镧	La	lanthanum	$5d^1 6s^2$	106.1
58	铈	Ce	cerium	$4f^1 5d^1 6s^2$	103.4
59	镨	Pr	praseodymium	$4f^3 6s^2$	101.3
60	钕	Nd	neodymium	$4f^4 6s^2$	99.5
61	钷	Pm	promethium	$4f^5 6s^2$	97.9
62	钐	Sm	samarium	$4f^6 6s^2$	96.4
63	铕	Eu	europium	$4f^7 6s^2$	95
64	钆	Gd	gadolinium	$4f^7 5d^1 6s^2$	93.8
65	铽	Tb	terbium	$4f^9 6s^2$	92.3
66	镝	Dy	dysprosium	$4f^{10} 6s^2$	90.8

续表

原子序数	元素名称	符号	英文名称	外层电子结构	离子半径(Ln^{3+})/pm
67	钬	Ho	holmium	$4f^{11}6s^2$	89.4
68	铒	Er	erbium	$4f^{12}6s^2$	88.1
69	铥	Tm	thulium	$4f^{13}6s^2$	86.9
70	镱	Yb	ytterbium	$4f^{14}6s^2$	85.8
71	镥	Lu	lutecium	$4f^{14}5d^1 6s^2$	84.8
21	钪	Sc	scandium	$3d^1 4s^2$	68
39	钇	Y	yttrium	$4d^1 5s^2$	88

近年来，随着尖端科学技术的发展，稀土元素的应用越来越广泛，几乎进入了所有的工业部门，成为现代工艺的一种新材料。特别是在原子能工业、冶金工业、石油化工、玻璃陶瓷、彩色电视和电子工业上的应用，稀土显示出强大的生命力，展现出广阔的发展前景。

10.1.2 稀土的性质

10.1.2.1 稀土的基本性质

稀土元素之所以能应用到广泛的领域，是由它们具有的特殊的电子结构和性质所决定的。稀土元素在化学周期表中的位置是ⅢB族，由表10-1可知它们的最外两层电子结构相似，与其他的元素相化合时通常失去两个s电子和一个d电子，所以正常的化学价是三价。另外，15个镧系元素随着原子序数的增加，它们的原子半径和离子半径在总趋势上随着原子序数的增加而缩小，这一现象称镧系收缩。这是因为随着核电荷数的增加电子依次充填到4f轨道，它们屏蔽核电荷非常不完全，核电荷的逐渐增加，对外电子壳层吸引也逐渐增强，致使半径逐渐减小，从镧到镥，原子半径一共减少仅约14.3pm。使得铕（Eu）以后的元素离子半径接近钇（Y），构成性质极相似的钇组元素，彼此在自然界共生，难以分离；同时还使得第三过渡系与第二过渡系的同族元素原子（或离子）半径相近，如铪与锆、钽与铌、钨与钼等，它们性质上极为相似，也常常共生而难以分离。铕和镱的原子半径增大，因为从它们开始出现f^7和f^{14}电子构型。“镧系收缩”的这一特性决定了它们具有特殊的性质。

10.1.2.2 稀土的物理性质

一般情况下，稀土元素有着与铁或银相似的光泽，除钪、铈、钐、铕、镱外，其他的稀土元素都是六方晶体结构。除个别元素（如镧、铕、镱）外，稀土元素的密度和熔点都随着原子序数的增加而增加。

稀土金属的电阻系数，比铝高25～50倍，比铜大40～70倍。镧在热力学温度4.7K时，出现超导现象。稀土金属（除镧、镥是反磁性物质外）都具有顺磁性，具有很高的磁化率，而钆、镝和钬具有铁磁性。稀土的这些物理特性，为扩大稀土的应用创造了条件。

10.1.2.3 稀土的化学性质

稀土元素都是典型的活泼金属，活泼性仅次于碱金属和碱土金属。例如，稀土金属和冷水作用比较缓慢，但和热水作用相当剧烈可以放出氧气。同时，稀土金属很容易溶解在酸中生成相应的盐类，而不和碱作用。

稀土金属易与氧化合，在空气中稀土金属表面易生成一层暗色疏松的氧化物薄膜

(R_2O_3)，但这层薄膜不能防止金属进一步被氧化，故常将稀土金属，尤其是轻稀土金属存放于石蜡中。在空气中氧化最激烈的是镧和铈。镧、铈、镨在空气中很快被氧化，钕、钐与空气作用就比较慢，钆只在受热到900℃时才燃烧。稀土与氧结合能力的强弱，是由稀土离子半径的大小决定的。稀土离子半径随原子序数增加而收缩，它们与氧结合形成络合物的能力，却随原子序数增加而增大。稀土金属几乎能与其他所有的非金属作用，生成稳定的化合物。稀土金属及其合金还能吸收大量气体，在电子工业上可用作产生高真空的吸气材料。

稀土元素之间存在着微小差别。随着原子量增加，稀土性质趋向稳定，镧很容易被氧化，铈和钕缓慢得多，钆长期放在空气中也不改变颜色。它们的盐类溶解度也各不相同，氢氧化物的碱性，按钪—钇—镧顺序逐渐增加。对镧系元素来说，氢氧化物碱性从镧向镥逐渐减弱，在不同碱度溶液中的沉淀程度也不相同。

10.2 稀土材料

10.2.1 稀土磁性材料

稀土磁性材料包括稀土永磁材料、磁致伸缩材料、磁制冷材料、磁光存贮材料与稀土巨磁阻材料等。其中稀土永磁材料是稀土磁性材料中研究开发和产业化的重点。随着科技的发展，磁性材料应用领域在不断扩大，传统的永磁材料性能在不断提高。同时，人们重视研究磁和电、光、热、机械力等的相互作用，研究开发新磁性功能。新一代稀土永磁材料研究、稀土金属间化合物多重相结构与复合磁性的研究、高记录密度、易擦洗和重读磁光材料的研究开发、稀土巨磁阻、稀土磁制冷、稀土磁致伸缩材料及应用开发将会越来越得到人们的关注。

10.2.1.1 稀土永磁材料

通常把磁化后撤去外磁场而能长期保持较强磁性的物质叫作永磁体、硬磁体或简称为永磁。永磁材料，是指经过磁化以后，具有长期保持磁性的物质。稀土永磁材料，即稀土永磁合金。永磁材料中含有作为合金元素的稀土金属。它的永磁性来源于稀土与3d过渡族金属所形成的某些特殊金属间化合物。由于它优异的永磁特性，稀土永磁材料一问世就引起人们的极大关注。它是重要的金属功能材料，利用其能量转换动能和磁的各种物理效应可以制成多种形式的功能器件。它已被广泛应用于微波通信技术、音像技术、电机工程、仪表技术、计算机技术、自动化技术、汽车工业、石油化工、磁分离技术、生物工程及磁医疗与健身器械等众多领域，成为高新技术、新兴产业与社会进步的重要物质基础之一。

目前在工业和现代科学技术广泛应用的永磁材料有四大类：①铸造Al-Ni系和Al-Ni-Co系永磁材料，简称为铸造永磁材料；②铁氧体永磁材料；③稀土永磁材料；④其他永磁材料，如可加工Fe-Cr-Co、Fe-Co-V、Fe-Pt、Pt-Co和Mn-Al-C永磁材料等。稀土永磁材料具有很多优点，是近十几年来发展起来的一种综合性能最高的永磁材料。

永磁材料必须具备三个条件：饱和磁通密度高、结晶磁各向异性强、居里温度高。稀土金属与过渡金属构成的金属络合物可满足上述条件。由于它比磁钢优异的永磁性能高100倍，是传统的永磁材料铝镍钴和铁氧体的5～10倍，用它制作的电子器件，体积比较小，重量也轻，有力地促进了永磁材料向小型化发展。

稀土中镝和钬的磁矩最大，但钐、铈、镨、钕跟铁和钴最为相容，与铁和钴生成金属间化合物，可增强磁畴的定向作用，并保持极高的抗去磁能力。按成分分类，稀土永磁合金大体上可分成以下三类。

（1）稀土钴永磁材料

包括稀土钴（1-5 型）永磁材料和稀土钴（2-17 型）永磁材料两类。1-5 型永磁材料（RCo_5，R 为稀土），具有六方晶体结构和优良的磁性能。1969 年问世的 $SmCo_5$，它是 RE-Co 系化合物中最为重要的一类，就是所谓的第一代稀土永磁材料的代表。除 $SmCo_5$ 外，1-5 型永磁合金还有 $PrCo_5$ 永磁合金、$MMCo_5$ 永磁合金、(Sm、Pr)Co_5 永磁合金、Sm(Co、Cu、Fe)$_{5\sim7}$永磁合金等。但鉴于钐价格昂贵，而钴又曾出现资源危机，20 世纪 70 年代末，日本、欧洲各国开发了第二代稀土永磁合金 Sm_2Co_{17}，它是 2-17 型永磁体。这种永磁合金又可分为 Sm(Co、Cu、Fe)$_{7\sim8.5}$系合金、(Sm、HRE)(Co、Cu、Fe、Er)$_{7\sim8.5}$系永磁合金两类。“HRE”代表重稀土金属，主要是 Gd 或者 Er，它的加入改善了合金的温度系数，使这类合金可应用在对温度特性要求很严的领域中。

（2）稀土铁（RE-Fe-B 系）永磁材料

RE-Fe-B 系永磁材料是继 Sm(Co、Cu、Fe)$_{7\sim8.5}$系永磁材料后研制开发的第三代稀土永磁材料。其中磁性能最高的是 Nd-Fe-B 永磁材料，它是于 1983 年由美国、日本分别独立开发出的，它的磁性是 $SmCo_5$ 的 2.5 倍。NdFeB 以价格低廉的铁和在稀土矿藏中丰度位列第三的钕为原料，成本低，性能好，又能保证原料长期稳定供应。

（3）稀土铁氮（RE-Fe-N 系）或稀土铁碳（RE-Fe-C 系）永磁材料

NdFeB 的主要缺点是易锈蚀，使用温度低，一般不宜超过 100～115℃。北京大学杨应昌教授发现并系统研究了 $Sm_2Fe_{17}N_{2.5}$ 系永磁材料。SmFeN 一旦成为商品，由于使用温度高、钐用量少，必将以较低廉的成本占领大部分 $SmCo_5$ 市场。

现在，应用最广泛的稀土永磁体是钕铁硼磁体，它有约 60%用于创造诸如电子计算机磁盘驱动器等办公自动化设备的小型电机、视频照相机和录像机等音像设备及汽车电子设备上用的电机，15%用于制造计量设备，10%用于音频扬声器，其余的 15%用于医学上使用的磁共振成像系统以及其他各种应用领域。随着汽车工业的发展，钕铁硼磁体的需求量将会进一步增加。

用稀土制成磁片治病的方法，叫作“磁穴疗法”或者简称磁疗。该疗法简单，不打针、不吃药。磁穴疗法中所用的磁铁，如果要求大于 800G($1G=10^{-4}T$) 时，则一定要使用稀土钴永磁合金。因为在磁场上采用这种永磁合金，才有可能在微小的磁体上获得较大的磁场，使磁疗发生显著变化。

钕铁硼磁体的一个新应用领域——磁浮列车，目前最好的钕铁硼体已能让车辆飘浮 1cm 的高度。

由稀土永磁体制造的稀土永磁磁化节油器，具有易起动、爬坡可不换挡或少换挡、低速运行时不熄火等优点。据测定，使用该节油器节油率达 10%以上，提高动力 3%，有害气体排放减少 30%，具有明显的经济效益，颇受用户欢迎。

除上面提到的永磁材料外，稀土永磁材料还有 $REFe_2$ 合金磁性材料，可用作超声波发生器；$REFeO_3$、GdCo、GdFe 等材料可用作电子计算机的存储元件；$SmCO_5$ 永磁材料，可用在微波管中，不但减轻了仪器的重量，还大大降低了成本；镝铒合金和钬铒合金在低温下具有比铁还高的饱和磁化强度，可用来制造超导电磁芯等。稀土永磁材料还在现代电子技术通信中起着重要的作用，如用于制造人造卫星、雷达等方面的行波管和环行器，都获得了良好的效果。

10.2.1.2 其他磁性材料

（1）稀土磁光材料

在磁场或磁矩作用下，物质的电磁特性（如磁导率、介电常数、磁化强度、磁畴结构、磁化方向等）会发生变化。因而使通向它的光的传输特性（如偏振状态、光强、相位、频率、传输方向等）也随之发生变化。当光透过铁磁体或被磁体表面反射时，由于铁磁体存在自发磁化强度，使光的传输特性发生变化，产生新的各种光学各向异性现象，统称为磁光效应。磁光材料是指在紫外到红外波段，具有磁光效应的光信息功能材料，稀土磁光材料是一种新型的光信息功能材料。利用这类材料的磁光特性以及光、电、磁的相互作用和转换，可制成具有各种功能的光学器件。例如，调制器、隔离器、环行器、磁光开关、偏转器、相移器、光信息处理机、激光陀螺偏频磁镜、磁强计、磁光传感器等。

（2）稀土磁制冷材料

磁制冷是指以磁性材料为工质的一种全新的制冷技术。其基本原理是借助磁制冷材料的磁热效应（Magnetocaloric Effect，MCE），即磁制冷材料等温磁化时向外界放出热量。而绝热退磁时，从外界吸取热量，达到制冷目的。磁制冷材料是用于磁制冷系统的具有磁热效应的物质。其制冷方式是利用自旋系统磁熵变的制冷。磁制冷首先是给磁体加磁场，使磁矩按磁场方向整齐排列，然后再撤去磁场，使磁矩的方向变得杂乱，这时磁体从周围吸收热量。通过热交换使周围环境的温度降低，达到制冷的目的。磁制冷材料是磁制冷机的核心部分，即一般所称的制冷剂或制冷工质。与传统制冷相比，磁制冷单位制冷效率高、能耗小、运动部件少、噪声小、体积小、工作频率低、可靠性高以及无环境污染，因而被誉为绿色制冷技术。目前，磁制冷材料、技术和装置的研究开发，美国和日本居领先水平，这些发达国家都把磁制冷技术研究开发列为 21 世纪的重点攻关项目，投入了大量资金、人力和物力，竞争极为激烈，都想先占领这一高新技术领域。

（3）稀土超磁致伸缩材料

物体在磁场中磁化时，在磁化方向会发生伸长或缩短，这一现象称为磁致伸缩。当通过线圈的电流变化或者是改变与磁体的距离时其尺寸即发生显著变化的铁磁性材料，通常称为铁磁致伸缩材料。其尺寸变化比目前的铁氧体等磁致伸缩材料大得多，而且所产生的能量也大，则称为超磁致伸缩材料。近年来开发的稀土铁超磁致伸缩材料具有室温下大磁致应变、优良低场磁性能及较大的机电耦合系数。其磁致伸缩效应比一般磁致伸缩合金高一个数量级，比电致伸缩材料具有更大的应变和更宽的适用温度范围，因而越来越受到人们的重视，并应用到许多高科技领域。

10.2.2 稀土贮氢材料

贮氢材料，顾名思义，它是一种能够贮存氢的材料，实际上，它是在一定条件下能大量可逆地吸放氢的材料。贮氢材料贮运氢气，同时在吸放氢气时产生的反应热和氢气压力等都渴望得到应用，因此从 20 世纪 80 年代起贮氢材料作为一种新型功能材料得到迅速的发展。稀土贮氢材料则是众多贮氢材料中的一种，一般为含有稀土金属元素的合金或金属间化合物。由于稀土贮氢合金具有吸氢量大、易活化、不易中毒、吸放氢快等优点而成为最具代表性并且已实用化的一类重要贮氢材料。

贮氢合金应具备的条件有：①容易活化；②贮氢量大；③生成热小；④室温附近的离解压为 2～3atm(0.2～0.3MPa)；⑤贮存、释放氢速度快；⑥性能不劣化；⑦价格便宜等。目前贮氢材料的制备方法有合金熔炼法、化学合成法、物理气相沉积法。贮氢金属材料及氢化物工程是 20 世纪 70 年代发展起来的新兴科技领域，既是能源材料又是功能材料，应用广泛。迄今已开发的四大系列钛系、锆系、镁系和稀土系贮氢材料中，稀土系贮氢材料性能最佳，应用也最广泛。目前最令人瞩目的是热泵和电池。

所谓热泵是指把氢气平衡压力不同的两种贮氢合金加以组合，通过压力差贮放氢，将热能由低温区转向高温区的系统。最近，由于亟待解决氟利昂带来的环保问题，一些国家正在利用它制冷的一面研制下一代冰箱和制冷设备。如利用 $LaNi_{4.85}Mn_{0.17}$(高温侧)/$Ti_{0.8}Zr_{0.2}CrMn$(低温侧) 合金对作热泵，可获得－30℃的低温；用 $LaNi_{4.75}Al_{0.25}$(高温侧)/$MnNi_{4.15}Fe_{0.85}$(低温侧)，可获－10℃的冷冻效果。

贮氢材料的另一重要应用是制造稀土贮氢电池。稀土-镍氢化物型二次电池是以 $LnNi_5$ 等贮氢材料为负极、羟基氧化镍为正极构成的。能用于生产贮氢电池的金属氢化物合金一般是一种多元合金材料，含有大致 1∶5 的稀土与过渡金属镍，或加以少量钴、铝、铜、铅、锰、钛代替镍。稀土金属氢化物电池与镍镉电池相比，具有许多优点：①较高的充电和放电速率；②较高的能量密度（即每单位体积内具有较高的电能储存量)；③过度充电或过度放电不产生不利后果；④较长的使用寿命；⑤与镍镉电池不同，稀土贮氢电池不造成环境污染。现在稀土贮氢电池是一种发展前景很好的高能密度放电、充电电池。据报道，日本东芝电池公司生产的 R6P 型稀土贮氢电池额定容量达到 1100mA·h，电池尺寸只有 ϕ14mm×50mm，电压 1.2V，最大放电电流 3A，充放电次数至少 500 个循环。

稀土贮氢电池将作为各种高级电子设备如摄像机、磁带录像机、液晶电视接收器、语言处理机、书本式个人计算机、无码电话以及其他轻便、易携带的电子设备中的电源而获得广泛应用。其中 Ni-MH 电池(M 为稀土金属或其合金)以无污染(优于 Ni-Cd 电池)、安全(优于锂离子二次电池)和投资成本相对较低等优势，正在为轻稀土开拓更广泛的应用领域。

10.2.3 稀土发光材料

稀土的发光是由于稀土的 4f 电子在不同能级之间的跃迁而产生的，在 f 组态内不同能级之间的跃迁称 f-f 跃迁；在 f 和 d 组态之间的跃迁称为 f-d 跃迁。当稀土离子吸收光子或 X 射线等能量以后，4f 电子可以从能量低的能级跃迁至能量高的能级，当 4f 电子从高的能级以辐射弛豫的方式跃迁至低能级时发出不同波长的光。两个能级之间的能量差越大，发射的波长越短。

由于很多稀土离子具有丰富的能级和它们的 4f 电子的跃迁特性使稀土成为一个巨大的发光宝库，为高新技术提供了很多性能优越的发光材料。

a. 稀土阴极射线发光材料　稀土阴极射线发光材料主要用于电子显示器件，作为能量转换媒介，把电信号转变为光信号。阴极射线激发荧光材料主要有彩色电视荧光粉、投影电视荧光粉、飞点扫描荧光粉、电压敏感荧光粉等。

b. 光致发光稀土荧光材料　光致发光是用光激发材料引起的发光。光致发光稀土荧光材料包括紫外光、可见光、红外光激发的各种荧光粉，而具有使用价值的主要是紫外光激发的荧光粉。这类材料一般用于照明器件，如高压汞灯荧光粉、稀土三基色荧光粉、复印荧光粉等。此外，在日常生活中，如洗涤增白剂、荧光涂料、荧光化妆品、荧光染料等都使用了荧光材料。

c. 电（场）致发光材料　电致发光（EL）也叫场致发光，是一种直接将电能转换为光能的发光现象，与稀土发光材料密切相关的是交流薄膜电致发光（ACTFEL）、直流粉末电致发光（DCEL）和有机电致发光。它们的特点是：工作电压低，体积小，重量轻，工作范围宽，响应速度快，可做成图案化的器件。

d. 上转换材料（upconversion materials）是一种红外线激发下能发出可见光的发光材料，即将红外线转换成可见光的材料。其特点是所吸收的光子能量低于发射的光子能量，这种现象违背 Stokes 定律，因此又称为反 Stokes 定律发光材料。

上转换材料的发光机理是基于双光子或多光子过程。发光中心相继吸收两个或多个光子，再经过无辐射弛豫达到发光能级，由此跃迁到基态放出一可见光子。为了有效实现双光子或多光子效应，发光中心的亚稳态需要有较长的能级寿命。稀土离子能级之间的跃迁属于禁戒的 f-f 跃迁，因此有长的寿命，符合此条件。迄今为止，所有上转换材料只限于稀土化合物。

除了上述介绍的稀土发光材料外，稀土功能发光材料还有稀土热释发光材料、稀土等离子体发光材料、稀土有机发光材料、稀土无机光谱烧孔材料等。

10.3 稀土合金的应用

20 世纪 50 年代末期，我国完成了生产稀土合金的工艺技术研究。20 世纪 60 年代初期，开始建设大型的稀土硅铁合金工厂（年产 1 万吨），生产各种稀土合金产品。从此，我国稀土合金生产走向了工业化道路，并成为世界生产稀土合金较早的国家之一。我国稀土合金产品是稀土类产品中的主要产品之一。它是由一种稀土金属（混合和单一金属）与其他金属或非金属元素结合而成的，并可制成二元或多元的稀土合金产品。由于这种稀土合金具有独特的性质，在各个工业部门中有着广泛的用途，需求量激增。目前我国稀土合金系列产品，可分为两个类别，一是粗稀土合金，其含稀土少些，杂质多些，如稀土硅铁合金（RESiFe，RE 20%～47%，Si 35%～40%）和稀土镁硅铁合金（REMgSiFe，RE 4%～23%，Mg 7%～11%，Si 42%～44%）；二是精稀土合金，其含稀土高些，杂质少些，如钕铁合金（NdFe，Nd 84%，Fe 14%，其他杂质 2%）和钕铁硼合金（Nd 34%，Fe 65%，B 1%）。我国是世界稀土资源最多的国家之一，可作为稀土合金生产的原料品种多、质量好，这为我国大力发展稀土合金的生产，奠定了可靠的物质条件。

我国稀土合金品种多，在各工业部门及新技术领域中的应用十分广泛，并在各个部门的应用中获得了很多的应用技术成果，取得了满意的经济效益。

10.3.1 稀土合金在钢中作为重要的添加剂

20世纪60年代中期，稀土硅铁合金（RESiFe）开始用作钢的添加剂，并在20世纪80年代前已获成熟的工业化应用。因RESiFe中的RE对钢液中的硫和氧有净化作用，故可使钢的性能提高。如锰钛铜稀土钢，由于加入了0.15%(REO计）的RESiFe，提高了钢的低温冲击韧性，钢板用于石油化工设备，效果良好。16锰铜稀土钢，由于加入了0.1%(REO）的RESiFe，降低了硫的偏析，改善了硫化物的形状及分布，使钢的合格率从50%增加到90%，这种稀土钢已用于生产大桥钢板。又如14锰钒钛铜稀土钢加入≤0.2%的RESiFe后，改善了钢材的各向异性，提高了低温冲击韧性，已用于船舶和舰艇，且综合性能较好。其他如25锰钛硼稀土钢、弹簧稀土钢、耐熟稀土钢和不锈稀土钢等，加入稀土后，均能获得改善钢的性能，更好地满足各用户的需求。

由于RESiFe中杂质较多，钢的质量受到不良影响，故20世纪90年代以来，用混合稀土金属（RE≥98%，主要含La、Ce、Pr和Nd等）代替RESiFe用于钢的添加剂，但目前尚未被完全代替。如用RE加入钢液中占0.04%(0.4kgRE/t钢)，质量好，加入方法易于控制，但RE价格高，目前我国稀土钢产量还很少，仅占钢总产量的0.5%左右。如果稀土钢的产量达到钢总产量的10%左右，将需用RESiFe约7.0万吨/年。如果用RE来代替则需RE 4200t/年（约4830t REO)，成为稀土应用大户之一。

10.3.2 稀土合金在铸铁中作为主要的球化剂

RESiFe合金除在钢中作为添加剂外，还可作为铸铁的球化剂、蠕化剂和孕育剂，但主要是用于铸铁的球化剂。在铸铁中RESiFe能将铸铁组织的片状变为球状，从而改善铸铁的铸造性和提高机械性，有利于铸铁更广泛的应用。稀土铸铁主要用于冶金行业的轧辊和钢锭模；汽车及拖拉机行业的曲轴、汽缸体及变速箱；机械行业的各种齿轮、凸轮轴和各种机座；建筑行业的各种口径的输送水、蒸汽的管线和暖气片。近年来，用稀土镁硅铁合金（REMgSiFe）作为铸铁的球化剂用得较多，制成的稀土球墨铸铁的性能更佳。

10.3.3 稀土合金在有色金属中作为主要的组分

我国在有色金属行业中应用稀土始于20世纪60年代，到20世纪80年代中期以来，其应用日益广泛，用量日益增多。目前，稀土铝（REAl）用作铝电缆、电线中其电导率已达国际标准要求，而抗拉强度、耐温和耐腐蚀性等均可达到应用要求。这种稀土铝导线用于高压输电线路，具有抗拉强度高、弧垂性及弯曲性好和寿命长等优点。这种优良的稀土铝输电电缆不但可满足国内的需要，而且可大量出口，在国内外均可取得较好的经济效益。

此外，稀土铝变形合金在民用及工业建筑的门、窗及结构材料等的需求增长也很快。

10.3.4 稀土合金在军事工业中的应用

目前，精稀土合金如钕镁合金（NdMg）、钇镁合金（YMg）和发火合金（REFe）等在国防工业中获得了较好的应用，且不断发展。

发火合金是以含铈（Ce≥40%）为基的混合稀土金属（RE）与铁（Fe）制成的，其组成为 RE 75%～80%、Fe 15%～18%及少量的 Mg、Zn 和 Cu 等。因含铈量高使发火性能较好。其在民用中作为打火机的火石、发火玩具和火炬点火器等；在军工武器中用于制造子弹和炮弹的引信器等。

由于稀土元素在镁合金中的溶解度较大，因而有明显的热处理强化作用。在铸造和变形镁合金中加入金属钕制成钕镁合金（NdMg）及加入金属钇制成钇镁合金（YMg），它们均可显著地提高强度和工艺性能，并已在我国的导弹与人造卫星上使用。

此外，我国的铸造 NdMg 及 YMg 合金具有：铸造性能好，高温力学性能高（如在200℃下的延伸率达 18%，抗拉强度为 14.7kPa）；铸件较轻（重量降低 50%），合格率提高 20%；工艺简单，且生产率可提高 4 倍等优点。因此，铸造 NdMg 及 YMg 合金可用于飞机的结构材料和飞行器件等，在军事工业中发挥巨大的作用，并获得较高的经济效益。

10.3.5 稀土合金在其他部门的应用

近年来，我国的热镀合金（REZnAlMg）已投入工业化生产，并获得广泛应用。为防止钢材腐蚀，常用热镀 ZnAl 合金，较镀锌更具有优良的加工成形性，但 Zn 耗较高，且耐腐蚀性尚差。改用 REZnAlMg 热镀合金后，其流动性、耐蚀性、镀层的形成性能均优于锌镀层和 ZnAl 镀层。此外，REZnAlMg 合金热镀层的均匀度提高 26%～39%，镀层厚度减少 31.4%，从而降低锌的消耗量。目前这种钢材的新热镀层在国内外发展很快，且技术效果极佳。

10.4 稀土的催化

10.4.1 石油化工催化

石油工业是现代社会的支柱性产业之一。在我国，稀土消耗量的 30%用于石油化工，它是继冶金工业之后稀土产品的第二大用户。其中最重要的应用就是用来制造各种催化剂。

为了从原油中取出更多的汽油，必须利用催化裂化的加工手段进行精炼。所谓催化裂化就是通过催化剂的裂化作用将重质油的长碳氢化化合物大分子打碎，使之转化为构成汽油等低沸点液体燃料的轻质分子的过程。过去为了得到汽油，采用直接蒸馏的方法，只能得到原油的 15%～20%的汽油，后来采用石油裂化的办法，得到的汽油可达原油的 80%，同时还可以得到像丙烯、丁烯等重要的化工原料。因此，石油裂化法已成为获得汽油的唯一方法。

稀土分子筛催化裂化催化剂主要是以铈组稀土化合物为原料，以轻稀土离子置换分子筛中的钠离子而生产出的稀土分子筛催化剂。其主要有两个重要的组分：沸石（亦称分子筛，具有筛分分子的作用）和基体。基体一般由非晶态硅铝酸盐和黏土构成。沸石或分子筛则是结晶的硅铝酸盐（Y 型，SiO_2/Al_2O_3 为 3∶6），具有离子交换功能，当与三价稀土离子（以稀土氯化物形式掺入）交换后催化活性最好，故又称稀土分子筛。稀土分子筛催化剂含有 10%～50%的稀土分子筛和 50%～90%的基体，稀土氧化物含量为 1%～3%，分子筛决定整个催化剂的催化性能。稀土催化剂中含有稀土元素钇、镧、铈、镨、钐等均有较好的活性，其中以镧、钐更好些。制作稀土分子筛型裂化催化剂多数使用混合氯化稀土。

石油炼制中使用稀土催化剂，可使原油转化率由 35%～40%提高到 70%～80%，而且还可以将炼油成本降低 20%。由于使用了稀土石油裂化催化剂，我国炼油业每年可增产汽油 100 万吨，综合效益 5 亿元。

我国在 20 世纪 80 年代开发的两类半合成稀土 Y 型沸石催化剂，即 Y-7 系列和 CRC-1 系列，具有较大的活性、选择性和再生性能，并且有较强的抗重金属污染能力，可提高轻质油的收率。

为满足渣油催化裂化加工和提高汽油辛烷值的需要，我国新近又开发成功两种脱铝稀土的含稳定 Y 型沸石的催化剂，一种为含 DASY 型沸石的渣油裂化催化剂，另一种为含 SRNY 型沸石的催化剂。含 DASY 型沸石的催化剂可用于渣油的催化裂化，具有生焦低、汽油收率高、辛烷值高的特点。含 SRNY 型沸石制成的裂化催化剂也可用于汽油的催化裂化，并具有较明显的抗水热和抗重金属钒污染的能力。

10.4.2 稀土氢化催化

稀土金属有机氢化物，一方面具有 B-H、Al-H 及轻过渡元素 M-H 的类似性质，另一方面又具有 f 区氢化物的独特性能，以下从三方面来介绍目前已知的其在催化氢化方面的广泛应用。

10.4.2.1 烯烃的硅氢化

稀土金属有机氢化物不仅可以作为催化氢化的催化剂，同时是烯烃的硅氢化的均相催化剂。1995 年，人们对稀土有机氢化物对烯烃硅氢化作用的催化性能的研究表明，烯烃插入到 Ln—H 键，接着 Si—H 发生转移，这与稀土有机氢化物催化烯烃成烷烃的反应过程相类似：

$$HSiH_2R + H_2C{=}CH_2 \xrightarrow{[(C_5H_5)_2LnH]_2} H\!\diagup\!\!\diagdown SiH_2R$$

$$\text{(2-苯基-1-丁烯)} + PhSiH_3 \xrightarrow{CpSmH} (R)\text{-PhC(CH}_3\text{)(Et)SiH}_2\text{Ph} + (S)\text{-PhC(CH}_3\text{)(Et)SiH}_2\text{Ph}$$

10.4.2.2 亚胺的氢化

1997 年，人们发现了稀土有机化合物可以催化亚胺氢化，并研究了其应用范围。亚胺氢化得到相应的胺，无环亚胺的反应速度比环状亚胺的反应速度快，当亚胺上带有 *N*-芳基或 *N*-$SiMe_3$ 取代基时反应的速度会降低。同时发现高温和高压有利于稀土有机氢化物对亚胺的催化氢化反应：

$$\mathrm{H{-}N{=}CH_2} \xrightarrow{\mathrm{H{-}LnL_2}} \mathrm{(H)(H_3C)N{-}LnL_2} \xrightarrow{\mathrm{H_2}} \mathrm{(H)(H)N{-}CH_3} + \mathrm{L_2LnH}$$

由于稀土金属的4f轨道与正常价电子轨道6s、6p和5d相比处于内层，受到的屏蔽作用较大，和配体轨道相互作用较弱，成键能力较低，因此在决定稀土化合物的稳定性、结构及催化性能方面，与过渡金属和配体轨道间的作用相比有独特之处。稀土氢化物在催化氢化反应中的活性明显高于相应的过渡金属，在室温下即可催化C═O、C═C的氢化反应，从而使某些对热不稳定的反应得以进行。由于稀土氢化物对C═O、C═C的加成反应依据四元环机理，使手性配体的立体模板效应更为显著。另外，稀土相对过渡金属价格比较便宜，在催化应用中将具有更强的竞争力。因此开展利用稀土氢化物对双键催化氢化反应的研究具有重要意义。

10.4.3 稀土金属有机络合物的催化

稀土离子由于其电子结构的特点及高的配位数，使得含有这些离子的稀土金属有机络合物在有机合成中显示了一些独特的性能，表现为以下两个方面。

10.4.3.1 对羰基的活化

含d电子的过渡金属有机化合物具有活化羰基的性质，它们的这种性质是过渡金属络合催化中最有经济价值的重要反应。近年来，在深入研究含RE—C键的络合物的反应性能时，发现RE—C σ键也具有这一特性，CO可以向它插入并得到稀土酰基络合物（a），后者再进一步和CO反应可分离得到双核稀土络合物（b），反应可用下式表示：

$$\mathrm{Cp_2Lu[C(CH_3)_3](THF) + CO} \longrightarrow$$

$$\mathrm{Cp_2LuC({=}O)C(CH_3)_3} \longleftrightarrow \mathrm{Cp_2Lu \leftarrow :CC(CH_3)_3} \quad \text{(a)}$$

$$\mathrm{2\,Cp_2Lu \leftarrow :CC(CH_3)_3 + CO} \longrightarrow \mathrm{Cp_2Lu[OC(C(O)C(CH_3)_3){=}C(C(O)C(CH_3)_3)O]LuCp_2} \quad \text{(b)}$$

10.4.3.2 对饱和碳氢键的活化

饱和键的活化一直是均相催化反应中没有得到很好解决的一个问题，Watson首先发现$\mathrm{(C_5Me_5)Lu{-}CH_3}$和$\mathrm{(C_5Me_5)LuH}$化合物都有活化饱和C—H键的性质，而且反应条件温和，产率也高，这些反应可用下式表示：

$$\mathrm{(C_5Me_5)_2Lu{-}CH_3} \xrightarrow{\mathrm{H_2}} \mathrm{(C_5Me_5)_2Lu{-}H}$$

$$\mathrm{(C_5Me_5)_2Lu{-}H} \xrightarrow{\mathrm{Et_2O}} \mathrm{(C_5Me_5)_2Lu{-}OEt + C_2H_6}$$

$$\mathrm{(C_5Me_5)_2Lu{-}H} \xrightarrow{\mathrm{C_6H_6}} \mathrm{C_5Me_5Lu{-}C_6H_5} \underset{}{\overset{\mathrm{(C_5Me_5)_2Lu{-}H}}{\rightleftharpoons}} \mathrm{C_5Me_5Lu{-}C_6H_4{-}Lu(C_5Me_5)_2}$$

$$\mathrm{(C_5Me_5)_2Lu{-}H} \xrightarrow{\mathrm{C_6H_6或D_2}} \mathrm{(C_5Me_5)_2Lu{-}D + C_6H_5H或HD}$$

$$\mathrm{(C_5Me_5)_2Lu{-}D + {}^{13}CH_4} \longrightarrow \mathrm{(C_5Me_5)_2Lu{}^{13}CH_3 + CH_4}$$

值得指出的是甲烷中的C—H键的键能为435kJ/mol，因此它是所有C—H键中最难活化的，然而，$(C_5Me_5)_2Lu—CH_3$ 和 $^{14}CH_4$ 反应，却可以活化甲烷中的 C—H 键，这是第一个经鉴定的金属有机化合物活化甲烷中的 C—H 键的例子。这为稀土金属有机化合物在催化和合成反应中的应用开辟了一条新途径。

10.4.4 稀土催化剂催化聚合

小分子稀土催化剂催化聚合烯烃、双烯烃和其他单体的特性早为人们所知。近年来发现大分子稀土盐或稀土络合物也具有催化聚合特性。人们发现了由聚合物载体-稀土金属络合物与有机铝组成的新型 Ziegler-Natta 催化体系能立体有规聚合丁二烯、异戊二烯等共轭双烯，不仅催化活性和立体规整度高，而且还可重复使用。这类聚合物载体-稀土金属络合物主要有：

苯乙烯/丙烯酸共聚物的钕盐（SAA·Nd）

乙烯/丙烯酸共聚物的钕盐（EAA·Nd）

丙烯/丙烯酸接枝共聚物的钕盐（PP-g-PAA·Nd）

羧基化的聚乙烯的钕盐［$(PE—COO)_nNdCl_{3-n}$］

羧基化的交联聚苯乙烯的钕或铈盐［$(PS—COO)_3M$］

稀土元素作催化剂来合成异戊橡胶和顺丁橡胶收率可达每克稀土 5～6kg 橡胶，在我国其工艺和合成橡胶性能均优于国外通用的钛系、锂系催化剂。稀土催化剂不仅可以使丁二烯和异戊二烯定向聚合，还可以聚合 1,3-戊二烯和己二烯等。用稀土催化剂聚合丁二烯和异戊二烯制得丁二烯-异戊二烯共聚橡胶，该共聚橡胶中主链双键的两种单体单元均为高顺式结构（$>95\%$），具有优异的低温性能，是一种性能较好的合成橡胶，用途广泛。稀土有机化合物作为单组分催化剂用于聚合反应：烯烃和 α-烯烃的规整聚合。这类氢化物、茂基稀土甲基化合物和二价稀土配合物都是甲基丙烯酸酯类及内酯聚合的有效催化剂，并显示活性聚合特点，给出高分子量、窄分子量分布的聚合物还可用于制备具潜在意义的乙烯与甲基丙烯酸酯类的嵌段共聚物。

10.5 稀土材料产业可持续发展的思路

（1）推动稀土材料产业链向纵深发展

从供给侧角度来看，稀土产业经常会出现资源配置不合理、高水平人才缺乏和纵深发展程度不足等状况，因此我国的稀土产业链应该从高端切入，也就是说通过构建生产优化链条，开发出特定性能的稀土新材料，为稀土产业发展提供多样化的信息，从而有效改善产业链的优化程度，同时还能够进一步连接产业供需的两端，合理解决当前稀土产业链存在的问题，在最大程度上提高稀土产品的附加值，最终实现稀土产业链的纵深发展。

（2）加快稀土材料产业科技自主创新

对于稀土产业的发展来说，科技自主创新起到了十分关键的作用，不仅能够推动整个产业的改造和升级，还能够让产业结构获得科学调整。从目前的情况来看，我国稀土资源十分丰富，欲将资源优势转变为产业优势，关键点在于如何有效利用。可见，科技创新就成为了当前稀土产业发展的主要力量和技术保障，一方面要加强基础理论和原创性技术的开发，不断加强资源合理利用和节能环保等方面技术的研发；另一方面，还需要设置专项研究基金，加大对相关科技研发的投入，鼓励、扶持科研院所、企业进行科技自主创新。

(3) 加强对稀土材料产业的宏观管理

从目前的情况来看，我国稀土产业中都存在一些规模比较小的企业，并且经济实力也比较弱，属于小微企业，而且这些企业的集群效应比较差，产生的经济效益也较低，导致我国稀土产业在整体市场化方面都呈现出比较弱的状态。若想促进稀土产业发展，仅仅依靠企业自身的力量是不够的，还需要加强对稀土产业的宏观管理，将各种资源结合在一个区域内，从而实现多元化发展，并且可以使用现代科学技术催生新的稀土产业业态和项目，通过产业集群来让整个产业获得转型和升级，变得更有活力，从而进一步推进稀土产业结构的升级改造。此外，需要从横向和纵向来整合内力，逐步建立起多元化的稀土产业目标市场，提升产品品牌的附加值，在稳定现有市场的基础上，进一步拓展新兴的市场，加强经贸合作，不断扩大稀土产业的市场规模，提升自身在市场所占的份额，让稀土产业获得更大的发展。

综上所述，随着社会经济体系的进步，市场经济的竞争也不断加大，只有借助先进的科学技术，才能够保障稀土产业的核心竞争力，不断提升经济效益。在新时期，我国需要进一步创新稀土产业的发展，增加稀土产业链的深度和厚度，在提升自身能力的同时找准切入点，以促进我国的稀土产业获得可持续发展。

拓展学习 8

练习思考题

第 10 章练习思考题参考答案

1. 稀土贮氢合金应具备哪些条件？
2. 稀土永磁材料必须具备哪些条件？
3. 对稀土永磁体的应用举例。

参考文献

[1] 陆辟疆，李春燕．精细化工工艺．北京：化学工业出版社，1996.
[2] 刁国平．稀土元素．北京：北京出版社，1979.
[3] 杨遇春．稀土漫谈．北京：化学工业出版社，1999.
[4] 苏锵．稀土化学. 郑州：河南科学技术出版社，1993.
[5] 朱文祥．稀土元素的发现与应用. 南宁：广西教育出版社，1993.
[6] 徐光宪．稀土．北京：冶金工业出版社，2012.
[7] [日] 盐川二朗．稀土的最新应用技术. 翟羽伸，喻忠厚译. 北京：化学工业出版社，1993.
[8] 肖纪美，霍明远．中国稀土理论与应用研究. 北京：高等教育出版社，1992.

[9]《稀土》编写组．稀土．北京：冶金工业出版社，1978.
[10] 周寿增等．稀土永磁材料及其应用. 北京：冶金工业出版社，1990.
[11] 孙履厚．精细化工新材料与技术．北京：中国石化出版社，1998.
[12] 刘小珍．稀土精细化学品化学．北京：化学工业出版社，2009.

11

精细化工新材料新技术

本章学习目标

1. 了解几种精细化工新材料的特点；
2. 了解生物工程技术在精细化学品合成上的应用；
3. 了解新型催化剂在精细化学品合成中的应用。

11.1 概述

现代精细化工的发展已生产出种类繁多的高技术产品，制备出具有特种功能的新材料并广泛应用于各种高技术领域，如新能源开发、光通信、微电子、生命科学、生物技术和海洋开发。一种新材料问世，往往就能引发一种新技术，如高温超导材料的合成才有今日的超导技术、低损耗的光纤出现才会有光通信。

11.2 精细化工新材料

11.2.1 功能高分子材料

功能高分子材料，简称功能高分子，是指那些可用于工业和技术中的具有物理和化学功能如光、电、磁、声、热等特性的高分子材料。例如感光高分子、导电高分子、光电转换高分子、医用高分子、高分子催化剂等。

11.2.1.1 功能高分子材料的分类

通常，人们对特种和功能高分子的划分普遍采用按其性质、功能或实际用途划分的方法，可以将其分为八种类型。

a. 反应性高分子材料　包括高分子试剂、高分子催化剂、高分子染料，特别是高分子固相合成试剂和固定化酶试剂等。

b. 光敏性高分子材料　包括各种光稳定剂、光刻胶、感光材料、非线性光学材料、光导电材料及光致变色材料等。

c. 电性能高分子材料　包括导电聚合物、能量转换型聚合物、电致发光和电致变色材料及其他电敏感性材料等。

d. 高分子分离材料　包括各种分离膜、缓释膜和其他半透明膜材料、离子交换树脂、高分子絮凝剂、高分子螯合剂等。

e. 高分子吸附材料　包括高分子吸附树脂、吸水性高分子等。

f. 高分子智能材料　包括高分子记忆材料、信息存储材料和光、磁、压力感应材料等。

g. 医（药）用高分子材料　包括医用高分子材料、药用高分子材料和医用辅助材料等。

h. 高性能工程材料　如高分子液晶材料、耐高温高分子材料、阻燃性高分子材料、生物可降解高分子和功能纤维材料等。

11.2.1.2　感光性高分子

感光性高分子是指吸收了光能后能在分子内或分子间产生化学、物理变化的一类功能高分子材料。这种变化发生后，材料将输出其特有的功能。

（1）光致抗蚀材料

所谓光致抗蚀材料，是指高分子材料经光照辐射后，分子结构从线型可溶性的转变为体型不可溶的，从而产生了对溶剂的抗蚀能力。而光致诱蚀材料正相反，当高分子材料受光照辐射后，感光部分发生光分解反应，从而变成可溶性。目前广泛使用的预涂感光版，简称PS版式，就是将感光材料树脂预先涂在亲水性的基材上制成的。晒印时，树脂若发生光交联反应，则溶剂显像时未曝光的树脂被溶解，感光部分的树脂保留下来，这种PS版称为负片型；而晒印时发生光分解反应，溶剂将曝光分解部分的树脂溶解，这种PS版称为正片型。

（2）光刻胶

光刻胶是微电子技术中微细图形加工的关键材料之一，特别是近年来大规模和超大规模集成电路的发展，更是大大促进了光刻胶的研究开发和应用。印刷工业是光刻胶应用的另一重要领域。1954年由明斯克等人首先研究成功的聚乙烯醇肉桂酸酯就是用于印刷工业的，以后才用于电子工业。与传统的制版工业相比，用光刻胶制版，具有速度快、重量轻、图案清晰等优点，尤其是与计算机配合后，更使印刷工业向自动化、高速化的方向发展。

11.2.1.3　导电高分子

1977年美国科学家黑格和马克迪尔米德以及日本科学家白川英树发现掺杂聚乙炔具有金属导电特性，有机高分子不能作为电解质的概念被彻底打破，上述三位科学家因此获2000年诺贝尔化学奖。

导电高分子具有以下特性。

a. 室温电导率范围大　导电高分子室温电导率可在绝缘体—半导体—金属态范围内变化。这是迄今为止任何材料无法比拟的。正因为导电高分子的电学性能覆盖如此宽的范围，因此它在技术上的应用呈现多种诱人前景。

b. 掺杂/脱掺杂的过程完全可逆　导电高分子不仅可以掺杂，而且还可以脱掺杂，这是导电高分子独特的性能之一。如果完全可逆的掺杂/脱掺杂特性与高的室温电导率相结合，则导电高分子又是目前快速切换的隐身技术的首选材料。还可以利用这一特性制造选择性高、灵敏度高和重复性好的气体或生物传感器。

c. 氧化/还原过程完全可逆　导电高分子的掺杂实质是氧化/还原反应，而且氧化/还原反应是完全可逆的。在掺杂/脱掺杂的过程中伴随着完全可逆的颜色变化。因此，导电高分子这一特性可能实现电致变色或光致变色。这不仅在信息存储、显示上有应用前景，而且也可用于军事目标的伪装和隐身技术上。

11.2.2 成像材料

11.2.2.1 热敏成像材料

所谓热敏成像材料是指版材在激光扫描后不经过显影、定影等化学处理就可上机印刷。由于省去了这些处理工艺，所以可节省不少时间并使制版工艺和设备有效简化，也节省占地面积。热敏成像材料（Thermosensitive Imaging Material）是受热后能显示出清晰颜色的成像材料，是将染料隐色体和显色剂一起分散在水溶性或油溶性黏合剂中，再涂于支持体上而成。所用的染料隐色体为内酯结构或三芳基甲烷染料，如结晶紫内酯、孔雀绿内酯和无色母体结晶紫及 20 世纪 70 年代发展的荧烷染料等。显色剂为双酚 A 等，受热后，显色剂释放出氢质子，使染料内酯环断裂或形成醌式结构而显出颜色。热敏成像材料通常用于心电图仪、台式电子计算机或电传真等的记录纸。

（1）制作方案

a. 利用物理变化的方案　化学反应过程这一类中最为人熟知的是日本旭化成公司、美国 KPG 公司和德国爱克发公司最初推出的利用相变化原理的热敏 CTP 版材。这类版材在红外激光扫描、发热之前成像树脂层一般设计为亲水性的，当红外激光扫描、发热之后扫描部分由于发热升温到一定温度导致成像阻溶物发生相变化，由亲水转变为亲油，把曝光后的版材固定在印刷机的印辊上，扫描部分着墨，未扫描部分着水，可直接印刷得到印品。最近的专利公开了一个引人注目的亲水转变为亲油的方案，它是在处理过的铝版基上涂敷一层亲水层，其中含有热融性高分子微粒。这些微粒的热融熔温度一般在 50℃以上，常用的是一些聚乙烯、聚氯乙烯和聚苯乙烯等疏水性微粒，将其制成粒径在 0.05～2μm 之间，重均分子量在 5000～1000000 之间的粒子分散于亲水层中。红外激光扫描时这些粒子融熔形成疏水区。

b. 基于化学变化的方案

ⓐ在基材上涂一热分解层，其中含有有机金属微粒作为光热转化物质，红外扫描后由于热分解而使这一部分物质极性增强，变得亲水。

ⓑ一些带有羧基的高分子用某些高酸解活性的物质保护起来，与红外染料、光产酸源等一起涂布于铝版基上，形成亲油树脂层，当红外激光扫描、发热、产酸后该区域树脂的保护基脱掉，由亲油变为亲水。

ⓒ侧链上带有羧基同时又带有羟基或氨基或环氧基等易于与羧基发生反应的官能团的高分子是高度亲水的，当它们与红外染料及光产酸源一起组成感热组成物涂敷于铝版基上时形成亲水层。经红外激光扫描发热产酸后羧基与羟基或羧基与环氧基发生酯化反应，可发生由亲水到亲油的变化。而羧基与氨基则发生酰胺化反应或酰亚胺化反应，也可能由亲水变为亲油。

ⓓ在高度亲水性的聚乙烯醇中溶入亲水性的光热产酸源并均匀地分散入光热转化物质构成亲水层，当红外激光扫描时光热转化物质吸收红外线发热引起产酸源分解产酸，聚乙烯醇脱水变为亲油性的多烯烃，可制得无处理热敏版材。

ⓔ利用金属氧化物分散于高分子中，待红外激光扫描发热后金属氧化物与高分子发生某

种化学反应实现亲水、亲油的转变。

（2）成像原理

a. 热敏材料的制备　将记录光信息的光敏物质和起成色作用的无色染料包裹于微胶囊内，将显色剂与微胶囊单元同置于支持体上制成用于打印的光热敏材料打印纸。

b. 潜影标识　使用与光敏物质波长匹配的光照射步骤 a 的打印纸时，接受到光照的位置按照接受光强大小发生不同程度的内部固化，记录光信息形成“潜影”。

c. 显影　整体均匀地加热步骤 b 的打印纸使微胶囊外显色剂进入囊内接触到染料前体，发生显色反应，形成图像，显现出先前的“潜影”信息，形成影像。

（3）主要用途

a. 用于医疗诊断装置、测量分析仪器仪表的终端打印机；

b. 用于电子计算机终端输出的热打印机；

c. 用于销售点（Position of Sales，POS）的热敏标签打印条码和货品卡；

d. 用于传真机及其他传真装置。

11.2.2.2　压敏成像材料

压敏成像材料是受压后能显示清晰影像的材料，是按一种染料隐色体遇酸可以产生颜色的原理制成。如果将这种隐色体或一种酸，包裹于极小的微胶囊中，分别涂于纸张的正面和背面，当纸张叠在一起，上面给以一定的压力（如用笔书写）时，造成胶囊破裂，隐色体与酸即产生颜色。这种压敏纸已广泛用于复印，代替复写纸。

压敏成像材料最主要的应用是无碳复写纸。1954 年美国 NRC 公司发明无碳复写纸技术，又称其为压敏记录纸。20 世纪 70 年代我国引进无碳复写纸的生产设备，开始了我国无碳复写纸的发展进程。无碳复写纸应用广泛，既可以用于电脑打印，如发票、电脑票据、连续记录等，也可以用于手工书写，包括手工发票、普通票据等常用联单。无碳复写纸一般由上层纸（CB）、中层纸（CFB）、下层纸（CF）3 种纸组成（图 11-1）。上层纸的背面涂布包覆染料前体的微胶囊涂层，下层纸的正面涂布显色剂涂层，中层纸的正面涂布显色剂涂层、背面涂布含有染料前体的微胶囊涂层。用铅笔、钢笔、打字机等书写工具在上页纸上用力时，上层、中层纸背面的微胶囊破裂释放出染料前体与中层纸、下层纸正面的显色剂发生显色反应而显出颜色。无碳复写纸所用微胶囊的性质、形状对其性能影响很大。分散液要求浓度高、黏度低，微胶囊粒径较小、分布窄，微胶囊囊壁要具有适当的强度，在无碳复写纸的裁切、运输及存放时不会因囊壁破裂而显色，同时也要保证在书写或打字时微胶囊囊壁破裂释放芯材。无碳复写纸中显色剂粒径为2～10μm，最好在 2～5μm，粒度分布越窄越好。显色剂还要满足以下要求：外观白色，发色速度快；发色浓度高，图像颜色深；发色图像耐老化性能好，保存过程中不变质；本身无毒且不分解生成有毒成分；制造方便，价格低廉等。

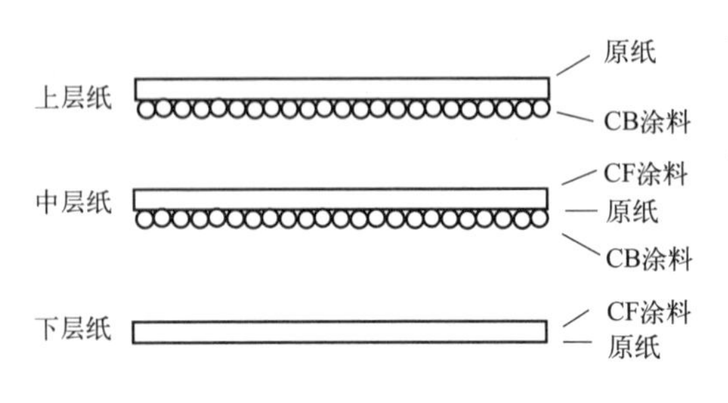

图 11-1　无碳复写纸的结构示意图

无碳复写纸用微胶囊最初采用明胶-阿拉伯胶复凝聚法制备，后来采用原位聚合和界面聚合法等合成方法制备。采用合成方法可制得高浓度微胶囊乳液，制备工艺简单，生产周期较短，贮存性能好。日本 Asahi Optical 公司制备双层壁的压敏微胶囊，内层壁材采用原位聚合或界面聚合法，外层壁材采用复凝聚法。利用这种方法制备出的双层壁微胶囊具有高的单分散性、较高的耐压性能和较高的熔点，减少无碳复写纸在运输和保存过程中产生的灰雾，具有很好的成像性能。日本 Nippon Paper Industries 公司在微胶囊中加入光固化树脂，在压敏成像后 UV 曝光定影，避免未成像部分的微胶囊材料在压力或其他作用下破裂显色，保证了图像的安全性。虽然工艺复杂程度有所增加，但在需要保证成像安全的应用领域，这种技术是很有应用前景的。

11.2.3 电子工业用化学品

电子工业在国民经济中的地位早已众所周知。电子工业是世界飞速发展的高新技术产业，它的发展水平与规模常常是一个国家科技水平的标志之一。电子工业的飞速发展带动了电子工业用化学品的发展，而新的高性能电子化学品的发展也促进了电子元器件产业的发展，从而推动了整个电子工业的发展。尤其是半导体工业、微电子工业的发展与不断开发先进技术和新型化学品有着极其密切的关系。

电子产品主要包括计算机、家电等整机产品和各种各样的电子元器件，后者包括电阻、电容、集成电路、分立器件、电位器、石英谐振器、电感、液晶显示器等。电子工业化学品种类繁多，从状态上包括气体、液体和固体；从门类上包括无机物、有机物、高分子材料；有工业材料，也有化学试剂，有结构材料，也有功能材料。

11.2.3.1 电子工业化学品的特点

a. 用量差距大，如聚苯乙烯达万吨级，而用量小的仅几千克，甚至以克计；

b. 除大宗用量的化学品外，多种类的化学品在纯度、性能和功能方面要求很高；

c. 品种多、专用性强，多达上千种，其中许多仅仅用于极窄的领域；

d. 属知识密集型和资金密集型高新技术产品，随着高新技术的发展，更新换代很快；

e. 附加值高，利润高。

11.2.3.2 电子工业化学品的种类

（1）工程塑料

工程塑料指具有较高力学性能、耐温性和电性能的可代替传统材料作为结构材料的塑料。电子工业也使用大量经过改性后在某些性能方面接近工程塑料的通用塑料，如高抗冲性聚苯乙烯，它在电视机外壳、包装、电容器等方面用量很大。

a. 聚酰胺　历史最久，产量高的工程塑料聚酰胺在电子工业上有广泛的应用，在通用电子电器零部件上使用十分普遍，如外壳、框架、印刷线路板、固定架、低频接插件、电视机偏转线圈骨架、开关、接线盒等。与其他工程塑料不同，聚酰胺是一个大家族，品种多，品级和牌号多达几百种。Du Pont 公司一家就有上百个品级和牌号。值得提及的是各种聚酰胺品种在电子工业上都有不同的应用。现在阻燃和增强聚酰胺在电子工业的应用发展较快。

b. 聚甲醛　是工程塑料主要品种之一，具有良好的综合性能。我国聚甲醛大多数用于电子电器和家电的生产，主要用于家电和计算机零部件，如电视机的机壳、线圈骨架、录音机和录像机磁带卷轴、计算机的控制部件等。

c. ABS　电视机外壳和其他一些家电外壳多使用 ABS，它强度高、电性能好、尺寸稳定、价格低。

d. 聚酯类　以 PET 为代表的聚酯类工程塑料耐热、电绝缘、强度高、耐化学腐蚀。PET 在电子工业中可作 B 级（130℃）绝缘材料。增强品种可作电子部件的连接器、线圈骨架、微电子部件等。PET 亦可作电子元器件的外壳，聚酯薄膜用于生产薄膜电容器。

e. 芳杂环聚合物　芳杂环聚合物属耐热树脂，它可作耐高温薄膜电容器和绝缘层。聚酰亚胺在集成电路、印刷线路板中可作胶黏剂和封装材料。聚酰亚胺是半导体的优异封装材料。聚酰亚胺用作电子元件和连接器、基材。

f. 聚醚类　聚醚类常用于在高温工作条件下的线圈骨架、线圈芯材、高频印刷电路板。改性聚苯醚用于电子工业中要求精密的结构，如高压插头、插座、线圈骨架、电视机后壁等。聚苯硫醚用于制固定线路板基板及封装集成电路。

g. 氟塑料　氟塑料主要用于电容器绝缘，印刷电路板、插接件、集成电路芯片和包覆层、电子计算机用电线绝缘。

（2）特种高分子材料

特种高分子材料是指具有一般塑料没有的特别功能的高分子材料，如压电、热电功能，高绝缘、导电、光导、渗透等性能。导电塑料用于半导体器件防静电包装、导电板、屏蔽电磁材料。芳香族聚酰亚胺具有高绝缘性和耐热性，可在高温下连续使用几万小时，其薄膜可制成半导体器件保护膜、层间绝缘膜。聚甲基丙烯酸甲酚光学纤维作导光材料在中子工业中用作传送系统、光学传感器、光导管。它是光纤通信不可缺少的材料。分离膜发展速度非常快，中空纤维分离膜和反渗透膜用于制取高纯气体、高纯水和超纯试剂。液晶的应用已有十多年的历史，在电子工业中起重要作用，如用作显示材料于电子表、微型计算器、液晶电视及各种数字和文字显示屏。

（3）电子工业专用橡胶制品

家电、计算机、办公自动化等都离不开橡胶制件。通常对其性能要求较高。电视机用橡胶制件较多，如垫片、护套、高压帽等。录音机和录像机的带轮、传送带，洗衣机的密封件、防水和防振垫圈，电冰箱密封条、防振件、传送带等都使用橡胶制件。

（4）其他

a. 发光材料，彩色电视机的阴极射线管中，在荧光物质中添加掺杂剂和微量元素可产生各种颜色。显像管生产使用多种无机盐，如纯碳、碳酸钡、碳酸钾、氧化铅、硝酸钠、焦锑酸钠、二氧化钛、氢氧化铈、硝酸镍、硝酸钴等。

b. 封装材料，电子元器件封装材料主要是合成树脂材料，也使用无机物。

c. 电子工业用特种涂料、抛磨材料、导电糊料和油墨等。

11.2.4 精细陶瓷

精细陶瓷这一术语来源于日本的“ファインセラミックス”，美国用“High Technology Ceramics”“Advanced Ceramics”“New Ceramics”（新型陶瓷）等名称。

现在对于精细陶瓷（也称先进陶瓷、高技术陶瓷、高性能陶瓷）还没有统一的定义，但普遍认为是：不直接使用天然矿物原料而采用高度精选的高纯化工产品为原料；经过精确控制化学组成、显微结构、晶粒大小；按照便于进行结构设计及制备的方法进行制造、加工而具有优异特性（热学、电子、磁性、光学、化学、机械等）的陶瓷称为精细陶瓷。精细陶瓷的微观结构具有显著的特征，晶相、玻璃相、气孔三项共存，均匀分布。

11.2.4.1 生物陶瓷

与生命科学、生物材料、生物工程学相关的陶瓷称为生物陶瓷。生物陶瓷是具有特殊生理行为的陶瓷材料，可以用来构成人体骨骼和牙齿等的某些部位，甚至可望部分或整体地修复或替换人体的某种组织和器官，或增进其功能。这类陶瓷的硬度和强度高，耐磨、耐疲劳，并且对生物组织有良好的适应性和稳定性。

所谓生物陶瓷的特殊生理行为，是指它必须能满足下述生物学要求，或者说生物陶瓷必须具备下列条件。

a. 生物相容性　即生物陶瓷必须既对生物体无毒、无害、无刺激、无过敏性反应，无致畸、致突变和致癌等作用，同时，它又不会被生化作用所破坏。

b. 力学相容性　生物陶瓷不仅应具有足够的强度，不发生灾难性的脆性破裂、疲劳、蠕变及腐蚀破裂，而且其弹性形变应当和被替换的组织相匹配。因为弹性失配将导致植入物丢失。植入物是否力学相容，取决于它所承受的应力的大小以及组织间形成的界面的性质和材料本身的弹性模量。

c. 与生物组织有优异的亲和性　生物陶瓷植入生物体后，能和生物组织很好地结合，这种结合可以是组织长入不平整的植入体表面而形成的机械嵌联，也可以是植入体和生理环境间发生生物化学反应而形成的化学键结合。

d. 抗血栓　生物陶瓷作为植入材料和人体血液相接触，要求植入物不会遭受血液细胞的破坏，且不会形成血栓。人工心脏移植者为防止血栓的形成要服用大量的解凝药物，而这却会削弱伤口的愈合。因此，生物陶瓷作为植入体必须有很好的抗血栓性能。

e. 灭菌性　即植入材料必须能以灭菌形态生存下来，不会因外部条件如干热、湿热、气体、辐射等的影响而改变其自身的功能，只有这样才能尽量减少手术后的感染。

此外，生物陶瓷还应满足很好的物理、化学稳定性。

由于人体的高度复杂性和每个人身体状况的差异性，生物功能陶瓷作为人体某些组织的替代物植入，在它们被正式使用前，必须先经过极严格的临床试验，因此，生物医学陶瓷的研究和开发就相对具有代价高、周期长的特点。尽管如此，随着科学技术的发展，以及材料科学与外科医学技术的进展，生物功能陶瓷的发展仍然相当迅速。目前，生物陶瓷已作为患者外科矫形手术的假体（例如各种人工关节）、眼睛角质假体、人体组织长入的涂层、人工心脏瓣膜、人工筋腱与韧带材料等，应用范围相当广泛。20 世纪 80 年代，国际生物医学陶瓷市场每年的贸易额已达数亿美元。世界上许多国家已经十分重视生物医学陶瓷的开发和应用，并建立了相应的研究机构与学术团体。美国于 1955 年成立人工内脏器官学会，日本于 1982 年成立了人体器官及生物材料专业委员会。可以预期，为人类康复带来福音的生物医学陶瓷将会得到飞速发展。羟基磷灰石（HA）是人们熟悉的活性生物陶瓷，它是制造人造骨、人造齿的重要材料，是骨缺损良好的充填剂。烧结致密的 HA 是作为连续腹膜透析（CAPD）的经皮切口辅助装置。在全球范围内，有成千上万的肾透析病人得益于 CAPD，但 HA 由于强度不足，所以用作骨骼还有一定困难。目前，生物医学陶瓷一般可分三大类：

a. 惰性生物陶瓷，包括 Al_2O_3 陶瓷和各种碳制品；

b. 表面活性生物陶瓷，包括羟基磷灰石（HA）陶瓷、表面活性玻璃陶瓷；

c. 吸收性生物陶瓷，包括硫酸钙、磷酸三钠和钙磷酸盐陶瓷。

生物陶瓷的主要成分是 SiO_2、P_2O_5、CaO、C、Al_2O_3 等。总体上生物陶瓷主要是应用于人体中和生物工程中。凡是以置于人体内，代替因疾病、事故失去的组织器官，以图恢复机体的功能为目的而应用的陶瓷，都称为人体相关陶瓷。在 19 世纪后期，法国人 Boutin 以 Al_2O_3 制作的人造骨、人造关节开创了用陶瓷制作人造关节的先例。从此，各种陶瓷在人体组织中得到了广泛的应用，并且其性能越来越完善。

应用于生物化学领域的陶瓷称为生物化学相关陶瓷，主要应用方向有：利用多孔玻璃分离与提纯微生物体与生物物质、微生物向多孔体上的固化、血液分析和固定化酶的载体等。

11.2.4.2 超导陶瓷

超导陶瓷是一类在临界温度时电阻为零的陶瓷，它对今后信息革命、能源利用以及交通起重要作用。自 1986 年 IBM 公司报道发现了 Ba-La-Cu-O 钙钛矿结构的复合氧化物具有高温超导性后，超导材料的研究就成为材料和化学界研究的重点之一，并且发现和制备出一系列的高温超导陶瓷材料。研究发现，在陶瓷超导体中存在着非计量配比氧、调制结构、阳离子的无序分布、孪晶或其他短程序结构，这些结构缺陷都会影响电子输运特性，即直接影响高温超导体的性能。因此了解氧化物超导体所共有的结构特征，无疑对晶体结构的理解和推演出晶体结构与超导电性的关系都是十分必要的。

11.2.4.3 纳米陶瓷

纳米陶瓷是近 20 年发展起来的新型超结构陶瓷材料。它由纳米级水平（1～100nm）显微结构组成。其中包括晶粒尺寸、晶界宽度、第二相分布、气孔尺寸、缺陷尺寸等都只限于纳米量级的水平。纳米陶瓷的研究是当前先进陶瓷发展的三大课题之一。陶瓷是一种多晶体材料，它是由晶粒和晶界所组成的烧结体，由于工艺上的原因，很难避免材料中存在气孔和微小裂纹。决定陶瓷性能的主要因素是组成和显微结构，即晶粒、晶界、气孔和裂纹的组合性状，其中最主要的是晶粒尺寸问题。晶粒尺寸的减小将对材料的力学性能产生很大的影响，使材料力学性能产生数量级的提高。晶粒的细化使材料不易造成穿晶断裂，有利于提高材料的断裂韧性。其次晶粒的细化将有助于晶粒间的滑移，使材料具有塑性行为。因此，纳米陶瓷的问世，将使材料的强度、韧性和超塑性大大提高。长期以来人们追求的陶瓷韧性和强化问题在纳米陶瓷中可望得到解决。此外，纳米陶瓷的高磁化率、高矫顽力、低饱和磁矩、低磁耗以及特别的光吸收效应，都将为材料的应用开拓一个新领域。广义地讲，纳米陶瓷材料包括纳米陶瓷粉体、单相和复相的纳米陶瓷、纳米-微米复相陶瓷和纳米陶瓷薄膜。纳米陶瓷的出现，必将引起陶瓷工艺学、陶瓷科学、陶瓷材料的性能和应用的变革和发展，也将促使与之相关联的其他功能陶瓷材料的研究提高到一个崭新的阶段。

纳米陶瓷是将纳米级陶瓷颗粒、晶须、纤维等引入陶瓷母体，以改善陶瓷的性能而制造的复合型材料，其提高了母体材料的室温力学性能，改善了高温性能，并且此材料具有可切削加工和超塑性。

根据分散相和母相尺寸可以将纳米陶瓷复合材料分为晶内型、晶间型、晶内/晶间混合型。目前研究最多的是 Al_2O_3-SiC、Al_2O_3-Si_3N_4、MgO-SiC、Si_3N_4-SiC、SiC-超细 SiC 等陶瓷系列。纳米陶瓷复合材料的制备加工工艺较复杂。一般采用化学气相沉积法制备出 Si_3N_4-TiN 复合材料，TiN 是以大约为 5nm 分散在 Si_3N_4 母体晶粒中，但是此法成本高，不适合大型复杂构件的生产，所以烧结法的应用是主要方向。

11.2.5 智能材料

智能材料是人类生活和生产的基础，一般将其划分为结构材料和功能材料两大类。对结构材料主要要求的是其机械强度；而对功能材料则侧重于其特有的功能。智能材料不同于传统的结构材料和功能材料，它模糊了两者之间的界限，并加上了信息科学的内容，实现了结构功能化、功能智能化。智能材料是模仿生命系统、能感知环境变化并能实时地改变自身的一种或多种性能参数、自身可作出所期望的能与变化后的环境相适应的自我调整的复合材料或材料的复合。它是同时具有感知功能即信号感受功能（传感器功能）、自己判断并自己做出结论的功能（情报信息处理机功能）和自己指令并自己行动的功能（执行机构功能）的材料（感知、反馈、响应是其三大基本要素）。它不但可以判断环境，而且还可顺应环境，即具有类似于活的生物机体组织那样的病变自诊断、外部伤口自愈合、环境自适应、预告寿命，甚至自分解、自学习、自增殖、自组装、自恢复，应对外部刺激自身积极发生变化等功能效应。

11.2.5.1 智能材料的基本构成和工作原理

智能材料一般由基体材料、敏感材料、驱动材料、其他功能材料和信息处理器几部分组成。

（1）基体材料

基体材料担负着承载的作用，一般宜选用轻质材料。因高分子材料重量轻、耐腐蚀，具有黏弹性的非线性特征而成为首选，其次也可选用金属材料，以轻质有色合金为主。

（2）敏感材料

敏感材料担负着传感的任务，其主要作用是感知环境变化（包括压力、应力、温度、电磁场、pH 值等）。常用敏感材料有形状记忆材料、压电材料、光纤材料、磁致伸缩材料、电致变色材料、电流变体、磁流变体和液晶材料等。

（3）驱动材料

因为在一定条件下驱动材料可产生较大的应变和应力，所以它担负着响应和控制的任务。常用驱动材料有形状记忆材料、压电材料、电流变体和磁致伸缩材料等。

（4）其他功能材料

包括导电材料、磁性材料、光纤和半导体材料等。

（5）信息处理器

信息处理器是核心部分，它对传感器输出信号进行判断处理。

11.2.5.2 智能材料的分类

可用于智能材料的材料种类在不断扩大，因此智能材料的分类方法很多。一般若按功能来分可以分为光导纤维、形状记忆合金以及压电、电流变体和电（磁）致伸缩材料等。按材料基质的不同，可将智能材料分为无机非金属系智能材料（智能陶瓷、智能玻璃、智能混凝土等）、金属系智能材料和高分子系智能材料三大类。金属系智能材料目前所研究开发的主要有形状记忆合金和形状记忆复合材料两大类；无机非金属系智能材料在电流变体、压电陶瓷、光致变色和电致变色材料等方面发展较快；高分子系智能材料的范围很广泛，有高分子凝胶、智能高分子膜材、智能型药物释放体系和智能高分子基复合材料等。

智能材料的基础是功能材料。功能材料通常可分为两大类，一类被称为驱动材料，它可以根据温度、电场或磁场的变化来改变自身的形状、尺寸、位置、刚性、阻尼、内耗或结构等，因而对环境具有自适应功能，可用来制成各种执行器；另一类被称为感知材料，它是指材料对于来自外界或内部的刺激强度及变化（如应力、应变、热、光、电、磁、化学和辐射等）具有感知，可以用来做成各种传感器。同时具有敏感材料与驱动材料特征的材料，被称为机敏材料。智能材料通常不是一种单一的材料，而是一个由多种材料系统组元通过有机的紧密或严格的科学组装而构成的一体化系统，是敏感材料、驱动材料和控制材料（系统）的有机合成。智能材料是材料科学不断向前发展的必然结果，是信息技术融入材料科学的自然产物，它的问世，标志和宣告第5代新材料的诞生，也预示着在21世纪将发生一次划时代的材料革命。近年来，智能材料的研究在世界范围内已成为材料科学与工程领域的热点之一，甚至有人把21世纪称为智能材料世纪。

11.2.5.3 智能材料的几种基础材料

随着研究工作的深入，可用于构建智能材料系统的基础材料正得到不断丰富和逐渐完善。目前，国内外已研制成功并实现了商品化的该类材料有两类：一类是形状记忆材料、智能高分子材料等，可用作智能材料系统中的驱动器材料；另一类是压电材料、光导纤维等，可用作智能材料系统中的感知材料。下面就智能材料的几种基础材料及应用现状作一介绍。

（1）形状记忆材料

自20世纪60年代起，形状记忆材料以其独特的性能引起世界的广泛关注，其有关研究也得以迅速发展。形状记忆是指具有初始形状的制品，经形变固定之后，通过加热等外部条件刺激手段的处理，又可使其恢复初始形状的现象。形状记忆材料包括形状记忆合金（SMA）、形状记忆陶瓷（SMC）、形状记忆高分子（SMP）。

（2）压电材料

压电材料是通过电偶极子在电场中的自然排列而改变材料的尺寸，响应外加电压而产生应力或应变，电和力学性能之间呈线性关系。压电材料具有正逆压电效应，使得它在智能结构中既可作传感元件又可作驱动元件；频响范围宽，响应速度快，功耗低；输入、输出均为电信号，易于测量与控制；容易加工得很薄；特别适合于柔性结构等特点。压电材料包括压电陶瓷和压电高分子。大多数压电器件通常由压电陶瓷构成。

（3）智能高分子材料

现在人们已认识到生物体中有许多组织具有类似水凝胶的结构，如人体器官内壁黏液层、眼睛的玻璃体和角膜、细胞外基质等均为凝胶状组织。这为从仿生构思研制智能生物材料指明了方向。当生物组织受到温度、化学物质等刺激时形状和物性发生变化，进而呈现相应的功能。智能高分子材料是通过分子设计和有机合成的方法使有机材料本身具有生物所赋予的高级功能，如自修复与自增殖能力、认识与鉴别能力、刺激响应与环境应变能力等。这些特殊性能使它可用于一些特殊领域。

11.2.5.4 展望

智能材料正受到各方面的关注，从其结构的构思到智能材料的新制法（分子和原子控制、粒子束技术、中间相和分子聚集等）、自适应材料和结构、智能超分子和膜、智能凝胶、智能药物释放体系、神经网络、微机械智能光电子材料等方面都在积极开展研究。智能材料的研究内容是非常丰富的，如果把各种类型的陶瓷传感器与陶瓷驱动器集成在一起，再把场致发光显示部件、语言与音响部件也集成在一起，则可设计出功能相当复杂的系统，在这种系统中，材料与器件的界限也逐渐消失了。智能材料结构的重要性体现在它的研究与材料学、物理学、化学、力学、电子学、人工智能、信息技术、计算机技术、生物技术、加工技术及仿生学和生命科学等许多前沿科学及高技术密切相关，它具有巨大的应用前景和社会效益。尽管智能材料结构的应用尚处于初级阶段，研究工作在许多方面有待于新的突破，但它依然前景光明，并会像计算机芯片那样引起人们的重视，推动诸多方面的技术进步，开拓新的学科领域并引起材料与结构设计思想的重大变革。

智能化是现代人类文明发展的趋势，要实现智能化，智能材料是不可缺少的重要环节。智能材料是材料科学发展的一个重要方向，也是材料科学发展的必然。智能材料结构是一门新兴起的多学科交叉的综合科学。智能材料的研究内容十分丰富，涉及许多前沿学科和高新技术，智能材料在工农业生产、科学技术、人民生活、国民经济等各方面起着非常重要的作用，应用领域十分广阔。智能材料结构系统的研究应用必将把人类社会文明推向一个新的高度。

11.3 精细化工新技术

11.3.1 生物催化技术

近年来，生物催化剂在精细化学品生产中的应用增长很快，精细化工和制药工业消费的生物催化剂在1亿～1.3亿美元/年，预计年增长率达8%～9%。生物催化技术不仅可解决化学法进行不对称合成与拆分所需的手性源以及产生无效对映体引起的环保问题，还可直接用于不对称合成、生产手性化合物以及结构复杂、具有生物活性的大分子和高分子化合物。具有反应条件温和、能源节省、转化率和选择性高、环境友好和投资少等优点的生物催化技术已成为国外著名化学公司投资的重点。

生物催化技术是利用酶或微生物细胞作为生物催化剂进行催化反应的技术。酶作为生物催化剂比化学催化剂有许多优点：①酶催化反应一般在常温、常压和近于中性条件下进行，所以投资少、能耗少且操作安全性高；②生物催化剂具有极高的催化效率和反应速度，比化学催化反应的催化效率可高10^7～10^{13}倍；③生物催化具有高度专一性，包括底物专一性和立体专一性，生物催化只对特定底物引起特定反应，对产物立体构型、结构及催化反应的类型均有严格的选择性，能有效催化一般较难进行的手性合成反应；④生物催化剂本身是可生物降解的蛋白质，是理想的绿色催化剂。以生物催化法生产D-泛解酸内酯为例，D,L-泛解酸内酯在D,D-泛解酸内酯水解酶存在下，发生不对称水解反应制备D-泛解酸内酯，所得产品为立体定向性D型，光学纯度达97.1%(*ee*)。经固定化的生物催化剂使用200次后，所得产品光学纯度仍大于90%(*ee*)。D-立体选择的内酯水解反应过程如图11-2所示。

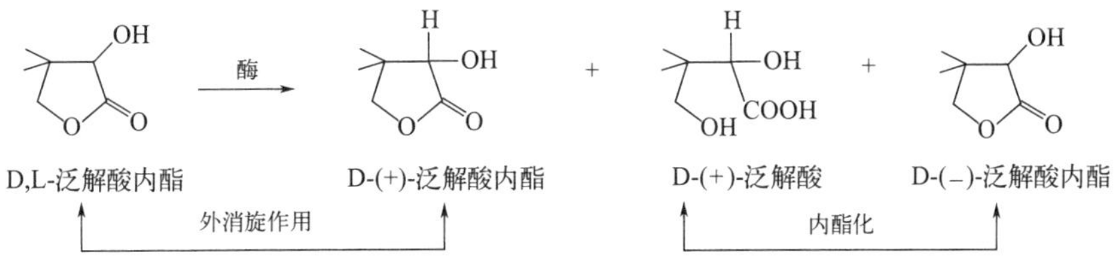

D,L-泛解酸内酯 —酶→ D-(+)-泛解酸内酯 + D-(+)-泛解酸 + D-(−)-泛解酸内酯

外消旋作用　内酯化

图11-2 D-立体选择的内酯水解反应过程

利用生物催化剂进行拆分的还有叠氮基类外消旋混合物、氨基醇外消旋混合物和胺类外消旋混合物等。许多用传统化学催化剂难以生产的手性化合物，目前已不断采用生物催化剂进行研发。

利用生物催化剂通过不对称合成生产的氨基酸有L-天冬氨酸、L-丙氨酸、L-色氨酸、L-酪氨酸、L-多巴胺、L-半胱氨酸、L-丝氨酸、L-赖氨酸、D-半胱氨酸等。

手性化合物在精细化工产品中占有重要地位，是医药、农药、香料、功能性化学品的前体、中间体或产品。利用生物催化剂进行不对称合成、对映体拆分和制备手性化合物具有广阔的应用前景。在手性化合物和药物的合成方面，工业上应用的生物催化剂主要有裂解酶、水解酶和醇脱氢酶等。

11.3.2 新型催化剂在精细化工产品合成中的应用

目前精细化工中，新型催化剂的研制和清洁催化技术的开发与应用研究进展十分迅速，成为精细化工推行绿色化清洁生产的重要手段，如固体超强酸催化剂、杂多酸催化剂、相转移催化剂等。

11.3.2.1 固体超强酸催化剂

超强酸是指酸性超过100%硫酸的酸，如用Hammett酸度函数H_0表示酸强度，100%硫酸的H_0值为-11.93，$H_0<-11.93$的酸就是超强酸。固体超强酸分为两类：一类含卤素、氟磺酸树脂或氟化物固载化物；另一类不含卤素，为SO_4^{2-}/M_xO_y型，它由吸附在金属氧化物或氢氧化物表面的硫酸根，经高温燃烧制备，如SO_4^{2-}/ZrO_2、SO_4^{2-}/Fe_2O_3、SO_4^{2-}/Al_2O_3、SO_4^{2-}/TiO_2等单组分型，以及$NiO\text{-}ZrO_2\text{-}SO_4^{2-}$、$WO_3\text{-}ZrO_2\text{-}SO_4^{2-}$等复合型。后一类因无卤素，在制备和处理过程中不会产生三废，而受到人们的重视。

固体超强酸的主要优点是无腐蚀性，易与产物分离，常使反应在较温和的条件下进行，已用于酯化、酰化、烷基化、烯烃多聚、烯烃与醇加成等。目前，固体超强酸已发展到杂多酸固体超强酸、负载金属氧化物的固体超强酸、复合稀土元素型固体超强酸、磁性复合固体超强酸和分子筛超强酸。在保证超强酸酸性前提下，综合其他成分的优点，如沸石催化剂，在工业上应用已很成熟，在此基础上引入超强酸的高催化活性，可以创造出新一代的工业催化剂，如具有规整介孔结构的MCM-41等分子筛，其比表面积大，热稳定性好，且孔径在一定范围内可调，以其作为载体可以为超强酸提供更多的比表面积。

11.3.2.2 杂多酸催化剂

杂多酸（HPA）是由杂原子和多原子按一定结构通过氧原子配位桥联的含氧多酸，是一种酸碱性和氧化还原性兼具的双功能绿色催化剂。固态杂多酸化合物由杂多阴离子、阳离子（质子、金属阳离子、有机阳离子）及水或有机分子组成。目前用于催化的主要是分子式为$H_nAM_{12}O_{40}\cdot xH_2O$具有Keggin结构的杂多酸，如$H_4SiW_{12}O_{40}\cdot xH_2O$、$H_3PMo_{12}O_{40}\cdot xH_2O$等，它们是由中心配位杂原子形成的四面体和多酸配位基团所形成的八面体通过氧桥连接形成的笼状大分子，其具有类沸石的笼状结构。这类杂多酸易溶于水、乙醇以及丙酮等极性较强的溶剂，因杂多酸的比表面积较小，在应用中，将杂多酸固载在合适的载体上，以提高比表面积，载体主要有活性炭、SiO_2、TiO_2、分子筛、硅藻土、离子交换树脂、聚合物等大孔材料。大多采用浸渍法固载，改变杂多酸溶液浓度及浸渍时间是调节浸渍量的主要手段。由于 HPA 阴离子体积大、对称性好、电荷密度低的缘故，使其表现出比传统的无机含氧酸更强的酸性。用 HPA 作酸催化剂具有以下优点：活性比传统的硫酸高；不腐蚀设备；不污染环境；可进行均相反应，也可进行非均相反应。在精细化学品的合成中应用于：烷基化和脱烷基反应；酯化反应；醇脱水反应和烯烃水合反应；环醚开环反应；醇醛缩合反应等。HPA 不仅具有超然的强酸性，还兼具氧化还原性。HPA 用作氧化还原催化剂具有以下特点：比较稳定，在较强氧化条件下也不易分解；既可进行均相反应又可进行非均相反应；在反应过程中主要是那些阴离子起催化作用，因而活性和选择性较高，还能进行相转移催化氧化，应用于烷烃、烯烃、炔烃、醇、酚、醚、胺、醛和酮的氧化及还原反应。

11.3.2.3 相转移催化剂

从 20 世纪 70 年代初起，相转移催化技术成为有机合成中的非常重要的新方法，成为精细化工和药物合成的强有力工具。相转移催化这个名词是 C. M. Starks 于 1966 年首次提出的，并在 1971 年正式使用这个名词。所谓相转移催化是指：一种催化剂能加速或者能使分别处于互不相溶的两种溶剂（液-液两相体系或固-液两相体系）中的物质发生反应。反应时，催化剂把一种实际参加反应的实体从一相转移到另一相中，以便使它与底物相遇而发生反应，催化机理符合萃取机理。相转移催化剂在这个过程中没有损耗，只是穿梭于两相间重复地起“转运”负离子的作用。

常用的相转移催化剂有下列几种。

a. 鎓盐　这是一类使用范围广、价格也便宜的催化剂，其中最常用的是四级铵盐、溴化十六烷基三甲基铵、氯化四正丁基铵、溴化四正丁基铵、氯化三正辛基甲基铵、氯化苄基三甲基铵、氯化苄基三乙基铵、氯化四正丁基鏻、溴化十六烷基三正丁基鏻等。

b. 阴离子表面活性剂　如十二烷基磺酸钠、四苯基硼钠。

c. 冠醚　冠醚有络合金属离子的能力。在相转移反应中，冠醚与碱金属络合形成有机正离子，它与四级铵盐的正离子很相像，因此也能使有机的和无机的碱金属盐溶于非极性有机溶剂中，大多用于固-液相催化。但由于它价格昂贵且毒性较大，故未能得到广泛应用，在工业上就更不宜使用。冠醚在强碱性溶液中极为稳定，因此是在强碱性溶液中进行相转移催化反应的重要催化剂。

d. 开链多聚醚　如聚乙二醇或聚乙二醇醚与冠醚相似，它们与碱金属、碱土金属离子以及有机正离子络合，只不过没有冠醚的效果强。

11.3.3 绿色化工技术在精细化工中的应用

（1）微化工技术

微化工技术主要是以传感技术为基础对于小型执行器和操作装置进行化学分析以及微化工工艺的过程。技术应用过程中，在传热控制技术与微型反应器的配合作用下，进行小批量易于控制的精细化学反应。其对于反应的控制能力有较大提升，提供了更为精确的反应进程，主要用于制药等行业中。

（2）绿色分离技术

在化工行业中，无论是精细化工或者是传统化工生产过程，相同点就在于分离技术的使用，并且分离技术的发展已经相对成熟。现阶段绿色精细化工使用的主要技术为树脂吸附技术、膜分离技术和微波萃取技术。针对这三种分离技术的使用，在应用的范围上有所差别。树脂吸附技术的应用范围为药物制备的过程中，利用大孔树脂对于药物中有效成分的吸附，起到对有效物质与杂质的分离目的，生产出成分合格的药物。对于粒子直径不同的物质的分离过程，通过半透膜分离技术进行分离相对来说比较成熟，通过对各种渗透膜、超滤膜的详细设计，以满足更多制备过程的需求。绿色分离技术过程是每一个化学反应制备过程中的必备环节，在分离效率和能力不断提升的过程中，有助于更为高效、无污染的工作；在对物质进行分离的过程中，也有助于物质的回收与循环利用。

（3）分子设计技术

分子设计技术属于科学发展的产物之一，其作为一种新型的技术手段充分利用了计算机技术与化工原理方面的相互结合。计算机技术在分子合成和探究分子规律等方面发挥着重要作用，利用计算机的可视化、模拟化的特点可进行更为准确的合成工艺的模拟测试，在此过程中进行精细化工生产线的开发与利用，使新生产线、新工艺、新方法的探索过程更加直观、更加可靠。分子技术与计算机技术的相互融合，对精细化工的创新性发展起到了重要的促进作用，使化工行业发展中的实验效率有了显著提高，也增强了实验的准确性，在绿色精细化工工艺探索、开发、运行过程中都可以进行更加准确、高效的实验操作，有利于行业水平发展的整体提升。

（4）超临界流体技术

超临界流体技术的发展有一百多年的历史，技术上相对成熟，但是在目前精细化工产品中应用较少。因此可以作为新技术在绿色精细化工方向进行探索，减少有害气体产生，提升整体效率。

11.4 前景

精细化工发展的战略目标是高科技领域的开发研究。世界各国现在都在大力发展精细化工，已使整个化学工业向高精尖方向取得了长足的进步。有关的新科技领域包括：各类新型化工材料（功能高分子材料、复合材料）、新能源、电子信息技术、生物技术（包括发酵技术、生物酶技术、细胞融合技术、基因重组技术等）、航空航天技术和海洋开发技术等。此外，通过有效应用微化工技术、催化技术、绿色分离技术、生物化工技术、分子设计技术等，可为企业的绿色发展与环境保护提供更好的技术支持，从而推动我国绿色精细化工行业的可持续发展。我国近年来在精细化学品的开发、生产和应用上也有可观的成就，科研、设计和生产管理的技术队伍正在迅速成长、力量比较雄厚，但只能看作是今后发展的起点。因为我国的精细化率还不高，包括品种、技术、质量等均落后于发达国家，表现为能耗高、质量差、品种也少，无论品种、质量还是技术水平还不能满足各行各业的需要，每年的进口额度很大。因此，我国今后发展精细化工的任务还很艰巨。

拓展学习 9

练习思考题

第 11 章练习思考题参考答案

1. 什么是功能高分子？功能高分子主要有哪些类型？
2. 导电高分子有哪些特性？
3. 酶作为生物催化剂比化学催化剂有哪些优点？
4. 有哪些新型催化剂在精细化学品合成中得到了应用？

参考文献

[1] 程侣柏．精细化工产品的合成及应用．3 版．大连：大连理工大学出版社，2014.
[2] 宋启煌．精细化工工艺学．4 版．北京：化学工业出版社，2018.
[3] 李和平，葛虹．精细化工工艺学．北京：科学出版社，2006.
[4] 陈孔常，田禾．高等精细化学品化学．北京：中国轻工业出版社，1999.
[5] 赵亚娟．精细化学品合成与技术．北京：中国科学技术出版社，2010.
[6] 王明慧．精细化学品化学．北京：化学工业出版社，2020.
[7] 吴海霞．精细化学品化学．北京：化学工业出版社，2009.
[8] 张先亮，陈新兰，唐红定．精细化学品化学．3 版．武汉：武汉大学出版社，2021.
[9] 周立国，段洪东，刘伟．精细化学品化学．3 版．北京：化学工业出版社，2021.
[10] 赵德丰．精细化学品合成化学与应用．北京：化学工业出版社，2001.
[11] 常思聪，蒋悦．绿色化工技术在精细化工中的应用研究．化工管理，2019（21）：96-97.